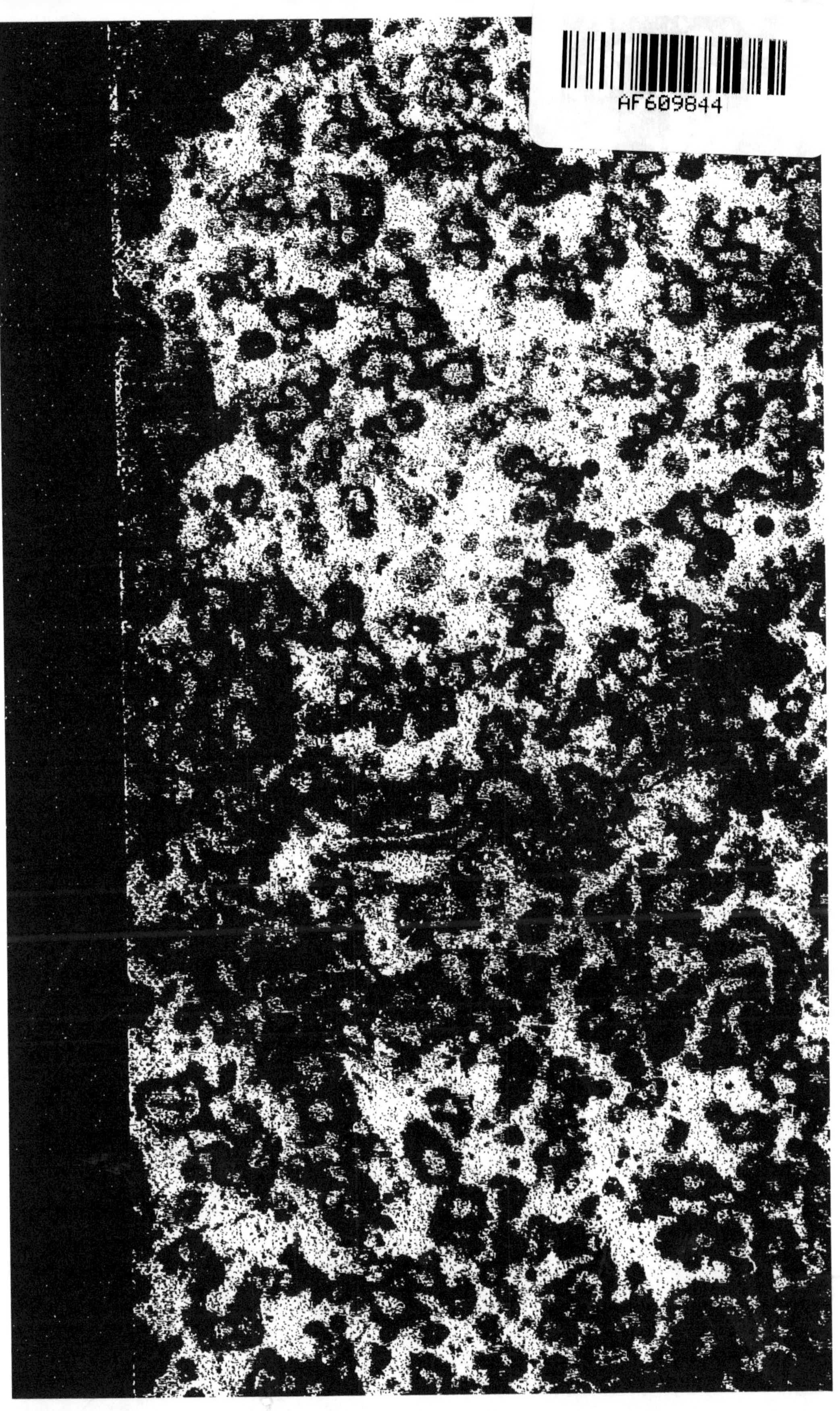

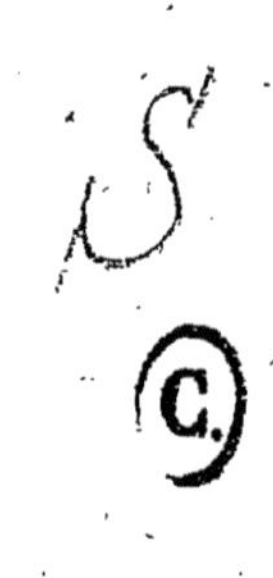

PALÉONTOLOGIE UNIVERSELLE

DES

COQUILLES

ET DES MOLLUSQUES,

PAR

ALCIDE D'ORBIGNY,

Chevalier de la Légion-d'Honneur française; Officier de la Légion-d'Honneur bolivienne;
Membre des Sociétés Philomatique et Géologique de Paris;
Membre honoraire de la Société Géologique de Londres;
des Académies Royales de Turin, de Madrid; de la Société Impériale de Moscou;
de l'Académie de Philadelphie, etc, etc;
Auteur du *Voyage dans l'Amérique méridionale*,
de la *Paléontologie française*, etc, etc.

AVEC UN ATLAS

Représentant toutes les espèces de Coquilles fossiles connues.

1re Livraison.

PARIS,
GIDE ET Cie, LIBRAIRES-ÉDITEURS,
RUE DES PETITS-AUGUSTINS, 5.

1845

PALÉONTOLOGIE

DES COQUILLES ET DES MOLLUSQUES

ÉTRANGERS A LA FRANCE,

PAR

ALCIDE D'ORBIGNY,

Chevalier de la Légion-d'Honneur française ; Officier de la Légion-d'Honneur bolivienne,
Membre des Sociétés Philomatique et Géologique de Paris ;
Membre honoraire de la Société Géologique de Londres ;
des Académies Royales de Turin, de Madrid ; de la Société Impériale de Moscou ;
de l'Académie de Philadelphie, etc, etc ;
Auteur du *Voyage dans l'Amérique méridionale*,
de la *Paléontologie française*, etc, etc.

CONTENANT UN ATLAS

Représentant toutes les espèces de Coquilles fossiles connues étrangères à la France,
et le texte complet de la Paléontologie universelle.

1re Livraison.

PARIS,
GIDE ET Cie, LIBRAIRES-ÉDITEURS,
RUE DES PETITS-AUGUSTINS, 5.

1846

PARIS. — Imprimerie d'A. SIROU, rue des Noyers, 37.

MOLLUSQUES.

Caractères généraux.

Le corps de ces animaux est mou, recouvert d'une peau flexible, contractile, dans ou sur laquelle se forment des plaques cornées ou calcaires, qu'on nomme *Coquilles*. Leurs principaux organes sont pairs et symétriques; ils affectent le plus souvent, dans leur ensemble, une disposition courbe, de manière à rapprocher la bouche de l'extrémité opposée. Leur système nerveux se compose de ganglions dont une portion cérébrale, sus-œsophagienne; une autre située sur le côté ventral du tube digestif, et d'autres latérales. Leur sang est blanc, leur circulation complète. Leur respiration est aquatique ou aérienne.

Rapports et différences.

Les Mollusques diffèrent des *animaux vertébrés* par le manque de squelette articulé intérieur, de moelle épinière, par la grande diversité de leurs modes de respiration, et de leurs organes de mouvement. Ils diffèrent des *animaux articulés* ou *annelés*, par le manque de squelette articulé extérieur, par leur système nerveux, qui ne forme pas de longue chaîne médiane, par leur appareil de circulation double, bien plus complet, par la forme de leur corps, non développé en longueur. Ils se distinguent encore plus nettement des *animaux rayonnés* ou des *zoophytes*, par leurs organes qui n'affectent jamais une espèce de rayonnement autour d'un centre commun ou d'une ligne verticale. Malgré ces différences, les rapports sont plus immédiats entre les animaux mollusques et annelés qu'entre les premiers et les animaux vertébrés, car il y a encore de commun entre eux le système nerveux ganglionnaire, et le sang blanc. Du reste, soit d'après le squelette articulé extérieur, soit d'après le système de locomotion et la régularité des organes du mouvement, je crois que, dans l'échelle des êtres, les animaux mollusques doivent venir après les animaux annelés.

COUP D'ŒIL SUR L'ENSEMBLE DES CARACTÈRES INTERNES OU EXTERNES DES MOLLUSQUES, CONSIDÉRÉS DANS LEURS RAPPORTS ET DANS LEURS FONCTIONS [1].

Formes générales, consistance et composition du derme.

Rien de plus variable que la forme générale des Mollusques, suivant leurs différentes classes. En effet, l'ensemble est allongé, cylindrique, ovale ou oblong, convexe en dessus et en dessous chez les céphalopodes[2]; aplati en dessous, convexe en dessus, plus ou moins déprimé, spiral ou non, et offrant toutes les figures, chez les gastéropodes; comprimé, ovale, cylindrique ou circulaire chez les acéphales. Leur consistance est peu variable, et leur nom même vient de ce caractère, essentiel à leur organisation, d'avoir une peau molle, contractile dans presque toutes ses parties, spongieuse, très-sensible, laissant souvent sortir par des pores nombreux une humeur muqueuse qui l'enduit partout. Cette peau ou derme est rendue contractile par un tissu interne formé d'un réseau musculaire plus ou moins compliqué, d'autant plus épais que les animaux sont plus élevés dans l'échelle des êtres. Les céphalopodes, par exemple, en offrent une preuve, lorsqu'on les compare aux gastéropodes.

Le derme varie à l'infini, quant à ses accidents extérieurs

[1] Devant m'étendre sur les caractères propres à chaque classe en particulier, je ne donnerai ici que les caractères les plus généraux.

[2] *Loligo, Sepia*, etc.

et à sa couleur. Il est lisse, tuberculeux, cirrheux, ou même pourvu d'expansions cornées[1], ou de parties calcaires. Ses couleurs sont quelquefois extérieures, tandis que chez d'autres (les céphalopodes) elles sont placées sous l'épiderme et forment des taches contractiles, suivant les diverses impressions qu'éprouve l'animal.

Lorsque la peau des Mollusques se développe, soit latéralement, en deux parties parallèles qui enveloppent le reste de l'animal, comme chez les bivalves et les *Cypræa*, lorsqu'elle s'étend autour[2], ou lorsqu'elle forme de plus ou moins grandes expansions du dos ou des bords, ces parties, par suite de leur place et de leurs fonctions, reçoivent le nom de *manteau* (*pallium*). Essentiellement protecteur des autres organes, le manteau est en effet d'une variabilité extrême dans ses formes et dans ses fonctions. On a considéré comme telle l'enveloppe charnue du corps des céphalopodes et des ptéropodes[3], représentant plus ou moins un sac d'où la tête sort sans pouvoir s'y contracter. On appelle encore ainsi le cône mince, spiral[4] ou non[5], qui enveloppe le corps des gastéropodes, s'épaissit sur ses bords extérieurs, et forme le *collier*, en abritant, dans la contraction, tous les organes. Chez d'autres gastéropodes, il est épais, déborde et protége, comme un bouclier, tout l'animal[6]. Les Mollusques chez lesquels cette partie peut le mieux recevoir le nom de manteau sont, sans contredit, les acéphales, ou lamellibranches. Là elle forme deux grandes lames libres ou réunies, minces au milieu, épaissies, ciliées ou non sur leurs bords, qui enveloppent le reste[7]. Tous les Mollusques n'ont

1 Chez les *Chiton*, et sur l'épiderme d'une foule de gastéropodes et même d'acéphales (*Arca*, *Pectunculus*).

2 *Patella*, *Doris*.

3 Comme dans les genres *Sepia*, *Loligo*, *Clio*, etc.

4 C'est ce qui existe chez toutes les Coquilles spirales *Helix*, *Trochus*, etc.

5 *Patella*, *Fissurella*, etc.

6 *Doris*, *Chiton*.

7 *Ostrea*, *Anodonta*, *Pinna*, *Venus*.

pourtant pas de manteau distinct du derme. Les *Cavolina* et les *Tergypes* sont dans ce cas.

Dans l'intérieur ou sur le manteau, entre les couches musculaires[1] ou entre le réseau vasculaire et le pigmentum[2], se dépose par couche une matière muqueuse plus ou moins mélangée de parties cornées et calcaires, qui forme ce qu'on appelle la *coquille* (*testa*); mais beaucoup de Mollusques voisins de ceux qui en sont pourvus manquent de cette coquille, sans qu'il en résulte aucun changement dans leur organisation[3].

La Coquille considérée comme partie intégrante du derme.

Les Coquilles sont, dans la plupart des cas, externes[4], ou à moitié internes ou dermales, placées dans un repli du manteau, mais communiquant, par une petite partie, avec l'élément ambiant[5]; ou bien encore elles sont totalement dermales, renfermées entre les couches du derme[6]. Malgré la différence de leur position interne ou externe, les Coquilles se forment et s'accroissent suivant les mêmes lois. On peut diviser ce mode de formation en trois catégories, suivant que les molécules calcaires viennent se placer sur leur pourtour seulement, sur toutes leurs parties internes ou sur toutes leurs parties externes.

Une fois le *nucleus*[7] formé, l'accroissement des Coquilles a lieu par la juxta-position de molécules calcaires plus ou

[1] Chez les *Sepia*, les *Loligo*, les *Bullæa*.

[2] Les *Helix*, les *Venus*, les *Ostrea*, etc.

[3] *Octopus*, *Arion*, *Firola*, etc., qui sont voisins, les premiers des *Argonauta*, les seconds des *Helix*, les derniers des *Carinaria*.

[4] Comme chez les *Nautilus*, les *Helix*, les *Buccinum*, les *Venus*, les *Ostræa*.

[5] On les voit ainsi chez les *Aplysia*, les *Fissurellidæa*, les *Bulla*.

[6] Chez la *Sepia*, le *Loligo*, la *Limax*, le *Pleurobranchus*, la *Bullæa*.

[7] Je parlerai de cette partie, en traitant des modifications que l'accroissement apporte aux Coquilles.

moins chargés de parties animales, par lames ou par couches obliques, en dedans de l'épiderme, et successivement les unes sur le bord et en dedans des autres. Le bord du manteau ou du collier est l'organe qui dépose ces lames pendant toute la durée de l'accroissement. C'est ainsi que se forment et s'accroissent constamment par le bord les couches extérieures, feuilletées, obliques des coquilles qui contiennent les couleurs chez les céphalopodes, les gastéropodes et les acéphales. On peut, du reste, toujours les reconnaître, dans la fossilisation par exemple, et dans le test extérieur de beaucoup de Coquilles[1]. Je désignerai ces couches sous le nom de couches *dermales*.

Indépendamment de cet accroissement par les couches dermales obliques, les Coquilles s'épaississent encore constamment sur toutes leurs parties internes par des couches que j'appellerai *intérieures*. Plus serrées, plus minces que les couches dermales, les couches intérieures sont formées de lames qui suivent les contours intérieurs de la coquille, et ne sont plus déposées seulement par le bord du manteau, mais bien par toute sa surface et par les muscles mêmes[2]. Ces couches, toujours distinctes des premières, et s'en séparant facilement, soit par la calcination, soit par la fossilisation, sont de deux natures différentes. Les plus ordinaires sont souvent incolores, tout en leur ressemblant beaucoup; elles sont d'un tissu plus serré, plus compacte que les couches dermales. Elles forment, enduisent et polissent toutes les callosités intérieures[3]; et de plus ces encroûtements intérieurs si remarquables des *Magilus*, ou encore ces espèces de cloisons successives qu'on remarque dans l'intérieur de la spire de quelques gastéropodes[4], cloisons ou épaississements qui rem-

[1] Chez les *Nautilus*, les *Ammonites*, les *Turbo*, les *Cerithium*, les *Patella*, les *Venus* et la *Pinna*.

[2] C'est surtout ce qu'on remarque par les impressions musculaires de toutes les bivalves.

[3] Des *Helix*, des *Natica*, des *Patella*, des *Venus*, des *Spondylus*, par exemple.

[4] Les *Vermetus*, les *Siliquaria*, et même le *Cerithium giganteum*.

plissent le commencement de la coquille, à mesure que l'animal augmentant toujours par le bord, son enveloppe extérieure s'éloigne trop du principe de la spire pour en occuper l'extrémité.

Les couches intérieures les plus remarquables sont, sans contredit, ces dépôts chatoyants, nacrés ou irisés, déposés par lames horizontales, qui tapissent l'intérieur de beaucoup de Coquilles [1], dont les couches dermales sont blanches, mates ou colorées, mais jamais nacrées. On doit encore à ces couches nacrées les cloisons aériennes des *Nautilus*, des *Ammonites*, des *Spirula*, etc.

Toutes les Coquilles, tandis qu'elles s'accroissent par le bord au moyen des couches dermales, se consolident, s'épaississent en dedans sur tous les points par leurs couches intérieures.

Le troisième mode de consolidation des Coquilles, par leurs parties externes seulement, est le plus exceptionnel. Il a lieu principalement chez les genres qui ont une coquille dermale cachée dans les téguments, dont le test se couvre en dessus de granulations postérieures à son accroissement [2]. On le retrouve plus rarement chez les Mollusques pourvus d'une coquille externe, où, par exemple, un ou deux lobes du manteau viennent déposer sur la coquille complétement formée des couches très-minces, polies, brillantes, qui tendent à l'épaissir constamment [3]. On le retrouve encore chez l'*Argonauta*, où les bras palmés, remplissant les fonctions ordinaires du manteau, déposent autant de parties calcaires en dehors qu'en dedans de la coquille [4]. Je désignerai ce mode d'encroûtement par le nom de *couches extérieures*. Souvent elles se déposent simultanément avec les deux autres.

[1] Chez les *Nautilus*, les *Ammonites*, quelques *Trochus*, quelques *Turbo*, quelques *Patella*, des *Avicula*, des *Pinna*, des *Trigonies*, etc.

[2] Comme chez les *Sepia*, la *Spirula*.

[3] Les *Cypræa*, les *Volutella*.

[4] Voyez mon travail spécial sur l'*Argonaute: Monographie des céphalopodes acétabulifères*, p. 139.

genres[1]. Ce corps, à mesure qu'on descend dans l'organisation, est plus intimement uni et confondu avec le reste de l'animal. Il est spiral ou conique et forme la plus grande partie du tout dans quelques gastéropodes[2], où il renferme tous les organes. En descendant toujours, on finit par ne plus distinguer chez les acéphales[3] qu'un ensemble de viscères contenu dans une enveloppe commune représentant le corps, placé au milieu des deux énormes lobes du manteau.

La tête, prise dans son ensemble.

Ce que je viens de dire du corps s'applique parfaitement à la *tête*. En effet, cette région si importante, qui suppose toujours une organisation élevée dans l'échelle des êtres, est aussi développée, aussi distincte du corps que chez les mammifères, dans la série des céphalopodes[4], où elle est munie d'une boîte cartilagineuse cérébrale, où elle porte des yeux très-complets et les organes de l'audition. La tête est très-distincte du corps chez les céphalopodes. Bien que moins complète, elle l'est encore chez les ptéropodes[5]. Elle s'unit intimement au corps chez quelques gastéropodes[6], tout en se montrant néanmoins distinctement. Chez les Mollusques lamellibranches et les brachiopodes, il n'y a plus de tête proprement dite; c'est pour cette raison que ces derniers ont reçu le nom d'*Acéphalés*.

Système nerveux.

La tête est le siége, ou du moins le point de départ des principaux ganglions nerveux. Les nerfs, principe du mouvement

[1] Les *Octopus*, les *Argonauta*, les *Clio*.

[2] Des genres *Buccinum*, *Helix*, *Strombus*, *yatella*.

[3] *Venus*, *Cardium*, *Terebratula*.

[4] *pepia*, *Loligo*, etc.

[5] *Clio*, *yneumodermon*.

[6] Des genres *Helix*, *Buccinum*, *yatella*.

qui la porte ou même y adhérant, elle est certainement une partie intégrante de l'animal. Ce fait admis, la coquille doit, dans certaines limites, reproduire extérieurement ou intérieurement les formes des Mollusques et leurs caractères organiques. En effet, on la voit se modeler sur le manteau et en prendre la forme, ainsi que celle des muscles. Lorsque le manteau est ovale, elle l'est aussi[1]. Lorsque le manteau se contourne en spirale[2] ou lorsqu'il est conique[3], la coquille le suit extérieurement et intérieurement. Lorsque le manteau forme deux lobes latéraux, il y a deux coquilles symétriques, dans le cas où ces lobes sont égaux[4], et deux coquilles inégales, dans le cas où ils sont inégaux[5]. Lorsque enfin quelques parties n'ont pas été recouvertes par les deux coquilles, qu'on appelle alors *valves* (*valva*), un plus grand nombre de pièces testacées devient nécessaire pour les protéger[6]. Indépendamment de ces pièces testacées qu'on nomme coquille et qui dépendent du manteau, il en est de moins importantes fixées au pied. Ces pièces testacées ou cornées, toujours médiocres, ont été, d'après leurs fonctions, nommées *opercules, operculum*[7].

Suivant sa position, sa forme générale extérieure ou intérieure, la coquille change de fonctions dans l'organisme des Mollusques. Externe, elle est presque toujours un corps protecteur, soit de l'ensemble de l'animal, soit d'une ou de plusieurs de ses parties. En effet, quand elle se trouve assez grande pour loger l'animal contracté, qu'elle soit spirale[8], conique[9], composée d'une pièce ou de deux[10], elle sert évidemment à le sous-

1 Comme chez la *Sepia*, l'*Ombrella*, etc.

2 Comme chez les *Helix*, les *Turbo*, les *Strombus*, etc.

3 Ainsi qu'on le voit chez les *Patella*, les *Fissurella*, les *Siphonaria*.

4 *Venus, Cardium, Anodonta.*

5 *Spondylus, Ostræa, Pecten, Corbula.*

6 Les Coquilles du genre *Pholas* sont dans ce cas.

7 J'en parlerai longuement aux gastéropodes, qui seuls en sont pourvus.

8 Chez le *Nautilus*, le *Buccinum*, l'*Helix*.

9 Les *Patella*, les *Fissurella*.

10 Chez les *Venus*, les *Ostræa*, les *Anodonta*.

traire aux atteintes extérieures auxquelles l'expose sa nature mollasse. Rudimentaire[1] seulement, elle en protége les branchies ou les parties les plus délicates.

Placée au milieu des téguments, la coquille interne[2] ne peut conserver les mêmes fonctions. Par sa position longitudinale, elle doit soutenir la masse charnue, comme les os des mammifères, donner à l'animal des points d'appui dans la contraction musculaire, et dès lors plus de force dans sa natation.

La singulière disposition des loges aériennes que présente l'intérieur de quelques coquilles[3] dénote encore d'autres fonctions que je décrirai avec détail en parlant des céphalopodes. Ces fonctions sont des moyens d'allège donnés par la nature à tous les animaux, pour rétablir l'équilibre et les rendre plus légers, par l'addition de nouvelles loges aériennes, au fur et à mesure qu'ils grandissent et que leur corps se développe. Elles sont analogues à celles de la vessie natatoire des poissons.

Dans presque tous les cas, la coquille remplit des fonctions très-compliquées; car si, par son extension, elle abrite l'animal; si, par ses loges aériennes, elle fait l'office d'allège, il est certain que, par différents muscles qui s'y attachent, elle sert encore de point d'appui, de centre de mouvement. C'est, en effet, sur la paroi interne des coquilles que s'insèrent les leviers puissants qui servent, dans la contraction, à fermer si brusquement une coquille bivalve, ou à rapprocher l'opercule de l'ouverture des coquilles spirales, afin de garantir l'animal des atteintes extérieures. Ce sont aussi sur les coquilles que se font les points d'appui de contraction des siphons des bivalves, et de presque toutes les parties des gastéropodes.

La coquille étant, comme on le voit, non-seulement un corps protecteur, mais encore un point d'appui du mouvement, on doit croire qu'elle se façonne sur l'animal de manière à en re-

[1] Comme chez les *Aplysia*, les *Cigaretus*, par exemple.

[2] Des *Sepia*, des *Loligo*.

[3] Des *Sepia*, des *Nautilus*, des *Spirula*.

produire toutes les parties. C'est en effet ce qu'on observe le plus souvent, mais il y a des exceptions. Si certaines coquilles ont, à leur partie antérieure, un canal proportionné au tube respiratoire qui en sort[1], si certaines autres ont un bâillement du côté anal pour le passage de l'énorme siphon dont elles sont pourvues[2], si d'autres ont, pour le passage de leur volumineux pied[3], une ouverture buccale entre leurs valves; la coquille de l'*Ampullaria*, qui possède un siphon aussi long, aussi développé que celui des *Fusus* et autres genres voisins, n'a aucun canal, aucune échancrure, ni même le plus léger sinus à son ouverture; et la *Vénus*, pourvue de longs siphons, a pourtant ses valves fermées. Ainsi, tout en reconnaissant qu'en thèse générale la coquille conserve presque toujours les formes de l'animal et se moule sur ses organes, il ne faudrait pas admettre trop exclusivement ce principe.

DIFFÉRENTES PARTIES DE L'ORGANISATION DES MOLLUSQUES.

Le corps.

Les Mollusques, pris dans leur ensemble, montrent des différences d'organisation considérables, suivant les classes, les familles et les genres auxquels ils appartiennent. En les comparant aux mammifères, par exemple, si j'y veux retrouver les principaux organes et les modifications qu'ils subissent, je reconnaîtrai que leur *corps* est rarement distinct des autres parties. On le voit effectivement bien marqué, de forme ovale ou oblongue, parmi les céphalopodes et les ptéropodes[4]. Il est encore assez distinct, quoique uni, au reste, par une bride cervicale dans certains

[1] Les genres *Fusus*, *Murex*, *Buccinum*, *Rostellaria*.

[2] Les genres *Mya*, *Panopæa*, *Solen*.

[3] Les *Solen*, les *Mycetopus*.

[4] Les genres *Loligo*, *Sepia*, *Ommastrephes*, l'ont même plus séparé de la tête qu'il ne l'est chez les mammifères.

Ces trois modes de formation ou d'épaississement des Coquilles ne donnent pas également la coloration dont celles-ci sont souvent ornées. Il est à remarquer que les couleurs sont généralement le produit du contact du bord du manteau ou du collier; aussi voit-on la coloration se fixer presque toujours aux parties externes, qu'elle soit déposée par le bord du manteau avec les couches dermales, comme chez la plupart des Mollusques [1], ou qu'elle le soit en dehors par le manteau, avec les couches extérieures [2]. Néanmoins, quelques Coquilles normales ont une coloration interne déposée avec les couches intérieures [3], et d'autres complétement internes ou dermales, placées dans l'intérieur des tissus, en montrent encore des traces [4].

Chez beaucoup de Coquilles de toutes les classes, il est une partie extérieure cornée, qui, dans l'accroissement du pourtour, précède les couches dermales calcaires, et qui, par sa position, doit être considérée comme l'épiderme. Cette couche cornée, à laquelle on a donné le nom de *drap marin*, est souvent presque nulle [5]; d'autres fois simplement unie [6]; mais aussi, dans certaines circonstances, elle devient épaisse, se forme de lames verticales serrées [7], et représente un tissu de pilosités semblable à du velours [8], ou enfin se couvre de véritables poils [9].

En résumé, la coquille externe ou interne étant le produit d'une sécrétion muscoso-calcaire déposée entre le réseau vasculaire et l'épiderme, tous ses points internes recouvrant l'être

1 Chez les *Helix*, les *Natica*, les *Venus*, etc., etc.

2 Ainsi qu'on le voit chez les *Cypræa*.

3 Les *Venus*, les *Dorax*, les *Strombus*, les *Helix*.

4 L'osselet interne de la *Sepia Orbigniana* est en dessus d'un beau rosé. La coquille des *pleurobranchus* est dans le même cas.

5 Les *Venus*, les *Trochus*, les *Natica*, les *Nautilus*.

6 Chez quelques *Helix*, les *Succinea*, les *Turbo*, etc.

7 On trouve cette disposition chez des *Arca*, des *Rectunculus*, les *Conus*, quelques *Triton*.

8 Quelques *Triton* montrent ce caractère.

9 Ce caractère se manifeste chez quelques *Helix*, des *Triton*, des *Ranella*, etc.

et de toutes les sensations, offrant dès lors, dans leur complication, des rapports intimes avec le développement des sens de la vision, de l'audition, du tact, etc., je vais donner un aperçu rapide de leurs modifications avant de parler des organes. Comme on l'a pu remarquer aux caractères généraux, le système nerveux des Mollusques est purement ganglionnaire. On voit, par exemple, chez les céphalopodes, un cerveau protégé par une boîte cartilagineuse située au-dessus de l'œsophage. Le cerveau ou ganglion cérébral est composé de deux parties régulières, égales, plus ou moins unies en une seule; il communique avec un ganglion sous-œsophagien, en formant ainsi une espèce d'anneau. Les ganglions de la vision placés derrière l'œil, et celui de l'audition, sont plus ou moins liés avec le ganglion cérébral. De ces derniers partent les diverses branches de nerfs qui se dirigent vers les organes du tact et de la manducation. Les ganglions de l'appareil locomoteur se rattachent au cerveau; ils sont situés de chaque côté, plus ou moins près de celui-ci. Tous les filets nerveux qui, suivant la plus grande perfection des êtres, se rendent à toutes les parties musculaires du corps des céphalopodes et du pied des gastéropodes; les filets qui vont l'attacher aux ganglions viscéraux, dont l'un est placé près des organes de la génération, et l'autre près de l'estomac, se rattachent par des branches au ganglion cérébral, ainsi que les filets nerveux des bras des céphalopodes, de leurs cupules, des expansions charnues du corps et d'une infinité de points des différentes parties de la tête.

La complication, le nombre des filets nerveux, le volume du ganglion cérébral et des autres, est toujours en raison du développement des organes. En effet, le ganglion cérébral n'est plus dans une boîte cartilagineuse chez les gastéropodes, il est seulement recouvert de tissu cellulaire et placé sur l'œsophage, derrière la bouche. Chez les acéphales, cette partie est encore plus réduite, et de ce ganglion partent les filets nerveux qui vont au pied, ceux qui vont aux siphons, et enfin ceux qui bordent le manteau et jettent des rameaux vers les cirrhes et les organes du tact, qui le circonscrivent quelquefois, comme chez les *Pecten*, les *Lima*, les *Spondylus*.

Organes de la vision.

Les organes de la vision sont presque toujours en rapport avec le développement de la tête. Cela est si vrai que les céphalopodes[1] pourvus d'une tête complète ont des yeux très-parfaits, que la plupart des gastéropodes ont encore des yeux[2] moins compliqués, tandis que d'autres[3] en sont dépourvus, ainsi que les ptéropodes. Cet organe manque tout à fait chez les acéphales[5] qui n'ont pas de tête. On a cru le retrouver dans les appendices obtus du pourtour du manteau des *Pecten*, mais je crois que ce sont des organes du tact seulement plus développés.

La complication, la forme, et la place de l'organe de la vision chez les Mollusques qui en sont pourvus, est on ne peut plus variable. Les yeux des céphalopodes[6], tout aussi parfaits que ceux des mammifères, sont plus ou moins libres dans un orbite, et placés symétriquement aux régions latérales de la tête. Ils ont un cristallin, une humeur vitrée, des muscles, des nerfs spéciaux, absolument comme les animaux vertébrés; mais lorsque de cette classe on passe aux gastéropodes, l'organe de la vision n'a plus cette remarquable perfection. Les yeux sont immobiles, à moins qu'ils ne soient portés par un pédoncule. En effet, ils sont placés à l'extrémité des tentacules oculaires, très-longs chez les pulmonés terrestres[7]. Ils sont encore mobiles, situés soit sur le milieu de la longueur des tentacules[8], soit sur un pédoncule

[1] Des genres *Sepia, Loligo.*

[2] *Les Murex*, les *Helix*, les *Turbo*.

[3] Les *Buccinanops*.

[4] *Hyalæa, Cleodora.*

[5] *Venus, Ostræa, Terebratula.*

[6] *Sepia, Ommastrephes, Loligo.*

[7] *Helix, Limax, Succinea.*

[8] Chez les *Murex*, les *Purpura*, les *Crepidula*, et surtout chez les *Strombus* et les *Pterocera*.

distinct, à la base des tentacules[1], chez des gastéropodes marins; mais l'organe de la vision, toujours moins complet, ne se trouve plus bientôt que sur un très-léger renflement de la base des tentacules[2], et perd alors de sa mobilité. Enfin, les yeux, placés en avant ou en arrière des tentacules, finissent par être situés tout simplement au milieu du derme supérieur de la tête[3], et ne peuvent plus apercevoir que les objets qui sont au-dessus d'eux.

Il résulte de ces modifications que l'organe de la vision, si vif, si complet chez les céphalopodes, diminue de perfection à mesure qu'on descend dans l'organisme animal, et finit par disparaître, même chez les gastéropodes, tandis que les acéphales n'en ont jamais de traces.

Organes de l'audition.

Les zoologistes[4] avaient eu, chez quelques céphalopodes[5], connaissance d'un sac auriculaire creusé dans la paroi latérale inférieure du cartilage du cerveau; mais ils avaient en même temps nié que ce sac auriculaire eût une communication extérieure, une oreille véritable[6]. La série de recherches auxquelles je me suis livré relativement aux céphalopodes m'a prouvé, au contraire, que dans cette classe[7] il y avait un trou auditif externe[8], et même quelquefois une conque extérieure parfaite-

[1] Chez les *Turbo*, les *Haliotis*, les *Ampullaria*.

[2] Chez les *Littorina*, les *Cyclostoma*, les *Paludina*.

[3] Chez les *Cavolina*, les *Aplysia*, les *Bulla*.

[4] Cuvier, etc.

[5] Dans les genres *Sepia* et *Octopus*.

[6] Cuvier, *Mémoire sur l'anatomie des Mollusques céphalopodes*, p. 42. —M. de Blainville, *Dictionnaire des sciences naturelles*, t. XXXII, p. 91, dit positivement qu'il n'y a pas même de communication immédiate à l'extérieur.

[7] *Céphalopodes acétabulifères*, Introduction, p. XIX.

[8] Chez les *Octopus*, les *Philonexis*, les *Argonauta*.

ment distincte[1]. Si les céphalopodes offrent des organes de l'audition très-compliqués, il n'en est pas ainsi des autres classes, chez lesquelles on n'en a pas encore découvert.

Organes du tact ou du toucher.

Les organes du tact doivent recevoir un développement d'autant plus grand que les organes de la vision et de l'olfaction sont moins complets; car ils sont dès lors obligés de les suppléer et pour ainsi dire d'en cumuler les fonctions. Leur variété de forme, de position, est toujours en rapport avec la manière de vivre des êtres, et en raison de leurs moyens de locomotion. Les organes du tact sont, chez les céphalopodes[2], sous la forme de huit ou de dix bras qui entourent la bouche à la partie céphalique antérieure, et jouissent d'une liberté de mouvements remarquable. Chez les gastéropodes, ils sont on ne peut plus diversifiés. Ils se forment de deux tentacules plus ou moins longs, coniques, placés soit au milieu, soit aux côtés de la tête[3]; d'autres tentacules coniques[4] ou aplatis[5], qui appartiennent aux côtés de l'ouverture buccale, ou même de toute la partie charnue du pourtour de la région céphalique[6]. L'organe du tact paraît être aussi exercé, chez quelques gastéropodes, par ce long tube respiratoire qui s'étend en avant dans le parfait développement et dans la marche[7]. Lorsqu'on passe aux animaux acéphales, les organes du tact semblent se multiplier, en raison de l'imperfection des autres parties. Non-seulement on les re-

1 Elle est très-marquée chez les genres *Loligo, Sepioteuthis, Onychoteuthis.*

2 *Sepia, Octopus, Loligo.*

3 *Aplysia, Trochus, Turbo, Murex,* etc.

4 *Helix, Cavolina, Ampullaria, Vermetus*

5 Chez les *Oliva,* les *Olivancillaria.*

6 *Chiton, Natica, Nerita, Neritina.*

7 *Murex, Ampullaria, Conus, Mitra,* etc.

trouve plus intimes dans les palpes labiales qui entourent la bouche, qu'elles soient arrondies[1] ou qu'elles soient aiguës[2], mais encore très-nombreux et très-compliqués aux bords ciliés du manteau[3], dans les cirrhes qu'on remarque au pourtour des siphons de beaucoup de bivalves[4], dans l'extrémité des siphons eux-mêmes, dans leur valvule intérieure[5] ou bien encore dans les tentacules branchiaux des brachiopodes[6].

Indépendamment de la multiplicité de ces organes spéciaux du tact, on peut dire que le haut degré d'irritabilité et de sensibilité de toutes les parties extérieures de la peau des Mollusques, doit encore en faire le siége du tact. En effet, le moindre contact, le moindre mouvement imprimé à l'eau ou à l'air, autour du corps des Mollusques, suffit souvent pour les faire se contracter, de même que l'altération du liquide ou de l'air dans lequel ils vivent au moyen d'une liqueur ou d'un gaz quelconque. Cette expérience, que j'ai souvent renouvelée, prouve même que le sens de l'odorat est, pour ainsi dire, lié à celui de la sensibilité du tact ou du toucher.

Quoiqu'on n'ait pas reconnu d'organe spécial de l'olfaction chez les Mollusques, l'irritabilité dont je viens de parler atteste qu'ils doivent le posséder à un haut degré, soit qu'on le place dans les nombreux pores du derme, soit qu'on le spécialise dans les tentacules, aux appendices labiaux, aux orifices des organes de la respiration, soit encore qu'on le retrouve dans ces singuliers réservoirs aquifères qui entourent une partie de la tête des céphalopodes[7], et pénètrent par un pore sous le pied de cer-

[1] *Anodonta, Corbula, Pectunculus, Mycetopus.*

[2] *Mactra, Venus, Tellina*, etc.

[3] *Pecten, Lima, Venus, Anodonta.* Quelques gastéropodes des genres *Patella, Hatiolis*, etc., jouissent aussi de cette faculté.

[4] *Venus, Lyonsia, Pholas, Anodonta, Castalia.*

[5] Chez les *Lavignon*, les *Mactra*, etc.

[6] *Terebratula, Orbicula, Lingula.*

[7] Chez les genres *Philonexis* et *Argonauta*, ils sont surtout très-développés.

tains gastéropodes[1] ou dans les diverses parties du corps de beaucoup d'autres.

Organes de locomotion.

La locomotion est une partie de l'organisation des Mollusques d'autant plus importante qu'elle est presque toujours en rapport avec la perfection des autres organes. Elle varie beaucoup suivant les séries et même suivant les genres, ce qui me force à développer les détails relatifs aux organes qui en sont le siége, et leurs différents modes de fonctionner. La locomotion s'opère chez les Mollusques de trois manières distinctes :

1° Par le refoulement de l'eau; 2° par la natation; et 3° par la reptation. Il reste ensuite un grand nombre de Mollusques qui, fixés par un byssus ou par leur coquille, sont privés de tout moyen de locomotion.

La locomotion, due au refoulement de l'eau, a lieu chez les céphalopodes et les biphores. Elle s'exécute chez les premiers au moyen d'un organe spécial tubuleux, long et charnu, que j'ai en conséquence nommé *tube locomoteur*[2]. Il est placé à la partie inférieure et antérieure du corps. L'élément aqueux entre par l'ouverture antérieure du corps et remplit cette partie. Lorsque l'animal veut changer de place, il contracte violemment son corps ainsi rempli d'eau, et expulse le liquide avec force par le tube locomoteur. Ce mécanisme singulier le fait, par suite de ces mouvements répétés, avancer à reculons[3], souvent avec une telle vitesse, que certaines espèces s'élancent ainsi comme une flèche, du sein de l'onde, jusque sur le pont des plus grands navires[4]. Ce moyen, néanmoins, est facultatif; car l'eau qui a servi à la respiration peut être expulsée par

[1] *Oliva, Ancillaria, Conus.*

[2] *Monographie des Céphalopodes acétabulifères*, Introduction, p. xxxi.

[3] Chez les *Sepia*, les *Loligo*, le *Nautilus*, etc., etc.

[4] J'ai souvent vu ce fait pour des espèces des genres *Sepioteuthis* et *Ommastrephes*.

le tube locomoteur sans amener de mouvements. Les muscles du corps reçoivent, par suite de leurs fonctions, une épaisseur et une force extraordinaires. Les *Biphores*, quoique si peu complets dans leur organisation, nagent également par la contraction du corps et par l'expulsion de l'eau; mais, proportionnés à la mince couche musculaire des animaux, leurs mouvements sont toujours très-lents.

La natation est, chez les Mollusques, beaucoup moins générale qu'on ne pourrait le croire. Elle s'exécute chez les céphalopodes de deux manières différentes, soit seulement par les mouvements des bras qui s'agitent en différents sens[1], soit par l'action simultanée des bras et de l'ondulation des nageoires qu'on remarque autour ou à l'extrémité du corps[2]. Elle a lieu chez les ptéropodes[3] au moyen des deux ailes ou nageoires céphaliques très-musculeuses; et chez les nucléobranches, à l'aide soit de cette expansion aliforme unique qui porte le rudiment du pied[4], soit par les mouvements ondulatoires des nageoires placées aux côtés ou à l'extrémité des corps[5]. Plus rare chez les gastéropodes, elle existe chez les *Phylliroe*, qui n'ont pas d'autres moyens de se mouvoir. Tout à fait exceptionnelle chez tous les autres genres, elle y est, pour ainsi dire, anomale. Je l'ai pourtant observée chez les *Oliva*, qui, de temps en temps, abandonnent leur manière ordinaire de vivre sur le sable et s'élèvent dans les eaux, en agitant les deux côtés de leur pied, à la manière des *Hyalea*; mais c'est seulement pour quelques instants, car ces animaux recommencent ensuite à ramper sur le sol. On a dit que certaines bivalves avaient ce moyen de locomotion, en agitant les deux coquilles[6]; néan-

1 Chez les *Octopus*, les *Philonexis*.

2 *Sepia, Loligo, Ommastrephes, Sepioteuthis*, etc.

3 *Hyalea, Cleodora, Creseis, Cuvieria*,

4 *Atlanta, Helicophlegma, Carinaria, Firola*.

5 Chez le genre *Sagitta*.

6 On l'a dit du genre *Pecten*. Ce qui diminue la probabilité du fait, c'est que ce genre est fixé au sol par un byssus.

moins, je n'ai rien vu qui puisse me le faire croire. On a dit encore que des gastéropodes nudibranches pouvaient nager au moyen de leurs branchies[1]; c'est encore une opinion dénuée de fondement; au moins n'ai-je rien observé de semblable dans mes expériences répétées.

La reptation est le moyen le plus généralement employé par les Mollusques pour se mouvoir et changer de place. Ce mouvement est loin de s'exécuter toujours avec le même organe et d'une manière identique. On peut l'envisager sous trois points de vue différents, suivant les organes dont il dépend, ou suivant le mode qui lui est particulier.

Le premier mode de reptation, le plus rapproché de la marche des animaux supérieurs, a lieu au moyen des bras des céphalopodes, seulement lorsque ces parties ont pris un grand développement en raison du reste, comme chez les *Octopus* et les *Argonauta*. L'animal marche ou rampe au fond des eaux, en avançant successivement ses bras et fixant ses cupules aux différents corps sous-marins, afin de se former des points d'appui propres à le faire avancer. Ce mode de mouvement est, comme on le voit, tout à fait exceptionnel, et restreint à un petit nombre de genres parmi les animaux les plus parfaits.

Le second moyen de reptation est exécuté par une partie musculaire, plane, discoïdale, ovale, oblongue ou allongée, située sous le ventre des Mollusques, et qu'on nomme *pied*. C'est même de la position de cette partie combinée avec ses fonctions que les animaux qui en sont le plus généralement pourvus ont reçu le nom de *Gastéropodes*. Le pied ne se trouve représenté chez les céphalopodes que dans le genre *Nautilus*, où il est rudimentaire, et purement accessoire pour la locomotion; il ne lui sert même probablement qu'à se fixer momentanément. Les ptéropodes, lorsqu'ils en sont pourvus, ne l'ont encore qu'à l'état

[1] Je me suis assuré que le balancement des branchies était déterminé par le mouvement des eaux.

rudimentaire[1]. Il en est de même des nucléobranches[2]; ainsi, les gastéropodes proprement dits sont les seuls chez lesquels le pied se retrouve dans tout son développement. Formé d'un grand nombre de fibres musculaires croisées en tous sens, et principalement longitudinales, le pied varie infiniment pour la forme, et représente souvent une surface charnue presque circulaire[3]; d'autres fois il est ovale, tronqué en avant, arrondi[4] ou acuminé en arrière[5]. Il se rétrécit enfin et devient presque linéaire chez d'autres genres[6]; mais, dans toutes ces modifications, les fonctions restent toujours les mêmes. Du contact immédiat de tous les points du pied des Mollusques avec le sol terrestre[7] ou sous-marin[8], naît une espèce de reptation, la tête en avant, exécutée par le déplacement des fibres musculaires longitudinales qui, suivant la partie où elles sont placées, deviennent tour à tour point fixe, en faisant avancer le reste comme par un mouvement ondulatoire successivement transmis dans toute la longueur de l'organe. Ce mode de reptation, plus ou moins rapide, suivant la perfection de l'organe[9], ou suivant le poids de la coquille que l'animal doit traîner après lui[10], s'exerce le plus souvent sur des corps solides; néanmoins des Mollusques d'eau douce[11] ou d'eau salée[12], lorsqu'ils trouvent le contact d'une partie résistante avec l'air extérieur, les parois d'un vase

[1] Les genres *Cuvieria*, *Clio*, *Pneumodermon*.

[2] Les *Atlanta*, les *Carinaria*, les *Cardiapus*, les *Firola*.

[3] Les *Concholepas*, les *Patella*, les *Pleurobranchus*, quelques *Doris*.

[4] Chez les *Littorina*, *Purpura*.

[5] Les *Nassa*, les *Buccinanops*, *Harpa*.

[6] *Scyllæa*, quelques *Aplysia*.

[7] Pour les pulmonés *Helix*, *Bulimus*, etc.

[8] Pour tous les gastéropodes côtiers, *Purpura*, *Littorina*, *Murex*, etc.

[9] Le pied est surtout très-complet chez les *Helix*, les *Limax*, les *Oliva*, etc., qui vont très-vite.

[10] Ce poids est énorme chez les *Pterocera*, les *Strombus*, etc.

[11] Les *Lymnea*, les *Physa*, les *Planorbis*.

[12] Je l'ai souvent observé pour les *Cavolina*, les *Tergipes*, les *Polycera*, etc.

par exemple, se retournent à la surface de l'air, et continuent à y ramper comme sur le sol. Alors le pied est en contact immédiat avec l'air; et, à l'aide d'une loupe, on peut suivre les contractions de ses différentes parties, absolument comme s'il rampait sur une surface dure.

Le développement du pied n'est pas toujours en rapport avec la vitesse de locomotion des Mollusques. Chez quelques gastéropodes, cet organe, très-large, donne pourtant une marche très-lente[1]. Il sert plutôt à l'animal à se cramponner fortement. Cela est si vrai qu'il n'a souvent d'autre objet que de fixer l'animal à des corps solides pour toute la durée de sa vie[2]. D'autres gastéropodes, dont la coquille est fixe, n'ont, comme on devait le croire, qu'un pied rudimentaire, qui ne sert plus à la reptation, mais bien à soutenir l'opercule et à fermer la coquille[3]. D'autres genres, pourvus d'une vessie aérienne qui les soutient à la surface des eaux[4], ont encore un pied très-petit. Enfin, il est des genres où le pied n'existe pas du tout[5], l'animal étant purement nageur.

Le troisième mode de reptation est celui qu'exerce le pied des Coquilles bivalves. Ce pied, au lieu de former toujours une surface plane, plus ou moins large, comme on le voit chez les gastéropodes, est très-variable dans sa forme. Très-rarement il peut s'épanouir en disque[6], étant plus généralement tranchant sur son bord[7], ou obtus[8]. Il est souvent triangulaire[9]; d'autres fois arrondi[10]; il s'allonge en un long cylindre obtus[11], ou forme un

1 Chez les *Patella*, les *Helcion*, les *Chiton*.

2 Chez les *Pileopsis*, les *Infundibulum*, les *Crepidula* les *Calyptræa*.

3 Cela a lieu chez les *Siliquaria* et les *Vermetus*.

4 On voit cela chez toutes les espèces du genre *Janthina*.

5 Chez les *Phylliroe*.

6 On le voit ainsi chez les *Solemya*, les *Nucula*, les *Pectunculus*.

7 Chez les *Mactra*, les *Venus*, les *Tellina*, etc.

8 Chez les *Mya*, les *Lyonsia*, les *Pholas*.

9 Les *Mactra*, les *Tellina*, les *Venus*, les *Pectunculus*.

10 Les *Lyonsia*, les *Cyclas*.

11 Chez les *Solen*, les *Mycetopus*.

coude très-prononcé[1]. En thèse générale, on peut dire que, suivant le plus ou moins grand développement du pied des acéphales, les mouvements sont plus ou moins puissants; tandis que sa forme influe sur la nature de ces mouvements, les détermine même, ou se trouve au moins toujours en rapport avec elle. En effet, dans cette classe, on doit distinguer ceux qui peuvent encore recevoir le nom de reptation, de ceux qui, exercés de bas en haut, établissent le passage des êtres marcheurs aux animaux privés de locomotion, auxquels il ne reste plus que la liberté d'action isolée de leurs diverses parties.

La véritable locomotion chez les Mollusques acéphales s'opère au moyen du pied, lorsqu'il est plus ou moins tranchant ou dilaté sur son bord. Ces êtres, enfoncés perpendiculairement ou un peu obliquement dans le sable et dans la vase des rivages, les siphons en haut pour la respiration, et le pied sur le côté inférieur, avancent, dans une direction donnée, à l'aide des contractions qu'exercent les diverses parties de ce pied. C'est ainsi que quelques genres se meuvent lentement en ligne droite, traçant dans le sable un long sillon[2]. On conçoit néanmoins toute l'imperfection et toute la lenteur d'une telle marche.

Chez beaucoup d'acéphales, on ne voit pas même cette locomotion imparfaite. Placée perperdiculairement dans le sable, dans le sable vaseux, ou dans la vase, la Coquille, n'a plus qu'un mouvement de va et vient de haut en bas, proportionné à la longueur du trajet que l'animal doit parcourir dans le trou qu'il s'est formé. Ainsi, quelques genres s'enfoncent de deux tiers de mètre dans le sable, avec une promptitude réellement remarquable. Ce mouvement est sujet encore à des modifications; car il est des Mollusques dont tout l'ensemble plonge à la fois[3]; tandis que chez d'autres le pied est fixé et ne laisse à la Coquille d'autre mouvement que celui déterminé par la

[1] Chez les *Cardium*.

[2] Les *Anodonta*, les *Mactra*, etc.

[3] Chez le genre *Solen*, *Lutraria*.

plus ou moins grande élasticité ou l'allongement de ce pied[1].

D'autres bivalves, qu'elles soient libres dans le sable et dans la vase[2], ou qu'elles soient engagées dans les pierres[3], n'ont plus ce mouvement d'ascension. Il ne leur reste, pour gagner la surface du sol, que l'allongement variable de leurs tubes. Dans les genres ainsi restreints, les uns ont encore un pied assez développé[4], mais beaucoup d'autres ne l'ont plus que rudimentaire[5]. A mesure qu'on descend de la perfection du mouvement à l'immobilité plus ou moins complète, on trouve que les animaux eux-mêmes se fixent au sol par un tube charnu[6], ou par les fibres durcies, devenues cornées, du pied, qui forment alors ce qu'on appelle un *byssus*[7]. Plus immobiles encore, il y a enfin des Mollusques fixés par leur coquille, et qui, dans ce cas, sont forcés de se conformer, pendant leur vie, aux milieux d'existence où le hasard les a fait se placer[8]. Il ne reste plus à ceux-ci que des mouvements partiels imprimés aux divers organes pour l'exercice de leurs fonctions.

Station normale.

La station normale des Mollusques étant presque toujours en rapport avec leur mode de mouvement ou de locomotion, je n'en dirai ici que quelques mots, parce que je dois, aux diverses classes, traiter ce sujet avec l'attention qu'il mérite. La station normale la plus ordinaire, dans la natation comme dans le repos, est toujours horizontale chez les céphalopodes; néanmoins

1 Je l'ai observé pour les *Mycetopus*.

2 Les *Mya*, les *Panopæa*, etc.

3 Les *Lithodomus*, les *Pholas*, les *Saxicava*, etc.

4 Les *Pholas*.

5 Les *Lithodomus*, les *Saxicava*.

6 Les *Terebratula*, les *Lingula*.

7 Quelques *Arca*, les *Mytilus*, les *Pinna*, quelques *Cardita*, quelques *Lyonsia* et *Avicula*.

8 Les *Spondylus*, les *Ostræa*, les *Chama*, les *Crania*, etc.

la plupart se tiennent le tube locomoteur en dessous[1], tandis que d'autres paraissent l'avoir en dessus[2]. Les gastéropodes ont encore, dans le repos et dans la locomotion, la position normale moyenne horizontale, le pied fixé au sol[3]. On a vu que pour eux[4], quoique leur mode habituel de reptation fût horizontal le pied en bas, quelques-uns, soit momentanément[5], soit d'habitude[6], peuvent garder la position inverse, c'est-à-dire le pied en l'air dans leur reptation ou dans leur natation[7].

La station normale verticale, la tête en haut, m'a paru exister chez les ptéropodes seulement[8]; tandis que la station normale, la bouche en bas, les tubes en haut, est une conséquence indispensable de la conformation, et de la manière de vivre de toutes les Coquilles bivalves régulières, celles-ci étant toujours enfoncées dans le sable, dans la vase ou dans la pierre, et ne pouvant respirer et vivre qu'autant que leurs siphons arrivent à la surface du sol et reçoivent le liquide aqueux[9]. Si pourtant les bivalves libres vivent de cette manière, si quelques-unes des bivalves fixées par leur byssus la suivent encore, les bivalves non symétriques, au contraire, ont une position naturelle distincte et analogue à celle des pleuronectes parmi les poissons. L'animal, au lieu de présenter dans sa station ses parties paires ou mieux la ligne de séparation des deux lobes du manteau suivant une verticale, les montre dans une direction horizontale. Celles-ci sont dès lors, par rapport aux premières, comme si elles étaient couchées sur le côté[10].

Ainsi, l'on voit chez les Mollusques, comme chez les mammi-

[1] Les *Sepia*, les *Loligo*, les *Ommastrephes*.
[2] Les *Histioteuthis*, quelques *Enoploteuthis*.
[3] Les *Patella*, les *Littorina*, les *Buccinium*.
[4] Voyez p. 39.
[5] Les *Phisa*, les *Lymnea*, les *Cavolina*, les *Tergipes*.
[6] Les *Glaucus*.
[7] Les *Histioteuthis*, les *Enoploteuthis*.
[8] Chez les *Clio*, les *Pneumodermon*,
[9] Pour les *Venus*, les *Solen*, les *Tellina*, les *Cardium*.
[10] Les *Pecten*, les *Avicula*, les *Perna*, etc.

fères ou chez les poissons, indépendamment des stations normales bien distinctes en rapport avec les grandes divisions zoologiques, d'autres stations inverses déterminées par la disposition des organes.

Organes de préhension.

Dans un grand nombre de cas, les organes du tact, du toucher, sont les mêmes que les organes de la préhension; néanmoins il arrive souvent que ces organes sont distincts. Les organes de préhension sont ces huit ou dix bras placés autour de la tête, et qui ont valu leur nom aux *céphalopodes*. Les uns extensibles[1], les autres non[2], servent en effet, au moyen des cupules[3] et des crochets[4] dont ils sont armés, à saisir la proie, à la retenir, tandis que les mâchoires agissent[5]; j'ai même remarqué que, dans quelques genres[6], ces bras remplissent tout à fait l'office de mains. Chez quelques ptéropodes[7], ce sont encore des cupules de même nature qui, en faisant le vide, retiennent les objets; mais lorsqu'on descend aux gastéropodes, il n'y a plus que les palpes labiales[8], la trompe[9], ou les lèvres d'une très-médiocre puissance. Les acéphales ont encore moins de moyens de préhension, les tentacules labiaux[10] pouvant seuls, dans les genres qui en sont pourvus, exercer une faible action de ce genre. Les derniers des acéphales manquent

1 Les bras tentaculaires des *Loligo*, des *Sepia*, des *Ommastrephes*, des *Onychoteuthis*.

2 Les bras des *Octopus*, des *Argonauta*, des *Philonexis*.

3 Chez les *Loligo*, les *Sepia*, les *Octopus*.

4 Chez les *Onychoteuthis*, les *Enoploteuthis*, les *Belemnites*.

5 Chez tous les céphalopodes, ces mâchoires cornées sont énormes.

6 Je l'ai vu pour les *Onychoteuthis*, qui ont deux systèmes de cupules. Voyez ce genre.

7 Les *Pneumodermon* et les *Spongiobranchia*.

8 Chez quelques *Helix*.

9 Chez les *Mitra*, les *Dolium*.

10 Chez les *Venus*, les *Mactra*, les *Anondonta*, les *Pectunculus*.

de cet organe, et n'ont d'autre moyen de retenir leur proie que les contractions de la bouche[1].

Organes de manducation et de digestion.

La bouche, entourée de bras pourvus de cupules, de doubles lèvres, de mâchoires cornées puissantes, et d'une langue armée de dents, chez les céphalopodes[2], est infiniment plus simple chez les gastéropodes, où le plus souvent, avec un bourrelet demi-circulaire, il existe en haut une dent sur laquelle agit la langue[3], une trompe armée ou non de dents, ou seulement une langue spirale armée[4]. Chez les acéphales, au milieu des palpes labiales, il n'y a plus qu'une ouverture buccale sans dents ni moyens de mastication[5]. Les moyens de manducation des Mollusques sont, comme on le voit, on ne peut plus variés, suivant les classes, les familles et les genres, offrant, lorsqu'ils existent, une grande diversité de complications et de modifications des dents buccales ou linguales ; mais les céphalopodes seuls ont deux mâchoires cornées très-puissantes qui agissent de haut en bas comme le bec d'un perroquet, placées néanmoins dans un sens inverse, la mandibule la plus grande en bas.

Les organes de la digestion sont sujets à un grand nombre de modifications. L'estomac, simple ou multiple, a quelquefois dans son intérieur des dents[6], de grandes pièces cornées[7], ou même calcaires[8]. Les intestins sont diversement dirigés et compliqués. Les glandes salivaires n'existent que rarement[9]; mais

[1] Chez les *Salpa*, les *Acidia*, etc.
[2] Les *Octopus*, les *Sepia*, les *Argonauta*, les *Loligo*.
[3] Chez les *Limax*, les *Helix*, les *Bulimus*, etc.
[4] *Patella*, *Chiton*, *Cypræa*.
[5] Les *Venus*, les *Ostræa*, les *Lucina*.
[6] Chez les *Aplysia*.
[7] Chez quelques *Bulla*, entre autres la *Bulla hydatis*.
[8] Chez la *Bulla lignaria*, la *Bullæa aperta*.
[9] Chez les céphalopodes seulement.

on voit toujours un énorme foie composé de lobes et de lobules d'où naissent les radicules des vaisseaux biliaires, qui, agglomérés en gros troncs, pénètrent dans l'estomac ou dans l'intestin.

Organes de la circulation.

L'appareil de circulation des Mollusques diffère peu de celui des poissons. Ces animaux ont un *cœur aortique* placé sur le trajet du sang qui se rend des branchies ou du sac pulmonaire aux diverses parties du corps. Le cœur n'a pas toujours des oreillettes; on voit alors, à la base des branchies, des cœurs veineux distincts du ventricule aortique[1], mais le plus souvent le cœur se compose : 1° d'un ventricule d'où naissent les artères; 2° d'une ou deux oreillettes communiquant avec les vaisseaux, qui servent à faire venir des branchies ou de la poche pulmonaire le sang artériel, que des veines y apportent plus ou moins directement[2]. Chez tous les Mollusques, la circulation forme un cercle. Le sang artériel, en traversant le cœur, se rend dans toutes les parties du corps, revient par les veines à l'appareil de respiration, et, après avoir subi l'influence de l'air, il retourne vers le cœur.

Organes de la respiration.

Ces organes sont on ne peut plus variés dans leurs fonctions, dans leurs formes ou dans leur position. En effet, par suite de leur existence terrestre, beaucoup de Mollusques respirent l'air en nature, au moyen d'une cavité pulmonaire tapissée de vaisseaux afférents et efférents, dans laquelle pénètre l'élément ambiant[3].

[1] Chez les céphalopodes des genres *Sepia*, *Loligo*, *Octopus*, etc.

[2] Chez les gastéropodes, *Helix*, *Bulla*, *Buccinum*, etc., et chez les acéphales : *Ostrea*, *Venus*, etc.

[3] *Limax*, *Helix*, *Cyclostoma*, *Helicina*, etc.

D'autres ont encore, avec une respiration aérienne analogue, moins développée[1], la respiration aquatique ou aqueuse.

Les Mollusques, vivant pour la plupart au sein des mers et des rivières, sont au contraire obligés de respirer dans l'eau douce ou salée, au moyen de véritables *branchies* plus ou moins rapprochées de celles des poissons.

Les branchies sont simples ou multiples, internes ou externes, et affectent toutes les modifications, toutes les positions. Placés dans l'intérieur du corps des céphalopodes[2], sous la figure pyramidale ou ovale, ces organes se composent alors de quatre lobes formés de deux lames divisées en loges verticales par des cloisons nombreuses, où deux couches verticales et transverses de vaisseaux sont formées, l'une par les ramifications de l'artère branchiale, l'autre par les veines. Les branchies internes se montrent, chez beaucoup de gastéropodes, sous la forme de peignes plus ou moins développés, fixes [3] ou libres dans une partie de leur circonférence, représentant plus ou moins alors un rameau unique conique [4] ou deux rameaux pairs, placés au-dessus de la tête [5]. Les bivalves les ont encore internes, composées soit d'une[6], soit de deux lames entières, inégales, placées de chaque côté[7], soit de lanières séparées et libres[8], mais toujours disposées dans l'intérieur en dedans du manteau. On les voit internes, mais formées d'un réseau simple chez les ascidies[9] ou d'une frange, comme chez les salpa [10].

Les branchies, plus ou moins protégées par le manteau, se montrent sous la forme de lobes coniques tout autour, en des-

[1] Je l'ai remarqué chez les *Ampullaria*, qui peuvent, sans périr, rester une année hors de l'eau.

[2] Chez les *Octopus*, les *Loligo*, les *Nautilus*, les *Sepia*.

[3] Chez les *Buccinum*, les *Murex*, etc.

[4] Chez les *Helcion*.

[5] Chez les *Haliotis*, les *Stomatia*.

[6] Chez les *Lucina*.

[7] Chez les *Venus*, les *Ostræa*, les *Mactra*, etc.

[8] Les *Lithodomus*, les *Trigonia*, les *Solemya*.

[9] Chez les *Ascidia* et genres voisins.

[10] Chez tous les biphores et genres voisins.

sous[1], ou en lames longitudinales sur la partie antérieure seulement[2]. Quelquefois un seul lobe branchial pyramidal existe sur l'un des côtés du corps[3].

Enfin, une dernière modification des branchies les présente entièrement externes. Quelquefois elles forment une série de branches ramifiées, contractiles, placée en cercle sur la partie postérieure du corps, tout autour[4] ou seulement d'un côté[5] de l'ouverture anale, sur une rangée de chaque côté du corps[6], ou sur des espèces d'expansions spéciales[7]. D'autres fois, plus simples, les branchies se forment des expansions digitées de la peau du dos, placées par lignes transversales[8], ou bien sont marquées, à l'extérieur, par des tubercules en lignes sur les côtés du corps[9].

La respiration a lieu de diverses manières, suivant la forme et la place de l'organe. Chez les pulmonées terrestres, il y a un orifice placé soit sur le côté droit[10], soit à l'extrémité du corps[11]. Chez les Mollusques pourvus de branchies, le liquide entre par les côtés du corps, et il est expulsé par un tube spécial, comme chez les céphalopodes[12]. Les bivalves, munies de siphons, font à peu près de même; l'eau entre par l'ouverture du manteau, et les contractions des lobes de celui-ci la chassent vers le siphon[13]. Le tube que portent en avant beau-

[1] Chez les *Chiton*, les *Chitonella*.

[2] Chez les *Diphyllidia*. J'ai, le premier, reconnu que ce genre n'a pas, comme le croyaient Cuvier et M. de Blainville, les branchies tout autour, sous le manteau.

[3] Chez les *Pleurobranchus*, les *Aplysia*, les *Umbrella*.

[4] Chez les *Doris*, les *Doridigitata*, les *Doriprismatica*.

[5] Chez les *Tergipes*.

[6] Chez les *Tritonia*.

[7] Les *Scyllœa* et les *Glaucus*.

[8] Les *Cavolina*, etc.

[9] Chez les *Phylliroe*.

[10] Chez les *Helix*, les *Bulimus*, les *Limax*.

[11] La *Testacella*.

[12] Le tube locomoteur des *Sèpia*, *Octopus*, *Loligo*, etc.

[13] Cela arrive chez les *Venus*, les *Mactra*, les *Tellina*.

coup de gastéropodes[1] remplit plus ou moins les mêmes fonctions, mais ce tube diminue de longueur, suivant les genres, ne laisse plus d'abord que des replis du manteau[2], puis des ouvertures simples ; et enfin, les branchies libres, demi-internes ou tout à fait extérieures, reçoivent directement l'élément aqueux, renouvelé, le plus souvent, dans le repos par les courants, ou dans l'activité par la marche.

Organes de la génération.

On trouve chez les Mollusques toutes les modifications dans les organes et le mode de génération. Les sexes sont quelquefois séparés; alors il y a des mâles et des femelles[3]; les sexes sont réunis sur le même individu, mais l'accouplement réciproque des parties[4] est nécessaire; ou enfin tous les individus[5] peuvent se reproduire sans accouplement.

Lorsque les sexes sont séparés, on voit chez les céphalopodes[6], l'organe mâle se composer d'un testicule placé dans l'intérieur du corps, et communiquant par le canal déférent à une verge charnue, située à gauche, près de l'anus. L'organe femelle se forme d'un ovaire placé au lieu où se trouve le testicule du mâle, et de deux oviductes qui reçoivent les œufs et les rassemblent en grappe. On ignore s'il y a un accouplement ou si les œufs se fécondent par arrosement, comme chez les poissons. Ce dernier mode paraît être le plus probable; chez les gastéropodes, où les sexes sont séparés, l'organe mâle, lorsqu'il existe, est externe, placé sur le côté droit antérieur[7].

Lorsque les sexes sont réunis sur le même individu, la par-

[1] Les *Fusus*, les *Murex*, les *Mitra*, les *Voluta*, les *Ampullaria*.

[2] Les *Melania*, les *Paludina*, les *Littorina*, etc.

[3] Chez les *Loligo*, les *Sepia*, les *Oliva*, les *Conus*.

[4] Chez les *Helix*, les *Aplysia*, les *Limax*.

[5] Chez la *Patella*, les *Calyptræa*, les *Pileopsis*, les bivalves.

[6] Les *Sepia*, les *Octopus*, les *Loligo*.

[7] Les *Oliva*, les *Conus*, les *Murex*, les *Strombus*.

tie mâle, peu différente de cette partie chez les individus à sexes séparés, est située en avant de l'ovaire. Le canal déférent suit le premier oviducte, accompagne le second, et se termine à l'organe excitateur, formé d'une verge creuse, contractile, susceptible de rentrer dans l'intérieur de la cavité viscérale [1]. Quelquefois il y a un dard testacé placé dans une poche particulière [2]. La partie femelle est analogue à ce qu'elle est chez les Mollusques dont les deux sexes sont séparés. Les orifices des deux organes sont loin d'être toujours en contact, malgré leur union intime dans l'intérieur du corps. En effet, rarement sur le côté gauche [3], ils sont généralement sur le côté droit, mais diversement disposés. Souvent l'organe mâle est près du tentacule droit, tout à fait en avant, tandis que l'organe femelle est en arrière [4]. Quelquefois ces organes sont moins éloignés [5]; enfin on les voit réunis, soit sur le même tubercule externe, vers la moitié de la longueur du corps [6], soit dans une cavité commune, placée à la base du tentacule droit [7]. Quoique les sexes soient réunis sur le même individu, il y a toujours nécessité d'accouplement mutuel réciproque. Les deux individus se placent l'un à côté de l'autre, de manière à ce que la tête du premier soit du côté opposé à la tête du second, et alors la double fécondation a lieu, par l'introduction de l'organe mâle de chacun dans l'organe femelle de l'autre [8].

Lorsque les deux sexes sont réunis sur le même individu, sans qu'il y ait nécessités de rapprochement mutuel, c'est-à-dire lorsqu'un seul individu peut se féconder lui-même, comme, par

[1] Chez les *Limax*, les *Testacella*.

[2] Chez les *Helix*.

[3] Les *Sinistrobranchus*.

[4] *Onchydium*, *Veronicellă*.

[5] Chez les *Aplysia*, par exemple.

[6] *Doris*, *Cavolina*, *Tergipes*, *Tritonia*, *Polycera*.

[7] *Helix*, *Limax*, *Bulimus*, *Achatina*, *Pupa*, etc.

[8] Chez les *Helix*, les *Aplysia*, etc.

exemple, chez quelques gastéropodes[1], l'ovaire unique et l'oviducte placé quelquefois du côté gauche, mais plus souvent du côté droit, se dirige d'arrière en avant, et se termine par un tube fort court, situé près des branchies. Chez les acéphales, l'ovaire peut s'étendre dans les branchies[2] et se prolonger en deux oviductes placés d'avant en arrière, de chaque côté de la masse viscérale; ils se terminent entre les branchies et le corps. On conçoit facilement que ce mode incomplet de reproduction devait exister chez des êtres fixés dans le lieu où ils sont nés, ou n'ayant tout au plus que des mouvements insuffisants pour le rapprochement volontaire. C'est ainsi que certains gastéropodes fixes[3] sont obligés de se reproduire, ou même lorsqu'ils sont libres, la conformation de leur coquille ne leur permet pas de contact suffisant[4]. Quant aux acéphales placées soit sous le sable, soit dans la vase, qu'elles puissent marcher[5] ou non[6], elles ne sauraient se chercher ni se joindre pour l'accouplement. Ceci se conçoit facilement, et à plus forte raison des espèces fixées au sol par un ligament, par un byssus ou enfin par la coquille elle-même[7].

Reproduction des Mollusques.

Le mode de reproduction chez les Mollusques est on ne peut plus variable, sans que cette variabilité soit toujours en rapport immédiat avec les formes zoologiques des animaux qui les produisent. Ils sont vivipares ou ovipares.

Chez les Mollusques vivipares ou ovovivipares, les embryons se développent dans l'ovaire sous forme d'œufs, éclosent dans

[1] *Haliotis, Patella.*

[2] J'ai trouvé de petites coquilles dans l'intérieur des branchies des *Cyclas,* des *Cyrena,* etc.

[3] Chez les *siliquaria,* les *Vermetus,* les *Magilus,* etc.

[4] Chez les *Patella,* les *Helcion.*

[5] Les *Venus,* les *Anodonta,* les *Cardium.*

[6] Les *Mya,* les *Solen,* les *Mycetopus,* etc.

[7] Chez les *Pecten,* les *Mytilus,* les *Spondylus,* les *Ostræa.*

les oviductes, remplissant alors les fonctions de matrices, ou entre les lames des branchies, et y grandissent assez pour être à portée de continuer la vie de l'espèce, lorsqu'ils sortent de l'animal qui les a produits. On trouve cette disposition chez des gastéropodes[1], comme chez beaucoup d'acéphales[2].

Les Mollusques ovipares sont bien plus nombreux chez les gastéropodes, puisqu'ils composent tous les genres, moins les trois que je viens de citer comme vivipares. On peut dire dès lors que ce dernier mode de reproduction est exceptionnel, tandis que les œufs sont le mode ordinaire de reproduction chez ces Mollusques. Les œufs de ces animaux peuvent se diviser en deux séries, suivant qu'ils contiennent un seul *Vitellus*, en représentant de vrais œufs, semblables à ceux des animaux vertébrés ovipares, ou suivant qu'ils renferment plusieurs embryons, et sont plutôt dans ce dernier cas des *Capsules* que de véritables œufs.

Les œufs contenant un seul embryon varient encore beaucoup. Ils sont libres, fixes, isolés ou agrégés. Les œufs isolés et libres chez quelques pulmobranches ou Mollusques terrestres, sont souvent très-gros, de forme ovale, pourvus d'une enveloppe testacée, et ressemblent en tout à des œufs d'oiseaux[3]. D'autres fois, ronds, également recouverts d'une enveloppe calcaire, ils sont unis par un gluten[4], exposés ainsi à l'action de l'air extérieur, attachés à des branches près des eaux. On les rencontre encore sous forme circulaire,

1 Dans le genre *Paludina*, la *Paludina vivipara* en montre un exemple, ainsi que le *Littorina rudis*. Ce dernier fait est d'autant plus curieux, que le *Littorina littorea* est ovipare. On le trouve encore dans la série des *Bulimus* nommée *Partula*.

2 Les espèces des genres *Cyclas*, *Cyrena*, en offrent des exemples, ainsi que l'*Ostræa edulis*.

3 Les œufs du *Bulimus ovatus*, du *Bulimus oblongus* et des *Achatina*.

4 On trouve ainsi les œufs de l'*Ampullaria insularum* et de l'*A. canaliculata*.

mais enveloppés d'une peau cartilagineuse ou gélatineuse, et déposés alors par groupes au sein de la terre [1], où la chaleur du soleil les fait éclore.

Les œufs fixes sont bien plus nombreux, en même temps qu'ils sont bien plus variés dans leur forme et dans leur manière de se grouper. Rarement isolés, ils sont ordinairement réunis. Ils sont isolés et fixes, ronds, protégés par une membrane muqueuse externe, fixés chacun par un pédoncule aux corps sous-marins, et représentent une grappe dans leur groupement chez quelques céphalopodes [2]. Ils sont encore isolés, de même nature, fixés par un pédoncule à la masse générale retenue dans la coquille de l'argonaute [3]. Ils sont isolés, cartilagineux, demi-sphériques, mais fixés par la moitié de leur circonférence chez quelques gastéropodes appartenant à diverses familles distinctes [4].

Les œufs agrégés sont infiniment plus nombreux que les œufs isolés. Ils sont réunis en bandes gélatineuses, occupent le côté libre de ce ruban, l'autre étant fixé aux rochers, chez quelques céphalopodes [5]; ou bien chez quelques gastéropodes, ce ruban contient les œufs enveloppés par lignes transverses dans la masse gélatineuse [6]. D'autres œufs, également agrégés, sont renfermés dans une matrice gélatineuse, représentant soit des grappes isolées [7], soit des grappes réunies sur un centre com-

[1] Ces œufs se rencontrent chez les *Helix*, les *Limax*, les *Testacella*, quelques *Bulimus*, les *Pupa*, les *Causilia*, etc., etc.; mais quelquefois, d'après M. Laurent, les œufs du *Limax agrestis*, ont par exception, plusieurs *vitellus*.

[2] Chez le *Sepia officinalis*.

[3] Chez l'*Argonauta argo* et chez l'*Argonauta hyans*.

[4] Chez les *Neritina*, les *Septaria*, les *Ancylus*, etc., si toutefois il n'y a qu'un seul *vitellus*.

[5] L'*Octopus membranaceus* m'en a offert un exemple.

[6] Les genres *Doris*, *Cavolina*, *Tergipes*, *Policera* en offrent des exemples.

[7] Les œufs du *Loligo subulata*, des *Crepidula*, des *Infundibulum* sont ainsi.

mun[1], soit une matrice libre, gélatineuse, conique ou spirale, renfermée dans une membrane générale[2], soit dans un chapelet gélatineux, spiral, fixé aux corps flottants[3], soit sous forme de fils, de cordons cylindriques, ressemblant à du vermicelle[4], soit enfin un amas gélatineux, informe, le plus souvent oblong, fixé aux rochers ou aux Coquilles, ou aux autres corps qui se rencontrent sous les eaux[5].

Parmi les Mollusques qui, au lieu d'avoir des œufs isolés ou agrégés, ont des *capsules* ou des *matrices* contenant plusieurs vitellus, on ne connaît encore qu'un cas où les capsules soient libres. Je l'ai recueilli sur la côte de Patagonie. C'est la capsule énorme, cartilagineuse, ovale, longue de soixante-dix millimètres de la *Voluta brasiliana*, Solander (*Voluta colocinthis*, Chemnitz)[6].

Toutes les autres capsules sont fixes et d'une variabilité extrême. Comprimées en forme de bourse, cornées, verticales, elles sont fixées par un de leurs bords[7], ou, déprimées, elles sont attachées par leurs deux extrémités, et représentent des groupes informes[8]; ou bien hémisphériques, volumineuses, elles sont fixées par la partie tronquée[9]. Quelquefois ce sont des sachets cornés, ronds[10] ou anguleux[11], tronqués ou arrondis à leur partie supérieure, un pédoncule étroit, fixés par

1 Ce sont les œufs du *Loligo vulgaris*.

2 Les œufs du genre *Ommastrephes* paraissent se déposer ainsi.

3 Les œufs des *Glaucus* sont déposés de cette manière sur les Coquilles cornées flottantes des Velelles.

4 Cela a lieu chez les *Aplysia*.

5 Je l'ai remarqué pour les œufs de *Lymnea*, de *Physa*, de *Bulla*, de *Bullæa*, de *Chilina*.

6 Voyez ma note spéciale, imprimée dans les *Annales des sciences naturelles*, en 1842, p. 117 et suivantes.

7 Dans les œufs des *Natica* de nos côtes.

8 Chez le *Buccinum undatum*.

9 Chez la *Voluta magellanica* et la *Volutella angulata*.

10 Ceux de la *Purpura* de nos côtes.

11 Dans le *Monoceros giganteum*, les *Purpura* d'Amérique.

groupes sur les corps sous-marins. D'autres fois ce sont d'énormes plaques cornées, creuses, fixées en piles cylindriques [1].

De tout ce qui précède, il paraît résulter que les seuls œufs libres appartiennent aux pulmonés; que les œufs proprement dits, à un seul vitellus, se trouvent chez les céphalopodes, les gastéropodes pulmobranches, tectibranches et nudibranches; que les capsules contenant plusieurs embryons sont plus spéciales aux pectinibranches, tandis que les Mollusques vivipares sont exceptionnels parmi les gastéropodes, et infiniment plus nombreux chez les acéphales.

Développement de l'embryon dans l'œuf.

Les œufs pondus par les Mollusques et groupés, comme je viens de le dire, dans les conditions les plus favorables, sont abandonnés, pour leur éclosion, à la chaleur du soleil; aussi les animaux se rapprochent-ils des côtes [2], afin d'y déposer leurs œufs, à moins qu'ils ne vivent d'habitude en pleine mer [3]. Alors ils les laissent flotter à la surface des eaux [4], ou les portent dessus [5] ou dans leur coquille [6]. Les œufs isolés ne prennent quelquefois leur accroissement qu'après la ponte; ce qui se remarque surtout pour les œufs enveloppés de mucosités [7]. Une fois placé dans des conditions favorables, l'œuf commence son travail. Lorsqu'il y a un seul *vitellus*, chaque œuf se compose de son enveloppe extérieure, testacée, cornée, cartilagineuse

[1] Tels sont les œufs des *Fusus*, des *Pyrula* et surtout de la *Pyrula perversa*, qui a servi à former la *Tabularia tessellata* d'Esper.

[2] Les Céphalopodes *Sepia*, *Loligo*, viennent pour cette époque; il en est de même des *Doris*, des *Aplysia*, des *Cavolina*, etc.

[3] Ce qui a lieu pour les *Ommastrephes*, les *Philonexis*, les *Onychoteuthis*.

[4] Les *Glaucus*, les *Ommastrephes*.

[5] Les *Janthina* les portent attachés sous leur vessie aérienne.

[6] Les *Argonauta*.

[7] Je l'ai observé pour les énormes œufs du *Voluta brasiliana*.

ou muqueuse, d'une autre enveloppe plus mince, dans laquelle une matière albumineuse, blanche, laisse flotter le vitellus généralement jaunâtre. Le vitellus paraît d'abord se dilater; sur un point de son pourtour, il se forme un germe d'embryon, qui grandit peu à peu au détriment de son vitellus, lequel rentre dans les intestins, au moins pour les céphalopodes, par une ouverture très-voisine de la bouche[1]. Bientôt le jeune animal absorbe son vitellus et prend du plus au moins une forme analogue à l'être parfait. Lorsqu'il a réuni assez de forces pour vivre seul, il rompt son enveloppe et commence à exister. Lorsqu'il y a plusieurs embryons dans une capsule, chaque germe a son enveloppe spéciale et forme un œuf libre, au milieu du liquide qui remplit la capsule. Ils se développent de la même manière que les œufs isolés. Une fois que l'embryon est assez formé pour sortir de son enveloppe propre, il rampe librement sur la paroi interne de la capsule, et n'en sort que lorsqu'il est assez vigoureux pour vivre à l'état de liberté [2], et résister à toutes les causes de destruction qui l'assiégent dans cette première période de son existence [3].

Variations naturelles déterminées par l'accroissement chez les Mollusques.

En prenant ainsi les Mollusques au sortir de l'œuf, au moment où ils commencent à jouir de leurs facultés, de leur existence individuelle, pour les suivre dans toutes leurs phases de développement et d'accroissement, je trouverai que ces

[1] Voyez mes planches du *Loligo vulgaris*, publiées en 1826. (*Monographie des céphalopodes.*) Genre *Loligo*, pl. X.

[2] Je l'ai observé pour les œufs de la *Voluta brasiliana*. (Voyez ma note *sur les œufs des Mollusques. Annales des sciences naturelles*, 1842. p. 121).

[3] C'est alors que, pour toutes les espèces, un nombre immense de jeunes Mollusques périssent ou sont la proie des poissons, des oiseaux, d'une foule d'animaux terrestres et marins.

phases sont quelquefois marquées chez les animaux, mais qu'elles le sont bien plus encore dans les Coquilles. En effet, les modifications que l'âge leur fait subir sont de telle nature que non-seulement elles changent complétement l'aspect, les caractères des espèces, mais qu'elles peuvent encore faire méconnaître les genres[1]. Vingt-cinq années de recherches à cet égard m'ont convaincu que, de l'étude plus ou moins approfondie de cette partie de la science, dépend principalement la bonne direction à prendre dans la détermination et la description des espèces. Sans cette connaissance préliminaire des causes d'erreurs dans lesquelles on peut tomber, tout le reste s'écroule, parce que les bases ne sont pas solidement établies. Je diviserai cet examen en périodes d'accroissement, afin de mieux faire ressortir les différences et les modifications.

Période embryonnaire de l'animal.

On pouvait supposer *à priori* que les Mollusques, comme les animaux vertébrés, doivent, en sortant de l'œuf, être infiniment moins parfaits que dans les dernières périodes de leur accroissement ; ce qui effectivement a toujours lieu pour les organes de la génération et pour l'ensemble des caractères zoologiques ; mais, dans beaucoup de cas, on serait tenté de penser le contraire, lorsqu'on voit, par exemple, se mouvoir, dans la jeunesse, des êtres qui ensuite doivent être fixés le reste de leur vie. On voit, en effet, souvent chez les Mollusques, les modifications apportées par ce premier âge embryonnaire, se multiplier à l'infini, et ne suivre aucune règle constante dans l'ensemble, tandis qu'elles sont invariables suivant les genres et surtout suivant les espèces.

Toutes les parties de l'organisation sont, dans l'âge embryonnaire, à l'état rudimentaire. L'ensemble est généralement plus raccourci, la tête plus grosse, plus ramassée ; les

[1] Du genre des *Magilus*, M. Ruppel a fait le genre *Leptoconchus*.

yeux plus gros, plus saillants; les bras, lorsqu'ils existent, sont courts, peu flexibles[1]; le pied est petit[2], et tous les autres caractères sont à l'état imparfait.

Si l'animal est moins complet dans l'âge embryonnaire, on pourrait croire que ses facultés le sont de même; ce qui pourtant n'a pas toujours lieu. Les Mollusques qui nagent vaguement dans les mers[3] n'ont pas, il est vrai, les facultés locomotives aussi développées qu'elles le seront plus tard; beaucoup de Mollusques côtiers sont encore dans le même cas[4], mais l'on voit, au contraire, des êtres fixes dans l'âge adulte, pouvoir changer de place, dans l'âge embryonnaire. La nature prévoyante leur a sans doute alors donné cette faculté momentanément, pour qu'ils puissent, dans le jeune âge, choisir le lieu, les conditions d'existence les plus favorables où doit s'écouler leur vie entière.

Des Mollusques gastéropodes fixés par l'animal dans l'âge adulte[5] se meuvent, rampent librement à la première période de leur existence; il en est de même de quelques autres fixés par leur coquille[6], qui, à cette période, agissent et se meuvent jusqu'à ce qu'ils aient trouvé un lieu propice pour y rester. Tous les acéphales libres ou fixés dans l'âge adulte sont encore libres dans le jeune âge. Alors dénués le plus souvent de la faculté de se mouvoir, ils se fixent où le hasard fait arrêter le gluten qui enveloppe leurs coquilles naissantes[7].

Considérée comme un corps protecteur[8], la coquille devait

1 Je l'ai surtout vu pour les jeunes céphalopodes des genres *Sepia*, *Loligo*.

2 Cela a lieu pour les *Helix*, les *Voluta*, et beaucoup d'autres genres marins et terrestres.

3 Les céphalopodes en général.

4 Les gastéropodes.

5 Les *Pileopsis*, les *Crepidula*, les *Infundibulum*, les *Calyptræa* sont dans ce cas.

6 Les *Siliquaria*, les *Vermetus*.

7 Cela a lieu pour les *Ostræa*.

8 Voyez ce que j'ai dit plus haut, p. 26.

être plus nécessaire dans l'âge embryonnaire qu'à l'état parfait, où l'animal, pourvu de toutes ses facultés, peut prévoir le danger et l'éviter. En partant de ce principe, vrai ou faux, on devait espérer rencontrer quelquefois cet organe protecteur plus développé à cette période d'accroissement que dans l'âge avancé. En effet, les recherches sont venues le démontrer. Si, dans quelques cas rares, la coquille manque au jeune âge et ne commence à se montrer que lorsque sont développés les organes qui doivent la secréter[1]; si la coquille de l'âge embryonnaire est le plus souvent moins complète que chez les adultes[2], il n'est pas vrai, comme l'a cru M. de Blainville[3], que la coquille soit toujours, dans cette période, beaucoup plus petite que plus tard, par rapport au reste de l'animal. Non-seulement il existe des Mollusques chez lesquels la coquille, à la sortie de l'œuf, est infiniment plus volumineuse par rapport à l'ensemble, qu'elle ne le sera dans la suite[4], mais encore il est des genres entièrement nus dans l'âge adulte, qui naissent avec des coquilles bien caractérisées, qu'ils conservent plus ou moins longtemps pendant cette première période de leur existence[5]. Il est donc démontré que la coquille est donnée quelquefois aux Mollusques dans leur premier âge, comme un corps protecteur de l'animal.

Période d'accroissement de l'animal.

Après cette première période, les Mollusques suivent dans leur accroissement les lois régulatrices de l'ensemble de la

1 Cela existe pour l'*Argonauta*.

2 Chez les *Helix*, les *Buccinum* et beaucoup d'autres genres terrestres et marins.

3 *Dictionnaire des sciences naturelles*, t. XXXII, p. 79.

4 Cela a lieu pour les *Crepidula*, les *Fissurella*, les *Pileopsis*, les *Aplysia* et surtout pour les *Cryptella*, où la Coquille, à la sortie de l'œuf, contient l'animal, tandis que, plus tard, elle n'en est qu'une partie rudimentaire. (Voyez mes *Mollusques des Canaries*, pl. I, f. 1 à 12.)

5 On le voit pour les *Doris*, les *Cavolina*.

zoologie. Excepté ces Mollusques à coquille qui deviennent nus plus tard, tous les autres grandissent et se fortifient dans leurs diverses parties, en raison de leurs caractères. Les expansions charnues prennent de l'extension, les tentacules, les bras, les tubes, les siphons s'allongent; le manteau s'élargit, prend ses cirrhes, ses lobes; et tous les organes se développent pendant une période plus ou moins prolongée jusqu'à l'âge adulte. Certains Mollusques grandissent tout le temps de leur existence[1], tandis que d'autres s'accroissent pendant un temps déterminé, après lequel ils s'arrêtent et restent ainsi stationnaires tant qu'ils existent[2]. Les Mollusques montrent ces périodes d'accroissement infiniment plus marquées sur les coquilles; aussi vais-je traiter ce sujet avec plus de détail.

Période embryonnaire des Coquilles.

Les Coquilles étant une partie toujours appréciable de l'organisation des Mollusques, et se conservant dans les couches terrestres de toutes les époques de l'animalisation de notre planète, demandent une attention d'autant plus particulière, que leur étude plus ou moins complète peut compromettre les déductions générales qu'on en pourrait tirer. On a vu par ce qui précède que la coquille se forme après que le jeune Mollusque est sorti de son œuf[3]; que des Mollusques pourvus de coquille à la sortie de l'œuf, la perdent plus tard[4], tandis que le plus grand nombre des Mollusques munis de coquille, l'ont déjà formée à la sortie de l'œuf, et la conservent, la façonnent de différentes manières, tout le temps de leur vie. Pour

[1] Les céphalopodes *Sepia, Loligo,* quelques ptéropodes, *Cleodora,* les *Creseis,* des gastéropodes, les *Achatina,* les *Turbo,* les *Trochus,* etc., et toutes les acéphales, *Venus, Ostræa, Terebratula.*

[2] Les *Hyalæa,* quelques *Helix* et *Bulimus,* les *Cypræa,* les *Delphinula,* etc.

[3] Chez l'*Argonauta.*

[4] Chez les *Doris,* les *Cavolina.*

bien faire comprendre les changements apportés par l'âge embryonnaire, je crois devoir les diviser en trois catégories : 1° suivant qu'ils modifient la forme de cette coquille ; 2° suivant qu'ils montrent des ornements qui disparaissent dans l'âge adulte ; ou 3° enfin, suivant que ces ornements sont plus simples à cette période que plus tard.

Les Coquilles dont l'âge embryonnaire diffère complétement de l'âge adulte, sont infiniment plus nombreuses qu'on ne pourrait le croire. Mes recherches à cet égard me les ont fait retrouver dans une foule de cas où les annales de la science ne les avaient pas encore signalées. J'ai déjà parlé des Coquilles libres dans le jeune âge et fixées dans l'âge adulte[1]. Celles-ci sont dès lors infiniment plus régulières à cette première période que dans le reste de leur accroissement, où leur fixité les oblige à subir toutes les conséquences de la localité où elles se trouvent, qu'elles soient fixées par l'animal[2], par la coquille[3], ou qu'elles soient retenues dans une cavité qu'elles creusent[4]. Parmi les Coquilles libres, l'âge embryonnaire ou le *nucleus* est surtout très-remarquable chez beaucoup de gastéropodes et de nucléobranches. Dans certains cas, par une bizarrerie singulière, au lieu de suivre dans sa spire un seul axe d'enroulement, ce nucleus en change tout à fait avec l'accroissement. Il est d'abord, par exemple, suivant une verticale ; mais, à l'instant où il laisse l'âge embryonnaire, il prend subitement une autre direction, et l'axe nouveau de cet enroulement forme, avec le premier, un angle de 90°, qui se continue ensuite durant toute la vie de l'animal[5]. D'autres fois, ce nucleus, long, turriculé, formé de tours nombreux d'un enroulement oblique, abandonne de suite ce mode d'accrois-

1 Voyez p. 57.

2 Chez les *Pileopsis*, les *Crepidula*, les *Calyptræa*, etc.

3 Chez les *Vermetus*, les *Siliquaria*.

4 Chez les *Pholas*, les *Lithodomus*, les *Magilus*.

5 Cela a lieu pour le genre des *Chemnitzia*. Voyez mes *Mollusques de Cuba*, t. I.

sement pour s'enrouler sur le même plan[1]. Dans quelques autres circonstances, le nucleus, contourné en spirale latérale, s'évase plus tard et forme une coquille en capuchon, à côtés égaux[2], ou bien une coquille qui continue à s'enrouler latéralement, mais s'élargit tout à coup d'une manière extraordinaire, et devient bien différente de celle du jeune âge[3]. Il reste enfin une multitude de coquilles dont le nucleus, sans montrer d'aussi grandes différences, est pourtant bien distinct du reste de la coquille, qu'il soit plus allongé que le reste[4] ou que ses tours soient plus rentrés et forment un angle plus ouvert[5]. Certaines coquilles commencent encore par un cône étroit et aigu, qui devient caduc et tombe, lorsque la coquille adulte, changeant de forme, a pris un aspect tout différent[6].

Les Coquilles dont l'âge embryonnaire montre des ornements extérieurs qui disparaissent plus tard, sont plus nombreuses que les premières, et appartiennent à toutes les classes. On les retrouve, en effet, chez des céphalopodes, où la coquille commence par avoir des stries, des côtes, qui disparaissent dans l'accroissement[7]. Beaucoup de gastéropodes sont aussi dans le même cas[8], ainsi qu'un grand nombre de bivalves ou d'acéphales[9].

1 Chez les *Atlanta*. Voyez mes recherches à cet égard. *Voyage dans l'Amér. mér.*, *Mollusques*, pl. XI, *fig.* 5-10, où j'ai trouvé que l'opercule varie en même temps que la coquille.

2 La coquille de la *Carinaria*. Voyez le même ouvrage, pl. XI, *fig.* 6-11.

3 Chez le *Concholepas*.

4 Chez les *Stylifer*.

5 Chez les *Voluta*, la *Tornatella Cabanetii*, d'Orb.

6 Chez beaucoup d'*Hyalæa* et la *Cuviera*, comme je l'ai reconnu le premier. Mollusques de mon voyage, pl. VIII, *fig.* 36.

7 Chez les *Nautilus lineatus* et *Clementinus*.

8 Les *Bulimus ovatus*, *oblongus* ont des côtes très-marquées dans le jeune âge. Beaucoup de *Trochus*, de *Pleurotomaria*, de *Cassis*, etc., etc. Les *Helicophlegma*.

9 Des *Venus*, des *Crassatella*, des *Astarte*, des *Avicula*, etc., des *Unio*.

Les Coquilles dont l'âge embryonnaire est plus simple dans ses ornements extérieurs que le reste de l'accroissement, forment néanmoins le plus grand nombre. C'est en effet, on pourrait le dire, la règle générale, quand les autres ne sont que l'exception. On retrouve ce caractère chez presque tous les céphalopodes où la coquille est lisse, unie, quand même, plus tard, elle serait plus ou moins carénée et surchargée d'ornements[1]. On le voit dans les Coquilles de quelques nucléobranches[2], dans une multitude de gastéropodes [3] et chez des acéphales [4].

Dans tous les cas, que l'âge embryonnaire des Coquilles apporte plus ou moins de changement dans les formes, ou seulement dans les ornements extérieurs, ce changement n'est pas toujours le même. Lorsque ces modifications appartiennent à l'embryon quand il était dans l'œuf, elles forment une partie distincte du reste de la coquille, circonscrite par un bourrelet ou par un sillon, qu'elles dépendent des différentes familles de gastéropodes [5] ou d'acéphales [6]. Alors cette première modification, ce premier âge peut recevoir le nom spécial de *nucleus*; mais lorsque ces modifications sont postérieures à la sortie de l'œuf, elles ne sont marquées sur la coquille par aucun point d'arrêt dans l'accroissement. C'est, du reste, ce qui a lieu chez les céphalopodes [7], chez beaucoup de gastéropodes [8] et d'acéphales [9]. On retrouve quelquefois le

1 Chez beaucoup de *Nautilus* d'Ammonites. (Voyez mon Mémoire spécial à cet égard, *Annales des sciences naturelles*, t. XVI, août 1841.)

2 Les *Carinaria.*

3 Les *Murex*, des *Triton*, etc.

4 Les *Venus* à grosses côtes, etc.

5 Chez les *Atlanta*, les *Carinaria*, les *Chemnitzia*, les *Stylifer*, les *Voluta*, etc.

6 Chez les *Cyclas*, principalement la *Cyclas calyculata*, et chez les *Unio*.

7 *Ammonites*, *Nautilus*, etc.

8 Certains *Helix*, *Buccinanops*, *Fusus*, *Pyrula*, etc.

9 Des *Unio*, des *Anodonta*, des *Venus*, etc.

nucleus distinct, et de plus un accroissement postérieur également différent du reste. Cette circonstance s'est montrée principalement chez des gastéropodes et des acéphales.

Période d'accroissement des Coquilles.

L'accroissement des Coquilles peut être envisagé de deux manières : il est limité, ou pour ainsi dire indéfini, en ce sens qu'il dure tant que l'animal existe.

L'accroissement est limité principalement chez les gastéropodes. Il s'arrête effectivement pour toujours, lorsque certaines Coquilles terrestres forment ce bourrelet, qui entoure son ouverture, ce qui l'a fait nommer *péristome*[1]. Il est encore limité quand d'autres Coquilles marines forment leur bourrelet unique qui circonscrit la bouche[2], ou quand elles épaississent leur ouverture, soit par un rebord recourbé en dedans[3], soit par des digitations plus ou moins nombreuses, combinées avec l'épaississement général de ce bord[4].

L'accroissement des Coquilles est le plus souvent illimité chez les Mollusques. On voit, par exemple, les céphalopodes croître tant qu'ils existent[5]. Un nombre considérable de gastéropodes de tous les ordres sont dans le même cas[6], et tous les acéphales, sans exception, semblent suivre cette marche[7].

Parmi les Coquilles dont l'accroissement dure tout le temps de l'existence, il en est chez lesquelles il est régulier, et pour

[1] Chez des *Cyclostoma*, des *Helix*, des *Bulimus*, les *Pupa*, les *Clausilia*. J'en possède un sujet exceptionnel : c'est un *Bulimus* qui, après avoir formé son péristome, se trouvant sans doute trop petit, a voulu accroître encore sa coquille.

[2] Les *Delphinula*, les *Marginella*, les *Nassa*.

[3] Chez les *Cypræa*, les *Ovula*.

[4] Chez les *Strombus*, les *Rostellaria*, les *Pterocera*, les *Aporais*.

[5] Les *Sepia*, les *Ammonites*, les *Nautilus*, etc.

[6] Les *Buccinanops*, les *Achatina*, les *Fusus*, les *Pleurotoma*.

[7] Les *Venus*, les *Cardium*, les *Ostræa*.

ainsi dire uniforme, pendant toute la vie, comme on peut le remarquer parmi les céphalopodes [1], les gastéropodes et les acéphales; mais il en est aussi chez lesquelles il admet des temps d'arrêt ou de repos. C'est en effet alors que se forment ces bourrelets, ces sillons espacés qui marquent les anciennes bouches de quelques ammonites [2]; ces bourrelets, également anciennes bouches, soit irrégulièrement espacés [3], soit sur trois faces [4], soit enfin alternes [5], qu'on remarque chez une infinité de gastéropodes; on pourrait même les retrouver dans les lames successives espacées de certaines bivalves [6].

Ces points d'arrêt momentanés ou définitifs pourraient fort bien être en rapport avec des périodes de reproduction et d'accouplement. On doit au moins le croire pour les coquilles des ammonites, toujours assez minces [7], et pour un nombre considérable de gastéropodes, chez qui la coquille est, dans l'intervalle de chaque bourrelet [8], si fragile qu'elle ne pourrait, sans se briser, se rapprocher d'autres corps durs ou se mettre en contact immédiat avec eux.

Dans les Coquilles dont l'accroissement est limité, elles grandissent pendant un temps plus ou moins long, suivant les espèces, avant d'atteindre le *summum* de leur taille. Pendant cet accroissement, elles laissent peu à peu leurs ornements, leurs côtes, leurs stries pour les espèces qui doivent devenir plus simples [9], ou elles les prennent pour celles qui doivent être plus compliquées [10]. Enfin, les unes devenues lisses, les

[1] Certaines *Ammonites* et les *Nautilus*.

[2] L'*Ammonites incertus, Subfimbriatus, Fimbriatus, Bakeriæ*, etc.

[3] Les *Cerithum*, les *Pyramidella*, des *Triton*.

[4] *Cassis*, des *Murex*, etc.

[5] Chez les *Scarabæus*, les *Ranella*.

[6] Chez des *Venus*, par exemple.

[7] Surtout dans les genres *Ammonites*, *Crioceras*, etc.

[8] Chez les *Cassis* surtout.

[9] Voyez mon Mémoire sur les *Ammonites*. Presque toutes les espèces subissent ces changements.

[10] Cela a lieu pour les *Nautilus pseudo-elegans*, et *elegans*, etc.

autres, s'étant chargées d'ornements plus ou moins variés, toutes atteignent leur grande taille. L'animal forme alors, comme je l'ai dit, un bourrelet, des digitations ou diverses excroissances, selon les genres et les espèces, et ne grandit plus. Pendant le reste de son existence, ce rebord se renforce[1], la coquille s'épaissit[2] ou de nouvelles couches se déposent sur les expansions ou digitations de ses bords[3].

Dans les Coquilles dont l'accroissement est illimité, les choses se passent autrement. On voit, chez les ammonites par exemple, succéder à la coquille lisse les tubercules[4], les côtes[5], la carène[6], qui se marquent de plus en plus, pendant un temps plus ou moins long. Le même phénomène a lieu aussi chez quelques nautiles[7], tandis qu'au contraire, d'autres perdent les ornements du jeune âge pour devenir plus simples. Quelques gastéropodes et des acéphales offrent encore des changements analogues, soit en s'ornant davantage[8], soit en se simplifiant[9]. Il est à remarquer que, chez les gastéropodes, les ornements s'accusent en général d'autant plus fortement que les Coquilles sont plus âgées.

Période de dégénérescence dans l'accroissement des Coquilles.

La période de dégénérescence est surtout très-marquée chez les céphalopodes[10], où, par exemple, les côtes ou les tubercules

[1] Chez les *Helix*, les *Bulimus*, les *Cyclostoma*, à péristome.

[2] Comme on le voit chez les *Cypræa*, les *Ovula*, les *Marginella*.

[3] Chez les *Rostellaria*, les *Strombus*, les *Pterocera*.

[4] Chez les *A. mamillatus*, *tuberculatus*, etc.

[5] Chez les *A. interruptus*, *elegans*, *serpentinus*.

[6] Chez les *A. varians*, *Roissyi*, *inflatus*.

[7] Les *Nautilus elegans* et *pseudo-elegans*, *Requienianus*.

[8] Les *Murex*, les *Purpura*, les *Spondylus*.

[9] Certains *Purpura*, des *Crassatella*, des *Astarte*, des *Productus*.

[10] Chez les *Ammonites biplex*, *mamillatus*, *coronatus*, *Leopoldinus* et presque toutes les autres espèces.

latéraux s'éloignent, s'abaissent, disparaissent, enfin, à mesure que la coquille s'accroît, et finissent par s'effacer entièrement, laissant alors la coquille aussi lisse dans son dernier tour que dans son état embryonnaire. La période de dégénérescence est rare chez les gastéropodes; car on ne peut appeler ainsi l'instant où, limitées dans leur accroissement, les coquilles ne font plus qu'épaissir au lieu de grandir. Elle est aussi rarement marquée chez des acéphales.

Variations naturelles des Coquilles déterminées par les sexes.

Cette série de variations ne peut exister que chez les céphalopodes ou chez les gastéropodes à sexes séparés, aussi est-elle exceptionnelle chez les Mollusques; néanmoins, comme elle joue quelquefois un grand rôle, je crois devoir en parler ici. Les variations de ce genre amènent seulement une plus grande largeur dans la coquille des femelles, sans que les ornements extérieurs changent beaucoup. Les osselets cornés internes de certains céphalopodes en montrent un exemple[1]. J'ai également remarqué ce fait dans les rostres des Bélemnites[2]; et ce caractère est très-visible surtout chez les ammonites[3]. On le retrouve encore dans la coquille de quelques gastéropodes[4]; mais le cas est rare.

Variations pathologiques des Coquilles.

Les cas pathologiques doivent entrer quelquefois dans les causes d'erreur, lorsqu'il s'agit de la détermination des espèces. Ils se

[1] Voyez, *Monographie des céphalopodes*, Loligo, pl. IX, la grande différence qui existe entre l'osselet du mâle et celui de la femelle.

[2] Voyez mon Mémoire spécial (*Annales des sciences naturelles*, t. XVIII, p. 259.)

[3] Voyez le Mémoire déjà cité, dans les *Annales des sciences naturelles*, t. XVI.

[4] *Buccinum*, *Oliva*, etc.

montrent, en effet, sous toutes les formes, suivant les classes. Chez les céphalopodes, des accidents produits par une blessure ont changé l'extrémité des rostres des bélemnites[1], ou même ont été assez extraordinaires pour servir à l'établissement de genres distincts[2]. D'autres blessures amènent des modifications très-remarquables dans les ornements extérieurs des ammonites[3]. Chez les gastéropodes, ces modifications changent quelquefois l'aspect des coquilles. La spire, par exemple, au lieu de suivre l'enroulement des autres individus de l'espèce, se contourne du côté opposé[4]. D'autres fois, au lieu d'avoir l'angle spiral ordinaire à l'espèce, cette spire se détache, s'allonge plus ou moins et ne ressemble plus à celle des autres individus. Ces variations, assez communes chez les Coquilles terrestres[5], sont assez rares chez les Coquilles marines[6]. On voit encore, dans cette classe, les résultats des blessures du manteau, qui laissent toujours des traces sur la coquille. Sans que ce soient précisément des cas pathologiques, on peut considérer comme des déformations ces accidents si nombreux des coquilles fixées par leur byssus[7] ou par leur test[8], qui, gênées dans leur accroissement, prennent des formes bizarres déterminées soit par la place restreinte qui leur reste pour s'étendre[9], soit par les corps sur lesquels elles se moulent et dont elles reproduisent tous les ornements extérieurs[10].

1 Les *Belemnites Bruguierianus, hastatus.*

2 Le genre *Actynocamax,* qui n'est qu'un cas pathologique de beaucoup d'espèces différentes. Voyez mon Mémoire spécial.

3 Voyez mon Mémoire sur les *Ammonites.*

4 La variété sénestre des *Helix aspersa, nemoralis* et *pomatia.*

5 La variété *Scalaris* des espèces citées à la note précédente.

6 Je l'ai reconnu chez une *Purpura.*

7 Les *Arca*, les *Mytilus,* les *Pinna,* qui sont quelquefois contournés diversement.

8 Les *Ostræa* en montrent des variétés sans nombre.

9 Il est évident pour moi que le *Productus,* dont M. Goldfuss avait fait une *Fistulana,* n'est autre chose qu'une déformation de ce genre.

10 J'ai des huîtres qui, s'étant fixées sur des *Ammonites,* en montrent tous les tours de spire.

Variations naturelles des Coquilles déterminées par l'influence locale et par les possibilités vitales.

Les variétés déterminées par l'habitat des Coquilles sont immenses et peuvent souvent tromper l'observateur superficiel. Cette influence se montre dans les limites d'accroissement, dans les ornements extérieurs ou même dans la forme et l'épaisseur des Coquilles.

Les Coquilles libres subissent de toutes les manières l'influence des lieux. On voit, par exemple, telle espèce terrestre[1] ou d'eau salée[2], dont l'accroissement est limité, devenir fréquemment, suivant que les localités sont plus ou moins propices à son accroissement, plus grande du double en un lieu que dans un autre. La taille est donc loin de présenter un caractère constant. Quelquefois telles Coquilles qui, par suite de leur tranquille accroissement, prennent dans une localité des ornements très-marqués, en manquent lorsqu'elles ont au contraire à lutter contre l'action incessante de la houle. Cette influence se remarque dans une foule de Coquilles marines, parmi les gastéropodes[3] et surtout parmi les acéphales[4], où la même espèce, prise dans une baie tranquille, dans un marais, est toute différente par ses côtes, ses stries, et par l'épaisseur de la coquille, de ce qu'elle est sur une plage battue de la vague. On voit encore ces modifications se prononcer sur les espèces terrestres[5].

[1] La même espèce d'*Helix* varie d'une à trois fois son diamètre, suivant les localités.

[2] Les *Cypræa*, les *Marginella*, les *Colombella*, et beaucoup d'autres en montrent des preuves.

[3] La *Purpura* de nos côtes a des tuiles élevées, lorsqu'elle a crû sur des côtes tranquilles; elle est lisse sur les côtes agitées.

[4] Je l'ai surtout remarqué pour les *Cardium*, et principalement pour le *Cardium edule*.

[5] Pour les *Helix*, les *Bulimus*.

Si les Coquilles libres, qui dès lors peuvent, jusqu'à certaines limites, choisir des conditions favorables, sont sujettes à une foule de modifications, ces modifications deviendront d'autant plus fortes chez les Coquilles fixées au sol, soit par leur animal, soit par leur coquille. J'ai reconnu que, suivant l'espace que trouve telle espèce pour s'accroître, elle est large, demi-sphérique, longue et déprimée, ou bien étroite et très-haute[1]. J'ai encore remarqué que tels individus de gastéropodes ou de bivalves se sont modifiés dans leurs formes et dans leurs ornements, suivant les conditions favorables ou non à leur plus grand développement, et l'état de calme ou d'agitation dans lequel l'élément aqueux les laisse s'accroître.

Limites de l'espèce dans les Mollusques.

D'après tout ce que je viens de dire sur les variations déterminées par l'âge, par le sexe, par les cas pathologiques et par les influences locales, on concevra facilement que, sans ces connaissances préliminaires, qu'on ne peut acquérir le plus souvent que sur les lieux, ou sans une longue suite d'études, on ne saurait arriver à aucune détermination parfaite. Il ne s'agit pas, en effet, de fixer arbitrairement les limites de l'espèce dans le cabinet en se basant sur des systèmes plus ou moins erronés, mais bien d'observer, de méditer et de discuter toutes les causes d'erreur qui peuvent influer sur une bonne détermination spécifique. Il faut étudier aussi les animaux qui donnent, la plupart du temps, par leurs caractères, les plus sûres limites. Lorsqu'on n'aura d'autres guides que des caractères conchyliologiques, ce qui a lieu pour toutes les espèces fossiles, il conviendra de comparer un grand nombre d'individus, afin de s'assurer des diverses modifications, pour

[1] Voyez mes observations sur la *Crepidula dilatata*. Mollusques de mon *Voyage dans l'Amérique méridionale*.

ne pas ériger en espèces de simples états d'accroissement, des variétés, des déformations ou des états de fossilisation[1]. En général, relativement aux céphalopodes, on devra surtout tenir compte des âges et des cas pathologiques. Pour les gastéropodes, les différences d'âge, les cas pathologiques, les influences locales, sont plus indispensables encore. Pour les acéphales, les âges et les influences locales doivent être surtout étudiés avec soin.

En résumé, les limites de l'espèce sont loin d'être uniformes dans les êtres. On voit, par exemple, les couleurs seulement donner de bons caractères spécifiques chez les oiseaux et chez les insectes; mais, chez les Mollusques, les couleurs ne peuvent pas toujours être admises, bien qu'elles donnent quelquefois de bonnes indications[2] pour les Coquilles vivantes.

Les limites de l'espèce sont, chez les Mollusques, bien tranchées et constantes, sans avoir néanmoins les mêmes bornes dans toutes les classes. Les couleurs, la forme, la taille, ne sont pas toujours, en effet, des caractères constants chez les Coquilles terrestres. Les couleurs, jointes à la forme, donnent, au contraire, d'excellents caractères pour beaucoup de coquilles marines libres[3]. On peut dire qu'en ce qui concerne les animaux marins, les limites de l'espèce, abstraction faite des variations dont j'ai parlé, sont d'autant plus étroites que l'animal est plus libre dans ses mouvements. Quelques céphalopodes[4], beaucoup de gastéropodes[5], d'acéphales libres[6], ont des limites très-restreintes, tandis que les gastéropodes et les acéphales fixés par l'animal[7], en demandent déjà de bien plus lar-

[1] Voyez, plus loin, les considérations qui ont rapport à la fossilisation.

[2] Chez les *Helix*, elles sont d'une variabilité extrême dans la même espèce.

[3] Chez les *Mitra*, les *Marginella*, les *Conus*, *les Venus*.

[4] Les *Sepia*, les *Loligo*, les *Ommastrephes*.

[5] Les *Voluta*, les *Mitra*, les *Murex*.

[6] Les *Venus*, les *Cardium*, les *Mactra*.

[7] *Pileopsis*, *Crepidula*, *Calyptræa*.

ges; et ces limites doivent encore s'étendre beaucoup plus pour les gastéropodes[1] et pour les acéphales[2] fixés par leur coquille. Tel caractère qui, quoique peu saillant, distinguera suffisamment entre eux des céphalopodes, des gastéropodes et des acéphales libres, ne s'appliquera plus à la séparation des coquilles fixées par l'animal ou par le test lui-même.

Ce qui précède démontre que la bonne détermination de l'espèce dépend, dans les cas difficiles, des études plus ou moins approfondies de l'observateur, de son jugement plus ou moins juste et de sa sagacité. Cette réunion indispensable de connaissances nécessaires expliquera combien les erreurs ont dû se multiplier dans la science. Il est bien certain que des causes d'erreur de nomenclature que j'ai signalées au commencement de cette introduction[2], des causes d'erreur zoologique que je viens de faire connaître, sont nées toutes les dissidences qui existent entre les observateurs, dissidences considérablement augmentées, pour les espèces fossiles, par les variations qu'apportent la déformation et surtout la fossilisation.

Distribution géographique des Mollusques vivants.

La distribution géographique des Mollusques est d'une importance immense, puisque, procédant du connu à l'inconnu, elle est destinée à révéler à la Paléontologie, par les lois qui président aujourd'hui à la distribution géographique des êtres vivants, ce qui s'est passé aux diverses époques de l'animalisation du globe. Je vais donner ici, à grands traits, quelques-uns des principaux résultats que m'ont déjà fait connaître mes nombreuses recherches à cet égard.

L'étude des animaux terrestres m'a démontré que les espèces,

1 *Vermetus, Siliquaria.*

2 Les *Spondylus*, les *Plicatula*, les *Ostrœa*.

restreintes selon des limites plus ou moins larges, étaient réparties chacune suivant des zones de températures spéciales[1], avec lesquelles, néanmoins, viennent se compliquer les influences déterminées par la forme orographique des continents et leur composition phytographique. En général, le nombre des espèces décroît à mesure qu'on s'éloigne des régions chaudes et qu'on s'approche des régions froides[2].

L'étude des animaux marins pélagiens ou des hautes mers m'a également démontré pour les céphalopodes[3] que, malgré le nombre des espèces qui passent indifféremment d'un océan à l'autre, plus des deux tiers de chaque mer leur sont spéciales. Ces nombres prouvent évidemment que des limites d'habitation fixe existent encore pour des animaux que leur puissance de locomotion, leurs mœurs pélagiennes devraient répartir à la fois au sein de toutes les mers, si le cap Horn d'un côté, le cap de Bonne-Espérance de l'autre, n'étaient pas dans une position méridionale tout à fait en dehors de la zone torride qu'habitent presque toutes les espèces, et ne leur servaient, dès lors, comme de barrière qu'ils ne peuvent franchir. On a aussi la certitude que l'unité d'une température, plus que les autres agents, est la véritable base de la distribution géographique des animaux des hautes mers. On peut ajouter qu'on les trouve d'autant plus compliqués dans leurs formes, d'autant plus nombreux en espèces, qu'on s'approche davantage des régions chaudes. Les ptéropodes, quoique plus indifférents à la température, m'ont donné les mêmes résultats généraux[4], relativement à leur distribution géographique dans les océans.

Les recherches que j'ai faites également, bien qu'elles soient

[1] Voyez mes considérations sur ce sujet, *Mollusques* de mon *Voyage dans l'Amérique méridionale*, p. 215.

[2] Même travail.

[3] Mémoire lu à l'Académie des sciences, le 19 juillet 1841, et inséré dans la *Monographie des céphalopodes acétabulifères*. Introduction.

[4] Mémoire lu à l'Académie des sciences en 1835, et inséré dans les Mollusques de mon *Voyage dans l'Amérique méridionale*, p. 68.

plus difficiles, pour arriver à connaître les lois qui président à la distribution géographique des Mollusques marins côtiers, m'ont amené à des résultats curieux[1]. J'ai reconnu, par exemple, l'action de trois genres d'influences : les courants, la température et la configuration orographique des côtes.

On voit alors que si, par la continuité de leur action, les courants tendent à répandre les Mollusques côtiers en dehors de leurs limites naturelles de latitude, lorsqu'ils s'éloignent du continent, lorsqu'ils doublent un cap avancé vers le pôle, ou encore lorsqu'ils abandonnent brusquement les côtes sous des régions chaudes, on leur doit, au contraire, l'isolement et le cantonnement des faunes locales.

J'ai aussi reconnu que, malgré l'influence active des courants, l'action passive de la chaleur se fait partout sentir d'une manière très-marquée, par le cantonnement des espèces en des limites de latitude plus ou moins restreintes.

Par les conditions d'existence plus ou moins favorables qu'elle offre aux Mollusques côtiers, suivant leurs genres, la configuration orographique du littoral des océans exerce enfin une immense influence sur la composition zoologique des faunes qui les habitent.

De l'ensemble des trois genres d'influences combinées, on peut déduire avec certitude que les lois qui président à la distribution géographique des Mollusques côtiers, peuvent se réduire à deux actions contraires : les courants, qui tendent à répandre, partout où ils passent, les espèces indifférentes à la température ; les courants, la température et la configuration orographique qui tendent, au contraire, à restreindre et à cantonner les êtres en des limites plus ou moins larges.

J'ai pu encore déduire de mes recherches les conclusions suivantes, qui intéressent la paléontologie :

Deux mers voisines communiquant entre elles, mais sépa-

[1] Voyez mon Mémoire présenté à l'Académie des sciences en novembre 1844, et imprimé en 1845 dans les *Annales des sciences naturelles.*

rées seulement par un cap avancé vers le pôle, peuvent avoir leurs faunes distinctes.

Il peut exister en même temps, par la seule action de la température, dans le même océan, et sur le même continent, des faunes distinctes, suivant les diverses zones de température.

Sous la même zone de température, sur des côtes voisines d'un même continent, les courants peuvent déterminer des faunes particulières.

Une faune distincte de la faune du continent le plus voisin peut exister sur un archipel, lorsque les courants viennent l'isoler.

Des faunes distinctes, ou du moins très-différentes entre elles, peuvent se montrer sur des côtes voisines par la seule influence de la configuration orographique.

Lorsqu'on trouve les mêmes espèces sur une immense étendue en latitude, dans un même bassin, les courants en seront la cause.

Les espèces identiques entre deux bassins voisins annoncent entre eux des communications directes.

Les plus grands affluents n'exercent absolument aucune influence sur la composition des faunes marines côtières.

De la distribution géologique des Mollusques fossiles au sein des couches terrestres.

Après avoir donné le résumé de mes recherches relatives à la distribution géographique des Mollusques vivants, je dois dire un mot de la répartition des espèces ensevelies dans les couches qui composent l'écorce terrestre. Ce sujet ayant été également, depuis de longues années, le but de mes investigations spéciales en Europe[1] et en Amérique[2], je vais retracer quelques-uns des

[1] Voyez ma *Paléontologie française*, et surtout les résumés à la fin de chaque classe, t. I, II.

[2] *Paléontologie de l'Amérique méridionale.* (*Voyage dans l'Amérique méridionale*, t. III). Voyez aussi la *Géologie* du même ouvrage.

principaux résultats que j'ai obtenus jusqu'à présent, en attendant que les résumés successifs des espèces par genres et par classes me fournissent des solutions plus complètes et presque définitives. Voici les conclusions que je puis actuellement déduire, conclusions d'un grand intérêt pour la solution des hautes questions de l'histoire chronologique de l'animalisation à la surface de la terre.

Les Mollusques, pris dans leur ensemble, ont, suivant l'ordre chronologique des faunes propres aux formations, marché du simple au composé. Beaucoup de genres ont, il est vrai, disparu complétement avec les terrains anciens[1]; d'autres, venus plus tard[2], se sont également éteints avec les couches des terrains crétacés; mais les genres, de plus en plus multipliés à mesure qu'on s'éloigne du premier âge du monde, ont été remplacés, durant la période des terrains crétacés et tertiaires, par une multitude de formes qui manquaient dans les couches inférieures[3], et ces formes se sont encore diversifiées dans les mers actuelles[4], où elles ont atteint le maximum de leur développement numérique.

Aucune transition ne se montrant dans les formes spécifiques, les Mollusques paraissent se succéder à la surface du globe, non par passage, mais par extinction des races existantes, et par le renouvellement, la création successive des espèces à chaque époque géologique.

Les Mollusques sont répartis par zones, suivant les époques géologiques. Chacune de ces époques représente, en effet, à la surface du globe, une faune distincte, mais identique dans sa

[1] Les *Orthoceratites*, les *Cirthoceras*, les *Goniatites*, les ***Productus***, les *Spirifera*.

[2] Les *Ammonites*, les *Toxoceras*, les *Ancyloceras*, les ***Ptychoceras***, les *Crioceras*, les ***Hamites***, les *Acteonella*, etc., etc.

[3] Une foule de genres ont paru à cette époque : *Voluta*, *Mitra*, *Murex*, etc.

[4] Le nombre de genres qu'on ne connaît pas à l'état fossile en est une preuve. ***Pedum***, *Magilus*, etc.

composition; ainsi les étages silurien, dévonien, carbonifère, les formations triasique, jurassique, crétacée, tertiaire et diluviennes, paraissent être les mêmes sur toute la terre[1], et y conservent, avec le même *facies* paléontologique, les mêmes formes génériques.

Non-seulement il y a le même *facies* et les mêmes formes génériques dans les faunes perdues de tout le globe, mais encore quelques espèces identiques, communes partout, qui prouvent leur complète contemporanéité.

Cette contemporanéité d'existence qu'on remarque à d'immenses distances au premier temps de l'animalisation[2], et jusqu'à l'époque où se déposaient les couches crétacées inférieures[3], semble dépendre d'une température uniforme et du peu de profondeur des mers; en effet, ces conditions permettaient aux êtres non-seulement d'y éprouver partout l'influence de la lumière extérieure, condition indispensable à leur existence, mais encore de se propager et de se répandre sans obstacle d'un lieu à un autre. Néanmoins cet état de choses ne pouvait se maintenir, dès que l'influence de la latitude, et conséquemment l'inégalité de température déterminée par le refroidissement de la terre, d'un côté, les systèmes terrestres de soulèvement, de l'autre, ainsi que les grandes profondeurs des océans, apportaient autant de barrières infranchissables à la zoologie côtière et sédentaire. On doit donc croire que l'uniformité de répartition des premiers êtres sur le globe tient autant à l'égalité de température déterminée par la chaleur centrale, qu'au peu de profondeur des mers; tandis que le morcellement des faunes par bassins de plus en plus restreints, provient, en approchant de l'époque actuelle, du refroidissement de la terre,

[1] Je l'ai au moins trouvé pour l'Amérique et pour l'Europe. *Voyage dans l'Amérique méridionale*, t. III. Paléontologie, p. 175.

[2] Des *Productus*, des *Spirifer* et des espèces d'autres genres se trouvent simultanément en Europe et en Amérique.

[3] Voyez mes *Fossiles de Colombie*, 1842, où plusieurs espèces sont identiques en Amérique et en France.

des limites de latitude, des barrières terrestres apportées par les continents et des barrières marines déterminées par la profondeur des océans, qui ont mis obstacle à l'extension des faunes riveraines et pélagiennes.

Si les faunes ont les mêmes points de séparation sur les divers continents, si elles s'arrêtent aux mêmes limites tranchées dans leur composition paléontologique, on devra naturellement en conclure que les divisions des formations ne dépendent pas de causes partielles, mais qu'elles proviennent de causes générales dont l'influence se serait fait sentir sur toute la terre.

De mes recherches sur l'Amérique, où les faits géologiques sont tracés à grands traits, je crois qu'on doit déduire que l'anéantissement partiel ou total des faunes propres à chaque formation, à chaque étage, provient toujours de la valeur des dislocations apportées à la surface de notre planète par le retrait des matières dû au refroidissement des parties centrales[1] et aux perturbations qu'ont produites ces mêmes dislocations. Un système ou mieux une chaîne de montagnes de 50 degrés de longueur, par exemple, comme celle des Andes, dont nous ne pouvons juger que le relief, sans être à portée de calculer l'étendue correspondante de son affaissement au sein des océans, aura déterminé un tel mouvement dans les eaux, par suite du déplacement des matières, que l'effet en aura dû être universel, tant sur les continents que dans les mers. L'enlèvement des êtres terrestres par ce déluge a ravagé les premiers; le transport des molécules terrestres a ravagé les secondes en étouffant non-seulement les animaux libres des océans, dont il remplissait les branchies, mais encore les animaux côtiers et sédentaires, par le dépôt dont il les recouvrit. On peut croire encore qu'une grande cause perturbatrice a résulté de la différence des niveaux formés sur tout le littoral des océans par suite de ce mouvement terrestre. Ainsi s'expliquerait tout à la fois,

[1] C'est l'opinion de M. Élie de Beaumont.

la séparation des êtres par formation, et leur extinction à chaque grande époque géologique.

Les résultats de ces dislocations étant généraux sur le globe, et s'étant manifestés à des distances immenses, on y doit chercher les systèmes de soulèvement ou d'effet de bascule, anciens et modernes, cause de l'anéantissement des nombreuses faunes qui se sont succédé à la surface de notre planète. Lorsque, sur des points voisins du lieu où se manifestent aujourd'hui ces faunes distinctes, on n'en trouvera pas l'explication par les chaînes de montagnes, il faudra la chercher au loin, sur des points encore inconnus à la science, ou supposer que si les systèmes terrestres en sont la cause, il en est beaucoup qui ont pu être détruits par de nouveaux affaissements. D'ailleurs, les chaînes de montagnes ne sont que la partie visible des dislocations du globe, tandis que la partie affaissée, peut-être plus considérable, étant le plus souvent recouverte, nous est et nous sera toujours inconnue.

En résumé, la séparation par faunes distinctes des étages et des formations n'est que la conséquence visible des reliefs et des affaissements de diverse valeur de la croûte terrestre dans toutes ses parties.

J'ai pu remarquer encore, par la répartition uniforme des mêmes êtres, que, jusqu'aux terrains crétacés[1], la chaleur propre à la terre a détruit toute influence de latitude et de froid polaire. S'il n'existait pas alors d'influence atmosphérique extérieure sur la distribution des êtres à la surface du globe, toutes les faunes antérieures aux terrains crétacés doivent certainement leur circonscription par formations aux grandes dislocations du globe. Ce serait postérieurement que les influences de latitude auraient compliqué le morcellement par bassin, multiplié les faunes locales, comme on le voit pour les terrains tertiaires, et détruit cette uniformité de répartition qu'on remarque dans les formations plus anciennes.

[1] Voyez mon travail spécial sur les *Coquilles fossiles de Colombie.*

En se basant sur la superposition et sur les points de séparation plus ou moins tranchés des faunes qui se sont succédé depuis la première animalisation du globe jusqu'à présent, voici quelles sont, dans leur ordre de succession, les formations et les étages que donnent les observations géologiques et paléontologiques.

FORMATION PALÉOZOÏQUE.

1er étage SILURIEN.
2e étage DÉVONIEN.
3e étage CARBONIFÈRE.
4e étage PERMIEN.
5e étage TRIASIQUE.

FORMATION JURASSIQUE.

1er étage. LE LIAS.
- *Lias inférieur*. De la zone du *Gryphæa arcuata* et au-dessous.
- *Lias moyen*. De la zone du *Gryphæa cymbium* jusqu'au *Gryphæa arcuata.*
- *Lias supérieur*. Au-dessus du *Gryphæa cymbium.*

2e étage BATHONIEN.
- *Oolite inférieure.*
- *Grande oolite.*

3e étage OXFORDIEN.
- Etage *oxfordien inférieur* (*kelloways rock.*)
- Etage *oxfordien moyen* (*Oxford-clay.*)
- Etage *oxfordien supérieur* (*coral-rag.*)

4e étage KIMMÉRIDIEN.
- *Inférieur*, ou kimméridgien.
- *Supérieur*, ou *Portlandien.*

FORMATION CRÉTACÉE.

1er étage NÉOCOMIEN.
- *Néocomien.*
- *Aptien.*

2e étage ALBIEN ou gault.

3e étage TURONIEN. { *Turonien* ou craie chloritée.
Sénonien, ou craie blanche.

FORMATION TERTIAIRE.

1er étage PARISIEN. { *Inférieur* au calcaire grossier.
Supérieur. Le calcaire grossier et les couches supérieures.

2e étage SUBAPENNIN.

3e étage DILUVIEN. Dans cette dernière période, on ne retrouve que des espèces actuellement vivantes.

Niveau d'habitation des Mollusques au sein des mers.

Mes recherches à ce sujet m'ont démontré que le niveau de hauteur des Mollusques terrestres au-dessus des océans rentrait tout à fait dans les zones de température [1], puisque la décroissance des espèces observées quand on s'élève du niveau de la mer sur les hautes montagnes, est égale à la décroissance qu'on remarque en marchant des régions chaudes vers les régions froides.

Pour les Mollusques marins, j'ai observé partout que les Mollusques côtiers ont des limites tranchées de profondeur dans leur habitation. Les uns, par exemple, vivent de manière à se tenir au niveau des fortes marées de syzygies seulement, restant alors la moitié de l'année hors de l'atteinte des eaux [2]. D'autres vivent un peu au-dessous, de manière à être baignés par toutes les marées, et ne sont à découvert que pendant la

[1] Voyez les généralités sur les Pulmonés terrestres de l'Amérique. *Voy. dans l'Amér. mér.*, Mollusques.

[2] *Littorina rudis*, *Lamarckii*, les ***Paludestrina***, les ***Lavignon***.

basse mer[1]. Quelques espèces se tiennent, au contraire, au niveau des plus basses marées de l'année[2], tandis qu'un grand nombre restent toujours au-dessous du balancement lunaire. Parmi celles-ci, des espèces se rencontrent peu au-dessous[3], et d'autres vivent plus profondément[4]. Enfin, j'ai recueilli des Coquilles vivantes jusqu'à 160 mètres[5] au-dessous du niveau des mers. On pourrait dire néanmoins que les Mollusques restent généralement au-dessus de 50 mètres de profondeur, et que toutes les espèces qui vivent au-dessous forment exception.

Manière de vivre, habitudes des Mollusques.

Après ce que j'ai dit en parlant de la locomotion des Mollusques[6], peu de mots suffisent pour compléter ce qui concerne leurs habitudes. Un certain nombre appartiennent aux océans, les autres aux continents.

Des Mollusques propres aux océans, les uns y restent constamment; de ce nombre sont les céphalopodes, dont les uns vivent isolés[7] et les autres en troupes innombrables[8], tandis que d'autres viennent, tous les ans, soit à l'instant de la ponte[9], soit lors de leurs migrations annuelles[10], sur le littoral des continents, où ils séjournent plus ou moins longtemps. Le plus grand nombre des Mollusques pélagiens, lorsqu'ils ne

1 La *Littorina littorea*, le *Cardium edule*, le *Mytilus edulis*, le *Buccinum undatum*, les *Pholas*, etc.

2 Le *Pecten varius*, quelques *Trochus*, les *Anomya*.

3 Le *Cardium spinosum*, la *Venus Dionæ*, l'*Acteon fasciata*, etc.

4 Les *Terebratula*, les *Crania* surtout.

5 En dehors du cap Horn et entre les îles Malouines et le continent américain.

6 Voyez p. 35.

7 *Onychoteuthis*, les *Cranchia*.

8 Les *Ommastrephes*, aux pôles arctique et antarctique.

9 Les *Sepia*, les *Loligo*, les *Sepiola*.

10 Les *Ommastrephes*. Ils viennent sur la côte du Labrador et sur celle du Chili.

sont pas doués des puissants moyens de locomotion des céphalopodes, demeurent au contraire toujours dans les mers, et ne sont qu'accidentellement jetés sur les côtes. De ce nombre sont les ptéropodes[1], les nucléobranches[2], quelques nudibranches[3], des biphores, parmi les acéphales, qui nagent encore ou se laissent transporter par les courants, et les Mollusques, qui ne vivent qu'à la surface des eaux[4]. Presque tous ces Mollusques, à l'exception des derniers, sont nocturnes ou crépusculaires, et s'enfoncent le jour à des zones plus profondes[5].

Les Mollusques côtiers sont aussi quelquefois nocturnes, lorsqu'ils sont doués d'une locomotion active[6]. Quelques-uns ont une saison particulière, ordinairement le printemps, pour venir sur le littoral, pour l'accouplement et la ponte[7]; mais le plus souvent ils sont sédentaires et restent toute l'année sur le même point. Parmi ceux-ci, les uns vivent sur les rochers, qu'ils soient libres[8] ou fixes[9]; quelques-uns se cachent sous les pierres[10], les autres rampent sur le sable[11], le sable vaseux[12], ou se dérobent sous une légère couche de sable ou de vase[13]. Certaines espèces se placent dans les anfractuosités des rochers[14], s'enfoncent plus ou moins profondément dans le sable[15], la vase[16],

1 Les *Cleodora*, les *Creseis*, les *Hyalœa*.

2 Les *Carinaria*, les *Firola*, les *Cardiapus*.

3 *Scyllœa*, *Glaucus*, etc.

4 Les *Glaucus* et les *Janthina*.

5 Les céphalopodes (*Ommastrephes*), les ptéropodes (*Hyalœa*, *Cleodora*). Voyez mon mémoire spécial. *Voyage dans l'Amér. mér.*, Mollusques.

6 Les céphalopodes (*Sepia*, *Loligo*).

7 Les *Loligo*, les *Sepia*, les *Aplysia*, les *Doris*, les *Cavolina*.

8 *Littorina*, *Murex*, *Purpura*, les *Chiton*.

9 Les *Vermetus*, les *Ostrœa*, les *Pecten*.

10 Les *Doris*, quelques *Murex*, *Chiton*.

11 Les *Nassa*, les *Buccinum*.

12 Les *Voluta*, les *Paludestrina*.

13 Les *Oliva*, les *Olivancillaria*, les *Volutella*.

14 Les *Arca*, les *Mytilus*.

15 Les *Venus*, les *Solen*, les *Mactra*.

16 Les *Mya*, les *Lavignon*, les *Lyonsia*.

ou même se forment un trou dans les coraux, l'argile durcie ou les pierres calcaires[1]. Il est un seul genre qui, parasite, vit dans l'intérieur des astéries[2]. Les Mollusques fluviatiles affectent absolument les mêmes habitudes; seulement quelques-uns sont spéciaux aux lacs[3], et les autres aux fleuves[4]. Pour les Mollusques terrestres, il en est de nocturnes, et c'est le plus grand nombre[5], il en est aussi de diurnes[6]: les uns vivent dans les bois[7], montent sur les arbres, les autres cherchent le voisinage des rochers ou des eaux. Presque tous, soit dans les pays froids, à l'instant de l'hivernage[8], soit dans les pays chauds, au moment des sécheresses, se cachent sous les pierres, dans les troncs d'arbres creux ou dans la terre, ferment leur coquille d'une cloison nommé *épiphragme*, et attendent ainsi, dans l'engourdissement et dans l'inaction, la saison suivante où ils pourront reprendre leur genre de vie habituel[9].

Malgré toutes ces différences, on peut dire que souvent des genres entiers ont des conditions spéciales d'existence, et que les espèces sont encore plus restreintes dans ces limites qu'elles ne franchissent pas. Les unes sont toujours terrestres, et leurs organes de respiration s'opposent à ce qu'elles vivent autrement; les autres sont propres à l'eau douce ou à l'eau salée. On a pensé que quelques-unes de ces espèces pouvaient passer avec facilité de l'eau douce à l'eau salée ou de l'eau salée à l'eau douce. J'ai fait à ce sujet un grand nombre d'expériences, et je me suis assuré que les coquilles fluviatiles meurent toujours lorsqu'elles passent même insensiblement dans l'eau salée. Il en est ainsi des

1 Les *Pholas*, les *Lithodomus*, les *Mycetopus*.

2 Les *Stylifer*.

3 Les *Gnatodon*, quelques *Cyclas*.

4 Les *Unio*, quelques *Ampullaria*.

5 Les *Testacellus* et beaucoup d'*Helix* des pays chauds.

6 D'autres *Helix*.

7 Des *Helix* et des *Bulimus*.

8 Les *Helix* et tous les pulmonés d'Europe.

9 Les mêmes genres le font au moins en Amérique, où ils ne sortent qu'à la saison des pluies.

Coquilles marines, qui ne passent jamais impunément dans les eaux douces. On a dit, à cet égard, qu'il y avait de *véritables moules dans le Danube*[1]; mais aujourd'hui qu'on connaît mieux ces moules, on sait qu'elles sont loin d'être identiques aux *Mytilus edulis*, et qu'elles constituent un genre à part (*Dreissena*), qui en est bien différent. Mes recherches m'ont prouvé que chaque espèce est propre à son élément, dont elle ne peut sortir, ce qui n'empêche pas des espèces de néritines d'être marines[2] lorsque toutes les autres sont fluviatiles, et des *Cerithum* d'être fluviatiles[3], lorsque les autres espèces du même genre sont généralement marines. Indépendamment de ces Coquilles spéciales, il en est de plus indifférentes qui se trouvent toujours au point où se mêlent les eaux douces et les eaux salées. Alors ces Coquilles, propres aux eaux saumâtres, peuvent, jusqu'à certaine limite, s'avancer dans les eaux plus ou moins douces ou plus ou moins salées[4]; mais elles ne sauraient vivre longtemps ni dans les unes, ni dans les autres. Dans cette circonstance, il ne faut pas confondre les Coquilles qui y vivent réellement avec les Coquilles d'eau douce charriées par les courants et amoncelées à l'embouchure des fleuves, ou les Coquilles marines que les tempêtes portent quelquefois en dedans de l'embouchure des rivières.

Nourriture des animaux Mollusques.

Les Mollusques se nourrissent de matières animales ou végétales. Les premiers appartiennent à toutes les classes, et choisissent leur proie ou leur pâture suivant leur force, leurs moyens de préhension et de mastication. Les céphalopodes sont essentiellement carnassiers et vivent de proie vivante qu'ils saisissent avec leurs bras, soit qu'ils la guettent dans un trou[5], soit

[1] Blainville, *Dictionnaire des sc. nat.*, t. XXXII, p. 142.

[2] La *Neritina meleagris*, et la *Neritina viridis* sont marines.

[3] Le *Cerithum Montagnei* des Guayaquil.

[4] *Paludestrina, Azara.*

[5] Cela a lieu chez les *Octopus*.

qu'ils la poursuivent en nageant[1]. Ils mangent surtout des poissons et des crustacés sur les côtes[2], et des Mollusques ptéropodes qui habitent avec eux dans les hautes mers[3]. Beaucoup de gastéropodes sont aussi carnassiers. Ils vivent de petits animaux qu'ils saisissent[4], de la chair des acéphales qu'ils recherchent dans le sable, dont ils percent la coquille et sucent l'animal[5], ou bien ils profitent de tous les animaux morts que le hasard rapproche d'eux[6]; ils ont même, à ce qu'il paraît, un odorat très-délicat; car des substances animales attachées dans un filet et déposées au fond de la mer, attirent en une nuit des milliers de *Nassa*[7] qui cherchent à les dévorer. J'ai aussi vu souvent sur les plages un nombre immense de *Littorina* autour d'un animal mort. Néanmoins, d'après mes observations, les Mollusques, contrairement à ce qu'on avait pensé, sont loin de se repaître surtout de matières en putréfaction; ils mangent au contraire des animaux vivants, proportionnés à leur taille. Les ptéropodes[8], les nucléobranches[9] vivent d'animalcules microscopiques, qui habitent les hautes mers. Il est probable qu'il en est de même des acéphales, qui, pour les saisir au passage soit dans la boue, soit dans le sable, tiennent leur tube ouvert en entonnoir à la surface du sol. Non-seulement les petits animaux peuvent tomber dans ce piége comme dans celui du fourmilion[10], mais encore une aspiration de l'animal les engloutit immédiatement par le courant qu'elle détermine; après, retenus sans doute par les cirrhes, par les parois ou par la valvule in-

[1] C'est la manière de chasser des *Ommastrephes*, des *Loligo*, des *Onychoteuthis*, etc.

[2] Les *Sepia*, les *Loligo*.

[3] Les *Ommastrephes*, les *Onychoteuthis*.

[4] Les *Testacellus* se nourrissent de lombrics terrestres.

[5] Les *Murex*, les *Buccinum*, etc.

[6] J'ai trouvé aussi des *Murex*, des *Littorina*.

[7] Cela a lieu au Chili pour la *Nassa Gayi*.

[8] Les *Hyalæa*, les *Cleodora*.

[9] Les *Carinaria*, les *Firola*.

[10] *Myrmeleon*.

térieure du siphon, ils tombent jusqu'à la bouche, qui les reçoit et les avale. C'est ce que j'ai cru observer plusieurs fois.

Les Mollusques phytophages sont très-nombreux. Les espèces terrestres parcourent la campagne lorsqu'il pleut, recherchent telles ou telles feuilles qu'ils préfèrent et les coupent pour en manger de petits morceaux[1]; d'autres paraissent, au contraire, rechercher les jeunes feuilles de plantes cryptogames[2]. Les espèces marines vivent aux dépens soit des algues à leur état parfait, soit de leur semence[3], ou de ces plantes naissantes vertes, voisines des conferves, qui, au niveau des basses eaux, recouvrent les rochers d'une couche mince. Alors, pendant la haute mer, ils parcourent les environs et broutent, pour ainsi dire, ces plantes. J'ai souvent, après la marée, reconnu, par les parties mangées, la marche de certains individus remarqués la veille[4].

Ce qui précède démontre qu'à l'exception des ruses combinées employées par les poulpes et les autres céphalopodes pour atteindre leur proie, et des ruses plus simples des acéphales, la plupart des Mollusques la recherchent seulement autour d'eux, sans posséder aucun moyen bien particulier de s'en rendre maîtres.

Animaux à qui les Mollusques servent de nourriture, et moyen qu'ils emploient pour leur échapper.

Les Mollusques servent de proie à une infinité d'animaux différents. Les cétacés à dents en sont très-friands et en font presque leur nourriture exclusive[5]. Les oiseaux de rivages et les oiseaux aquatiques soit sur le littoral des mers[6], soit dans les

[1] Les *Helix*, les *Limax*.

[2] Les *Cyclostoma*, les *Helicina*.

[3] Ainsi vivent le *Littorina neritoidea*, plusieurs *Trochus*.

[4] J'ai vu cela surtout pour la *Patella* vulgaire de nos côtes, et pour le *Littorina rudis* sur les côtes de Normandie et de Bretagne.

[5] Les *Dauphins*, les *Cachalots* ne vivent, pour ainsi dire, que de céphalopodes.

[6] Les *Tournepierre* et beaucoup d'autres genres mangent les petites Co-

eaux douces[1], soit enfin dans les océans[2], en détruisent une immense quantité. Les poissons, au sein des mers, poursuivent avec un égal acharnement les Mollusques céphalopodes et ptéropodes[3]; ils ne craignent pas non plus de rechercher les gastéropodes et les acéphales sur les bancs de sable, au fond de la mer[4] ou dans les fleuves[5]. Comme je l'ai dit, les céphalopodes se nourrissent de ptéropodes qu'ils chassent au sein des eaux, tandis que, sur les côtes, une infinité de gastéropodes carnassiers dévorent les acéphales[6]. Sur les continents, des insectes[7] ou leurs larves, et les crustacés sur le littoral, font souvent aussi leur proie des Coquilles terrestres et marines. Les animaux qui détruisent le plus de Mollusques sont, sans contredit, les astéries; non-seulement elles engloutissent dans leur estomac les espèces de gastéropodes et d'acéphales de taille minime[8], mais encore elles savent, au moyen de leurs tentacules, arriver à saisir et à tuer de grosses espèces.

Tous les Mollusques, sans exception, ont des moyens de se soustraire au danger qui les menace; ces moyens sont divers et proportionnés à la perfection de leur natation et à leur liberté de mouvement. Les céphalopodes sont, comme les plus parfaits, ceux qui montrent le plus d'intelligence; et, dès l'anti-

quilles. Les *Macreuses* vivent de *Mytilus* et de *Nucula*. J'en ai recueilli considérablement dans l'estomac d'un de ces oiseaux, etc.

1 Dans les pays chauds, les *Tantales*, les *Ibis*, etc., etc., ne vivent, pour ainsi dire, que d'*Helix*, de *Bulimus* et d'*Ampullaria*.

2 Les Albatros, les grands Pétrels se nourrissent presque exclusivement de céphalopodes. C'est ainsi qu'ils vivent au milieu des mers.

3 J'en ai trouvé en grand nombre dans l'estomac des Dorades et des Bonites.

4 Les Morues se nourrissent en partie de bivalves *Pecten, Glicimeris, Solen, Mactra*, de *Natica*, etc., sur le banc de Terre-Neuve.

5 Dans le Parana, j'ai toujours trouvé rempli de coquilles l'estomac du silure nommé *Armado*.

6 Les *Murex* et les *Buccinum*.

7 La femelle du *Drilus flavescens* paraît, d'après M. Desmarêts, détruire beaucoup d'individus de l'*Helix nemoralis*.

8 Les *Acteon fasciata*, les petites *Venus*.

quité, les poëtes ont chanté[1] cette faculté merveilleuse donnée aux *Sepia* de se soustraire aux poissons qui les poursuivent, en les entourant d'un nuage produit par leur liqueur noire lancée dans les eaux, et de changer ensuite de direction. D'autres céphalopodes, poursuivis au sein des eaux, réunissent toutes leurs forces, refoulent violemment le liquide et s'élancent ainsi pour quelques instants dans les airs avec la rapidité d'une flèche[2], sans pouvoir néanmoins toujours se dérober, par ce manége, à la voracité des Bonites et des Dorades.

Les gastéropodes n'ont aucun moyen bien actif de défense, mais à la seule apparence de mouvement autour d'eux, au simple balancement des eaux, ils contractent immédiatement toutes leurs parties, les renferment dans leur coquille, et lorsqu'ils sont pourvus d'un opercule, le referment aussitôt. Alors, protégés de toutes parts par leur coquille, ils ne peuvent être entamés que lorsqu'on la brise[3]. Les gastéropodes sans opercule se contentent de se contracter et cherchent à se garantir aussi de leur mieux. Il en est de même des Mollusques nus. Les ptéropodes se contractent aussi et se laissent tomber dans les eaux. Pour les acéphales, au moindre mouvement elles rentrent leurs siphons, leur pied, et ferment de suite leurs deux valves au moyen de leurs muscles abducteurs si puissants, lesquels neutralisent volontairement l'effort mécanique et constant du ligament qui tend à les faire s'ouvrir[4]. Pour les Coquilles perforantes, chez les Pholades, par exemple, la contraction est si subite que l'animal, en se retirant au plus profond de son trou, chasse l'eau violemment, comme un jet[5], par ses siphons.

[1] Voir Athénée, Ælien, Oppien, Aristote, Pline.

[2] Je l'ai vu pour l'*Ommastrephes oceanicus* et les *Sepioteuthis*.

[3] M. Cécile m'a dit qu'au Cap il avait vu des Goëlands enlever dans les airs des Turbo ainsi fermés, afin de les laisser tomber pour les briser et s'en repaître.

[4] Je parlerai en détail de ces muscles et du ligament, aux acéphales, chez lesquels ces moyens sont spéciaux.

[5] Je l'ai vu pour les *Pholas*, sur nos rochers de la côte de La Rochelle.

Les Mollusques considérés dans leurs rapports utiles ou nuisibles à l'homme.

Les Mollusques peuvent être, sous ce rapport, considérés dans leur utilité directe, comme servant de nourriture, ou indirecte dans les usages divers auxquels l'industrie et les arts les appliquent, soit dans leur entier, soit dans quelques-unes de leurs parties.

L'utilité directe des Mollusques ne peut être contestée, puisque, sur une infinité de points du littoral des continents, des peuples sauvages[1] ou civilisés[2] se nourrissent presque exclusivement de leur chair, et qu'il se fait, dans certains, lieux un immense commerce de leur animal desséché[3] ou de leurs coquilles vivantes[4]. Jadis, certains Mollusques étaient des mets très-recherchés par les gastronomes[5]; aujourd'hui encore, au milieu de nos raffinements de civilisation, il en est un qui a pour objet de réduire quelques espèces pour ainsi dire à l'état domestique, afin de leur donner un meilleur goût ou de les rendre plus délicates[6]. Presque tous les Mollusques peuvent être utilement employés à l'alimentation de l'homme. Les céphalopodes, recherchés sur une infinité de points du globe, le sont encore sur nos côtes de France[7] : on les y mange frits, rôtis ou bouillis ; on les conserve même secs, comme provision d'hiver. Les gastéropodes terrestres ne sont pas dédaignés

1 Ceux du détroit de Magellan, des côtes du Chili.

2 Les habitants des bourgs entiers d'*Esnandes*, de *Marsilly* et de *Charon*, près de La Rochelle, ne se nourrissent que de coquillages.

3 Dans les îles de la Grèce, en Chine, au Japon.

4 Les moules des environs de La Rochelle sont un article important du commerce de Bordeaux. Les huîtres sont partout d'un grand commerce.

5 En Grèce. Voyez Aristote, Athénée, Ælien, Oppien.

6 Les parcs à huîtres et les *Bouchots* ou parcs à moules des environs de La Rochelle.

7 Les Chinois, les Chiliens, les Brésiliens en sont très-friands. En France même on les mange sur les côtes de la Provence et de l'Aunis.

même en Europe[1]. Les gastéropodes marins sont appréciés sur les côtes de la Méditerranée, et quelques espèces le sont également sur notre littoral de l'Océan[2]. D'autres côtes fournissent un nombre plus grand d'espèces comestibles, et l'on peut dire qu'à l'exception de quelques-unes qui ont une saveur désagréable[3], toutes servent de nourriture aux peuples sauvages.

La délicatesse du goût des bivalves en fait un mets plus recherché. On a vu que les huîtres se servent sur toutes les tables, ainsi que les moules. Les *Clovis* font les délices des Provençaux et des habitants de La Rochelle[4]. Les Pholades sont encore sur ce dernier point un mets très délicat[5], ainsi que le *Cardium*[6] et les *Solen*. Enfin, on peut dire que presque toutes les espèces de bivalves et même les ascidies[7], sont regardées comme bonnes à manger et recherchées par les peuples littoraux.

Les Mollusques servent encore à l'homme comme ornements, comme vêtements et même comme ustensiles. Les perles, si enviées, et rivales des pierres les plus précieuses, sont le produit d'une coquille[8]. Par la beauté de leur nacre, soit blanche[9], soit irisée[10], plusieurs coquilles ont paré d'abord les peuples sauvages[11], et sont venues ensuite, en se transformant de

[1] Les limaçons *Helix aspersa* se vendent à La Rochelle, à Bordeaux.

[2] La *Littorina littorea* se vend sous le nom de *Guignette* à La Rochelle, de *Bigorneau* et de *Burgo* sur les côtes de Bretagne.

[3] Les *Murex* de nos côtes ont un goût fort désagréable, comme poivré; aussi les nomme-t-on, à La Rochelle, *Burgo poivré*.

[4] C'est la *Venus cancellata*.

[5] On les y mange sous le nom de *Dails*.

[6] Ils se mangent à La Rochelle sous le nom de *Soundon*. C'est le *Cardium edule*.

[7] On en mange sur les côtes du Chili sous le nom de *Piyura*.

[8] Elles sont produites par une espèce d'*Aricula*.

[9] C'est la même espèce qui donne les perles.

[10] C'est une espèce d'*Haliotis*, qui vient de Californie.

[11] Témoin les tabliers de nacre des grands-prêtres à Taïti.

toutes les manières, embellir nos meubles et décorer une foule d'objets dont notre luxe s'entoure. Le byssus de quelques bivalves donne ensuite un tissu rare et précieux [1]. Des coquilles forment les ustensiles de cuisine, les tasses des indigènes de la Patagonie [2], de la côte de Bolivia [3], les cuillers de tous les peuples continentaux d'Amérique [4], les armes, les instruments tranchants des insulaires de Taïti et de l'Océanie, avant l'arrivée des Européens. Elles servent encore de vitres aux fenêtres des habitants des Philippines [5].

Indépendamment de l'emploi de la nacre dans les ouvrages d'art, les coquilles se convertissent de plus, par la gravure, en ces admirables camées dont les femmes se parent en Europe. La *Sepia*, cette couleur si utile, est encore produite par un Mollusque [6]. Les anciens retiraient de ces animaux la pourpre, si recherchée, que son extrême cherté réservait aux grands. Un osselet interne de céphalopode s'utilise également, par suite de son état spongieux, entre les mains des fondeurs et des coloristes [7].

L'utilité des Mollusques, soit comme substance alimentaire, soit par leur emploi dans les arts, a fait inventer grand nombre de ruses pour se les procurer. Je n'entrerai pas dans beaucoup de détails à cet égard, cet objet s'éloignant trop du but que je me propose; mais je dirai que les Mollusques se pêchent, dans maintes circonstances, avec les mêmes filets que les poissons, et qu'on les prend d'autres fois avec des filets spéciaux,

1 C'est le *Byssus* des espèces du genre *Pinna*.

2 Les coquilles de la *Voluta magellanica* forment les tasses des Patagons.

3 Dans les buttes des Indiens Changos de Cobija, on ne trouve pas d'autres ustensiles que des Coquilles.

4 Les valves des *Anodonta* et des *Iridina* forment les cuillers de tous les indigènes.

5 Les valves de *Placuna*.

6 C'est la poche à encre de la *Sepia officinalis*.

7 Encore l'osselet de la même espèce.

ou au moyen de la drague [1], lorsqu'ils habitent de grandes profondeurs. Quand ils sont, au contraire, au niveau des basses mers, on les recueille sur les rochers, dans les rochers, en les brisant, pour les espèces perforantes [2], dans le sable ou dans la boue, en observant le trou que laissent à la surface leurs siphons [3], et en creusant, pour les enlever, soit avec la main, soit avec un instrument de fer.

Après avoir établi en quoi les Mollusques peuvent être utiles à l'homme, il est bon de dire un mot du préjudice qu'ils peuvent lui causer par leur manière de vivre ou par leurs rapports plus ou moins directs avec ce qui le touche. Sur les continents, les seuls dommages que l'homme ait à craindre des Mollusques, sont restreints aux villes et aux villages de notre Europe; c'est là seulement que les Coquilles terrestres [4] et les limaces détruisent souvent, en une nuit, les jeunes plants ou les jeunes fruits sur lesquels il fondait l'espoir d'une bonne récolte et de son commerce. Près des centres de civilisation, ou dans les terrains soustraits à l'envahissement des eaux, le littoral des océans est exposé à des dégâts plus redoutés. Je ne parlerai point du trop mince intérêt des crustacés détruits par les céphalopodes sur les lieux rocailleux [5], mais bien du tort continuel que fait subir à nos constructions maritimes, à nos digues, à nos chaussées, l'action lente d'êtres en apparence si inoffensifs [6]. Combien, en effet, n'a-t-on pas vu de chaussées, de travaux de ports, minés peu à peu par les Lithodomes et les Pholades, lorsqu'ils étaient construits en pierres calcaires! Combien de fois les digues de bois de la Hollande et de la Belgique ont-elles été détruites par les Tarets!

1 C'est ainsi qu'on pêche les huîtres sur les bancs sous-marins et qu'on se procure les plus belles Coquilles.

2 A La Rochelle on pêche de cette manière les Pholades.

3 La *Mya arenaria*, les *Solen* se pêchent ainsi.

4 Les *Helix aspersa* et *nemoralis*.

5 Les *Octopus*.

6 Les *Tarets*. (*Taredo navalis*.)

Des principes généraux de classification.

Comme je l'ai dit dans mon Introduction, je marcherai, pour mes descriptions, du composé au simple, c'est-à-dire du connu à l'inconnu, seule méthode applicable à l'étude des êtres enfouis dans les couches terrestres. Prenant pour base l'ensemble des organes, je placerai les Mollusques dans un ordre relatif à leur degré de perfection; ainsi, le système nerveux, les moyens de locomotion plus ou moins développés, plus ou moins parfaits, me serviront à déterminer l'ordre de succession des classes. En conséquence, les *Céphalopodes*, toujours supérieurs à tous les autres Mollusques par la perfection de leurs organes et par leurs diverses facultés, viendront les premiers, suivis des *Gastéropodes*, des *Ptéropodes*, des *Lamellibranches*, et enfin des *Brachiopodes*. Des animaux les plus complets, j'arriverai donc aux êtres qui ne jouissent plus d'aucune liberté de locomotion, et que leur destinée enchaîne aux lieux où le hasard les a fait naître.

Pour les ordres et les familles, je me servirai seulement des caractères zoologiques des animaux. Le développement de la tête et de ses organes; la place, la forme ou la disposition des organes de la respiration, de la génération, de la locomotion, du tact ou du toucher, de la vision, de l'audition, me guideront toujours. Les coquilles ne seront pour ces coupes que d'une valeur secondaire et souvent tout à fait nulle. Les animaux qu'elles protégent viendront en effet se grouper dans la même famille[1] près de ceux qui en sont dépourvus, lorsque leur organisation se trouvera d'ailleurs identique. Presque toujours, néanmoins, la forme générale de la coquille est en rapport avec

[1] Les *Aplysia* se placent à côté des *Acteon*, les *Argonauta* près des *Octopus*.

les coupes déterminées par les caractères anatomiques et zoologiques.

Le grand nombre d'êtres qui a disparu de la surface terrestre, et qui appartient au domaine de la Paléontologie, oblige à se servir simultanément, pour l'établissement des genres, de tous les caractères zoologiques, de leur combinaison avec les caractères généraux donnés par la coquille et des caractères seuls de la coquille. Lorsque, par exemple, une série plus ou moins nombreuse de Coquilles fossiles offrira des caractères conchyliologiques constants, je ne balancerai pas à la considérer comme une coupe générique, surtout quand des caractères de même valeur, chez des Coquilles vivantes plus ou moins voisines, se trouveront en rapport avec les diverses modifications des organes. On conçoit pourtant que la conservation ou la création d'une coupe générique basée sur les dépouilles fossiles seulement, ne saurait être définitivement admise qu'après la comparaison la plus sévère avec ce qui existe maintenant, à l'effet de s'assurer si elle ne rentre pas dans les genres déjà connus. Ainsi, pour les coupes génériques je ne prendrai que les caractères zoologiques et anatomiques, ou les caractères zoologiques et anatomiques combinés avec les caractères conchyliologiques; et pour les corps fossiles, les caractères conchyliologiques seuls lorsqu'ils seront tranchés de manière à présenter des limites arrêtées toujours appréciables. Quant aux caractères spécifiques, je renvoie à ce que j'ai dit à propos des limites et des variations naturelles des espèces vivantes[1]. Il me reste seulement à examiner ici rapidement la question des causes d'erreur relatives à la détermination des espèces fossiles.

[1] Voyez p. 41 et suivantes.

Des causes d'erreur dans la détermination des espèces de Coquilles fossiles.

Ces causes d'erreur peuvent être envisagées sous deux points de vue, suivant l'état de conservation, les accidents de fossilisation des Coquilles, ou suivant les déformations que leur a fait subir la pression des couches terrestres.

Des simples accidents de fossilisation dans les Coquilles.

L'état de conservation des Coquilles peut souvent tromper l'observateur, et lui faire séparer, comme espèces distinctes, les divers états d'une même coquille. Les Coquilles, soit qu'elles aient été ensevelies par les couches terrestres dans le lieu où elles viennent, soit qu'elles aient été remuées par les courants, sont généralement déposées par zones dans les terrains fossilifères. Suivant leur âge géologique, ou leur plus ou moins grande ancienneté dans ces couches, elles ont complétement ou partiellement changé de nature. Telle coquille composée, par exemple, de molécules de carbonate et de phosphate de chaux, et de molécules animales cornées ou muqueuses, a quelquefois, dans sa composition, conservé encore du carbonate de chaux; mais alors cette substance, à moins qu'elle soit d'une contexture lamelleuse, comme celle du test de certains genres[1], ne garde pas son aspect primitif. La matière minérale qui la remplace, formée de carbonate de chaux[2], de silice[3], de sulfure de fer[4],

[1] De l'*Ostræa*, de la *Terebratula*.

[2] On les trouve en France sur une infinité de points.

[3] Toutes les Coquilles d'Uchaux (Vaucluse) et de *Launoy* (Ardennes), contenues dans les couches crétacées et oxfordiennes, sont à cet état.

[4] La plupart des Coquilles sont ainsi transformées aux Vaches-Noires (Calvados).

de fer hydraté[1] de fer oligiste[2], de sulfate de strontiane[3], de sulfate de baryte[4] de plomb[5] ou de toute autre substance, n'a plus rien de sa contexture primitive interne. C'est la matière minérale offrant alors son aspect ordinaire qui occupe la place de la coquille. Lorsque les Coquilles n'ont que changé de nature, elles conservent tous leurs caractères et il est facile de les étudier.

Les Coquilles, enveloppées de molécules argileuses, marneuses ou calcaires, lors de leur dépôt dans les mers anciennes, qui, postérieurement ont été, par l'action d'agents chimiques, entièrement détruites, et ont laissé leur place vide, offrent plus de difficultés. Lorsque le vide est resté intact, il montre, d'un côté l'*empreinte* des caractères extérieurs, et de l'autre celle des caractères internes. C'est alors à l'observateur de chercher à reconstruire par des moyens artificiels, ou à reconnaître les caractères des genres et de l'espèce de la Coquille par la réunion de ces deux impressions restées sur la roche. Une valve seule d'acéphales offrant à la fois la forme extérieure et la charnière, peut permettre une détermination assez facile, mais il n'en est pas toujours ainsi des gastéropodes, et surtout des bivalves, lorsqu'elles étaient fermées et qu'elles ont laissé seulement ce qu'on appelle improprement le *noyau* ou le *moule intérieur*, et que je désignerai comme *empreinte interne;* car alors un grand nombre des caractères conchyliologiques, comme ceux de la charnière, ont souvent disparu, et dans beaucoup de cas il est extrêmement difficile de reconnaître les genres et les espèces. Néanmoins, si les difficultés commencent pour ces em-

[1] Cette transformation est très-commune.

[2] Celle-ci ne se rencontre qu'aux environs de Semur (Côte-d'Or), dans le Lias.

[3] J'en ai recueilli dans l'étage néocomien aux environs de Saint-Dizier (Haute-Marne).

[4] Je possède des Bélemnites en strontiane, découvertes par M. Delanoue dans le Lias des environs de Nontron (Dordogne).

[5] J'ai des Gryphées ainsi transformées, prises aux environs de Semur.

preintes internes de bivalves entières bien intactes, elles augmentent quand l'état de conservation devient encore moins complet. Je veux parler des *contre-empreintes*, lorsque, par exemple, la coquille a complétement disparu dans une couche argileuse ou calcaire à l'état non encore solidifié, et que la pression déterminée par le poids des couches supérieures, tend à rendre la couche plus compacte, en rapprochant toutes les parties. Alors, le vide resté à la place de la coquille disparaît, et les empreintes intérieures et extérieures, réunies et mises en contact, atténuent quelquefois complétement les caractères internes, ou du moins donnent un ensemble qui n'est ni une empreinte interne, ni une empreinte externe, mais bien une réunion de l'une et de l'autre. Dans ces circonstances très-fréquentes, les caractères sont altérés et fort difficiles à retrouver[1]. Ce n'est ordinairement qu'après avoir manié et vu des milliers de Coquilles fossiles de cette nature qu'on parvient à reconnaître, sur des caractères des plus fugitifs, ce qui a dû exister dans l'état primitif.

Une seconde cause d'erreur tient à la disparition de certaines couches du test des Coquilles et à la conservation de certaines autres sur les mêmes sujets. Cette modification, très-commune dans les terrains anciens[2], l'est encore dans les plus modernes[3] : on voit, par exemple, la couche extérieure de la coquille disparaître, et avec elle les caractères spécifiques, pour en laisser une seconde, qui est, par exemple, lisse, quand la première était striée[4], ou striée quand la première était lisse[5]. Il en résulte que, dans beaucoup de cas, on ne peut rien fairede positif sans réunir un grand nombre d'échantillons. Il est même des états de fossilisation où des pointes et des tubercules sont

[1] Presque tous les fossiles de l'étage oxfordien supérieur des environs de La Rochelle sont dans ce cas.

[2] Cela se voit chez les *Productus*.

[3] Dans les fossiles crétacés du Mans (Sarthe), cette altération est fréquente.

[4] Cela se voit chez des *Cardium*.

[5] Des *Pectunculus* surtout et des *Arca* montrent ce caractère.

remplacés par des dépressions [1]; de longues pointes par des gouttelettes[2], etc. L'une des modifications les plus remarquables est celle où les couches lamelleuses externes d'une coquille sont toujours conservées dans la roche, tandis que les couches internes fibreuses disparaissent presque toujours[3]. On peut alors prendre pour des corps tout à fait différents[4] des premiers l'empreinte des parties internes détruites.

Une troisième cause d'erreur, contre laquelle il faut se prémunir, est l'état de conservation des coquilles avant qu'elles deviennent fossiles. Tout le monde a pu voir que, sur les côtes, les Coquilles séparées de leur animal sont exposées à une foule de causes de destruction. Le moins qui puisse leur arriver, c'est d'être usées, roulées par le mouvement des eaux. En supposant que les choses se soient passées antérieurement à notre époque comme elles se passent maintenant, on doit croire qu'exposées sur les rivages à l'action incessante de la vague, les Coquilles devaient être usées. On trouve, en effet, beaucoup de couches où les Coquilles sont roulées[5], et comme cela peut rendre lisses des Coquilles striées, atténuer ou changer tous les caractères, il conviendra de tenir compte de ce genre de modification.

De la déformation dans les espèces de Coquilles fossiles.

Bien que ces déformations soient de différentes valeurs et tout à fait distinctes suivant les classes auxquelles elles appartiennent, je crois devoir en dire un mot, en ce qu'elles ont de général.

[1] Je l'ai vu surtout pour le *Cardium productum* pris à Uchaux (Vaucluse).

[2] Cette modification est commune dans la même espèce.

[3] Cela a lieu pour les *Hippurites*, les *Radiolites*.

[4] Témoin le genre *Jodamia* de M. Defrance.

[5] Cela se voit dans les grès inférieurs de l'étage turonien du Mans (Sarthe), dans le Coral-rag de Saint-Mihiel (Meuse), de Tonnerre (Yonne), etc.

Les Coquilles ne se déposent pas, ainsi que certaines personnes ont pu le croire, dans les couches terrestres d'après leur pesanteur spécifique; mais elles s'y trouvent absolument dans les mêmes conditions suivant lesquelles elles se déposent encore aujourd'hui dans la mer ou sur les rivages, ou comme on les rencontre dans les dépôts modernes récemment abandonnés par la mer[1]. Les Coquilles bivalves sont, par exemple, dans leur position normale, c'est-à-dire placées verticalement, le côté des tubes en haut, la bouche en bas, dans les couches argileuses ou calcaires d'une infinité de lieux appartenant à tous les étages[2]. Elles ont été charriées par les courants et déposées sous les eaux par bancs horizontaux[3], ou bien amoncelées sur les rivages par la vague[4]. Dans le premier cas, les bivalves sont en place, ainsi que je l'ai dit; les gastéropodes ont la bouche en bas. Dans le second cas, les Coquilles se déposent au hasard, suivant leurs formes: les plus aplaties seront horizontalement sur le côté, comme les ammonites et les bivalves, et enfin chacune se trouvera dans la position la plus favorable à l'équilibre de l'ensemble; mais alors les gastéropodes seront la bouche tantôt en haut, tantôt en bas. Dans le troisième cas, les Coquilles conservent bien encore un peu la position relative à leur forme et à l'équilibre de l'ensemble; toutefois, n'étant plus déposées par une action lente, mais bien par suite d'une impulsion brusque, elles se trouvent dans toutes les positions, sans suivre de règle certaine. On conçoit facilement qu'on puisse, à

1 Ceux de la baie de l'Aiguillon, aux confins des départements de la Vendée et de la Charente-Inférieure.

2 Je les ai vues ainsi dans le *Lias inférieur* de Semur (Côte-d'Or), dans l'oolite inférieure de *Conlie* (Sarthe), dans l'étage kimmeridgien du Havre, dans ceux de Chatelaillon (Charente-Inférieure) et dans l'étage portlandien de Saint-Jean-d'Angély, même département, etc., etc., dans l'étage turonien de la montagne des Cornes (Aude).

3 A Bayeux, aux Moutiers, dans l'oolite inférieure; à Luc, dans la grande oolite (Calvados), etc., etc.

4 Dans les localités de Coral-rag, que j'ai déjà citées, à Saint-Mihiel (Meuse), à Tonnerre (Yonne), etc.

l'aide de ces données, reconnaître quel a été le mode de dépôt des fossiles contenues dans telle ou telle couche.

Les Coquilles ainsi déposées, et plus ou moins recouvertes par des dépôts postérieurs, sont restées avec leur coquille changée en différentes substances. Elles ont passé à l'état d'empreintes, ou bien sont arrivées à l'état de contre-empreintes. Si, postérieurement à leur dépôt, les couches à l'état pâteux se sont affaissées dans leur position horizontale par suite de la pression de l'ensemble[1]; si elles ont été disloquées antérieurement à cette pression, et qu'alors il y ait eu un affaissement ou un glissement oblique des molécules par rapport à leur premier dépôt horizontal, on concevra que tous les corps qui se seront trouvés dans ces couches auront subi la même pression, horizontale ou oblique, et se seront dès lors diversement déformés, en raison de leur position relative.

La pression horizontale produit, par exemple, l'aplatissement des Coquilles dans le sens de leur compression. Ainsi, les Nautiles, les Ammonites, de convexes qu'ils étaient, s'aplatiront plus ou moins et deviendront souvent aussi minces qu'une feuille de papier[2]. Des bivalves placées sur le côté perdront la moitié de leur épaisseur ou seront tout à fait aplaties et sans convexité[3]. On peut encore reconnaître cette compression simple dans les Coquilles naturellement comprimées; mais quand elle a lieu sur des Coquilles coniques, on conçoit aussi qu'elle en doive changer tout à fait les caractères spécifiques[4].

Si la déformation dans le sens de la compression des Coquilles peut en changer la forme, cette déformation sera bien plus grande, lorsqu'elle aura été exercée dans le sens de leur longueur. Ceci a lieu principalement lorsque les gastéropodes et les acéphales ont conservé leur position naturelle. En effet,

1 Cela a lieu dans tous les terrains.

2 On le voit pour beaucoup d'Ammonites du Lias feuilleté.

3 Les Possidonies du Lias présentent cette dépression.

4 Cette déformation a lieu sur des *Trochus*, des *Pleurotomaria*.

des Coquilles coniques deviendront entièrement plates[1] ou leur spire changera tout à fait d'angle spiral, et d'élevée qu'elle était, deviendra surbaissée ou même horizontale[2]. Aussi ne devra-t-on tenir compte de l'angle spiral des Coquilles de gastéropodes à l'état de contre-empreintes déposées dans les couches calcaires et argileuses, que lorsqu'on pourra leur comparer un grand nombre d'individus non déformés.

Pour les acéphales, la déformation est une des grandes causes d'erreur. Telle coquille naturellement oblongue, raccourcie sur elle-même par suite de la pression verticale, peut devenir plus large que haute[3] et changer tellement d'aspect qu'on la transporterait volontiers d'un genre dans un autre. Lorsqu'au contraire, cette pression s'est exercée dans le sens transversal d'une coquille, c'est-à-dire, des crochets au bord palléal, telle espèce d'abord ronde peut devenir oblongue ou même allongée[4], en se modifiant du tout au tout.

La déformation produite par une pression oblique eu égard à la compression, à la longueur ou à la largeur des Coquilles, est plus facile à reconnaître dans certains cas; mais elle est, au contraire, la plus difficile de toutes à constater dans certains autres. La pression oblique a déterminé, chez les céphalopodes et chez les Bellerophon, ces spirales elliptiques qu'on avait érigées en genres distincts[5]. Quelques auteurs y ont aussi vu

[1] Les *Patella*, les *Orbicula*.

[2] J'ai reconnu cette déformation pour beaucoup de *Trochus* et de *Pleurotomaria*.

[3] Je possède la même espèce dans toutes ces déformations, qui seront figurées en tête de chaque classe. C'est le *Cardium hillanum* et une *Panopæa* de la Malle (Var).

[4] On trouve ces déformations principalement dans les couches qui avoisinent les montagnes, comme à Grasse (Var), à Castellane (Basses-Alpes), dans les Corbières (Aude) et dans une foule d'autres lieux où les couches ont été disloquées.

[5] Le genre *Ellipsolites* de Montfort, adopté primitivement, puis rejeté par Sowerby.

quelquefois un caractère spécifique distinctif[1]. Cette même déformation rend également l'enroulement spiral elliptique chez les gastéropodes, en jetant le sommet latéralement, tantôt d'un côté, tantôt de l'autre[2]. Si, pour des yeux exercés, ces déformations se reconnaissent facilement, il n'en est pas de même des déformations obliques des Coquilles bivalves. Ici, non-seulement la pression peut rendre une valve plus élevée que l'autre, chez des Coquilles symétriques, et les faire ressembler plus ou moins à des corbules[3] ou à des *Thracia*, mais encore, lorsqu'elle a lieu dans le sens d'une verticale qui passe entre les deux valves, et qu'elle l'incline plus ou moins du côté du labre, cette déformation oblique peut modifier l'angle apicial d'une bivalve, et en changer tellement la forme, sans qu'elle cesse pour cela d'être symétrique[4], qu'il deviendra très-difficile de distinguer les véritables espèces, des déformations de ce genre, très-communes pourtant dans les Coquilles qui ont conservé leur position normale au sein des couches argileuses[5]. Non-seulement alors il ne faudra pas toujours tenir compte de la forme, mais encore, pour discerner les espèces vraies de ces déformations accidentelles, il faudra commencer par chercher d'autres caractères extérieurs, et comparer, sous ce point de vue, tous les échantillons qu'on aura recueillis dans une même couche et dans le même endroit ; car, en ce cas, le changement de lieux, le changement de couche devra entrer pour quelque chose dans la détermination des limites de l'espèce fossile.

En me résumant sur les difficultés que présente la détermination positive des espèces fossiles, je dirai que ces difficultés sont d'autant plus grandes qu'on s'occupe de faunes

[1] Le *Bellerophon obliquus* de MM. Potiez et Michaud n'est qu'une déformation de ce genre, du *B. Munsterii*.

[2] Cela a lieu chez des *Pleurotomaria* que je possède.

[3] Cette déformation est très-fréquente.

[4] Les *Pholadomya* se trouvent souvent dans ce cas, ce qui en a fait multiplier les espèces outre mesure.

[5] On les trouve sur un grand nombre de points en France.

plus anciennes. En effet, plus une couche est inférieure, plus les Coquilles qu'elle renferme ont dû éprouver de dislocations, de pressions et de modifications de fossilisation. Si, par exemple, la détermination des espèces est d'une difficulté extrême dans les terrains de transition, lorsqu'on veut la faire avec conscience; si elle l'est encore jusque dans les terrains crétacés, dès qu'on aborde les terrains tertiaires, comme ceux du bassin parisien, elle cesse tout à fait, et la détermination des Coquilles de cette époque rentre dans la catégorie de celle des Coquilles vivantes. On n'a besoin, le plus souvent, de tenir compte que des variations naturelles que j'ai traitées à l'occasion de ces Coquilles[1].

De la nomenclature relative aux coupes primordiales, aux coupes génériques et à l'espèce chez les Mollusques.

Quant à la nomenclature des classes, il est bon, afin de n'être pas obligé d'en recommencer tous les jours l'étude, de la conserver lorsqu'elle est basée sur des caractères anatomiques, et qu'elle est admise dans la science.

Pour les noms de familles, il me paraît indispensable de leur donner une terminaison qui les distingue des autres. La famille étant destinée, par exemple, à réunir un certain nombre de genres qui ont entre eux une affinité zoologique, je me suis depuis longtemps attaché non-seulement à lui donner un nom dont la terminaison soit uniforme, mais encore à tirer ce nom de celui du genre le plus nombreux ou le plus tranché qu'elle renferme. C'est ainsi que la famille qui comprend le genre *Sepia* est appelée SEPIDÆ, que la famille qui reçoit les *Trochus*, est nommée TROCHIDÆ, et que la famille qui réunit la *Tellina* porte le nom de TELLINIDÆ[2]. La terminaison uniforme en *idæ*

[1] Voyez pages 59 et suivantes.

[2] J'ai, depuis 1835, établi cette marche dans tous mes ouvrages sur la Zoologie.

a le double avantage de faire immédiatement reconnaître la valeur de cette coupe et de présenter une euphonie agréable.

On ne doit se permettre aucun arbitraire dans le choix des noms de genres. L'équité scientifique, les règles de justice, la nécessité de prévenir toute espèce d'indécision à leur égard, prescrivent impérieusement de remonter toujours au premier nom imposé par les auteurs. Qu'il soit démembré ou non plus tard, le nom primitif doit être sacré; il doit être religieusement conservé, et réservé à une portion de la coupe primitivement établie, quelle que soit la valeur des coupes qu'on en sépare pour en former d'autres genres. En suivant ce principe absolu, en n'en déviant sous aucun prétexte et pour aucune considération personnelle, on ramènera la science à des lois fixes et invariables. On n'aura plus alors à prendre aveuglement tel auteur, ainsi qu'on l'a fait pour Lamarck, en rejetant tous les autres noms appliqués par ses contemporains, sous le seul prétexte que leurs ouvrages n'ont pas été aussi généraux, ou qu'ils n'ont pas été admis dans la science, par suite de préventions plus ou moins légitimes[1]. Pour moi, le genre établi sur une simple feuille volante *imprimée* et *publiée*, dès qu'il aura l'antériorité de date, passera toujours avant le genre décrit dans l'ouvrage même le plus important, soit par l'autorité de son auteur, soit par son format, soit enfin par le nombre de ses volumes.

Pour établir le motif qui m'a fait préférer tel nom à tel autre, je donnerai toujours, à la suite du nom de genre, sa synonymie chronologique avec des dates, méthode que personne encore n'a suivie dans la nomenclature.

Le nom de l'espèce doit être aussi sacré que celui du genre. Il doit être de même toujours le plus ancien, et à cet égard il est bon de remonter jusqu'à 1757, c'est-à-dire à l'ouvrage d'Adanson[2], le premier qui, avant Linné, ait institué le nom spécifique, en le plaçant comme adjectif dans le genre. Le nom

[1] On l'a surtout fait pour Montfort.

[2] *Coquilles du Sénégal.*

spécifique, quels que soient les genres où l'espèce a été placée, doit toujours être maintenu; aussi, faut-il conserver les noms des espèces d'Adanson, de Linné, bien que ces espèces aient été transportées dans des coupes génériques différentes; à moins cependant que ces noms ne se trouvent en contradiction manifeste avec la localité qu'ils rappellent[1].

En partant du même principe de justice et d'équité que pour les genres, les espèces doivent invariablement porter le plus ancien nom que leur a imposé une description imprimée. Alors il n'y aura plus d'arbitraire possible, et les incertitudes cesseront pour la conservation de tels ou tels noms qui lui auront été donnés par les auteurs. La science prendra un caractère de stabilité dont elle manque lorsqu'on adopte un nom au hasard, ou guidé par des considérations purement personnelles et nationales. Pour consacrer le principe dans toute sa rigueur, on conçoit qu'en reprenant tous les documents que la science possède jusqu'à présent, je me verrai contraint d'apporter des changements nécessaires même aux noms presque vulgarisés par l'usage; mais pour justifier ces changements, je continuerai, comme j'en ai le premier donné l'exemple dans mes descriptions[2], à remplacer cette incomplète synonymie des conchyliologistes[3], où les noms étaient placés au hasard et sans ordre, par une synonymie chronologique qui, par elle-même, deviendra l'histoire complète de chaque espèce.

1 Dans le cas, par exemple, où l'on nommerait *Africana* une espèce inconnue à l'Afrique et propre à l'Amérique.

2 J'ai introduit cette méthode dans tous mes ouvrages depuis 1835, elle a été suivie depuis par beaucoup d'auteurs.

3 Dans les deux éditions de Lamarck, par exemple, dans tous les ouvrages antérieurs à 1835, et dans bien d'autres postérieurs à cette époque.

DIVISION DES MOLLUSQUES EN CLASSES.

Les Mollusques, dans l'état actuel de la science, peuvent se diviser en cinq classes, placées ainsi qu'il suit, d'après l'ordre de perfection des organes.

1re *classe*. Céphalopodes, Cuvier. — Caractérisés par leur ouvert en avant, renfermant les branchies, d'où sort une tête corps bien développée, couronnée par des bras charnus avec lesquels ils saisissent les objets. Ce sont des animaux toujours libres, nageant vaguement dans les mers ou sur les côtes. Ils ont une coquille, interne ou externe, le plus souvent multiloculaire, traversée par un siphon.

2e *classe*. Gastéropodes, Cuvier. — Leur corps n'est plus ouvert, les branchies sont internes ou externes, la tête est unie au corps. Ils rampent sur un disque charnu, placé sous le ventre, sont libres ou fixes, presque toujours côtiers. Ils ont une coquille uniloculaire, conique ou spirale, généralement épaisse.

3e *classe*. Ptéropodes, Cuvier. — Ils n'ont plus le corps ouvert en avant et la tête y est intimement unie. Les principaux organes du mouvement sont deux ailes on nageoires membraneuses, situées au côté du col. Ils sont libres au sein des océans; leur coquille est mince, vitreuse.

4e *classe*. Acéphales, Cuvier, ou Lamellibranches. — Ils manquent de tête; la bouche, le corps et les branchies sont renfermés dans un large manteau formé de deux lobes. Ces animaux vivent enfoncés dans le sable ou se fixent aux corps sous-marins. Ils ont une coquille composée de deux parties égales ou inégales, unies par un ligament.

5e *classe*. Brachiopodes, Cuvier. — Ces animaux manquent de tête; leur corps est renfermé dans un manteau. Ils ont des bras charnus garnis de cils. Ils sont fixes par l'animal ou la coquille. Celle-ci se compose de deux valves toujours inégales, arculées sans le secours d'un ligament.

1re CLASSE.

CEPHALOPODA[1], Cuvier.

Mollusca brachiata, Poli. — *Céphalopodes*, Cuvier, Lamarck. — *Céphalophores*, de Blainville.

Caractères.

Animal libre, formé de deux parties distinctes : l'une postérieure, le corps, ouvert en avant, contenant les viscères et les branchies ; l'autre, antérieure ou céphalique, portant des bras ou des tentacules. *Corps*[2] variable, rond, allongé, cylindrique, pourvu ou non de nageoires, se rattachant à la tête par des brides fixes, ou au moyen d'un appareil facultatif particulier ; logé dans une coquille uniloculaire, dans la dernière cavité d'une coquille multiloculaire, ou renfermant, dans l'épaisseur des téguments, une coquille cornée, testacée, simple, spirale, formée de loges aériennes successives, traversées par un siphon. *Tête* volumineuse, plus ou moins séparée du corps, pourvue latéralement d'yeux saillants très-complets, d'oreilles; en dessous, d'un tube locomoteur entier ou fendu ; en avant, de huit ou dix bras, charnus, ou de tentacules nombreux. Au milieu des bras un appareil buccal composé de deux mandibules cornées ou testacées agissant de haut en bas, de lèvres charnues, et d'une langue hérissée de crochets par lignes longitudinales. *Branchies* internes paires ou symétriques, au nombre de deux ou de quatre. *Sexes* séparés sur des individus distincts, les uns mâles, les autres femelles. La respiration se fait au moyen des branchies

1 De κεφαλὴ, tête, et ποῦς, pied. Pieds sur la tête.

2 J'ai appelé *corps* la partie que quelques auteurs ont nommée *manteau* ou *sac*.

en rameaux. L'eau, entrant par l'ouverture du corps, est expulsée par le tube locomoteur. De la bouche part l'œsophage, qui se renfle en jabot et communique avec un gésier charnu. Troisième estomac spiral. Le rectum donne dans le tube locomoteur. Ces animaux ont une excrétion singulière noire ou brune, qu'ils emploient à colorer l'eau, et renfermée dans une poche spéciale. Le cerveau, contenu dans une boîte cartilagineuse, donne une multitude de rameaux nerveux dirigés vers les différents organes.

CHAPITRE Ier.

Modification des organes des Céphalopodes, comparés aux fonctions qu'ils doivent remplir, et causes d'erreur dans la détermination des espèces.

La *consistance* de l'ensemble des céphalopodes varie on ne peut plus, suivant leurs moyens de natation et leurs habitudes côtières. Les uns ont une enveloppe membraneuse transparente dont les couches musculaires sont peu apparentes[1]; les autres, avec une diaphanéité complète, ont un réseau de puissantes fibres musculaires, croisées en tous sens autour du corps, de consistance presque coriace[2]. Cette force musculaire paraît toujours être en raison de la vie active des espèces.

La *forme générale* des céphalopodes est très-variable; ils sont généralement oblongs ou allongés, mais cet ensemble se compose d'un corps très-développé, et d'une petite tête, ou d'un petit corps et d'une tête volumineuse. Les *Ommastrephes*, les *Loligo* appartiennent à la première série, tandis que les

[1] Chez les *Loligopsis*, les *Cranchia*.

[2] Les *Ommastrephes*, les *Onychoteuthis*, les *Sepia*.

Octopus dépendent de la seconde. Ces différences sont encore par les exigences vitales.

Le *corps* est bursiforme, très-élargi postérieurement chez les *Octopus;* il s'acumine un peu chez les *Sepiola*, devient ovale et déprimé chez les *Sepia*, puis il passe à la forme allongée cylindrique, acuminé postérieurement chez les *Ommastrephes* et les autres genres voisins. Le corps étant le plus puissant agent de la locomotion des céphalopodes, en se remplissant d'eau dans les aspirations et l'expulsant avec force par le tube locomoteur au moyen de la contraction de ses parois musculaires, on doit croire, que son volume et sa forme sont toujours relatifs aux exigences habituelles de la natation. Les *Octopus*, les plus côtiers, souvent cachés dans le creux d'un rocher, ont le corps le plus petit, tandis que les *Ommastrephes*, toujours pélagiens, et les meilleurs nageurs ont le corps volumineux, cylindrique et très-aigu en arrière. On peut juger, pour ainsi dire d'avance, de la vélocité de la nage rétrograde des céphalopodes, par la forme et par le volume extérieur du corps : par la forme, puisqu'il fendra plus facilement les eaux lorsqu'il sera cylindrique et acuminé en arrière; par le volume, parce que, petit, il doit contenir moins d'eau à repousser que lorsqu'il est très-grand. La forme cylindrique ou déprimée du corps tient à d'autres habitudes : lorsqu'il est cylyndrique, arrondi, il dénote des animaux pélagiens, tels que les *Onychoteuthis* et les *Ommastrephes*, qui ne s'approchent pas des côtes, tandis que, chez les *Sepia*, il est déprimé, afin de permettre à l'animal de se reposer sur le sol, sur un large point d'appui. En résumé, le plus ou moins de volume du corps est relatif aux exigences de la natation ; sa forme courte ou allongée dénote le plus ou moins de force ou de vitesse de cette natation; tandis que sa dépression ou sa forme cylindrique tient aux habitudes pélagiennes ou côtières.

La *tête* est très-variable sous le rapport du volume, les bras compris. Par la grande longueur de leurs bras, les *Octopus* ont, de tous les céphalopodes, l'ensemble céphalique le plus volumineux, quoique leur tête proprement dite soit de moyenne taille. La proportion varie ensuite, elle diminue de plus en plus chez les décapodes, et finit par être très-petite chez les animaux pélagiens. Le volume de la tête, les bras compris, est donc toujours en raison inverse de celui du corps : ainsi elle est d'autant plus restreinte que le corps est plus grand. Le volume comparatif de la tête et des bras paraît dépendre aussi des habitudes de reptation ou de natation des espèces : les bras sont volumineux chez les *Octopus*, qui rampent souvent, tandis qu'ils deviennent courts chez tous les céphalopodes nageurs.

La tête est généralement placée dans la direction de l'axe longitudinal de l'ensemble de l'animal, chez tous les céphalopodes sans coquille; elle forme un angle avec l'axe du corps, en se reployant et se raccourcissant en dessus, chez l'*Argonauta*, pourvu d'une coquille externe. Ces deux modifications, en apparence peu importantes, le deviennent quand on les rapproche des habitudes des céphalopodes. Un animal appelé à nager rapidement au sein des eaux a besoin d'avoir toutes ses parties dans la direction de l'axe de la longueur ; dans le cas contraire, il n'y a plus de nage exécutable, car l'angle formé par le corps et par la tête y serait un obstacle invincible. Il en résulte que l'animal de l'argonaute, ne pourrait nager d'aucune manière s'il devait vivre librement, tandis que la forme du corps et de la tête sont en rapport avec sa position dans une coquille, et sa natation lorsqu'il y est logé.

Le volume des yeux détermine la largeur de la tête. Chez les décapodes, la tête est appelée à fermer hermétiquement l'ouverture antérieure du corps; aussi est-elle du même diamètre que la partie antérieure sur laquelle elle s'appuie dans la natation; elle suit la forme déprimée ou ronde de l'extrémité antérieure du corps.

On ne remarque en arrière des yeux, sur la partie cervicale, aucun pli charnu chez les octopodes; chez les décapodes, au contraire, il y a des genres qui en ont toujours, tandis que d'autres en sont dépourvus. Les seiches, les sépioles, les rossies, les calmarets, manquent de ces plis; ils sont transversaux, un de chaque côté, chez tous les calmars et les sépioteuthes, où ils forment une véritable crête auriculaire; ils sont longitudinaux, au nombre de trois, chez les ommastrèphes, bien plus nombreux chez les onychoteuthes, pouvant toujours, indépendamment des autres caractères, être considérés comme spécifiques, et même génériques dans leur forme et dans leur position. Peut-être ces plis sont-ils destinés à protéger et à garantir, dans certaines circonstances, l'orifice auditif externe; car ils renferment toujours, dans leurs contours, l'organe extérieur de l'audition.

La *peau* des céphalopodes est plus ou moins épaisse, plus ou moins coriace, suivant les espèces, les genres et les habitudes. Les calmars, les sépioteuthes, les sépioles, les rossies, les argonautes, presque tous les ommastrèphes, les onychoteuthes, les philonexes et les loligopsis, ont un épiderme on ne peut plus uni, d'une finesse extrême, sans aspérité aucune, sans tubercules ni cirrhes charnus; chez eux la contraction dans l'alcool n'apporte pas de modification extérieure à la peau, pas plus que les diverses impressions qu'ils ressentent à l'état de vie, le changement de couleur dû au jeu des globules chromophores étant alors le seul signe extérieur de ce qu'ils éprouvent; aussi, vivants ou morts, leur peau présente-t-elle toujours le même aspect extérieur.

Les poulpes offrent, avec une peau sans tubercules constants, un caractère singulier qui, peu connu, a fait multiplier outre mesure le nombre des espèces. En effet, tous ces animaux, suivant les impressions qu'ils éprouvent à l'état de vie, sont entièrement lisses ou couverts de tubercules élevés, de cirrhes charnus et saillants. Un *Octopus*, dans le repos, a la peau la plus unie; l'irrite-t-on? son corps, sa tête, ses bras même, se couvrent subitement de tubercules coniques arrondis, de cirrhes disposés régulièrement sur les diverses parties, aux endroits où, quelques secondes avant, il n'y en avait aucune trace. Par une suite de l'extrême mobilité de ces parties, suivant l'état de langueur ou d'irritation de l'animal au moment de sa mort, suivant le degré de force de la liqueur dans laquelle on le dépose pour le conserver, la peau est entièrement lisse, couverte de tubercules arrondis, de tubercules coniques, ou hérissée de cirrhes longs et saillants. Chaque espèce pouvant, sur divers individus, montrer successivement toutes les modifications que je viens d'indiquer, il s'ensuit que les tubercules et les cirrhes, ne doivent jamais être considérés, chez les céphalopodes, comme des caractères spécifiques.

Deux autres genres de modifications extérieures de la peau sont permanents et offrent, au contraire, des signes constants auxquels on pourra recourir avec certitude, pour la détermination des espèces. La première consiste en des tubercules placés symétriquement et formés par un amas de matière colorée, contenu dans une poche saillante à l'extérieur et ayant une organisation singulière, puisque chacun d'eux est pourvu d'un pédoncule qui pénètre dans la peau, et quelquefois dans le tissu musculaire [1]. La seconde modification extérieure de la peau, également permanente, consiste en tubercules cornés, simples ou divisés en pointes plus ou moins nombreuses, qui couvrent les côtés inférieurs du cou de la *Sepioloidea lineolata*, le sommet de tous les tubercules qui ornent les parties inférieures du *Philonexis tuberculatus*, les parties inférieures et latérales du corps de la *Cranchia scabra*, et qui forment deux lignes longitudinales, une de chaque côté, en dessous du corps du *Loligopsis guttata*; toutes, excepté la première espèce, évidemment pélagiennes.

On voit, par ce qui précède, que les tubercules, les cirrhes, susceptibles d'une érection volontaire, ne se retrouvent que chez les acétabulifères côtiers, tandis que tous les tubercules invariables ne se remarquent que chez les espèces des hautes mers; que les tubercules charnus non permanents ne doivent être pris qu'avec beaucoup de réserve pour caractères spécifi-

[1] On trouve ce caractère chez l'*Histioteuthis Bonelliana*, chez l'*Ommastrephes pelagica*, dans le genre *Enoploteuthis*.

ques, tandis que les tubercules cornés ou non contractiles offrent, au contraire, le moyen le plus certain de reconnaître les espèces; enfin, que les tubercules, les cirrhes charnus et érectiles se trouvent plus particulièrement sur les parties supérieures du corps et de la tête, tandis que les tubercules constants se remarquent, au contraire, seulement aux parties inférieures des animaux qui en sont pourvus.

Quant à l'utilité des cirrhes ou tubercules érectiles, si, indépendamment de l'irritation qu'ils annoncent, ce ne sont pas encore des organes de tact, on ne pourrait leur assigner de fonctions dans l'économie générale des espèces. Ils paraissent d'autant plus être des organes de tact, qu'il sont en dessus, chez les animaux qui rampent, comme les *Octopus*. Je crois également que les tubercules permanents doivent servir d'organes du tact aux animaux qui en sont pourvus, ce qui serait, du reste, d'accord avec leur position toujours inférieure, par rapport à la position habituelle de la natation; ainsi les organes du tact, dans le derme, seraient, comme on doit s'y attendre, supérieurs chez les espèces qui rampent le plus souvent, et inférieurs chez celles qui ne font que nager.

La *couleur*, comme les cirrhes, est souvent aussi changeante que les impressions diverses des animaux qui les portent. Elle tient à un système très-compliqué de globules [1] de diverses couleurs, roux, bruns ou rouges, placés sous la première couche de l'épiderme de presque tous les céphalopodes. Ces globules présentent chacun une pupille qui se contracte, se dilate, et forme une large tache ronde irrégulière, ou diminue jusqu'à ne plus présenter qu'un très-petit point noir, pouvant augmenter de soixante fois son diamètre. On conçoit dès lors que l'animal qui, dans la dilatation de ses globules, est d'une couleur foncée, devient presque blanc lorsque ces globules sont contractés. La contractibilité de ces couleurs instan-

[1] MM. Sangiovani (*Giorn. encycl. di Nap.*, an. XIII, nº 9), De Lafresnayes (*Mém. de la Soc. linn. du Calvados*, t. I, p. 73, 1824), Wagner et Gravenhorst ont traité ce sujet.

tanées dépend donc toujours des impressions de l'animal. Il les varie ainsi à sa volonté du blanc[1] au brun avec une vivacité remarquable. Elles ne peuvent donc être prises en considération comme caractères spécifiques qu'autant qu'elles sont incrustées et fixes.

Les céphalopodes ont souvent, dans l'intérieur du derme, une coquille cornée ou testacée, ou sont logés dans une coquille à laquelle ils n'adhèrent par aucun muscle. Comme ces coquilles internes dépendent de l'organisation intérieure, que les coquilles externes sont, pour ainsi dire, indépendantes de l'organisation zoologique, j'en parlerai après avoir passé en revue tous les autres caractères zoologiques.

J'ai appelé *appareil de résistance* un singulier mécanisme spécial aux céphalopodes, qui unit d'une manière facultative le corps à la tête; mécanisme réellement admirable dans l'économie animale. Comment, avec une très-légère attache interne du corps à la tête, ces animaux auraient-ils pu donner à l'ensemble assez de fermeté pour résister à une nage puissante, s'ils n'avaient eu en leur pouvoir un autre mode d'affermir entre elles ces deux parties? Comment, d'un autre côté, des animaux aussi vifs dans leurs mouvements auraient-ils pu conserver toute leur agilité et la multiplicité de leurs moyens de préhension, si leur tête avait été entièrement soudée au corps? Il leur fallait donc tout à la fois un moyen purement facultatif de rattacher momentanément, au besoin, la tête au corps, en leur donnant toute la fermeté désirable d'ensemble, tandis qu'en d'autres circonstances ces deux parties devaient pouvoir agir séparément; fonctions que remplit l'*appareil de résistance*. Cet appareil consiste, de chaque côté, en un bouton très-variable, suivant les genres, situé à la paroi interne du corps, qui rentre et s'appuie dans une boutonnière placée à la base de la région céphalique; ou bien ce sont des mamelons qui se placent dans des

[1] L'*Octopus niveus* de M. Lesson est dû à une erreur déterminée par la couleur momentanée de l'espèce.

cavités correspondantes; ou bien encore des crêtes adaptées à une rainure, et qui tendent à empêcher le corps de se séparer de la tête, en unissant l'un à l'autre. Cet appareil, très-développé chez tous les céphalopodes qui n'ont aucune attache fixe au pourtour du corps (les *Ommastrephes*, les *Loligo*, etc.), existe aussi chez les genres qui n'ont qu'une très-petite bride cervicale (les *Argonauta*, les *Philonexis*); mais il manque aux genres dont le corps est largement attaché à la tête au moyen de brides fixes, comme chez les *Octopus*, les *Cranchia* et les *Loligopsis*.

L'appareil de résistance est invariable dans ses formes, suivant les genres, et devient un des meilleurs caractères génériques qu'on puisse prendre. Indépendamment des genres *Octopus*, *Cranchia* et *Loligopsis*, où il manque complétement. Chez les *Philonexis*, il se compose d'une boutonnière pratiquée à la paroi interne du corps, sur les côtés inférieurs, et vis-à-vis, sur la base du tube locomoteur, d'un bouton ou d'un crochet destiné à entrer dedans; chez les *Argonauta*, c'est, tout au contraire, une boutonnière sur la base du tube locomoteur, et un mamelon à bouton à la paroi interne du corps, destinés au même usage. Il n'existe pas sur le col chez les *Sepiolea* et les *Sepioloida*, qui ont à cette partie une *bride cervicale* fixe, tandis que, chez tous les autres genres, il se remarque sur le col et sur les côtés inférieurs du corps, mais toujours cartilagineux et ferme, plus ou moins compliqué dans ses formes, dans ses détails. L'appareil inférieur est composé, chez les *Rossia*, d'une crête courte, surmontée d'un sillon profond au bord du corps, et d'un sillon allongé sur la base du tube locomoteur; chez les *Loligo* et les *Sepioteuthis*, la crête est un peu plus longue, sans sillons autour; chez les *Onychoteuthis* et les *Enoploteuthis*, la crête occupe presque la moitié de la longueur du corps en dedans, avec le sillon de la base du tube locomoteur; chez la *Sepia*, c'est un mamelon oblong, oblique, qui se loge dans une fossette de même forme oblongue de la base du tube locomoteur; chez les *Chiroteuthis*, ce sont un mamelon oblong longitudinal, deux cavités latérales inférieures à la paroi du corps, et une fossette pourvue de deux mamelons à la base du tube locomoteur; chez les *Ommastrephes*, enfin, où il est le plus compliqué, ce sont, sur la paroi du corps, deux saillies, l'une oblongue, l'autre triangulaire, réunies par deux cavités de la base du tube locomoteur, et deux saillies de cette même base qui viennent s'appliquer entre les deux tubercules du côté opposé. L'*appareil supérieur*, placé sur le col, est moins variable. Chez les *Loligo*, les *Sepioteuthis*, les *Histioteuthis*, les *Onychoteuthis*, il est cartilagineux, composé d'un bourrelet allongé, très-élevé, comme bilobé par un sillon médian, sur lequel vient s'appliquer une partie modelée en creux sur ses saillies, située sous l'extrémité supérieure de l'osselet. Le sillon est plus large chez les *Ommastrephes*, et les deux bourrelets distincts, tandis que chez les *Sepia* et les *Rossia*, cet appareil forme une longue surface en fer à cheval, arrondie en avant, bordée tout autour et pourvue au milieu d'un sillon profond, longitudinal. Lorsque l'appareil de résistance manque ou indépendamment de son secours, il y a plusieurs brides intérieures qui unissent le corps à la tête. Il est d'autres brides placées à la partie antérieure du corps, qui tiennent au bord même et ne sont qu'une continuité de la peau. L'une, placée en dessus, que j'ai nommée *bride cervicale*, les autres paires, latérales, inférieures, que je nommerai *brides latérales*. La *bride cervicale* se retrouve, sans exception, chez les octopodes; très-large, occupant toute la largeur du col chez les *Octopus*, plus étroite chez les *Philonexis*, réduite à l'intervalle des yeux chez les *Argonauta*. Chez les décapodes, elle ne se montre, au contraire, que dans les genres *Sepiola* et *Cranchia*, où elle paraît être une continuité de la peau du dos, et chez les *Loligopsis*, où elle forme une véritable bride distincte du bord. Les *brides cervicales* se sont montrées seulement dans le genre *Loligopsis*.

La complication de l'appareil de résistance paraît être, du reste, en rapport avec la force de natation des animaux qui en sont pourvus. Cet appareil est charnu chez les octopodes, toujours cartilagineux chez les décapodes.

Les *yeux*, chez les céphalopodes, sont aussi complets que chez les mammifères; ils sont placés des deux côtés de la tête. Leur volume est très-variable : chez les *Philonexis*, les *Argonauta*, les *Loligo*, etc., ils sont énormes, tandis qu'ils sont petits chez les *Octopus*, les *Sepia*. Je crois que cette différence tient aux habitudes diurnes ou nocturnes des espèces. Par exemple, les *Octopus*, fixés, pour ainsi dire, dans leurs trous de rochers, et les *Sepia* côtières, qui sont naturellement exposées à la lumière du jour, les ont les plus petits, tandis que les genres plus ou moins pélagiens, qui les ont plus grands, sont évidemment nocturnes, et ne viennent que la nuit à la surface des eaux et sur les côtes.

Le yeux sont latéraux, ou latéraux-supérieurs. Ils sont latéraux-supérieurs chez les poulpes, les seiches, les sépioles, les rossies, un peu moins chez les calmars; mais sont tout à fait latéraux chez les ommastrèphes, les onychoteuthes, etc. L'animal qui se tient sur les côtes, qui se repose souvent au fond des eaux, a plus besoin de voir au-dessus de lui qu'au-dessous; aussi a-t-il presque toujours les yeux en dessus, comme nous le voyons chez tous les poissons pleuronectes, les raies, les lophies, appelés à ramper constamment; tandis que les animaux qui restent toujours en pleine mer ont un aussi grand besoin de voir au-dessous qu'au-dessus d'eux, pour saisir la proie qui se présente et pour fuir le danger. Ces deux modifications paraissent donc tenir évidemment aux habitudes côtières ou pélagiennes.

Les yeux montrent dans leurs formes deux modes différents. Ils sont enveloppés, unis aux téguments, alors fixes et sans mouvement chez les octopodes, ou bien ils sont libres dans une cavité spéciale chez les décapodes. Dans le premier cas (chez les *Octopus*, les *Argonauta*), la peau est susceptible de se contracter et de recouvrir entièrement l'œil en faisant les fonctions de paupières. Dans le second cas, il y a deux modifications :

l'une a les yeux libres, recouverts, en dehors, par une continuité du derme de la tête, qui devient plus mince sur une surface ovale correspondant au globe de l'œil. J'ai nommé les animaux ainsi conformés *myopsidés*[1] (*Sepia, Loligo, Sepioteuthis*, etc.). Dans l'autre, les yeux sont libres dans une cavité orbitaire largement ouverte au dehors, pourvus souvent d'un sinus lacrymal, et sont en contact avec l'élément aqueux. J'ai nommé ces animaux *oigopsidés*[2] (*Onychoteuthis, Ommastrephes*, etc.). La présence de la membrane de la première division est en rapport avec l'existence côtière des animaux qui la portent, tandis que les autres, tous pélagiens, n'avaient pas besoin d'avoir l'organe de la vision aussi bien protégé. Les plus côtiers de la première (les *Sepia*, les *Sepiola*, les *Rossia*) ont en outre une paupière susceptible de fermer entièrement les yeux. Ceux-ci et tous ceux de cette division ont, en avant des yeux, une ouverture lacrymale destinée sans doute à renvoyer le surplus de l'eau qui entoure l'œil.

L'*oreille externe*, qui avait échappé à mes devanciers et que j'ai reconnue chez tous les céphalopodes, est placée en arrière et un peu au-dessous des yeux. Elle est simplement percée chez les *Octopus*, les *Rossia*, les *Sepia*, formée d'une légère protubérance chez les *Argonauta*, les *Philonexis*, les *Sepiola*, les *Histioteuthis*, les *Loligopsis*; marquée d'une conque externe transversale, ondulée, recourbée à ses extrémités, chez les *Loligo*, les *Sepioteuthis*. Elle est formée de plusieurs crêtes longitudinales chez les *Onychoteuthis*, et d'une seule chez les *Ommastrephes*. Ainsi, le trou auditif externe est diversement protégé suivant les genres. La complication de l'oreille externe paraît être en rapport avec la vélocité de natation des animaux.

Les céphalopodes ont, aux diverses parties de leur tête, des

[1] De μύω, je ferme, et de ὄψις œil, vue.

[2] De οἴγω, j'ouvre, et de ὄψις, œil, vue. Ces deux coupes, caractérisées par beaucoup d'autres caractères, formeront des sous-ordres dans ma classification.

espèces de poches ouvertes en dehors, que j'appellerai *ouvertures aquifères*. Comme ces ouvertures subissent des changements suivant les genres, et que dès lors elles sont plus ou moins nombreuses, ou modifiées chaque fois que les autres caractères changent, je crois qu'on doit les faire entrer dans les caractères génériques.

J'ai appelé *ouvertures aquifères céphaliques*, les ouvertures paires placées sur le milieu de la tête. Elles manquent chez les *Octopus* et chez tous les décapodes, mais elles sont bien marquées chez les *Argonauta* et les *Philonexis*, où elles communiquent avec des cavités énormes qui entourent la partie supérieure de la tête.

Lorsque ces ouvertures sont paires, placées au-dessous de chaque côté du tube locomoteur, je les ai nommées *ouvertures aquifères anales*. Celles-ci communiquent, chez les *Philonexis*, avec de grandes cavités occupant tout le dessous de la tête, et séparées l'une de l'autre par un diaphragme médian; leur cavité est très-réduite chez les *Ommastrephes*; chez les *Onychoteuthis* elles sont supérieures au tube locomoteur. Elles manquent chez tous les autres genres.

Les *ouvertures aquifères buccales* sont placées à la base des bras, autour de la bouche. Il y en a quatre chez les *Histioteuthis*, les *Ommastrephes*, sans qu'elles soient également profondes, puisque chez les derniers elles entourent la bouche. On en voit six plus ou moins profondes chez les *Onychoteuthis*, les *Sepia*, les *Loligo* : les autres genres en sont dépourvus.

Les *ouvertures aquifères brachiales* sont situées près et en dehors des bras tentaculaires, entre la troisième et la quatrième paire de bras sessiles. Chez les *Sepia*, les *Sepiola*, les *Rossia*, elles donnent dans une vaste cavité qui occupe tout le dessous de la tête; elles servent à loger les bras tentaculaires dans leurs contractions. Chez les *Loligo*, la cavité restreinte au-dessous des yeux ne peut contenir les bras en entier. Chez les *Histioteuthis*, les *Ommastrephes*, les *Onychoteuthis*, elle est plus réduite encore et n'occupe que la partie antérieure aux yeux. Elle manque dans les autres genres.

En résumé, les octopodes possèdent seuls les ouvertures aquifères céphaliques; les ouvertures aquifères brachiales n'existent chez aucun octopode. Ces poches aquifères peuvent être des organes de l'olfaction des céphalopodes.

Les *organes de natation* sont multiples chez les céphalopodes. La natation s'opère à reculons au moyen du refoulement de l'eau par le *tube locomoteur*, par le mouvement des bras et par les *nageoires*.

Le *tube locomoteur* est placé sous la tête, à sa jonction au corps. Il forme un tube entier chez les céphalopodes acétabulifères, fendu sur la longueur chez les *Nautilus*. Lorsqu'il est entier, il est saillant et libre, uni ou comme accolé à la tête. Sa forme est conique, tronquée en avant, élargie en arrière et portant à sa base l'appareil de résistance. Il est très-long et dépasse la tête chez les *Argonauta*, obligés de vivre dans une coquille; il est médiocre chez les autres genres. Il reçoit dans son intérieur l'extrémité anale, et est pourvu d'une valvule intérieure chez les *Sepia*, les *Rossia*, les *Loligo*, les *Sepioteuthis*, les *Ommastrephes* et les *Onychoteuthis*, tandis qu'il en est dépourvu chez les *loligopsidées* et chez les octopodes. Chez les poulpes, les philonexes, les *loligopsis*, les histioteuthes, les chiroteuthes, les sépioles, les rossies, les seiches, le tube locomoteur s'unit à la tête par la continuité des téguments, sans qu'on y remarque le moindre indice de bride latérale ou supérieure; tandis que chez les onychoteuthes, les ommastrèphes, les calmars, il y a, au contraire, des brides bien distinctes à la jonction du tube locomoteur à la tête. On en voit deux chez les calmars, et quatre chez les ommastrèphes et quelques onychoteuthes. Le tube locomoteur est logé dans une cavité spéciale de la partie inférieure de la tête, chez les onychoteuthes et les ommastrèphes, tandis qu'il est seulement accolé dans les autres genres.

Le tube locomoteur remplit deux fonctions distinctes : il chasse l'eau avec force, ce qui est un moyen de locomotion, et renvoie l'eau aspirée par l'ouverture du corps, lorsqu'elle a servi à la respiration. La natation rétrograde des céphalopodes due au refoulement de l'eau par le tube locomoteur, est peut-être un des modes les plus curieux de locomotion. L'aspiration se fait par l'ouverture du corps. La nature, toujours admirable dans la perfection de ses procédés, a donné une grande force musculaire au corps, en plaçant en avant le tube locomoteur qui sert, à la volonté de l'animal, à renvoyer l'eau aspirée avec assez de force, par la contraction du corps, pour exercer au dehors un refoulement puissant qui le fait avancer à reculons avec tant de violence, dans certaines espèces, qu'elles fendent l'onde comme une flèche, et s'élancent ainsi sur le pont des navires. On conçoit facilement que ces animaux, déployant, près de la surface, toute leur force, s'élèvent assez haut dans les airs. Si les céphalopodes vont très-vite en arrière, au moyen de leur tube locomoteur, ils vont lentement en avant à l'aide de leurs nageoires et de leurs bras.

Les *nageoires* manquent chez les octopodes et les *Nautilus*, elles existent chez tous les décapodes. Chez les *Sepiola*, les *Sepioloidea*, les *Rossia*, elles sont latéro-dorsales, distinctes; chez les *Sepia* et les *Sepioteuthis*, elles sont latérales, occupent toute la longueur du corps, étroites dans le premier genre, larges dans le second. Chez les *Cranchia*, les *Histioteuthis*, les *Onychoteuthis*, les *Loligo*, les *Loligopsis*, les *Ommastrephes*, elles sont terminales; échancrées en arrière chez les *Cranchia*, les *Histioteuthis*; arrondies chez les *Loligopsis*, les *Chiroteuthis*, et rhomboïdales, anguleuses, chez les *Onychoteuthis*, les *Loligo* et les *Ommastrephes*.

Les nageoires, chez les *Loligo*, les *Ommastrephes*, les *Onychoteuthis*, sont formées de couches musculaires transversales recouvertes d'un épiderme si mince, qu'en dessous les fibres musculaires forment toujours des lignes transversales très-marquées, qui les rendent comme striées : alors, au lieu d'être contractiles, elles sont invariables dans leurs formes; leur consistance est ferme, coriace même; leurs bords sont toujours entiers et très-minces. Chez les seiches, la partie musculaire est recouverte d'une peau épaisse qui la dépasse de beaucoup; aussi les nageoires sont-elles sujettes à se contracter plus ou moins, et à changer tout à fait de largeur, suivant l'effet de la liqueur dans laquelle on les a placées. La fermeté des nageoires paraît être en raison des habitudes plus ou moins pélagiennes, et du grand exercice de la natation : les plus coriaces de toutes étant celles des espèces qui n'ont encore été rencontrées qu'au sein des hautes mers, et qui s'élancent à une grande hauteur hors de l'eau, tandis que les plus mollasses appartiennent aux céphalopodes les plus côtiers, les moins bons nageurs.

Les fonctions natatoires des nageoires sont secondaires et diverses suivant les besoins : dans la nage rétrograde, elles sont étendues, et soutiennent la position horizontale, en même temps qu'en s'inclinant plus ou moins, elles font varier la direction de la marche; en d'autres circonstances, elles s'ondulent ou s'agitent, en aidant les mouvements, de côté ou en avant, que l'animal désire exécuter. En résumé, elles servent de parachute, en soutenant l'animal dans les eaux, ou facilitent les mouvements divers, tout en ayant moins de puissance que les nageoires des poissons.

Les *bras* ou les *tentacules* sont à la fois des organes de natation, de *reptation*, du *toucher* et de *préhension* chez les céphalopodes. Ils sont formés chez les *Nautilus* par une multitude de tentacules groupés sur la tête autour de la bouche, et chez les autres céphalopodes, par huit ou dix bras placés également autour de la tête. Dans le premier cas, ils sont courts, très-nombreux, cylindriques, rétractiles dans deux séries de gaînes distinctes et dépourvues de cupules. Dans le second, les bras sont de deux sortes. On nomme *bras sessiles* les huit qui couronnent la tête et entourent la bouche, et *bras tentaculaires* ceux qui, au nombre de deux, s'étendent de chaque côté et sont susceptibles d'un grand allongement.

Les *bras sessiles*, les seuls que possèdent les octopodes, sont dans cette série infiniment plus longs, plus charnus que chez les décapodes, pourvus exclusivement de bras tentaculaires. Ils servent alors à la reptation au fond des eaux, en remplissant les fonctions de pieds. En général, il y a une différence considérable entre le volume et la force des bras sessiles chez les octopodes et chez les décapodes, ce qui est en rapport avec leur genre de vie. Des animaux purement nageurs seraient embarrassés dans la natation, s'ils avaient à traîner un long faisceau de bras; ils en seraient aussi gênés que le sont dans leur vol les oiseaux pourvus d'une longue queue : aussi voit-on tous les céphalopodes nageurs avoir les bras courts, tandis que les poulpes les ont le plus souvent longs, ce qui tient à leur existence plus sédentaire, plus côtière, et à leur besoin de saisir, du fond de leur retraite rocailleuse, l'animal qui passe à leur portée : ainsi le volume des bras est en raison inverse de la vélocité de la natation rétrograde, tandis qu'elle coïncide avec la puissance des moyens de préhension.

Les bras sessiles sont coniques ou subulés chez tous les céphalopodes, excepté chez l'argonaute, qui a les bras supérieurs repliés sur eux-mêmes et pourvus, à cette partie, d'une membrane extensible propre à envelopper la coquille. Les bras subulés sont toujours inégaux entre eux, et l'inégalité suit, pour ainsi dire, les divisions de genres; les animaux les plus côtiers ont les bras inférieurs plus longs (les *Octopus*, les *Sepia*), tandis que les animaux pélagiens ont les bras latéraux-inférieurs les plus développés, parce qu'ils servent à la natation. Afin de suivre un ordre régulier dans les descriptions des espèces, j'adopterai l'ordre suivant. En commençant par les bras supérieurs situés entre les yeux, je nommerai *bras supérieurs* la première paire; *bras latéraux-supérieurs* la paire qui suit, *bras latéraux-inférieurs* la troisième paire, et *bras inférieurs* la paire inférieure occupant la partie médiane de la tête en dessous. Dans les phrases latines, je désignerai ces paires suivant leur ordre, des supérieurs aux inférieurs, par 1, 2, 3, 4.

Les bras sessiles sont destinés à remplir plusieurs fonctions distinctes. Comme moyens de préhension, ils ont en dedans une série de *cupules* ou de crochets destinés à retenir les corps. Cette partie est quelquefois protégée d'un ou de deux côtés par une membrane mince, plus ou moins extensible, que j'appelle *membrane protectrice des cupules*, destinée à les recouvrir, à les protéger, à élargir les bras et à en faire des moyens de natation ; comme second moyen de natation, il y a, en dehors des bras, des crêtes plus ou moins larges, que je désignerai sous le nom de *crêtes natatoires*.

La *crête natatoire*, placée sur la convexité externe du bras, n'existe pas chez les octopodes, chez les sépioles, les rossies, les sépioloïdes ; elle est très-peu prononcée, et seulement aux bras inférieurs, chez les *Loligopsis* et les *Sepia*, tandis qu'elle est toujours très-marquée, vers la moitié de la longueur des bras latéraux-inférieurs, chez les ommastrèphes, les calmars ; aux bras latéraux-inférieurs et aux bras inférieurs, chez les onychoteuthes. Comme cette crête est plus développée chez tous les animaux nageurs par excellence (les ommastrèphes, les onychoteuthes, etc.) ; qu'elle est plus courte chez ceux qui nagent le moins vite ; qu'elle manque entièrement chez les *Octopus*, les plus côtiers de tous les céphalopodes, on doit naturellement supposer qu'elle est d'une grande importance dans la natation des animaux qui en sont pourvus. Sa position étant horizontale par rapport à celle de l'animal nageant, on doit croire qu'elle est destinée à élargir latéralement la surface horizontale, pour soutenir, pendant la nage, l'équilibre dans le liquide aqueux, en aidant l'animal à conserver sa position horizontale, et l'empêchant de descendre.

La *membrane protectrice des cupules*, placée en dehors des cupules, généralement mince et festonnée sur ses bords, manque entièrement chez tous les octopodes. Parmi les décapodes, chez les sépioles, les rossies, les histioteuthes, elle disparaît encore; elle est presque nulle chez les onychoteuthes, très-étroite chez les calmars, les seiches, chez quelques ommastrèphes, tandis que chez l'*Ommastrephes Bartramii* et l'*Oceanicus*, elle est développée, surtout au côté inférieur des bras, où elle forme une vaste toile, marquée de côtes transversales, et s'étend sur une largeur égale à celle des bras mêmes.

La partie interne des bras sessiles est armée de *cupules* propres à retenir les objets. Ces cupules sont de deux sortes: elles sont sessiles et seulement charnues chez les octopodes, pouvant alors opérer une succion en faisant le vide, ou bien elles sont pédonculées, et alors pourvues d'un cercle corné interne, armé de pointes à son pourtour, ou même d'un long crochet corné chez tous les octopodes.

Les cupules sessiles déprimées, obliques, sont sur une seule ligne chez les *Eledone*, les *Cirrhoteuthis*, et sur deux lignes ches les *Octopus*, les *Philonexis*, et les *Argonauta*. Les *Octopus* montrent ces cupules infundibuliformes, peu profondes, pourvues, dans leur intérieur, d'une seconde cavité séparée de la coupe même par un rétrécissement, et dont l'intérieur est marqué de côtes rayonnantes, et bordé en dehors. Elles sont légèrement rétrécies à leur base chez les *Argonauta*, et cylindriques, extensibles chez les *Philonexis*. Les cupules sessiles sont de puissants moyens de préhension. Elles représentent les fonctions des ventouses par le vide, ou par une espèce de succion exercée sur le corps qu'elles touchent, et qu'elles retiennent fortement.

Les cupules pédonculées des décapodes sont sur deux lignes longitudinales alternes chez tous les genres, excepté chez la *Sépia*, où elles sont sur quatre. Toujours très-obliques, portées sur un pied excentrique étroit, elles sont charnues, marquées extérieurement d'un bord mince qui renferme et recouvre un cercle corné, oblique, au milieu duquel est encore une surface élevée.

Les fonctions de ces cupules, comparées à celles des octopodes, me paraissent différer, en ce sens qu'elles ne peuvent pas faire le vide, ni exercer de succion, leurs bords étant trop minces, et leur cercle corné y devant mettre obstacle. Je crois que le cercle corné, oblique d'avant en arrière (dans la position de l'animal) et souvent pourvu de pointes recourbées en arrière, est destiné à retenir la proie et à l'approcher de la bouche; aussi, quoique les décapodes n'aient pas de cupules aussi larges, aussi rapprochées que celles des octopodes, ils ont, avec les pointes dont le cercle corné de leurs cupules est armé, des moyens d'autant plus puissants de préhension, que les cupules sont susceptibles de se tourner en tous sens sur leur pied, et que dès lors elles peuvent agir dans toutes les directions. On conçoit aussi que ces pointes du cercle corné, toujours exposées au milieu du liquide, dans une direction opposée à la marche rétrograde, auraient constamment arrêté, sans la volonté de l'animal, tous les corps qui auraient passé ou se seraient trouvés en contact avec elles, si, par une admirable prévoyance de la nature, elles n'avaient constamment été recouvertes, dans le repos, par les rebords des téguments qui les entourent, de manière à ce que leur action soit facultative et non permanente. Le céphalopode qui ne veut rien sentir a le cercle corné de ses cupules recouvert de façon à n'offrir aucun point d'arrêt extérieur; mais veut-il, au contraire, retenir une proie? il contracte les parties charnues qui entourent le cercle corné, et celui-ci agit alors pour serrer, accrocher et rapprocher la proie de sa bouche, remplissant les fonctions des griffes cachées des chats. Ainsi le système cupulaire des décapodes est bien plus parfait, comme moyen de préhension, que celui des octopodes.

Le *cercle corné* des cupules existe chez tous les décapodes sans exception, mais avec des modifications extérieures de forme telles qu'il est facile de reconnaître certainement à sa seule inspection tous les genres auxquels il aura appartenu. Le cercle corné, chez les sépioles, les rossies, est dépourvu de dents, convexe en dehors, cette partie formant un large bourrelet pourvu, en dessus et en dessous, d'un rétrécissement, avec des dents chez les seiches; il est lisse en dehors, et orné d'une crête saillante, étroite, circulaire à son pourtour, et de dents paires à son bord supérieur, chez les calmars; il est divisé en dehors en deux anneaux par une dépression circulaire, chez les chiroteuthes; seulement convexe sans rétrécissement inférieur, chez les *Loligopsis*, les histioteuthes; convexe aussi, mais beaucoup moins, chez les onychoteuthes, où il se montre toujours dépourvu de dents à son bord supérieur; tandis qu'avec une grande obliquité, une très-grande hauteur, il est, chez les ommastrèphes, constamment convexe, sans bourrelets, et armé, à son bord supérieur, de fortes dents crochues dont une médiane plus longue.

Les *Enoploteuthis*, les *Celæno*, et les *Belemnites*, offrent des crochets cornés au lieu de cercle corné. Ces crochets allongés, élargis à leur base, crochus et aigus à leur extrémité, sont protégés d'une membrane identique à la membrane des cercles cornés des cupules. Ces crochets, qui font l'office de véritables griffes, serrent à la volonté de l'animal. Au repos, ils sont totalement enveloppés, et ressemblent aux griffes du chat qui fait *patte de velours*, tandis que dans l'érection ils agissent avec force. En comparant la forme de ces crochets au cercle corné, on voit que le crochet n'est qu'un cercle corné comprimé dont les deux parois viendraient s'appliquer l'une contre l'autre.

Les *bras tentaculaires*, toujours placés entre la troisième et la quatrième paire de bras sessiles, sont peu variables dans leur extension. Les *Chiroteuthis*, qui en ont de six fois la longueur de leur corps, font seuls exception à cet égard. Ces bras sont rétractiles en entier dans une poche sous-oculaire, chez les *Sepia*, les *Sepiola*, les *Rossia*; ils ne peuvent rentrer qu'en partie chez les *Loligo*, les *Sepioteuthis*, tandis qu'ils ne sont plus rétractiles chez les autres genres. Très-allongés, arrondis ou comprimés sur leur longueur, ils n'ont généralement de cupules qu'à leur extrémité pourvue d'un élargissement pour les recevoir; ils sont retenus en dedans par une bride tout à fait intérieure dans la cavité qui leur est propre, chez les seiches seulement; tout à fait extérieure et attachée à la base du bras sessile inférieure, chez tous les autres décapodes sans exception; de ce point, jusque près de leur extrémité, ils sont cylindriques, puis enfin se terminent par une massue large, étroite, obtuse ou lancéolée, pourvue en dedans, comme les bras sessiles, de *cupules* ou de *crochets*, protégés ou non par une *membrane protectrice des cupules*, et, en dehors, d'une *crête natatoire* plus ou moins développée, qui subissent des modifications peu différentes de celles des bras sessiles. Néanmoins, les cupules sont ordinairement plus obliques et plus inégales, les unes grosses, les autres petites, placées sur le double de lignes que sur les bras sessiles; aussi les *Loligo*, les *Ommastrephes*, en ont quatre rangées, les *Histioteuthis* six; les *Sepia*, les *Sepiola*, les *Rossia*, six ou dix. Les *Onychoteuthis*, les *Enoploteuthis*, les *Celæno*, et les *Belemnites*, montrent des crochets au lieu de cupules, et souvent les deux. Les *Onychoteuthis* et les *Enoploteuthis* offrent encore dans la préhension une perfection de plus, consistant dans un groupe de petites cupules et de tubercules placé à la base des massues : je l'appellerai *groupe carpéen*, et un autre groupe semblable, situé à l'extrémité de cette massue, au delà des derniers crochets. Dans la préhension, l'animal rapproche les deux bras, fixe les cupules carpéennes les unes contre les autres, et se sert ensuite de l'extrémité du bras comme d'une main. Dans quelques espèces, il existe, près du groupe carpéen, une sorte d'articulation charnue, qui permet tous les mouvements de flexion d'une main véritable sur le poignet; aussi les fonctions presque exclusives des bras tentaculaires sont-elles la préhension : en effet, leur grande extension possible permet à l'animal d'atteindre au loin sans changer de place, de saisir, d'approcher de sa bouche la proie dont il veut rester le maître, en la retenant avec les cupules ou les crochets.

Les *Chiroteuthis* ont de plus à l'extrémité du bras tentaculaire, au côté opposé des cupules ordinaires, une seule cupule charnue ovale, qui doit servir aussi à se fixer.

Chez les *Sepia*, entre la membrane et le corps du bras, en dessous, il y a, le plus souvent, plusieurs cavités où l'eau peut pénétrer très-avant. Chez les *Loligo* et les *Sepioteuthis*, où cette cavité n'existe pas, il y a, sur le milieu du bras, entre les cupules, une membrane mince intercupulaire, qui en est séparée et permet à l'eau de circuler entre elle et le corps des bras. Nul doute que cette modification singulière ne doive être déterminée par les besoins de l'animal, et que ces cavités ne remplissent des fonctions importantes.

Les bras sessiles sont, chez quelques céphalopodes, unis ensemble à leur base par une membrane que je désignerai sous le nom de *membrane de l'ombrelle* : l'ensemble représentant, dans son développement, une espèce d'ombrelle dont les bras seraient les rayons. Cette membrane, très-développée chez les *Cirrhoteuthis*, y unit tous les bras; très-développée entre les deux paires de bras supérieurs de quelques *Philonexis*, et des *Histioteuthis*, elle existe, mais le plus souvent à l'état rudimentaire, chez les *Octopus* et les *Argonauta*. Les *Onychoteuthis*, les *Sepiola*, les *Ommastrephes*, en montrent une encore entre la troisième et la quatrième paire de bras; les *Loligo* et les *Rossia* ont une courte membrane partout, excepté entre la quatrième paire; chez les *Sepia* et les *Sepioloidea*, elle est partout et manque entre les bras inférieurs.

La position des bras dans la natation rétrograde à l'aide du refoulement de l'eau chez les céphalopodes, indique certainement dans leur économie animale les fonctions des membranes de l'ombrelle. L'*Octopus vulgaris* étale alors ses six bras supérieurs sur une ligne horizontale, sans doute pour établir une espèce de parachute qui le soutient dans une position horizontale, tandis que les deux bras inférieurs réunis, lui tenant lieu de gouvernail, sont disposés de manière à régler la direction de sa marche. Ainsi, les membranes de l'ombrelle rempliraient avec plus d'efficacité les fonctions de parachute dévolus aux bras sessiles.

Les *organes de manducation* se composent, chez les céphalopodes, d'un bec formé de deux *mandibules* cornées ou calcaires, entre lesquelles est une *langue charnue*, recouverte de pointes cornées. Ces parties sont enveloppées d'un gros bulbe musculaire qui donne toute la force aux mâchoires. En dehors, autour du bec, sont deux *lèvres* ciliées, entourées elles-mêmes et protégées par une *membrane buccale* extensible, située entre le bulbe buccal et la base des bras.

La *membrane buccale* manque chez les octopodes, mais elle est très-marquée chez les décapodes. Dans le développement, elle forme un vaste entonnoir, et dans le repos elle recouvre toute la partie extérieure de la bouche. Elle est entourée de huit à dix appendices charnus, marqués en dehors par autant de côtes musculaires qui correspondent aux brides servant à son insertion aux bras. Les *Enoploteuthis* ont huit brides externes; les *Loligo*, les *Sepiola*, les *Sepia*, les *Onychoteuthis*, les *Ommastrephes*, les *Loligopsis* en ont sept, les deux supérieurs se réunissant pour n'en former qu'une. Les *Histioteuthis*, les *Chiroteuthis* et les *Rossia* en ont seulement six, les paires supérieures et inférieures étant réunies.

La membrane buccale me paraît destinée à retenir la proie, à l'approcher des mandibules et à la retenir, tandis que le bec agit; supposition que viendrait appuyer une modification des lobes de cette membrane. On sait que, chez les céphalopodes, les cupules augmentent la force de préhension des bras; aussi, trouvant des cupules aux parties internes de l'extrémité des lobes de la membrane buccale, chez les calmars et les sépioteuthes, je n'ai plus eu de doutes sur leurs véritables fonctions.

Les *lèvres*, l'une externe, mince, assez courte, dont les bords sont entiers et non ciliés; l'autre interne, en contact avec le bec, toujours épaisse, charnue, papilleuse ou ciliée sur ses bords, pouvant se contracter sur le bec et le recouvrir entièrement, remplissent sans doute des fonctions analogues aux lèvres des mammifères.

Le *bec*, organe puissant de manducation, est calcaire chez les

Nautilus, les *Paleoteuthis* et les *Rhynchoteuthis*, corné chez les autres céphalopodes acétabulifères. Il se compose de deux mandibules qui agissent de haut en bas, et ressemblent beaucoup en dehors au bec d'un oiseau; néanmoins, ce bec offre toujours une position inverse de celui de ces animaux, puisque la mandibule supérieure ne recouvre point l'inférieure, mais rentre, au contraire, dans l'inférieure qui la recouvre; position anomale, et souvent méconnue par ceux qui se sont occupés des céphalopodes. Ces deux mandibules sont entourées et fortement attachées par des muscles d'une grande puissance qui leur donnent beaucoup de force. La *mandibule supérieure* se compose de deux parties distinctes, l'une rostrale, plus ou moins arquée, aiguë en avant, formant, en arrière, un capuchon séparé d'une expansion inférieure plus ou moins longue ou plus ou moins large, suivant les genres. La *mandibule inférieure,* toujours plus large, à rostre moins aigu, est aussi composée d'une partie rostrale et d'une expansion inférieure; mais avec cette différence constante que la partie latérale s'allonge de chaque côté et forme une aile variable suivant les genres. Les modifications de la forme du bec suivent les autres caractères des genres; aussi peut-on toujours reconnaître, à l'inspection d'un bec, à quel genre il appartient.

Calcaire dans les genres *Nautilus*, *Rhynchoteuthis* et *Paleoteuthis*, il est infiniment plus large sans capuchon chez le *Paleoteuthis*, tandis qu'avec le capuchon il a les ailes calcaires, bien plus larges chez le *Rhynchoteuthis*.

Parmi les becs cornés, la *mandibule supérieure* a la partie rostrale très-courte, peu séparée de l'expansion chez les *Octopus;* peu séparée encore, mais plus large, chez les argonautes, les philonèxes; très-longue, un peu séparée, chez les calmars, les seiches, les sépioles; peu longue, mais très-séparée, chez les ommastrèphes; peu séparée chez les onychoteuthes, les *Loligopsis,* les histioteuthes, qui ont en même temps le rostre beaucoup plus long, plus courbe, plus aigu. L'expansion postérieure est courte, composée de trois lobes égaux, un postérieur, deux latéraux, chez les argonautes, les philonèxes; très-longue, surtout en arrière, et n'ayant plus qu'un indice de lobe chez les poulpes; très-longue, sans lobes chez les seiches, les calmars, les sépioles, les rossies, et tous les autres décapodes. La partie rostrale de la *mandibule inférieure* est arrondie en arrière chez tous les octopodes, échancrée chez les décapodes. Les ailes sont courtes, larges, chez les argonautes, les philonexes; très-longues, très-étroites, arquées, chez les *Octopus;* droites, longues, plus larges chez les seiches, les calmars, les sépioles; courtes chez les onychoteuthes, les ommastrèphes, etc. L'expansion postérieure est large, non carénée en dessus, très-peu échancrée en arrière, chez les argonautes, les philonèxes; très-longue, étroite, très-carénée, peu échancrée, chez les poulpes; médiocrement longue, large, carénée en dessus, plus échancrée, chez les seiches, les calmars, les sépioles; très-courte, très-carénée, très fortement échancrée en arrière, chez les onychoteuthes et les autres oïgopsidés, avec cette modification que les lobes latéraux sont minces, surtout chez les ommastrèphes, tandis qu'ils sont pourvus d'une crête ferme sur leur longueur chez les onychoteuthes, les énoploteuthes, les *loligopsis* et les chiroteuthes : ces quatre derniers genres ayant l'expansion plus échancrée et plus courte, le rostre plus étroit et plus long.

Par la vélocité de leur natation, par leurs puissants moyens de préhension, par la force de leur énorme bec, les céphalopodes sont, sans contredit, les mieux organisés de tous les Mollusques, et paraissent, dans cette classe, jouer le rôle que remplissent les oiseaux de proie (*Accipitres*) parmi les oiseaux terrestres, ou les grands voiliers parmi les oiseaux aquatiques. Des plus carnassiers, ils détruisent sur les atterrages l'espoir du pêcheur, déciment au sein des mers les jeunes poissons et les Mollusques pélagiens; et, partout amis du carnage, non-seulement tuent pour se nourrir, mais encore semblent le faire par habitude; car j'ai vu des calmars renfermés, à marée basse, dans le même réservoir que de jeunes poissons, faire une horrible destruction de ces derniers, en les mettant en pièces, sans les manger. J'ai examiné l'estomac d'un grand nombre de céphalopodes, et j'ai pu m'assurer qu'ils se nourrissent, tant sur les côtes qu'au sein des mers, de poissons, de Mollusques et de crustacés, préférant, du reste, les Mollusques à toute autre proie.

DE LA COQUILLE INTERNE OU EXTERNE CHEZ LES CÉPHALOPODES.

Les céphalopodes ont une coquille cornée ou calcaire, interne ou externe, et cette partie est souvent la seule conservée dans les couches de l'écorce terrestre du globe, et dès lors l'unique moyen qui soit resté de comparer les espèces antérieures à notre époque à celles qui existent maintenant dans les mers. Elle devient donc essentielle dans les caractères zoologiques des céphalopodes.

La *coquille interne* des céphalopodes, développée surtout chez les décapodes, est placée dans une gaîne spéciale entre deux couches de téguments, sur la ligne médiane en dessus du corps. Elle est testacée chez les *Sepia*, les *Beloptera*, les *Spirulirostra*, les *Spirula*; elle est testacée et cornée chez les *Belemnites*, les *Conoteuthis*, tandis qu'elle est seulement cornée chez les *Sepiola*, les *Rossia*, les *Loligo*, les *Sepioteuthis*, les *Onychoteuthis*, les *Loligopsis*, les *Histioteuthis*, les *Chiroteuthis*, les *Ommastrephes*, etc. La coquille interne manque chez les *Octopus*, les *Philonexis*, les *Cirrhoteuthis*, les *Sepioloidea* et les *Cranchia*.

Lorsque la coquille interne est testacée, elle est ovale ou oblongue, et contient toujours des loges aériennes. Ovale ou allongée chez les *Sepia*, épaissie en dessus et pourvue en dessous de loges aériennes obliques sans siphon, et terminée quelquefois par un rostre aigu. Allongée, étroite, pourvue d'ailes latérales postérieures, elle renferme dans le rostre chez les *Beloptera* des loges aériennes empilées sur une seule ligne; et chez les *Spirulirostra*, une véritable coquille spirale percée d'un siphon, et analogue à la coquille de la spirule, qui est libre au milieu des téguments, sans être enveloppée de matières calcaires.

Lorsque la coquille interne est cornée et testacée, elle s'allonge, forme une partie cornée large ou étroite en avant, et une partie testacée en arrière, contenant des loges aériennes empilées les unes sur les autres et percées d'un siphon. Ces loges sont seulement recouvertes de test chez les *Conoteuthis*, tandis que chez les *Belemnites*, elles sont protégées extérieurement par un rostre testacé, quelquefois très-long. Ce rostre, absolument identique de composition à celui de la *Sepia*, se forme de couches successives très-serrées, rayonnantes.

La coquille interne, seulement cornée, varie beaucoup suivant les genres. Chez les sépioles et les cranchies, l'osselet est allongé, presque filiforme, en glaive, sans expansions latérales; chez les rossies, la forme, également allongée, se compose d'une côte saillante médiane, large, avec de très-légères expansions latérales, en bordures minces. Chez les calmars, les histioteuthes, les teudopsis et les énoploteuthes, l'osselet figure une plume plus ou moins large : sur la ligne médiane est une forte côte, convexe en dessus, concave en dessous, qui s'étend des parties antérieures aux parties inférieures, en diminuant graduellement de largeur jusqu'à l'extrémité. Cette côte est d'abord libre en haut (ce qui représente la tige de la plume) ; puis, à une certaine distance, commencent, de chaque côté, des expansions latérales, qui s'élargissent d'abord et diminuent jusqu'à l'extrémité de l'osselet (représentant les barbes de la plume). Chez les onychoteuthes, avec la même forme d'osselet, d'autres fois avec les expansions latérales étroites et comme comprimées et soudées entre elles, ou encore avec une tige sans expansions latérales, il y a toujours, à l'extrémité postérieure et supérieure, un appendice conique plein, comprimé, et s'étendant en pointe bien au delà de l'extrémité de l'osselet. Chez les *loligopsis* et les chiroteuthes, l'osselet, formé d'une longue tige, est pourvu, plus ou moins près de son extrémité inférieure, de légères expansions latérales planes. Très-déprimé chez les ommastrèphes, il ressemble à une flèche; il est composé d'une longue tige large en haut, diminuant graduellement de diamètre jusqu'à l'extrémité, terminée postérieurement par un capuchon creux, formé de la réunion des légères expansions latérales. La tige est pourvue sur les côtés d'un bourrelet épais. Les diverses formes des coquilles internes, comparées aux autres caractères, me donnent la certitude que chaque fois qu'elles éprouvent des modifications, il existe également des caractères zoologiques très-marqués, et dès lors des motifs puissants pour distinguer génériquement les animaux qui les renferment. En partant de ces résultats appliqués aux restes fossiles de céphalopodes, on peut être certain, *à priori*, que des différences entre les coquilles fossiles dénotent évidemment des formes zoologiques distinctes entre les animaux auxquels ils appartiennent, et l'on peut, dès lors, en toute assurance, établir, pour tous ces corps, des coupes nouvelles. Ces faits suffiront, je l'espère, pour justifier l'établissement des coupes génériques basées seulement sur la forme d'une coquille ou de telle autre partie interne d'un céphalopode fossile.

L'étude de la coquille interne, considérée quant à ses fonctions dans l'économie animale, et à ses rapports de formes avec la force comparative de natation et les habitudes des céphalopodes, demande plus de développement. Les fonctions sont de trois espèces, qui diffèrent entièrement, en raison de telles ou telles modifications spéciales :

1° Lorsque la coquille interne est cornée, elle sert tout simplement à soutenir les chairs, remplissant alors les fonctions des os des mammifères.

2° Lorsqu'elle est cornée ou testacée, et qu'elle contient des parties remplies d'air, comme l'alvéole des bélemnites, non-seulement elle soutient les chairs, mais encore elle sert d'allége en représentant, chez les Mollusques, la vessie natatoire des poissons.

3° Lorsque, cornée ou testacée, pourvue ou non de parties

remplies d'air, la coquille interne s'arme postérieurement d'un rostre calcaire, aux deux fonctions précédentes vient se réunir celle de résister aux chocs dans l'action de la nage rétrograde, ou peut-être de servir d'arme défensive, et c'est alors un corps protecteur.

Je vais passer en revue ces trois séries de fonctions, en comparant leurs rapports avec les habitudes des animaux.

Premières fonctions. La coquille interne est toujours placée en dessus, sur la ligne médiane longitudinale du corps, et logée sous les couches musculaires du dos, dans une gaîne spéciale, où elle est quelquefois entièrement libre. Dans tous les cas, ses fonctions les plus simples sont de soutenir la masse charnue, d'affermir le corps et de lui permettre la résistance aux efforts de la natation ; elles sont donc alors analogues à celles des os des animaux vertébrés. En général, on peut dire que le plus ou moins d'allongement de la coquille interne est toujours en rapport avec la vélocité de natation des animaux qui en sont pourvus. Si j'en cherche des exemples parmi les céphalopodes vivants, je reconnaîtrai que les *Octopus*, les *Philonexis*, les *Cranchia*, les plus mauvais nageurs de toute la série, en sont entièrement privés; et que les *Rossia*, les *Sepiola*, mauvais nageurs aussi, n'ont que des coquilles rudimentaires, sans solidité, tandis que les seiches, les calmars, les onychoteuthes et les ommastrèphes, bien supérieurs aux premiers pour la natation, possèdent une coquille qui occupe toute la longueur du corps. Si, parmi ces derniers genres, on compare encore les coquilles, on les trouvera bien plus larges chez la seiche, dont la nage, plus puissante que chez les sépioles, est loin d'égaler celle des calmars, des onychoteuthes et des ommastrèphes, dont la natation, rapide comme la flèche, leur permet de s'élancer du sein des eaux, jusque sur le pont des grands navires, ainsi que j'en ai vu plusieurs exemples. Il y aurait, dès lors, certitude que le plus ou le moins d'allongement de la coquille interne est toujours en rapport avec la puissance de natation des animaux qui les renferment; aussi voit-on toujours les genres pourvus d'une coquille allongée avoir le corps étroit, élancé, tandis que, dans ceux qui l'ont élargie, le corps est large et massif, conséquence des nécessités vitales. Ces règles, appliquées aux restes de céphalopodes peu connus ou fossiles, feraient croire que la spirule, comme le spirulirostre, dont la coquille a peu de largeur, était un animal peu nageur, tandis que les coquilles des bélemnites et des conoteuthes devaient appartenir à des animaux dont la nage était aussi rapide que celle des ommastrèphes d'aujourd'hui.

Secondes fonctions. La coquille interne qui, indépendamment de sa composition cornée ou testacée, contient des parties remplies d'air, est de différente structure. Elle est, chez la seiche, pourvue, en dessus, d'une partie crétacée ferme, et contient, en dessous, une série de loges obliques, séparées dans leur intérieur par une foule de petits diaphragmes remplis d'air. Chez la spirule, c'est une coquille spirale formée de cloisons qui la séparent en compartiments irréguliers, aussi remplis d'air. Chez les spirulirostres, c'est une coquille analogue, logée dans un rostre. Chez les conoteuthes, c'est un cône placé à l'extrémité d'une coquille cornée et divisée en cloisons; chez les bélemnites, c'est également un cône alvéolaire, placé à l'extrémité d'une coquille cornée dans un rostre calcaire terminal. J'ai dit que je considérais cette modification comme une simple fonction d'allége, analogue à celle des vessies natatoires des poissons. Je fonde cette opinion sur les seuls faits, 1° que ces coquilles surnagent à la surface des eaux, lorsqu'elles ont été retirées de l'animal, et 2° qu'il y a coïncidence constante de l'augmentation progressive du nombre des loges, avec l'accroissement du corps de l'animal, comme pour maintenir constamment l'équilibre, dans les diverses périodes de l'existence. En effet, la seiche, la spirule, avec leurs proportions massives, devaient avoir besoin de cet appareil, pour s'aider dans leur natation; et cela est si vrai que la spirule, avec sa forme plus arrondie, est pourvue, par la nature, d'une bien plus grande masse d'air que le conoteuthe, dont la forme dénote un animal infiniment plus agile et meilleur nageur. Chez la bélemnite, l'empilement des loges aériennes vient, sans doute, compenser le poids énorme du rostre calcaire de l'extrémité de l'osselet qui, sans cette allége, obligerait l'animal à se tenir dans la position verticale, tandis que la station normale est généralement horizontale. Il résulterait donc, à n'en pas douter, de ce qui précède, que les loges aériennes, chez les genres cités, ainsi que chez les nautiles, les ammonites et toutes les autres coquilles, divisées par des cloisons, ne sont que des moyens d'allége, donnés par la nature à tous ces animaux, pour rétablir l'équilibre chez des êtres essentiellement nageurs, dont les formes sont souvent assez lourdes.

Le volume d'air contenu en dehors ou en dedans du corps, paraît être en raison inverse de l'allongement du corps, puisqu'il est très-grand chez la spirule et chez la seiche, dont le corps est très-massif, et qu'il est proportionnellement très-restreint chez le conoteuthe et la bélemnite, dont le corps était évidemment très-allongé. Ces résultats, joints aux résultats obtenus relativement à l'allongement du corps, comparé à la puissance de natation, prouvent que le volume d'air est aussi en raison inverse de cette même force de natation, puisque la spirule et la seiche, dont le volume d'air est très-grand, sont bien moins bons nageurs que les ommastrèphes, dont les conoteuthes et les bélemnites paraissent être si voisins. Il suffit, d'ailleurs, de comparer l'énorme volume d'air que doivent contenir les nautiles et les ammonites, avec la forme de leurs coquilles qui s'oppose à toute natation rapide, pour se persuader qu'il en est ainsi de tous les animaux pourvus de coquilles remplies d'air.

Troisièmes fonctions, Les céphalopodes nagent au moyen de leur tube locomoteur. Dès lors, loin de se diriger la tête en avant quand ils veulent promptement échapper à la poursuite des autres animaux, ils sont, contrairement à la loi ordinaire, obligés d'aller à reculons, sans jamais pouvoir calculer la portée de leur élan; c'est ainsi qu'ils s'élancent dans les airs, au sein des océans, ou qu'ils s'échouent sur la grève, près du littoral des continents. Les animaux qui vivent constamment au milieu des mers ne sont pas sujets à trouver d'obstacles dans leur nage rétrograde; aussi leur osselet est-il entièrement corné, comme celui des onychoteuthes, des ommastrèphes, qui ne s'approchent que fortuitement des côtes; mais, lorsque ces animaux sont exposés à rencontrer des obstacles fréquents, qui pourraient les blesser, lorsqu'ils s'élancent la tête en arrière sans être à portée de les apprécier, la nature les a pourvus d'une partie protectrice, consistant en un rostre calcaire, dur, le plus souvent aigu, capable de résister aux divers chocs[1]. Cette partie rostrale est ordinairement conique; elle termine, en arrière, l'extrémité de la coquille en une pointe indépendante des cloisons chez la seiche et le spirulirostre, ou bien enveloppe et protége les loges aériennes chez la bélemnite, tout en se prolongeant bien au delà, en une pointe plus ou moins aiguë. Suivant cette explication, le rostre des seiches, des béloptères, des spirulirostres et des bélemnites, ne serait, zoologiquement parlant, qu'un corps protecteur, qu'une partie mécanique placée en arrière, du côté où l'animal s'avance, pour résister au choc sur les corps durs, et le garantir de toute blessure organique. Cette partie n'aurait, dès lors, qu'une importance secondaire dans l'économie animale; et la forme, par suite des fréquentes lésions, en serait, plus que celle de toutes les autres, susceptible de nombreuses modifications dans une seule et même espèce, ce qu'on observe, du reste, dans l'extrémité du rostre des bélemnites.

Défini pour ces fonctions, le rostre me donne encore, en scrutant les faits, des résultats curieux et surtout très-utiles comme application aux fossiles, sur les habitudes des animaux qui en sont pourvus. Le seul genre muni de rostre parmi ceux

[1] J'ai toujours vu, chez les seiches, l'extrémité du rostre sortir en dehors des téguments. Il serait possible alors que le rostre pût encore servir d'arme, la pointe aiguë se trouvant peut-être dans les mêmes circonstances que les griffes des *Onychoteuthis*, qui ne sortent de leur membrane protectrice qu'à la volonté de l'animal.

qui vivent actuellement est la seiche. La seiche, est, sans contredit, le céphalopode le plus côtier. D'un autre côté, on n'a pas vu de rostre parmi les genres de céphalopodes des hautes mers, comme chez l'ommastrèphe, l'onychoteuthe, etc. On devrait donc croire que le rostre peut caractériser les animaux côtiers; et cela avec d'autant plus de raison, que l'animal, qui reste toujours au sein des océans, n'en a pas besoin, et que ce corps protecteur n'est réellement utile qu'aux céphalopodes qui, se tenant plus souvent sur le littoral, sont plus à portée de se heurter. Le rostre, en dernière analyse, dénoterait toujours un animal côtier.

J'ai voulu passer en revue les diverses modifications des osselets internes des céphalopodes vivants, comparer leur composition, leurs formes, aux différentes fonctions qu'ils sont destinés à remplir, aux habitudes des genres qui en sont pourvus, afin d'arriver à pouvoir dire, par comparaison, ce que devaient être les céphalopodes dont il n'est resté, au sein des couches terrestres, que des parties plus ou moins complètes. C'est, en effet, en procédant ainsi, du connu à l'inconnu, qu'on parviendra sûrement et sans hypothèse à expliquer, par des faits bien constatés, ce que devaient être les animaux des faunes plus ou moins anciennes qui ont couvert le globe aux diverses époques géologiques.

Les coquilles internes n'ont point de *nucleus* particulier lorsqu'elles manquent de loges aériennes; elles ne changent pas non plus de formes aux différentes périodes de leur accroissement. Les coquilles pourvues de loges aériennes ne sont pas dans le même cas; on y reconnaît même un *nucleus* distinct, marqué par cette première loge aérienne plus globuleuse, si distincte des autres chez les *Spirula* et les *Belemnites*.

On trouve encore chez ces coquilles des changements assez considérables suivant l'âge, le sexe, ou les cas pathologiques.

Les changements, suivant l'âge, sont sensibles surtout pour les rostres de bélemnites, qui, ordinairement grêles dans la jeunesse, s'épaississent, se raccourcissent plus tard. Dans les cas exceptionnels, ces rostres, à la dernière période d'accroissement, prennent, à leur extrémité, des prolongements tubuleux très-remarquables.

Les changements déterminés par le sexe se montrent dans la largeur relative de la coquille du mâle et de la femelle chez les *Loligo*, dans le rostre des bélemnites, plus ou moins allongé, ou dans ces prolongements dont je viens de parler aux changements déterminés par l'âge.

Les cas pathologiques sont très-nombreux, surtout chez les bélemnites. Ils changent entièrement la forme des rostres en les rendant obtus, ou bien amènent ces étranges mutilations dont on a formé le genre *Actinocamax*.

La coquille externe des céphalopodes se distingue des coquilles ordinaires des gastéropodes, en ce qu'elle n'est point formée par un collier du bord du manteau et qu'elle manque de *nucleus*. Elle est de deux sortes : simple à une seule cavité, ou multiloculaire, et alors pourvue d'un grand nombre de loges aériennes.

La coquille simple ou uniloculaire se voit seulement chez l'*Argonauta*; elle est largement ouverte, symétrique, à peine enroulée en spirale et d'une contexture fibreuse, cornéo-calcaire, très-remarquable. Elle se distingue des autres coquilles par le manque de *nucleus* dans le jeune âge, et par sa composition, étant formée de deux couches appliquées l'une sur l'autre, l'une interne, l'autre externe, ce qui s'explique par son mode singulier de formation. En effet, elle est sécrétée par les bras palmés qui la retiennent et l'enveloppent constamment, tandis que le corps de l'animal y est logé. Elle remplit alors seulement les fonctions de corps protecteur.

Les coquilles externes mutiloculaires sont spéciales aux céphalopodes tentaculifères (*Nautilus*, *Ammonites*, etc.); elles se distinguent des coquilles multiloculaires internes propres aux céphalopodes acétabulifères, par la présence, au-dessus de la dernière loge aérienne, d'une cavité assez grande pour contenir l'animal, qui y adhère par deux muscles puissants.

C'est ainsi que, chez les *Nautilus*, les *Ammonites*, etc., on remarque depuis un demi-tour jusqu'à un tour complet dépourvu de loges aériennes, et destiné à contenir et à protéger l'animal.

Ces coquilles sont composées de deux couches, l'une extérieure, calcaire, terne, qui contient les couleurs, et l'autre intérieure, nacrée, sur laquelle viennent s'appuyer les cloisons également nacrées qui séparent les loges aériennes[1].

Ces *cloisons* sont simplement arquées ou droites chez les *Nautilus*, les *Orthoceratites*, les *Cirthoceras*, les *Lituites*; elles sont anguleuses chez les *Aganides*, chez les *Goniatites*, et lobées, ramifiées à l'infini chez les *Ammonites*, les *Crioceras*, les *Ptychoceras*, les *Ancyloceras*, les *Hamites*, les *Baculites*, les *Turrilites* et les *Scaphites*. Lorsqu'on examine la forme de l'animal des nautiles, on voit que l'extrémité postérieure du corps est arrondie et sans aucune saillie à son pourtour; aussi produit-il des cloisons de forme identique légèrement creuses pour le recevoir, ou, pour mieux dire, modelées sur lui. Par analogie, l'on doit croire que les *Aganides* devaient avoir un appendice de chaque côté de l'extrémité du corps, afin de former les sinus latéraux qu'on remarque aux cloisons. On doit croire aussi que l'extrémité du corps avait plusieurs expansions ou pointes au pourtour, pour former les cloisons des *Goniatites*, et que ces expansions, de plus en plus lobées, représentaient de véritables arbuscules chez les ammonidées, afin de reproduire, à chaque cloison, ces lobes si singulièrement ramifiés, suivant chaque espèce, dans cette famille remarquable. Ainsi, les sinuosités extérieures des cloisons dépendent de la forme de l'extrémité du corps des animaux, et de la plus ou moins grande complication des productions charnues ou des lobes de cette partie.

Si l'on cherche quelles pouvaient être les fonctions, l'utilité de ces lobes dans l'économie animale, on pensera qu'ils

[1] Ces coquilles n'étaient pas aussi minces que le croyait M. Buckland.

servaient à l'animal à se cramponner dans sa coquille. Cela est si vrai, que presque tous les genres qui possèdent des cloisons unies (*Nautilus*, *Orthoceratites*, *Lituites*) ont le siphon central par lequel l'animal pouvait retenir sa coquille, tandis que tous ceux qui ont ce siphon latéral (les *Ammonidées*, les *Aganides*), ne pouvaient donner qu'un point d'appui excentrique: dès lors leurs cloisons sont pourvues de lobes plus ou moins profonds [1]. Toutes les parties anguleuses, digitées ou ramifiées qui, en partant de la bouche, s'enfoncent dans la coquille, ont été appelées, avec raison, *lobes*, par M. de Buch ; et les parties saillantes en avant, qui les séparent, ont reçu, du même savant le nom de *selles*, parce qu'elles supportent les séparations des lobes, comme s'ils étaient à cheval dessus. De plus, il subdivise ces parties ainsi qu'il suit : Le *lobe dorsal* est unique, entoure le siphon et occupe la région médiane du dos ; en partant de ce lobe, le premier qu'on trouve, de chaque côté, est le *lobe latéral-supérieur*, placé, le plus souvent, vers le tiers de la hauteur de la bouche, en partant du dos. En s'éloignant encore plus du dos, le second lobe, de chaque côté, est le *lobe latéral-inférieur*, puis les autres lobes latéraux, quel que soit leur nombre, sont les *lobes auxiliaires*. Contre le retour de la spire, il existe un lobe médian opposé au lobe dorsal, c'est le *lobe ventral*. Les selles se subdivisent aussi : la première, entre le lobe dorsal et le lobe latéral-supérieur, est la *selle dorsale ;* la seconde, entre le lobe latéral-supérieur et le lobe latéral-inférieur, est la *selle latérale*.

Les lettres suivantes, les mêmes employées par M. de Buch, indiqueront toujours les mêmes parties dans les figures. Je les donne ici pour éviter des redites à l'explication des figures de chacune des espèces en particulier.

D. Lobe dorsal.	A^1 Premier lobe auxiliaire.
L. Lobe latéral-supérieur.	A^2 Deuxième lobe auxiliaire.
E Lobe latéral-inférieur.	A^3 Troisième lobe auxiliaire.

[1] M. de Buch a, le premier, donné cette très-judicieuse explication.

A^4 Quatrième lobe auxiliaire, etc., en suivant.

V. Lobe ventral.

V^1 Premier lobe latéro-ventral, en partant du lobe ventral.

V^2 Second lobe latéro-ventral, etc., en suivant.

SD. Selle dorsale.

SL. Selle latérale.

S^1 Première selle auxiliaire (la selle ventrale de M. de Buch). Je l'ai nommée ainsi, parce qu'elle est souvent latérale et non ventrale, lorsqu'il y a beaucoup de lobes auxiliaires.

S^2 Seconde selle auxiliaire.

S^3 Troisième selle auxiliaire.

SV' Première selle latéro-ventrale (la selle qui sépare le lobe ventral du premier latéro-ventral.

SV'' Seconde selle latéro-ventrale.

Toutes les coquilles multiloculaires des céphalopodes tentaculifères et acétabulifères sont percées d'un *siphon*. On appelle ainsi un tube qui part de la première cloison, et qui se continue jusqu'à la dernière sans communiquer avec l'intérieur des loges aériennes. Il en résulte que ce siphon, loin de pouvoir donner aux céphalopodes la faculté de remplir leurs loges d'air ou d'eau, à la volonté de l'animal, en est, au contraire, entièrement séparé, et ne communique nullement avec elles. C'est un tube indépendant qui les traverse et reçoit un organe creux charnu, cylindrique, placé à l'extrémité du corps. Le siphon est au milieu de la cloison des coquilles chez les *Nautilus*, les *Orthoceratites*, les *Lituites;* il est interne contre le retour de la spire chez les *Aganides*, externe ou dorsal chez les *Goniatites*, les *Ammonites*, les *Turrilites*, etc.

M. le docteur Buckland [1], dans ses savantes explications du mécanisme vital des céphalopodes, a pensé que le siphon, recevant l'extrémité d'un tube qui communique avec un vaste sac reconnu par M. Owen, sur le *Nautilus pompilius*, peut constituer un appareil hydraulique, propre à faire varier le poids spécifique de la coquille, en introduisant de l'eau dans le siphon. « De telle sorte que la coquille plongera quand l'animal forcera le fluide à pénétrer dans le siphon, tandis qu'au « contraire, lorsque ce fluide rentrera dans le péricarde, la co-

[1] *La Géologie et la Minéralogie*. Trad. franç., t. I, p. 285 et 307.

« quille, plus légère, remontera vers la surface. Dans cette hy- « pothèse, les chambres devaient être constamment remplies « d'air seulement, dont l'élasticité permettait *la dilatation* et « la *contraction alternative* du siphon, pour admettre ou rejeter « le fluide péricardial. » Pour adopter cette opinion, il faudrait que le siphon fût toujours charnu, élastique et susceptible de se dilater et de se contracter à la volonté de l'animal; mais il n'en est pas ainsi : les parois du siphon des *Nautilus* ne sont pas charnues, mais bien calcaires extérieurement, et cornées à l'intérieur, de même que celles de toutes les espèces de coquilles externes fossiles. Je crois donc qu'il est plus juste de penser que l'extrémité du tube charnu qui entre dans le siphon, et communique avec la poche péricardiale, est un organe destiné à jouer un rôle important chaque fois que l'animal, s'accroissant toujours, se trouve dans la nécessité de se former une nouvelle loge aérienne. Il naît, dans cet instant, plusieurs difficultés à résoudre. L'extrémité du corps est fixée, en dessus de la dernière cloison, par deux muscles puissants; et cependant, il faut que l'animal s'en détache, s'en éloigne et qu'il se place à distance chaque fois qu'il veut former une nouvelle cloison. Il faut encore que l'espace laissé entre l'avant-dernière cloison et la dernière qui va se construire, puisse rester rempli d'air, quand l'animal est toujours dans les eaux. Je pense, dès lors, que le tube charnu et la poche péricardiale sont appelés, quand la dernière loge est formée, à vider l'eau contenue dans cette loge, et à la remplir d'air, avant que le siphon ferme entièrement sa paroi, dans l'intérieur de la dernière loge aérienne.

Les fonctions des loges aériennes des Coquilles externes sont absolument les mêmes que celles des Coquilles internes dont j'ai déjà parlé[1] : ce sont des moyens d'allége, donnés par la nature à tous les animaux pour rétablir l'équilibre à mesure qu'ils s'accroissent et que leur corps devient plus pesant. La meilleure preuve qu'on puisse en donner, c'est que les Coquilles, sans l'animal, flottent sur les eaux.

[1] Voyez page 119.

Il résulte de la nature flottante des coquilles multiloculaires qu'elles sont aujourd'hui jetées sur les côtes en très-grand nombre, comme je les ai rencontrées à Ténériffe, et que la même chose a dû exister dans les mers anciennes à toutes les époques géologiques; ce qui explique deux faits : d'abord, la réunion d'une quantité innombrable de ces coquilles dans les couches qui représentent les anciennes côtes, et leur manque complet dans les couches qui formaient alors le fond des mers.

Les coquilles externes des céphalopodes sont ou non symétriques. Elles sont symétriques dans le plus grand nombre des cas, c'est-à-dire qu'une ligne pourrait les séparer en deux portions absolument égales. Deux genres, les *Turrilites* et les *Helicoceras*, sont les seuls non symétriques, en ce sens qu'au lieu de former une spirale enroulée sur le même plan, cette spirale s'enroule obliquement, et alors la coquille montre d'un côté une spire saillante, conique; de l'autre, un *ombilic*, formé au milieu par le tour contigu ou non. Ces dernières coquilles ne paraissent pas subir de variations suivant l'âge ni le sexe.

Les coquilles symétriques comprennent tous les autres genres. Très-variables dans leurs formes, elles représentent une spirale enroulée sur le même plan, chez les *Nautilus*, les *Ammonites*, les *Goniatites*, les *Cirthoceras*, les *Crioceras*, les *Lituites*, les *Scaphites*, les *Ancyloceras*; elle forme un cône arqué non spiral, chez les *Phragmoceras*, les *Toxoceras*; enfin un cône entièrement droit, chez les *Orthoceratites* et les *Baculites*.

Les coquilles enroulées en spirale ont tous les tours contigus chez les *Nautilus*, les *Ammonites*, les *Goniatites*, les *Scaphytes*; alors le cône enroulé forme des tours qui s'enroulent. Larges ou étroits, ces tours se recouvrent plus ou moins. Lorsqu'ils se recouvrent en entier, ils offrent de chaque côté, au milieu, une dépression indiquée, ou creuse, qu'on nomme *ombilic*. Lorsque cet ombilic s'élargit, il laisse apercevoir une partie plus ou moins large des tours précédents. A mesure que l'ombilic s'agrandit, suivant les espèces, on voit une plus grande portion de ces tours, jusqu'à ce qu'ils soient seulement appliqués les uns sur les autres, sans se recouvrir; alors ils sont tous entièrement apparents.

De ce mode d'enroulement, il y a, comme on le voit, peu de différence aux coquilles dont le cône spiral ou les tours ne se touchent plus, et se contournent sans s'approcher les uns des autres, ainsi que le montrent les *Cirthoceras*, les *Crioceras* et les *Ancyloceras*.

Le cône spiral, s'ouvrant toujours davantage, passe aux *Phragmoceras* et aux *Toxoceras*, qui sont seulement arqués, sans que les extrémités se courbent assez pour former une spire, et ensuite aux *Baculites* et aux *Orthoceratites*, qui sont entièrement droites.

Dans quelques cas, il n'existe plus de spirale formée de portions régulières d'arc, mais la coquille représente des parties droites et des coudes, par suite de replis successifs, comme on le voit chez les *Ptychoceras*, où ces coudes sont en contact les uns avec les autres, et chez les *Hamites*, où ces coudes sont disjoints et forment pour ainsi dire une spirale elliptique très-allongée.

Parmi ces Coquilles, les unes suivent leur même mode d'enroulement tout le temps de leur existence, tandis que les autres changent de forme ou d'enroulement lorsqu'elles sont parvenues à un certain âge. Les Coquilles dont la forme se modifie se composent de trois genres : les *Lituites*, qui commencent par une spirale à tours disjoints, et s'allongent ensuite en ligne droite; les *Ancyloceras*, qui commencent de même, mais plus tard le prolongement s'allonge et forme une crosse en se recourbant à son extrémité; les *Scaphytes*, qui commencent avec des tours contigus ou embrassants, et se recourbent en crosse comme les *Ancyloceras*.

Toutes les autres modifications apportées par l'âge ne changent plus la forme, mais seulement les ornements extérieurs des coquilles. Chez les *Nautilus*, on voit, par exemple, telle coquille, striée dans le jeune âge, devenir lisse plus tard (*Nautilus lineatus*, etc.); d'autres, lisses dans le jeune âge, se charger de stries ou de côtes à l'âge adulte. (*N. elegans*, etc.) Chez les *Ammonites*, toutes sont lisses et arrondies dans le jeune âge, qu'elles soient carénées ou non plus tard. Dans le cours de leur accroissement, elles se couvrent de tubercules autour de l'ombilic, de côtes, de stries ou de tubercules sur le dos; elles sont alors adultes. Arrivées au *maximum* de leur complication extérieure, tous ces ornements s'altèrent, elles dégénèrent. Leurs stries, leurs côtes dorsales disparaissent d'abord; elles perdent ensuite leurs côtes ou leurs tubercules latéraux, et deviennent, dans la vieillesse, tout aussi simples qu'elles l'étaient dans le jeune âge.

Les variétés déterminées par le sexe se montrent principalement chez les *Ammonites*, dont les individus d'une même espèce sont très-renflés ou très-comprimés, suivant qu'ils ont appartenu à des femelles ou à des mâles. C'est au moins ce que j'ai dû penser, en trouvant des différences aussi marquées entre les individus d'une même espèce, et supposant que les œufs pouvaient, comme chez les *Loligo*, demander au corps plus de largeur pour les femelles que pour les mâles.

On remarque encore quelques variations déterminées par les cas pathologiques, mais ces variations, n'altérant presque toujours que la symétrie des Coquilles, sont dès lors assez faciles à reconnaître.

On conçoit que, pour établir une espèce d'après des Coquilles de céphalopodes, il faut tenir compte des variations qui peuvent être déterminées par l'âge, le sexe, et les accidents dus aux blessures, ainsi que de tous les cas de fossilisation dont j'ai parlé à propos des Mollusques en général[1].

1 Voyez page 77.

CHAPITRE II.

Mœurs et habitudes des Céphalopodes.

Les considérations relatives à la succession et à la variation des formes des céphalopodes au sein de l'écorce terrestre, à la distribution géologique des espèces perdues, devant être déduites avec certitude des faits contenus dans les descriptions partielles, je compte les traiter à la fin de la classe, en faisant un résumé général. Je ne donnerai donc ici que les généralités plus spéciales aux mœurs et aux habitudes destinées à compléter le cadre des observations relatives aux fonctions déjà expliquée sà propos de la modification des organes.

Les céphalopodes, ainsi que je l'ai déjà dit, sont pélagiens ou côtiers : en effet, les uns habitent seulement les océans, et ne paraissent qu'accidentellement sur les côtes, les genres *Argonauta, Philonexis, Cranchia, Loligopsis, Onychoteuthis, Histioteuthis, Enoploteuthis, Ommastrephes* et *Spirula;* les autres, au contraire, ne vivent jamais au large, à une grande distance des continents, et se tiennent sur le littoral, où ils pullulent pendant une saison déterminée, et peuvent être considérés comme côtiers. Parmi les premiers, les uns restent toute l'année au sein des mers, tandis que deux espèces, les *Ommastrephes giganteus* et *sagittatus*, abandonnent, la première les régions du pôle Sud, la seconde les régions du pôle Nord, et viennent, par bancs, à l'instant de leurs migrations annuelles, encombrer les côtes du Chili et celles de Terre-Neuve, tandis que les mers voisines en montrent partout les restes épars, qu'ont laissés les troupes d'oiseaux voyageurs qui les poursuivent.

Les espèces côtières offrent aussi quelques nuances différentes. Les *Octopus* habitent constamment la côte, où ils paraissent sédentaires, vivant dans les anfractuosités des côtes rocailleuses. Les *Sepiola*, les *Sepia* et les *Loligo* y arrivent tous les ans, au printemps, en grandes troupes composées d'adultes, y séjournent plus ou moins, suivant les espèces, et s'enfoncent ensuite dans la mer, pour ne reparaître que l'année suivante. Je crois que ces apparitions sont dues aux migrations annuelles, des régions froides vers les régions chaudes, que suivent également une infinité d'espèces de poissons, telles que les sardines et les harengs, par exemple.

Presque toutes les espèces sont nocturnes ou crépusculaires. La nuit, elles pullulent à la surface des mers, tandis que le jour on n'en aperçoit aucune. Il en est de même des espèces côtières. J'ai pensé que cela provenait de la profondeur où ces espèces vivent dans les océans; et j'en ai été d'autant plus convaincu, que j'ai appris des baleiniers que, dans ces régions profondes, ils pouvaient toujours en prendre un grand nombre avec des appâts[1]. C'est aussi là, à ce qu'il paraît, que vont les chercher les dauphins et les cachalots qui s'en nourrissent exclusivement. A l'exception des *Octopus*, vivant isolés dans leurs trous de rochers, tous les céphalopodes sont doués au plus haut degré de l'esprit de société; aussi voyagent-ils par troupes innombrables, sur les côtes et au sein des mers. Ce fait est d'une grande importance, en ce qu'il donne l'explication des nombreux restes fossiles qu'on rencontre dans les mêmes couches, et prouve qu'alors ces espèces avaient les mêmes habitudes qu'aujourd'hui.

Les moyens de défense des céphalopodes sont variés : d'abord ils fuient, et leur grande légèreté dans l'onde les soustrait souvent à l'ennemi. C'est même, d'ordinaire, pour fuir les poissons qui les poursuivent, qu'ils s'élancent dans les airs, en sortant de l'eau, où ils ne tardent pas à retomber. De plus,

[1] Ils m'ont assuré que ces régions n'avaient pas moins de 160 à 180 mètres de profondeur.

ils se servent de leurs bras, de leurs cupules et de leur bec; mais ces derniers moyens ne peuvent être efficaces que sur des animaux assez faibles; et il est à présumer que ceux-ci se hasardent rarement à les attaquer; aussi leur principal moyen de défense est-il la fuite. On a beaucoup parlé, chez les anciens Grecs, de la faculté donnée aux *Sepia* de se dérober à leurs ennemis en s'entourant d'un nuage noir, au moyen de leur encre; mais je suis loin de croire que toutes les espèces jouissent de cette faculté : en effet, si elle paraît exister chez les seiches, elle est au moins très-problématique parmi les autres céphalopodes, qui ne possèdent que très-peu de cette liqueur, qu'ils ne lâchent qu'à l'instant d'expirer.

Les céphalopodes destructeurs des autres mollusques et des poissons, sont incessamment exposés à la poursuite d'un grand nombre d'animaux qui semblent s'en nourrir exclusivement. Parmi les mammifères, tous les cétacés à dents, les cachalots, les dauphins, les delphinaptères, ne vivent, pour ainsi dire, que de céphalopodes. Plusieurs baleiniers m'ont assuré que l'estomac des cachalots en est toujours rempli. On conçoit alors combien de céphalopodes doivent être détruits par des êtres aussi volumineux. Les poissons ne s'acharnent pas moins à leur poursuite; les thons, les bonites, et une foule d'autres espèces, en font, dans certains parages, leur nourriture exclusive, comme le démontre l'inspection de leur estomac. Tels sont leurs principaux ennemis au sein des mers; mais ce ne sont pas les seuls; car je me suis assuré, par les restes qui remplissent l'estomac des albatrosses (*Diomedea*) et des pétrels (*Procellaria*), que ces oiseaux des hautes mers s'en nourrissent également, les chassant surtout la nuit, à l'instant de leur apparition à la surface. On peut juger, par ce nombre d'ennemis, d'abord de leur abondance, puis de leur importance relativement à l'ensemble des êtres.

Les céphalopodes pondent généralement au printemps. La ponte a lieu au large pour les espèces pélagiennes, et sur les côtes, au-dessous du niveau du balancement des marées, pou les espèces côtières. Les œufs des espèces des hautes mers sont abandonnés à la surface des eaux en longues grappes composées d'œufs gélatineux agglomérés chez les ommastrèphes, ou portés dans la coquille des femelles par l'*Argonauta*.

Les œufs des espèces côtières sont disposés en petites grappes gélatineuses et transparentes, attachées par un pied à un centre commun, chez le *Loligo vulgaris*, par petits groupes isolés chez le *Loligo subulata;* en grappes composées d'œufs pyriformes, enveloppés d'une pellicule de matière noire, séparés les uns des autres et attachés chacun par un anneau, chez les *Sepia*. Ils sont sur le bord d'un ruban gélatineux chez quelques *Octopus*. Ces œufs ne sont point couvés par la mère, comme le croyaient les anciens, puisque aucun animal à sang froid ne pourrait avoir d'action à cet égard. L'incubation est abandonnée à la température de la surface de la mer, donnée par le soleil.

Les œufs sont d'abord assez fermes, mais à mesure qu'ils avancent dans l'incubation, ils s'amollissent; l'enveloppe se détend, ils grossissent. Le *vitellus* est d'abord peu volumineux, rond, légèrement opaque; après quelques jours, on remarque, sur le côté, un très-petit embryon qui y tient par la tête, et auquel on ne reconnaît pas encore de bras, quoique les yeux et le corps soient déjà formés. A une époque plus avancée, l'embryon est aussi volumineux que le reste de son vitellus, toujours attaché à la bouche. A mesure que ce dernier diminue, et que le corps augmente, la couleur des yeux se détermine plus positivement. Le corps, blanc d'abord, se couvre de taches chromophores inégales en grosseur et placées régulièrement, et les bras poussent. Cet embryon est dès lors doué de mouvement; on le voit s'agiter avec son vitellus au milieu de l'œuf; et, quelque temps avant que le vitellus soit tout à fait absorbé, le jeune céphalopode se meut à reculons, au moyen du refoulement du liquide par son tube locomoteur; mais il ne sort de son enveloppe qu'après avoir absorbé par la bouche tout son vitellus. Le jeune animal, arrivé à terme, rompt son enveloppe et s'élance au sein des eaux, se trouvant dès lors parfaitement en état de se suffire, et en tout conformé comme les adultes, moins pourtant les proportions relatives des parties ; car sa tête est toujours plus grosse à proportion, ses bras et son corps sont beaucoup plus courts ; les nageoires, très-peu développées sur les espèces qui en sont pourvues, commencent à se montrer sur les côtés, à la partie postérieure du corps. L'esprit de société des céphalopodes se manifeste dès leur première jeunesse ; ils éclosent presque tous ensemble, et forment de suite des troupes.

On concevra que les observations sur la durée de l'accroissement et de la vie des céphalopodes soient très-difficiles à obtenir, et que, sous ce rapport, l'on ait peu de points de comparaison ; néanmoins la croissance des jeunes seiches fournira quelques données à cet égard. Celles-ci, nées dans l'été, n'ont acquis, en trois mois, que 30 millimètres, tandis que les adultes ont jusqu'à 500 millimètres. Si l'on compare ces dimensions, après avoir préalablement réfléchi que l'accroissement, chez tous les êtres, est infiniment plus rapide pour le jeune âge que pour les adultes, on s'assurera que les céphalopodes vivent beaucoup plus de deux ans, comme l'ont cru les anciens [1], la durée de leur accroissement devant être au moins de plusieurs années, et peut-être, comme chez les poissons, subordonnée à celle de leur existence ; car, d'un autre côté, l'étude des poulpes et des seiches m'a fait acquérir la certitude que, proportionnellement aux espèces, les individus grandissent tant qu'ils vivent, et que la durée de l'accroissement des céphalopodes doit se prolonger tout le temps de l'existence.

La durée de l'existence et de l'accroissement des céphalopodes me conduit naturellement à parler de la plus grande extension de leur taille. Loin d'admettre ces contes populaires [2]

[1] Aristote, lib. IX, cap. 59.

[2] Ce poulpe énorme cité par Plinius; celui qu'a décrit Montfort (Buffon de Sonnini).

accrédités même par des naturalistes[1], sur ces monstres gigantesques capables de submerger de très-grands navires, je crois ces fictions basées sur l'observation de dimensions beaucoup moins grandes sans doute, mais encore énormes, de quelques espèces aperçues. En effet, quoique je n'aie par moi-même aucun fait à rapporter, j'ai trop de confiance dans les observations de quelques naturalistes pour n'y pas ajouter foi. Péron[2] a dit : « Ce même jour (9 janvier), non loin de l'île de Van-Diémen, « nous aperçûmes dans les flots, à peu de distance du navire, une « énorme espèce de sepie, vraisemblablement du genre calmar, « de la grosseur d'un tonneau ; elle roulait avec bruit au mi- « lieu des vagues, et ses longs bras étendus à leur surface s'a- « gitaient comme autant d'énormes reptiles. Chacun de ces « bras n'avait pas moins de six à sept pieds de longueur, sur « un diamètre de sept à huit pouces. » MM. Quoy et Gaimard[3], dans leur premier voyage de l'*Uranie*, rapportent le fait suivant : « Dans l'océan Atlantique, près de l'équateur, « par un temps calme, nous recueillîmes les débris d'un énorme « calmar ; ce que les oiseaux et les squales en avaient laissé « pouvait encore peser cent livres, et ce n'était qu'une moitié « longitudinale, entièrement privée de ses tentacules, de sorte « qu'on peut, sans exagérer, porter à deux cents livres la « masse entière de cet animal. » Le témoignage de M. Rang vient aussi se joindre à ceux-ci pour un autre fait. En parlant des poulpes[4], il écrit : « Nous avons rencontré, au milieu de

[1] Le *Sepia microcosmus*, Linn., *Fauna Suecica, Vermes*, p. 386, des mers de Norwége.

L'espèce citée par Pernetti (*Voyage aux îles Malouines*, t. II, p. 76), qui, en grimpant aux cordages, peut entraîner la perte d'un navire, la même, sans doute, que le *Poulpe colossal* de Montfort (*Histoire des Mollusques*, Buffon de Sonnini, t. II, p. 256 et 386), qui renverse un vaisseau à trois mâts.

[2] *Voyage de découvertes aux terres australes*, t. II, p. 18.

[3] *Zoologie de l'Uranie*, t. I, 2e partie, p. 411.

[4] *Manuel des Mollusques*, p. 86.

M. Gray (*Spicilegia zoologica*, p. 3), en décrivant son *Sepioteuthis*

« l'Océan, une espèce bien distincte des autres, d'une couleur « rouge très-foncé, ayant les bras courts, et de la grosseur « d'un tonneau. » M. l'amiral Cécile m'a également assuré avoir vu passer près de son bord, dans son voyage de l'*Héroïne*, un énorme céphalopode. Il est impossible de douter que de très-grandes espèces, appartenant peut-être à nos genres *Ommastrephes* et *Philonexis*, n'habitent toutes les mers et ne soient encore inconnues à la science. Ces faits donnent l'explication des exagérations populaires, et non-seulement viendraient appuyer mon opinion sur l'accroissement de toute la vie des céphalopodes, mais encore, par la rare apparition de ces grandes espèces, donner la preuve que des zones profondes de la mer recèlent un grand nombre d'animaux présentant des formes tout à fait nouvelles.

Méprisés dans certaines contrées, les céphalopodes sont très-estimés dans d'autres. Du temps des anciens Grecs, les polypes (*Octopus*), les *Sepia* et les *Loligo* étaient très-recherchés comme nourriture, non-seulement pour leur goût, mais encore par suite des propriétés qu'on attribuait à leur chair ; et encore aujourd'hui, les habitants du littoral de la Méditerranée et de l'Adriatique en font habituellement leur nourriture, en les vendant frais ou secs, sur les côtes de l'Océan. Les pêcheurs de l'ouest de la France, dans le golfe de Gascogne, estiment beaucoup les seiches, et surtout les calmars, et les mangent dans l'un ou l'autre état. On les mange aussi, quoiqu'on les y estime moins, sur les côtes du nord de la France, où l'on s'en sert comme d'appât. Les céphalopodes sont également recherchés par le peuple à Ténériffe, au Brésil, au Chili, au

major, dit que madame Graham parle d'un individu dont les bras avaient 28 pieds de long.

Dans les *Transactions philosophiques de Londres*, 1733, t. LXXIII, M. Schwediaver dit, en parlant de l'énorme grosseur des céphalopodes, qu'un baleinier harponna un cachalot ayant dans sa gueule un bras de seiche de près de 25 pieds de long, sans que celui-ci fût entier.

Pérou, dans l'Inde, à la Chine, et surtout au Japon, où l'on en fait un commerce immense. Ils sont donc, comme aliments, appréciés par toutes les nations maritimes, tandis que, sur les côtes de la Normandie, ils influent sur le succès annuel de la pêche. Dans le nord de l'Amérique, à Terre-Neuve, ils sont la principale source de la pêche de la morue, jouant dès lors un premier rôle dans le commerce des nations les plus florissantes de notre Europe. La coquille interne des seiches a aussi son emploi dans les arts, pour les orfèvres, et la liqueur noire des mêmes espèces fournit aux peintres la couleur connue sous le nom de *sepia*.

La pêche des céphalopodes se fait, suivant les pays, de diverses manières : soit avec des filets sur la côte, soit avec de nombreux hameçons attachés ensemble, qu'on descend dans la mer, et auxquels leurs bras viennent s'accrocher, trompés par la figure d'un poisson qu'ils croient saisir.

L'admiration qu'excitait la natation de quelques espèces, l'exagération poétique à laquelle donnait lieu la navigation de l'*Argonaute*, rendaient ces animaux très-célèbres chez les anciens Grecs [1].

Division des Céphalopodes en deux ordres.

Les céphalopodes se divisent naturellement en deux ordres :

Les ACETABULIFERA, dont la tête, distincte du corps, porte, en dessous, un tube locomoteur entier ; en avant, huit ou dix bras charnus présentant des cupules sessiles. Le corps, souvent pourvu de nageoires, renferme deux branchies paires. La coquille externe n'a pas de loges aériennes ; interne, elle n'a jamais de cavité au-dessus de la dernière loge aérienne, susceptible de contenir l'animal.

Les TENTACULIFERA, dont la tête, non distincte du corps, porte un tube locomoteur fendu, un appendice pédiforme ; en avant,

[1] Athénée, lib. VII, cap. 18 ; Sweig. t. II, p. 30, 166, 105 ; Ælien, lib. XV, cap. 23, p. 224.

un grand nombre de tentacules cylindriques rétractiles, annelés, sans cupules. Le corps, toujours dépourvu de nageoires, renferme quatre branchies. La coquille, toujours externe, est aussi toujours pourvue de loges aériennes, et montre, au-dessus de la dernière loge, une cavité assez grande pour contenir l'animal.

PREMIER ORDRE.

ACETABULIFERA, Férussac et d'Orbigny.

Cryptodibranches, Blainville, Férussac; *Dibranchiata*, Owen.

Animaux libres, formés de deux parties distinctes, l'une antérieure, la *tête*, et l'autre postérieure, le *corps*. La tête, plus ou moins séparée du corps, est pourvue latéralement d'yeux saillants, d'une oreille externe; en dessous, d'un tube locomoteur entier; en avant, de huit ou dix bras charnus, allongés, portant des cupules sessiles ou pédonculées; au milieu des bras, un appareil buccal composé de deux mandibules cornées, de lèvres et d'une langue hérissée de crochets. Le corps, rond, allongé ou cylindrique, pourvu ou non de nageoires, contient les viscères, la poche à encre et deux branchies, une de chaque côté.

Coquille, lorsqu'elle existe, rarement externe, le plus souvent interne. Externe, elle est spirale, et ne contient point de loges aériennes; interne, elle est cornée ou testacée, pourvue ou non de loges aériennes, mais n'ayant jamais, au-dessus de cette dernière loge aérienne, aucune cavité propre à loger l'animal.

Rapports et différences. — Cette première division se distingue des tentaculifères par sa tête distincte et non unie au corps, par le manque d'appendice pédiforme, servant à la reptation, par ses bras allongés pourvus de cupules, que remplace, chez les tentaculifères, un grand nombre de tentacules cylindriques, rétractiles, sans cupules, entourant la bouche ; par deux branchies au lieu de quatre; par son tube locomoteur entier, et non fendu sur toute sa longueur. Les coquilles internes, pourvues de loges aériennes, lorsqu'elles existent chez les acétabulifères, sont toujours contenues dans le corps, et manquent de cavité supérieure à la dernière loge aérienne, tandis que chez les tentaculifères, elles contiennent toujours l'animal dans une cavité supérieure à cette dernière loge. La comparaison de tous les caractères zoologiques qui prédominent dans leur organisation, m'a porté à diviser les céphalopodes acétabulifères ainsi qu'il suit :

Premier sous-ordre. OCTOPODA.

Huit bras, yeux fixes, unis aux téguments. Point de *coquille* dorsale médiane. Appareil de résistance charnu. Membrane buccale nulle. Cupules non pédonculées, sans cercle corné.

Familles			Genres.
1re famille. OCTOPIDÆ. Point d'appareil de résistance, ni d'ouvertures aquifères céphaliques; bras conico-subulés. Point de *coquille* interne ni ext.	Deux rangées de cupules à chaque bras.	Corps rond, sans nageoires	OCTOPUS.
		Corps pourvu de nageoires.	PINNOCTOPUS.
	Une rangée de cupules à chaque bras.	Corps arrondi. Point de cirrhes aux bras; ceux-ci pourvus d'une courte membrane. .	ELEDONE.
		Corps pourvu de nageoires. Des cirrhes aux bras, qui sont unis par une membrane.	CIRRHOTEUTHIS.
2e famille. PHILONEXIDÆ. Un appareil de résistance; des ouvertures aquifères céphaliques; quelquefois une *coquille* externe non multiloculaire.	Appareil de résistance dont la partie concave sur le corps, le bouton à la base du tube locomoteur; huit bras subulés; point de *coquille*.		PHILONEXIS.
	Appareil de résistance, dont la partie concave sur la base du tube locomoteur, le bouton dans l'intérieur du corps; deux bras palmés, six conico-subulés. Une *coquille* externe.		ARGONAUTA.

Second sous-ordre. DECAPODA.

Dix bras. Yeux libres dans leur orbite. Une coquille dorsale médiane. Appareil de résistance cartilagineux. Des nageoires. Une membrane buccale. Cupules pédonculées, pourvues d'un cercle corné.

Première division. MYOPSIDÉS.

Yeux recouverts en dessus par une continuité de téguments, sans contact immédiat avec l'eau.

Familles	Caractères		Genres.
1re famille. SEPIDÆ. Une paupière inférieure aux yeux. Membrane buccale sans cupules. Point ne crêtes auriculaires. Tube locomoteur sans bride supérieure. Bras tentaculaires rétractiles en entier. *Coquille* interne, remplie, lorsqu'elle existe, de locules irrégulières; — sans siphon.	Appareil de résistance fixe. Nageoires terminales.		CRANCHIA.
	Une bride cervicale unissant la tête au corps; deux points d'attache à l'appareil de résistance mobile. *Coquille* cornée occupant la moitié de la longueur du corps. Nageoires latéro-dorsales.	Une fossette allongée à la base du tube locomoteur, et une crête du côté opposé à l'appareil de résistance	SEPIOLA.
		Une fossette oblongue à double cavité sur la base du tube locomoteur, un mamelon oblong du côté opposé à l'appareil de résistance.	SEPIOLOIDEA.
	Point de brides cervicales; trois points d'attache à l'appareil de résistance. *Coquille* cornée occupant la moitié de la longueur du corps. Nageoires latéro-dorsales distinctes.		ROSSIA.
	Corps ovale. Point de brides cervicales. Trois points d'attache à l'appareil de résistance, celui de la base du tube locomoteur ovale concave. *Coquille* testacée occupant toute la longueur du corps, et rempli en dedans de locules irrégulières. Nageoires longitudinales, latérales.		SEPIA.
2e famille. SPIRULIDÆ. Toujours une *coquille* interne testacée, formée de loges aériennes percées d'un siphon.	*Coquille* enveloppée dans un rostre calcaire, formée de loges aériennes sur une ligne presque droite.		BELOPTERA.
	Coquille enveloppée d'un rostre calcaire, formée de loges aériennes, constituant une spirale		SPIRULIROSTRA.
	Coquille en spirale, non enveloppée d'un rostre.		SPIRULA.

Famille	Caractères		Genres.
3e famille. LOLIGIDÆ. Point de paupières. Membrane buccale armée de cupules. Une crête auriculaire transversale. Tube locomoteur pourvu d'une double bride supérieure. Bras tentaculaires contractiles en partie. *Coquille* interne, cornée en forme de plume ou de spatule. Sans loges aériennes.	Corps allongé, subcylindrique. Une fossette longitudinale à la base du tube locomoteur; une crête courte du côté opposé à l'appareil de résistance. *Coquille* en plume étroite d'en haut.	Nageoires sur la moitié de la longueur du corps.	LOLIGO.
		Nageoires sur toute la longueur du corps.	SEPIOTEUTHIS.
	Coquille en cuiller, étroite en haut		TEUDOPSIS.
	Coquille en fer de lance, très-large en haut, acuminée en bas.		LEPTOTEUTHIS.
	Coquille oblongue, acuminée en avant, élargie et ailée en arrière.		BELOTEUTHIS.
	Coquille élargie et tronquée en avant, spatuliforme en arrière.		GEOTEUTHIS.

Seconde division. OIGOPSIDÉS.

Yeux largement ouverts en dehors, en contact immédiat avec l'eau.

Famille	Caractères	Genres
4e famille. LOLIGOPSIDÆ. Point de sinus lacrymal. Tube locomoteur sans valvule et sans bride. Crête auriculaire nulle. Ouvertures aquifères anales nulles. *Coquille* interne cornée, sans loges aériennes.	Corps uni à la tête par trois attaches fixes. Point de membrane à l'ombrelle. Yeux pédonculés. Point d'ouvertures aquifères buccales ni brachiales. Cercle corné des cupules bombé en dehors. *Coquille* très-étroite, spatuliforme inférieurement	LOLIGOPSIS.
	Corps séparé de la tête. Trois points d'attache très-compliqués à l'appareil de résistance mobile. Yeux non pédonculés. Des ouvertures aquifères buccales; point d'ouvertures brachiales. Cercle corné des cupules bilobé en dehors. *Coquille* étroite, spatuliforme aux deux extrémités.	CHIROTEUTHIS.
	Corps séparé de la tête. Trois points d'attache simples à l'appareil de résistance mobile. Yeux non pédonculés. Des ouvertures aquifères buccales et brachiales. Cercle corné des cupules convexe en dehors. Des membranes larges à l'ombrelle. *Coquille* en fer de lance.	HISTIOTEUTHIS

Famille			Genres.
5e famille. TEUTHIDÆ. Un sinus lacrymal. Tube locomoteur pourvu de valvule interne et de brides externes. Crêtes auriculaires longitudinales. Ouvertures aquifères anales prononcées. *Coquille* interne cornée très-allongée, sans loges aériennes.	Appareil de résistance simple. Des crochets et des cupules. Point de membrane protectrice des cupules. Coquille en plume ou allongée.	Des crochets aux bras tentaculaires, des cupules aux bras sessiles. *Coquille* pourvue d'une expansion terminale non creuse.	ONYCHOTEUTHIS.
		Des crochets à tous les bras. *Coquille* en forme de plume.	ENOPLOTEUTHIS.
		Des crochets à tous les bras. *Coquille* en glaive étroit.	CELAENO.
	Appareil de résistance très-compliqué. Point de crochets, des cupules seulement. Des membranes protectrices des cupules. *Coquille* en flèche cornée, pourvue d'un godet inférieur creux.		OMMASTREPHES.
6e famille. BELEMNITIDÆ. *Coquille* interne cornée et testacée, pourvue de loges aériennes, empilées sur une ligne, percées d'un siphon.	*Coquille* interne, étroite en avant, terminée par un godet conique rempli de loges aériennes.		CONOTEUTHIS.
	Coquille interne, large en avant, terminée en arrière par un cône alvéolaire, rempli de loges aériennes, recouvertes et protégées d'un rostre calcaire conique souvent très-long.	Rostre à ouverture entière	BELEMNITES.
		Rostre pourvu d'une fissure inférieure à son ouverture	BELEMNITELLA.

PREMIER SOUS-ORDRE.

OCTOPODA, Leach.

Octopoda, Férussac, d'Orbigny; *Octocere*, Blainville; *Octopodia*, Rafinesque, *Octobrachidés*, Blainville.

Corps généralement court, arrondi ou bursiforme, toujours uni à la tête par une large bride cervicale. Appareil de résistance, toujours charnu. Tête plus volumineuse que le corps. Yeux enveloppés et unis aux téguments qui les entourent, fixes et sans rotation sur eux-mêmes. Membrane buccale nulle. Des ouvertures aquifères, céphaliques seulement. Point d'ouverture aquifères brachiales, ni buccales. Des bras sessiles et seulement huit bras. Point de crêtes natatoires aux bras. Cupules charnues sessiles, non obliques, dépourvues de cercle corné. Tube locomoteur sans valvule interne. Point de *coquille* interne médiane, dans le corps. Coquille externe, lorsqu'elle existe, dépourvue de loges aériennes.

Rapports et différences. — Cette division se distingue des décapodes non-seulement par le nombre des bras, mais encore par presque tous les autres caractères zoologiques. Elle en diffère en effet : par le corps non allongé, oblong ou cylindrique; mais court, arrondi ou bursiforme, toujours uni à la tête par une bride cervicale; par l'appareil de résistance, toujours charnu et moins varié dans ses formes; par la masse céphalique généralement plus volumineuse que le corps; par des yeux enveloppés et unis aux téguments qui les entourent; par le manque de membrane buccale; par les ouvertures aquifères, se réduisant ordinairement aux ouvertures céphaliques seulement; par le manque de bras tentaculaires, les bras étant alors toujours au nombre de huit au lieu de dix; par le manque total de crête natatoire aux bras; par des cupules charnues non obliques, toujours dépourvues du cercle corné; par le tube locomoteur sans vulve interne; par le manque de coquille interne médiane dans le corps.

1re famille. PHILONEXIDÆ, d'Orbigny.

Animal pourvu d'un appareil de résistance facultatif, ratta-chant à la tête la partie inférieure du corps, indépendamman de la bride cervicale étroite. Des ouvertures aquifères cépha-liques au nombre de deux ou de quatre. Des bras quelquefois palmés à leur extrémité, pourvus de cupules charnues, pédon-culées, souvent cylindriques. Quelquefois une coquille externe non multiloculaire.

Cette famille se distingue des *Octopidæ*, par la présence de l'appareil facultatif de résistance, par la présence des ouver-tures aquifères céphaliques, par ses cupules pédonculées. J'y réunis les genres *Philonexis* et *Argonauta*, qui sont pélagiens et vivent toujours au sein des mers.

IIe GENRE. **ARGONAUTA,** Linné. Pl. 1, 2.

Nautilus, Nauticus, Aristote; *Nautilus, Pompilius*, Pline; *Nautilus*, Belon; *Cymbium*, Gualtieri, 1742; *Argonauta*, Linné, Bruguière, Lamarck; *Ocythœ*, Rafinesque, Leach, Blainville; *Octopus*, Blainville.

Animal ployé obliquement par rapport à l'axe de la longueur du corps. *Corps* ovoïde, atténué postérieurement, élargi en avant, volumineux comparativement à la tête, lisse et couvert d'une peau mince. *Ouverture* fendue sur les côtés jusqu'au-dessus des yeux. *Bride cervicale* occupant l'intervalle compris entre les yeux. *Appareil de résistance*, mobile, consistant en un mamelon ou un bouton élevé, ferme, situé près du bord interne du corps à ses côtés inférieurs, et en une boutonnière arrondie, très-profonde et entourée de bourrelets, située sur la base du tube locomoteur. *Tête* oblique ou formant un angle par rapport à l'axe du corps, très-courte en dessus, où elle se confond avec les bras, qui paraissent ainsi naître du bord du corps; très-longue en dessous. *Yeux* latéraux, très-grands, ovales, saillants, susceptibles d'être recouverts en partie par la contraction des téguments qui les entourent; mais ayant en outre une paupière transparente, très-mince, qui en occupe la partie supérieure. *Bec* très-large, non comprimé; *mandibule supérieure* un peu crochue, à capuchon petit; *mandibule inférieure*, à ailes latérales très-courtes et larges, l'expansion postérieure non carénée, à dos arrondi. *Oreille externe*, marquée en dehors par une légère protubérance située en arrière des yeux, en dessous de la bride cervicale et de l'ouverture aquifère latérale. *Ouvertures aquifères*. Au nombre de deux, une de chaque côté, situées à l'angle postérieur et supérieur de l'œil, au fond d'une légère dépression, et communiquant avec une cavité située à la partie céphalique supérieure. *Bras*, de deux sortes, les uns palmés à leur extrémité, les autres conico-subulés. Les *bras palmés* prenant naissance en dessus entre les yeux, repliés à leur extrémité sur eux-mêmes, sur les deux tiers de leur longueur, et pourvus, dans tout l'intervalle de ce repli, d'une membrane très-extensible, lisse, épaisse en dehors, tandis qu'en dedans non-seulement elle est chargée d'un grand nombre de ramifications, mais encore dans toutes les parties où elle doit arriver au bord de la coquille, sa superficie est spongieuse et comme réticulée par un réseau membraneux à sillons élevés et papilleux, qui me paraît être l'organe sécréteur de la coquille. Les bras subulés déliés à leur extrémité, toujours inégaux. Les inférieurs, pourvus d'une membrane inférieure en carène dorsale, les deux paires latérales presque toujours fortement déprimées. *Cupules* toujours sur deux lignes, même sur le retour des bras palmés, où elles sont souvent peu visibles; disposées bien distinctement, surtout sur les bras déprimés, où elles sont séparées par un assez large intervalle; très-saillantes, comme subpédonculées, très-élargies à leur bord. A quelques bras, elles sont réunies extérieurement par une membrane. *Membrane de l'ombrelle*, très-courte, mais existant entre chaque bras. *Tube locomoteur* très-grand, en cône régulier, se prolongeant au-delà de la tête et de la base des bras, jusqu'au dehors de la coquille, attaché par deux brides extérieures latérales et par deux autres presque médianes, très-minces.

Coquille univalve, uni-loculaire, composée d'une substance cornéo-calcaire, fragile, transparente, flexible quoique cassante, commençant par un petit godet circulaire, d'abord membraneux, puis légèrement testacé, s'accroissant obliquement et elliptiquement, et dont le sommet, qui forme, avec l'âge, un tour ou un tour et demi de spire, rentre dans l'ouverture en figurant de chaque côté une columelle torse, prolongée dans le sens de l'ouverture, ou projetée obliquement en oreillons plus ou moins marqués. Elle représente, dans son ensemble, une petite nacelle, comprimée sur les côtés, tronquée sur la carène. Les tours sont appliqués les uns sur les autres, sans qu'il y ait transsudation de matière testacée sur le retour de la spire, caractère que je ne retrouve chez aucune autre coquille.

La coquille de l'argonaute se forme autant de particules

calcaires appliquées extérieurement, que de particules déposées en dedans; caractère qui ne se montre que chez les *Cypræa;* aussi est-il impossible de douter que l'animal n'ait un moyen extérieur de sécrétion, ce qu'on peut expliquer par les membranes des bras enveloppant constamment la coquille. Son épiderme, qui n'existe pas sur les bords et augmente d'épaisseur à mesure qu'on approche du sommet, est évidemment dû à une sécrétion extérieure, postérieure à la formation de la coquille. D'ailleurs, l'examen microscopique de l'accroissement de la coquille vient confirmer ces observations. D'après ces faits, on doit croire que la coquille de l'argonaute se forme par un organe extérieur, et dès lors les fonctions des bras palmés se trouvent complétement expliquées. L'animal n'adhère à la coquille en aucune de ses parties, il se renferme dedans, la remplissant alors, moins la cavité spirale, et la retenant constamment avec ses bras palmés, qui l'enveloppent entièrement à l'état de vie.

Si l'on considère la forme de l'animal, reployé sur lui-même, formant un angle par rapport à l'axe du corps, les parties supérieures de la tête étant très-courtes, et les parties inférieures, au contraire, très-longues, on aura la certitude que, destiné à vivre isolé et libre, il ne pourrait nager qu'en tournoyant; tandis que cette même forme est tout à fait en rapport avec sa position habituelle dans la coquille; le raccourcissement des parties supérieures étant nécessaire pour que les deux bras palmés puissent sortir en arrière et embrasser plus intimement la coquille; et l'allongement des parties inférieures et du tube locomoteur étant encore une conséquence obligée de son habitation dans une coquille, afin que ces parties puissent venir en effleurer le bord. Je crois donc matériellement impossible que sa forme oblique permette à l'animal de vivre isolé et libre; car la natation dans une direction quelconque lui deviendrait impossible, tandis qu'au contraire sa forme est une dépendance de son existence dans la coquille, et qu'il y a rapport intime entre cette forme même et celle de la coquille qu'il habite.

Rapp. et diff. — Les argonautes se distinguent de tous les autres octopodes, par le raccourcissement des parties supérieures et l'allongement des inférieures, par les palmetures énormes, ou les membranes des bras supérieurs destinés à envelopper la coquille, par les rapports réciproques de la tête avec le corps, la première étant, en raison de l'obliquité de la bouche, sur un plan très-oblique à l'axe; par l'organisation et l'arrangement de toutes les portions principales qui indiquent un animal fait pour vivre dans une coquille; enfin, par la coquille dont il est pourvu.

Le nom du genre devrait être celui de *Nautilus*, puisqu'Aristote a d'abord employé cette dénomination pour désigner l'argonaute, mais malheureusement Linné ayant appliqué le nom de *Nautilus* à un autre genre inconnu des Grecs, tandis qu'il appelait *Argonauta* les animaux qui m'occupent; je me trouve forcé, afin de ne pas changer toutes les nomenclatures adoptées, de perpétuer l'erreur de Linné, maintenant consacrée partout. M. Rafinesque a créé, pour l'animal de l'argonaute, le genre *Ocytoe* admis par tous les partisans du parasitisme.

Espèces du terrain tertiaire.

N° 1. **ARGONAUTA HIANS**, Solander, pl. 2, fig. 6-10.

Nautilus, Lister, 1685, Synops., tab. 554, f. 5 *a.*; tab. 555, f. 6.
Nautilus, Rumphius, 1687, Amboin. Rariteysk., p. 64, tab. 18, fig. B.
Idem, Petiver, 1702, Aquat. anim. Amb., tab. 10, f. 2, et tab. 22, f. 10.
Idem, Museum Gottwaldianum, cap. xv, tab. 5, f. 433.
Moyen nautile, Gersaint, 1736, Catal. rais., p. 96, n° 137.
Argenville, 1742, Conchyl., p. 250, pl. VIII, f. B; 1757, p. 198, pl. v, f. B.
Cymbium, Gualtieri, 1742, Ind. Testar., tab. 12, fig. CC.
Nautilus, Hebenstreit, 1743, Mus. Richterian., p. 297.
Idem, Lesser, 1748, Testaceo théol., p. 150, § 41, 6.
Idem, Klein, 1753, Ostracol., p. 3, sp. II, n°s 5 et 6. — Idem, p. 4, n° 7.
N. legitimus, Gève, 1755, Monati. Delust., ou Essais récréatifs, p. 14-16, tab. 2, fig. 7.
N. tenuis, Knorr, 1757, Vergn., t. I, tab. 2, fig. 2, et t. IV, tab. 11, fig. 1. — Delic. nat., t. I, tab. B 1, f. 4.
Argonauta argo, Linné, 1767, Syst. nat., IX, X, XI et XII, p. 1161, n° 271.
Nautilus papiraceus, Davila, 1767, Catal. syst., I, p. 108, n° 87, 2e sp.
Idem, Seba, 1768, Thesaur., III, tab. 84, fig. 9, 10, 11, 12.
Nautile papiracé, Meuschen, Catal. Mus. Oudaniani, p. 8, n° 49. — Idem, Catal. mus. Leersiani, p. 10, n°s 66, 67.

Nautilus tenuis, Martini 1769, Conchyl. Cabin., I, p. 235, tab. XVII, f. 159, 158, et p. 238, vign. p. 221, fig. 2.
Murray, 1771, Fundam. Testaceol., tab. I, f. 8.
Le Papier brouillard, Favanne, 1772, Concyhl., t. I, p. 711, pl. VII, f. A 6, A 3. — Idem, p. 713, f. A 10. — Idem, f. A 1. — Idem, p. 717.
Nautile papiracé, Favart d'Herbigny, 1776, Dictionn., t. II, p. 426.
Argonauta argo, Born, 1780, Test. Mus. Cæsar., p. 140, var. β.
Gronovius, 1781, Zoophyl., p. 281, n° 215.
Schrœtter, 1782, Mus. Gottwald., p. 51, n° 272, tab. XL, f. 272.
Nautile papyracé, Favanne, Catal. de la Tour d'Auvergne, p. 57, n° 248.
Nautilus, Kæmmerer, Cabin. Rudolst., p. 29, var. β.
Argonauta hians, Solander, mss., et Portland Catal., p. 44, lat. 1055.
Argonauta argo, Gmelin, 1789, Syst. nat., p. 3369, var. δ.
Idem, Bruguière, 1789, Encyclop. méthod., Vers, t. I, p. 123, var. C.
A. hians, Humphrey, 1797, Mus. Calon., p. 6, n° 82.
Argonaute papier brouillard, Montfort, Buff. de Sonnini, Moll., III, p. 358. — Idem, p. 371.
Argonauta argo, Turton, Syst. of nat., IV, var. 3.
A. hians, Dillwyn, Descript. Catal., p. 334, n° 3.
A. haustrum, Dillwyn, Descrip. Catal., p. 335.
A. Cranchii, Leach, 1817, Philos. trans., p. 296, pl. XII, f. 1-6.
Octopus Cranchii, Blainv., 1819, Journ. de Phys., t. 87, p. 47, t. LXXXVI, f. 2 a b.
Argonauta nitida, Lamarck, 1822, Animaux sans vertèbres, VII, p. 653, n° 3.
A. hians, Féruss., 1822, Dictionn. class., I, p. 553, sp. n° 4.
Idem, Féruss., d'Orbigny, 1825, Prodr., p. 48, n° 5.
A. Cranchii, Féruss., 1822, Dict. class., I, p. 552, n° 1.
A. haustrum, Wood, 1825, Ind. Test., p. 62, n° 5.
A. Cranchii, Féruss., 1825, d'Orbigny, class. des Céph., p. 48, sp. n° 6.
A. raricosta, Blainville, 1826, Dict. des Sc. nat., t. XLIII, p. 213.
A. crassicosta, Blainv., 1826, Dict. des Sc. nat., t. XLIII, p. 213.
A. nitida, Blainv., 1826, Dict. des Sc. nat., t. XLIII, p. 213.
Octopus Cranchii, Blainv., 1826, Dict. des Sc. nat., t. XLIII, p. 195.
O. punctatus, Blainv., 1826, Dict. des Sc. nat., t. XLIII, p. 195.
A. nitida, Cranch, Conchyl., p. 43, pl. XX, f. 17.
Idem, Deshayes, 1830, Encycl. méth., t. II, p. 69.
A. raricosta, Deshayes, 1830, Encycl., t. II, p. 69, n° 1.
A. haustrum, Deshayes, 1830, Encycl., t. II, p. 70, n° 3.
Idem, d'Orb., 1835, Moll. de l'Am. mérid., p. 12.
Idem, d'Orb., 1837, Moll. des Canaries, p. 17, n° 3.
Idem, d'Orb., 1838, Moll. des Antilles, t. I, p. 28, n° 6.
A. hians, d'Orb. et Féruss., 1839, Céph. acét., Argonautes, pl. 5.
Idem, d'Orb., 1845, Moll. viv. et foss., pl. 7, f. 17, pl. 2, fig. 6-10. Paléont. étrang., pl. 2, fig. 6-10.

A. testâ, compressâ, albido-fulvâ, radiatim costis inæ-

qualibus ornatâ, carinis remotis, tuberculis crassis utrinque marginatis; operturâ latâ, oblongâ.

Dim. Animal. Longueur total, 55 mill.; long. du corps, 12 mill.; larg. du corps, 14; long. des bras supérieurs, 17 mill.; long. des bras latéraux-supérieurs, 30 mill.; long. des bras latéraux-inférieurs, 28 mill.; long. des bras inférieurs, 28 mill.; long. du tube locomoteur, 7 mill. *Coquille.* Diamètre, 80 mill. Par rapport au diamètre : larg. du dernier tour, $\frac{58}{100}$; épaiss. du dernier tour, $\frac{60}{100}$.

Animal peu volumineux, très-ouvert en dessous. Tête peu longue, ouvertures aquifères, au nombre de deux. Bras courts, dans l'ordre 1, 2, 3, 4, les bras palmés, très-petits, épais. *Couleur,* blanc argenté, tacheté de rouge.

Coquille, renflée, relativement aux autres espèces, ornée latéralement de côtes larges, lisses, rayonnantes, inégales, alternativement une longue et une courte. Carène large, pourvue latéralement de tubercules comprimées, alternes. Bouche large, oblongue.

Rapp. et diff.—L'animal diffère essentiellement de l'*Argonauta argo* par un corps plus arrondi, plus court, et qui correspond en tout à la coquille, beaucoup plus large; par des bras plus courts à proportion que le corps; par la longueur respective de ces mêmes bras.

La *coquille* se distingue par sa forme plus élargie, sa carène infiniment plus large.

Loc. Fossile, dans les terrains subapennins du Piémont, où elle a été découverte par M. Bellardi. Ce fait est d'autant plus curieux que cette espèce n'habite plus aujourd'hui la Méditerranée, car actuellement, elle est de l'océan Atlantique, et du grand Océan dans les régions tropicales.

Je rapporte à cette espèce les *A. hians, nitida, Cranchii, haustrum, raricosta, crassicosta,* des auteurs cités à la synonymie. La dénomination de *hians* étant la plus ancienne, après Linné, je la conserve à l'espèce.

Expl. des fig. Pl. 2, fig. 6. Extrémité grossie de la coquille d'un très-jeune individu, pour montrer qu'elle manque de *Nucleus;* fig. 7, la même vue de profil; fig. 8, carène dorsale pour montrer l'alternance des lignes d'accroissement; fig. 9, coquille fossile du Piémont de grandeur naturelle; fig. 10, la même vue du côté de la bouche.

ARGONAUTA ARGO.

Pl. 1, fig. 1, animal nageant, enveloppant sa coquille avec bras; *a* tube locomoteur; *b* bras palmés; *c* base des bras palmés; *d* bras sessiles non palmés; fig. 2, coquille avec l'animal mort, les bras palmés, montrant les ramifications de leur partie interne; fig. 3, animal entier sorti de sa coquille; fig. 4, partie de la tête et du corps pour montrer *c* et *d*, l'appareil de résistance; *b* ouverture aquifère; fig. 5, une partie interne des bras palmés, montrant *e* les cupules du bord externe; fig. 6, une partie des bras pour montrer la forme des cupules; fig. 7, mandibule inférieure vue de face; fig. 8, la même vue de profil; fig. 9, mandibule supérieure vue de profil. Pl. 7, fig. 1, coquille vue de profil; fig. 2, la même vue en dedans; fig. 3, partie du bord pour montrer les lignes irrégulières d'accroissement; fig. 4, coupe de la coquille, pour montrer *a* et *b* qu'elle se forme autant de parties calcaires externes qu'internes; fig. 5, coupe de la même.

SECOND SOUS-ORDRE.

DECAPODA, Leach.

Genre *Sepia*, Linné; *Decapoda*, Leach, Férus. et d'Orb., Owen; *Décacères*, *Décabrachidées*, Blainville.

Corps généralement allongé, oblong ou cylindrique, souvent dépourvu de bride cervicale. Appareil de résistance, toujours cartilagineux. Nageoires très-développées. Tête moins volumineuse que le corps. Œil libre dans son orbite, pouvant tourner en tous sens dans une cavité orbitaire très-vaste, n'étant fixé que par le nerf optique et par des muscles, sur une petite partie de sa circonférence. Membrane buccale très-développée. Ouvertures aquifères céphaliques nulles; des ouvertures buccales et brachiales. Des bras sessiles au nombre de huit, et deux bras tentaculaires; en tout dix bras. Des crêtes natatoires aux bras. Cupules obliques, pédonculées, pourvues d'un cercle corné. Tube locomoteur presque toujours muni d'une valvule interne. *Coquille interne* occupant le milieu du corps en dessus.

Rapp. et diff. — On n'avait jusqu'à présent, pour caractères distinctifs, que le nombre des bras. J'ai trouvé qu'ils diffèrent encore : par l'allongement du corps, souvent cylindrique; par la non-union de ce corps à la tête dans ses parties extérieures; par l'appareil de résistance toujours cartilagineux; par la tête généralement moins volumineuse que le corps; par les yeux libres dans leurs orbites; par la présence de membranes buccales très-développées; par la présence d'ouvertures aquifères buccales et brachiales; par la présence de bras tentaculaires, les bras étant toujours au nombre de dix; par la présence de crêtes natatoires aux bras; par des cupules pédonculées obliques, le plus souvent d'un cercle corné; par le tube locomoteur presque toujours muni d'une valvule interne; par la présence d'une *coquille* interne médiane.

PREMIÈRE DIVISION. **DECAPODA MYOPSIDÆ**, d'Orbigny.

Yeux sans contact immédiat avec l'eau extérieure, libres dans une cavité orbitaire et recouverts, en dehors, par une continuité du derme qui devient toujours transparente sur une surface ovale longitudinale, égale au diamètre de l'iris.

Une paupière inférieure aux yeux.

1re famille. SEPIDÆ, d'Orbigny.

Animal raccourci, massif. Corps court, ovale ou arrondi, fortement déprimé. Nageoires presque toujours latérales, quelquefois terminales, séparées l'une de l'autre, en arrière, par une échancrure ou un espace libre. Yeux pourvus d'une paupière inférieure. Membrane buccale sans cupules. Crête auriculaire nulle. Bras tentaculaires rétractiles en entier. Cupules presque toujours sur plus de deux rangs aux bras sessiles. Cercle corné des cupules, convexe uniformément sur son pourtour, et rétréci en dessus et en dessous; sans crêtes extérieures. *Tube locomoteur* sans bride supérieure, à sa jonction à la tête. *Coquille* interne, simplement cornée ou remplie, de locules aériennes irrégulières, sans siphon.

Cette famille diffère de celle des *Loligidæ*, par tous les points que je viens d'indiquer comme comparatifs. Elle se distingue des *Spirulidæ*, par le manque de cloisons régulières aux loges aériennes et de siphons. J'y réunis les genres *Cranchia*, *Sepiola*, *Sepioloidea*, *Rossia* et *Sepia*.

V° GENRE. **SEPIA**, Linné. Pl. 12, 13

Σηπία, Aristote, Athénée, etc.; *Sepia*, Pline, Belon, Rondelet, Gesner, Salvianus; genre *Sepia*, Linné, Gmelin, Lamarck, Cuvier; *Belosepia*, Voltz.

Animal raccourci, massif. Corps très-volumineux par rapport au reste, ovale ou oblong; très-charnu, déprimé, arrondi en arrière, tronqué obliquement en avant, pourvu antérieurement, en dessus, d'une forte saillie formée par l'avancement supérieur de la coquille, plus ou moins échancré au milieu, en dessous. Appareil de résistance, formé : sur les côtés, à la base du tube locomoteur, par une fossette cartilagineuse, oblongue, un peu arquée et oblique; arrondie à ses deux extrémités, et bordée, tout autour, par une large partie mince, plus étroite du côté interne; sur la paroi interne correspondante du corps, d'un mamelon oblong, oblique, entouré de dépressions; à la partie cervicale, d'une très-large surface arrondie en avant, bordée, tout autour, de bourrelets, profondément sillonnée sur sa ligne médiane longitudinale; sur la paroi interne supérieure du corps, sous l'osselet, d'une surface correspondante marquée, au milieu, d'une côte élevée. Nageoires étroites bordant le corps latéralement sur toute sa longueur, en laissant entre elles, en arrière, une forte échancrure. Tête très-grosse, plus large que longue, fortement rétrécie en arrière des yeux, sans crête ni plis cervicaux. Yeux latéraux-supérieurs, saillants, entièrement recouverts, à l'extérieur, par une continuité de l'épiderme de la tête, qui devient plus mince et transparente, sur une surface ovale longitudinale, égale au diamètre de l'iris. Une seule paupière inférieure formée par un repli de la peau. Une ouverture lacrymale dans le repli de la paupière, en avant. Membrane buccale, lisse ou papilleuse, divisée, sur les bords, en sept lobes simples, dont les deux inférieurs souvent peu marqués. Bec. Mandibule supérieure à partie rostrale forte, peu aiguë, prolongée en arrière par un capuchon arrondi et saillant; expansion postérieure, longue, à dos arrondi, très-prolongée en arrière. Mandibule inférieure à partie rostrale courte, robuste, non prolongée en arrière, formant, en avant, deux larges ailes minces; expansion postérieure comprimée en carène arrondie, sur le dos, fortement échancrée en arrière. Langue armée de sept lignes de dents cornées, aigues et crochues. Oreille externe, formée d'un très-petit orifice placé en arrière, à la partie inférieure du globe de l'œil, très-rarement d'une crête auriculaire. Ouvertures buccales aquifères au nombre de six : toutes entre la membrane buccale et la base des bras, donnant dans autant de cavités simples.

Bras sessiles peu longs, très-robustes, les supérieurs souvent comprimés; les trois autres paires, surtout les inférieures toujours déprimées; en grosseur, ils vont en croissant des supérieurs aux inférieurs. Ils sont inégaux en longueur, la quatrième la plus longue, puis la troisième ; leur crête natatoire toujours marquée au côté interne de la quatrième paire. Membrane protectrice des cupules généralement très-courte. Cupules plus ou moins sphériques, très-charnues, obliques, portées sur un pédoncule assez long, qui part d'une saillie conique du bras, et alternes sur quatre lignes, le plus souvent égales en grosseur; toutes munies d'un cercle corné oblique, à ouverture peu excentrique, très-convexe en dehors, pourvu, des deux côtés, d'un rétrécissement à bordure lisse en dessous; lisse ou denticulée en dessus. Bras tentaculaires rétractiles en entier, longs, grêles; leur bride placée tout à fait à l'intérieur de la cavité; leur extrémité terminée par une massue large, portant, sur un des côtés, une crête natatoire souvent très-large à son extrémité et une membrane protectrice des cupules. Celle-ci laisse entre elle et le corps du bras plusieurs petites cavités qui pénètrent entre les cupules. Cupules couvrant, en dessus, toute la surface du côté opposé aux membranes. Elles sont obliques, très-inégales en grosseur, et alors, sur cinq ou six lignes alternes, dont les plus grosses sont médianes, et en nombre déterminé, ou d'égale grosseur très-petites, et placées sur au moins dix lignes alternes. Leur cercle corné comme celui des bras sessiles, toujours moins oblique, est denté ou non à son bord supérieur. Membrane de l'ombrelle, nulle entre la quatrième paire de bras, toujours marquée entre les autres. Tube locomoteur, gros, court, entièrement dépourvu de bride à sa jonction à la tête; muni en dedans, d'une très-grande valvule.

Coquille interne aussi longue que le corps, testacée, solide déprimée, ovale ou oblongue, arrondie ou amincie en avant, élargie en arrière, quelquefois pourvue, à cette partie, d'une pointe ou rostre légèrement saillant. Dessus un peu convexe, toujours rugueux. Dessous renflé en avant, concave en arrière composé : tout autour, d'une bordure cornée ou testacée, toujours plus large sur les côtés postérieurs et y formant quelquefois des espèces d'ailes; au milieu, d'un empilement de loges, subtestacées, spongieuses, très-obliques, dont chacune ne couvre pas entièrement celle qui précède, de sorte que, dans leur ensemble, elles montrent, en avant, le dessus de la dernière, et en arrière, les lignes des autres loges successives. Quelquefois un diaphragme postérieur laisse, entre lui et les premières loges, une forte cavité conique. Cette coquille, dépourvue de siphon, est enchâssée sous la peau des parties dorsales de l'animal.

Rapp. et diff.—Le genre *Sepia* se distingue, de suite, par la présence d'une coquille interne ferme, testacée au lieu d'être cartilagineuse, flexible. Avec ce caractère, il diffère encore des sépioteuthes: par sa forme générale, plus courte, plus ramassée; par son appareil de résistance tout à fait différent; par le manque de crête auriculaire; par la présence d'une paupière à l'œil; par le manque de cupules à la membrane buccale; par quatre rangées de cupules, au lieu de deux, à ces mêmes bras; par plus de quatre rangées de cupules aux bras tentaculaires; par le manque de bride supérieure au tube locomoteur. Plus voisines des sépioles et des rossies, elle diffère, des premières par le corps non uni à la tête, et des secondes par l'appareil de résistance, par les nageoires, par les ouvertures lacrymales, placées dans le pli de la paupière; par la longueur respective des bras, par la présence de la membrane protectrice des cupules; enfin, par la coquille testacée qui occupe toute la longueur du corps.

Hab., *mœurs.* De tous les céphalopes décapodes, les seiches sont les plus côtières; elles viennent annuellement sur les côtes par grandes troupes, et disparaissent, à la saison froide. Elles nagent à reculons, au moyen du refoulement de l'eau par le tube locomoteur. Elles possèdent plus que les autres espèces de céphalopodes de ce noir nommé *Sepia*. Les seiches déposent leurs œufs sur les varechs, et se nourrissent de mollusques et de poissons. On les mange presque partout.

Connues de Grecs sous le nom de *Sepia*, les seiches sont aussi mentionnées par Pline. Au moyen âge, Belon, Gesner, etc., reproduisirent toutes les descriptions d'Aristote. Linné réunit tous les céphalopodes sans coquille sous le nom générique de *Sepia*, que Lamarck divise, en 1799, en conservant plus particulièrement cette dernière dénomination aux espèces pourvues d'un osselet interne testacé, tandis qu'il forme du *Sepia octopodia*, le genre *Octopus*, et du *Sepia loligo*, le genre *Loligo*. En 1827[1], M. de Blainville ne connaissait que *quatre especes*. Aujourd'hui, 1845, j'en décris 31.

Espèces de l'étage oxfordien supérieur.

N° 1. **SEPIA HASTIFORMIS**, Ruppell. Pl. 5, fig. 4, 6.

Knorr Samml., I, t. XXII, fig. 2?

Sepia hastiformis, Ruppell, 1829, Abbildung und Beschr., p. 9.

Idem, Keferstein, 1834, Die nat., t. II, p. 551, n° 4.

Idem, Leonh. et Brown, 1830, Taschenb, p. 404.

Idem, Munster, 1836, Taschenb, p. 250, 324.

Idem, d'Orbigny et Fér., 1839, Céphal. acét., Seiches, pl. 16, fig. 1, 2.

Idem, d'Orb., 1845, Pal. étrang., pl. 5, fig. 4-6.

S. testâ elongatâ, depressâ, hastæformi, lineis tuberculatis ornatâ (tuberculis magnis), anticè attenuatâ, posticè dilatatâ, lateribus alatâ, obtusâ.

Dim. Longueur de la coquille, 235 mill. Par rapport à la

longueur : largeur, $\frac{56}{100}$; longueur des ailes latérales, $\frac{47}{100}$

Coquille oblongue, acuminée en avant, de là augmentant de diamètre jusqu'à un peu plus de la moitié, où commence, de chaque côté, un élargissement aliforme, qui va en diminuant de largeur, jusqu'à l'extrémité très-obtuse, représentant un fer de flèche fortement émoussé. La partie supérieure est couverte, sur une bande médiane conique, qui part de l'extrémité inférieure, de lignes d'accroissement arquées, dont la convexité est antérieure, formées par de petits tubercules arrondis. Les ailes et les côtés paraissent presque lisses.

Rapp. et diff. —Quant à la forme et à la disposition générale, je trouve une identité complète entre la *S. hastiformis* et la *S. antiqua* Munster; je n'aurais même pas balancé à les réunir, si M. le comte Munster n'avait trouvé le caractère distinctif qui paraît constant, d'avoir les granulations verruqueuses du milieu de la coquille quatre fois aussi grosses que celles qu'on remarque sur des échantillons beaucoup plus grands de la *S. antiqua.*

Loc. Dans les calcaires lithographiques de l'étage oxfordien supérieur de Solenhofen, Bavière. (M. le comte Munster.)

Expl. des fig. Pl. 6, fig. 4. Coquille réduite vue en dessus; fig. 5, une autre exemplaire montrant l'empreinte du bec; fig. 6, un morceau de test de grandeur naturelle.

N° 2. **SEPIA ANTIQUA**, Munster. Pl. 6, fig. 1–3.

Sepia antiqua, Munster, 1837, Taschenb., p. 252.
Idem, d'Orb. et Fér., 1839, Céphal. acét., Seiches, pl. 14, f. 1, 2.
Idem, d'Orb., 1845, Paléont. étrang., pl. 6, fig. 1-3.

S. testâ depressâ, lineis tuberculatis transversìm ornatâ (tuberculis minimis); anticè attenuatâ, posticè dilatatâ, alatâ, acuminatâ.

Dim. Longueur de la coquille, 370 mill. Par rapport à la longueur : largeur, $\frac{55}{100}$; longueur des ailes, $\frac{45}{100}$.

Coquille allongée, acuminée et obtuse en avant, très-élargie à la naissance des expansions latérales, et de là diminuant en cône émoussé à son extrémité. La partie supérieure médiane est couverte de lignes arquées, dont la convexité est antérieure, formées de très-petites granulations peu visibles à l'œil nu. Les ailes paraissent avoir été lisses et testacées, ainsi que les deux côtés. La partie granuleuse est circonscrite, latéralement, par une légère dépression et représente un cône. L'apparence de cette coquille est vernissée ou vitreuse, comme de la colle de Flandre; très-mince sur les côtés, très-épaisse au milieu.

Rapp. et diff. — Comparée aux seiches vivantes, cette espèce n'offre réellement aucune analogie de forme, toutes celles-ci manquant de l'expansion aliforme de sa base. C'est un type bien distinct. Elle se distingue du *S. hastiformis* par une granulation infiniment plus fine aux stries arquées supérieures.

Loc. Dans les calcaires lithographiques de l'étage oxfordien supérieur à Solenhofen, Bavière. (M. le comte Munster.)

Expl. des fig. Pl. 6, fig. 1, coquille réduite, vue en dessus; fig. 2, un autre exemplaire; fig. 3, morceau de test de grandeur naturelle.

N° 3. **SEPIA CAUDATA**, Munster. Pl 5, fig. 1-3.

Sepia caudata, Munster, 1837, Taschenb, p. 252.
Idem, d'Orb., 1839, Céphal. acét., Seiches, pl. 15, fig. 1, 2.
Idem, d'Orb., 1845, Paléont. étrang., pl. 5, fig. 1, 3.

S. testâ elongatâ, lineis tuberculatis transversìm ornatâ (tuberculis magnis); anticè attenuatâ productâ, posticè dilatatâ, alatâ.

Dim. Longueur de la coquille, 460 mill. Par rapport à la longueur, $\frac{58}{100}$; longueur des ailes postérieures, $\frac{42}{100}$.

Coquille très-allongée, acuminée et très-étroite en avant, augmentant de largeur jusqu'à la naissance des ailes. Celles-ci, larges, se rétrécissent rapidement et paraissent ensuite se terminer en arrière en une partie aiguë, en queue obtuse. La partie antérieure, en dessus, est lisse; des granulations éparses commencent bientôt et paraissent former au milieu des lignes irrégulières arquées, dont la convexité est antérieure. Les côtés sont lisses et marqués de quelques lignes longitudinales irrégulières.

Rapp. et diff. — Cette espèce offre les mêmes caractères que les *S. hastata* et *antiqua* ; de même, elle est pourvue d'ailes postérieures. M. de Munster la considère comme une espèce distincte, en raison du plus d'amincissement de sa partie antérieure, de l'espèce de queue que montre sa partie inférieure ; mais le premier caractère tient évidemment à l'âge, et j'ai remarqué que sur toutes les coquilles des espèces vivantes, la partie antérieure devient d'autant plus allongée, par rapport au reste, que l'animal est plus vieux ; quant au second caractère, on pourrait craindre que cette queue ne fût formée que par suite d'une mutilation des parties latérales. Je pense donc, en dernière analyse, que la *S. caudata* n'est qu'un individu adulte de la *S. hastiformis*.

Loc. Dans les calcaires lithographiques de l'étage oxfordien supérieur de Solenhofen, Bavière. (Comte Munster.)

Expl. des fig. Pl. 5, fig. 1, coquille réduite, vue en dessus, montrant quelques vertiges de test ; fig. 2, test de grandeur naturelle; fig. 3, portion antérieure du test de grandeur naturelle.

N° 4. **SEPIA LINGUATA**, Munster. Pl. 6, fig. 4–6.

Sepia linguata, Munster, 1837, Taschenb. ; p. 252.
S. obscura, Munster, 1837, Taschenb., p. 252.
S. regularis, Munster, 1837, Taschenb., p. 252.
S. gracilis, Munster, 1837, Taschenb., p. 252.
S. linguata, d'Orb., 1839, Céph. ac., pl. 14, fig. 3 ; pl. 15, fig. 4, 5 ; pl. 16, fig. 5.
Idem, d'Orb., Paléont. étrang., pl. 6, fig. 4-6.

S. testâ ovato-oblongâ, linei sarcuatis, tuberculatis ornatâ, anticè posticèque acuminatis.

Dim. Longueur de la coquille, 130 mill. Par rapport à la largeur, $\frac{25}{100}$.

Coquille allongée, arrondie en avant, allant, de là, en augmentant de largeur, jusqu'aux deux tiers de la longueur, puis diminuant ensuite graduellement jusqu'à l'extrémité, terminée en pointe plus ou moins émoussée ; sans ailes latérales. La partie supérieure est lisse sur les côtés ; mais la ligne médiane, sur une surface conique marqué d'une dépression, est ornée de lignes arquées, dont la convexité est supérieure, composée de granulations irrégulières.

Rapp. et diff. — La description qui précède s'accorde parfaitement avec les quatre espèces du comte Munster, que je réunis sous le nom de *S. linguata*, et je crois, de plus, que ces individus ne sont que des exemplaires de la *S. hastiformis*, dont les ailes ont été usées avant la fossilisation. J'ai souvent rencontré, sur les côtes, des coquilles de seiches dont les lames latérales avaient été ainsi enlevées par le frottement; et alors elles ressemblaient en tout à la *S. linguata*.

Loc. A Eichstadt et à Solenhofen (Bavière), dans le calcaire lithographique de l'étage oxfordien supérieur.

Expl. des fig. Pl. 6, fig. 4, coquille de grandeur naturelle; fig. 5, un autre individu ; fig. 6, un troisième exemplaire.

N° 5. **SEPIA VENUSTA**, Munster. Pl. 5, fig. 7.

Sepiolithes venustus, Munster, mss.
Sepia venusta, Münster, 1837, Taschenb., p. 252.
Idem, d'Orb. et Fér, 1839, Céphal. acét., pl. 15, fig. 6.
Idem, d'Orb., 1845, Paléont. étrang., pl. 5, fig. 7.

S. testâ ovato-compressâ transversìm striatâ, anticè subangulatâ, posticè trilobatâ, subalatâ.

Dim. Longueur totale, 24 mill. par rapport à la longueur : largeur, $\frac{65}{100}$.

Coquille ovale, lisse, acuminée en avant, arrondie et très-obtuse en arrière. On aperçoit deux expansions aliformes, une de chaque côté, qui commencent en avant, vont sur une largeur à peu près égale, jusqu'en arrière, où elles forment comme deux lobes. Le milieu montre des indices de loges arquées, dont la convexité est en avant.

Rapp. et diff. — M. le comte Munster a cru d'abord trouver assez de caractères différentiels dans ce fossile, pour le désigner sous le nom de *Sepiolites venustus*, mais, plus tard, d'après moi, il le rapporta au genre *Sepia*. C'est jusqu'à présent une espèce anomale de forme.

Loc. Dans les calcaires lithographiques de l'étage Oxfordien supérieur à Solenhofen (Bavière), par M. le comte Munster.

Expl. des fig. Pl. 5, fig. 7, coquille de grandeur naturelle.

Espèces du terrain tertiaire parisien.

N° 6. **SEPIA SEPIOIDEA**, d'Orbigny. Pl. 7, fig. 4-11.

Guettard, Mém., pl. 2, fig. 30.
Os de Seiche, Cuvier, 1824, Ann. des Sc. nat., t. II, pl. 22, fig. 1, 2, p. 482.
Beloptera sepioidea, Blainv., 1825, Malac. add. et correct., p. 621, t. VII.
Sepia Cuvieri, d'Orb., 1825, Tableau méthod. de la classe des Céph., p. 67.
Beloptera sepioidea, Blainv., 1827, Mém. sur les Bélemnites, p. 110, pl. 1, fig. 2.
Belosepia Cuvieri, Voltz, 1830, Jahrb., p. 410.
Idem, d'Orb., 1842, An. des Sc. nat., t. XVII, pl. 11, f. 11-13.
Sepia Cuvieri, Galeotti, 1837, Mém. sur la const. géog. du Brab., p. 140, n° 1.
Idem, Deshayes, 1837, Foss. des env. de Paris, p. 758, pl. 101, fig. 7, 8, 9.
S. longispina, Deshayes, 1837, loc. cit., p. 757, pl. 101, fig. 4, 5, 6.
S. longirostris, Deshayes, 1837. loc. cit., p. 758, pl. 101, fig. 10, 11, 12.
S. Blainvillii, Deshayes, 1837, loc. cit., p. 758, pl. 101, fig. 13, 14, 15.
S. sepioidea, d'Orb. et Fér., 1839, Céphal. acét.; Seiches, pl. 3, fig. 5, pl. 14, fig. 4-12; pl. 16, fig. 7-9.
Idem, d'Orb., 1845, Paléont. franç., Terr. tert., pl. 1, fig. 4-11.

S. testâ crassâ, posticè angustatâ; rostro elongato crasso, acuto, laminâ inferiore crassâ, reflexâ, profundè radiatâ, in margine denticulatâ; callo superiore profundè rugoso.

Dim. Longueur de la partie rostrale connue, 45 mill.

Coquille. On ne connaît que l'extrémité postérieure de cette coquille, qui paraît avoir été allongée; elle montre en dessus une partie élevée, un peu anguleuse en arrière, s'élargissant en avant, couverte de très-fortes rugosités; à l'extrémité, est un rostre assez allongé, gros, comprimé, aigu, droit ou plus ou moins oblique en haut, comprimé et presque tranchant, en dessus, séparé de la partie élevée par une dépression très-marquée. En dessous, sur les bords sont des lames épaisses, plus larges en arrière que sur les côtés, arrondies en arrière, qui se replient sans s'appuyer sur le rostre. Ces lames ont des côtes rayonnantes, et sont régulièrement denticulées sur leurs bords. Il paraît y avoir eu un léger diaphragme entre le bord intérieur des lames et la cavité loculaire; celle-ci, assez profonde, est marquée en dessous de lignes d'accroissement qu'on pourrait prendre pour les lignes des locules, tandis que celles-ci n'occupent réellement que la moitié de la cavité. On ne trouve pas de locules en place; elles ont été détruites par la fossilisation.

Rapp. et diff. — Cette espèce diffère essentiellement de toutes les espèces vivantes par ses lames inférieures s'avançant en arrière sur le rostre et le recouvrant sans s'y appliquer. Elle diffère encore par la saillie très-prononcée de sa partie postérieure, ainsi que par la forme de son rostre.

Loc. Elle est propre aux calcaires grossiers inférieur et supérieur du terrain tertiaire du bassin de Paris. Dans le calcaire grossier inférieur, à Chaumont (en bas), au Vivray (M. Graves), à Saint-Germain. Dans le calcaire grossier supérieur, à Chaumont (en haut), à Grignon, à Courtagnon, à Parmes, à Muchi-le-Châtel, etc. Dans les couches sablonneuses supérieures, à Valmondois, à Tancrou, à Aumont, à Acy, etc.

Hist. Je réunis dans une seule espèce les *S. Cuvieri*, *longispina*, *longirostris* et *Blainvillei* de M. Deshayes, qui, tout en étant identiques dans leurs formes, ont le rostre variable. Comme j'ai reconnu que cette dernière partie varie considérablement de forme, suivant l'âge des individus; je ne balance pas à croire que ce ne sont que des modifications de ce genre et des altérations déterminées par la fossilisation.

Expl. des fig. Pl. 7, fig. 4, coquille en partie roulée, vue de profil ; fig. 5, le même, vu en dessous ; fig. 6, le même, vu en dessus ; fig. 7, un jeune individu, vu de profil ; fig. 8, variété à rostre court ; fig. 9, variété à rostre long ; fig. 10, extrémité d'une coquille, vue en dessous ; fig. 11, la même, vue en dessus.

N° 7. **SEPIA COMPRESSA,** d'Orbigny. Pl. 7, fig. 1-3.

Beloptera compressa, Blainv., 1837, Mém. sur les Bélemn., p. 110, pl. 4, fig. 10.
Sepia Defrancii, Deshayes, 1837, Foss. des env. de Paris, p. 759, pl. 101; fig. 1-3.
Sepia compressa, d'Orb. et Fér., 1839, Céphal. acét. Seiches, pl. 16, fig. 4-6.
Idem, d'Orb., 1845, Paléont. franç., Terr. tert., pl. 1, fig. 1-3.

S. extremitate posticali lateraliter compressissimâ; rostro crasso, recurvo, acuto-terminato; laminv inferiore brevi, callo inferiore, angusto proeminente; cavitate angustâ, profundâ, arcuatim striatâ.

Dim. Longueur, 46 mill.

On ne connaît, de cette espèce, que des portions de rostres très-usés, allongés, très-comprimés latéralement; le rostre terminal fortement arqué, gros et pointu. La lame inférieure est ovale-oblongue, légèrement saillante à son extrémité postérieure, de manière à couvrir, de ce côté, la base du rostre. Au côté opposé, correspondant à la face dorsale, on remarque une callosité rugueuse, allongée, saillant en talon au dessus de la base du rostre. A l'extrémité antérieure de ce corps; on remarque une cavité assez profonde, dans le fond de laquelle on voit des stries transverses, annonçant l'insertion des premières loges aériennes.

Loc. De l'étage tertiaire parisien, dans les couches sableuses supérieures, au calcaire grossier à Valmondois, et à Valognes (Manche).

Hist. Je reviens au nom spécifique le plus ancien de *compressa*.

Expl. des fig. Pl. 7, fig. 1, partie de la coquille, vue de profil; fig. 2, la même, vue en dessous; la même, vue en dessus.

SEPIA OFFICINALIS, Linné.

Expl. des fig. Pl. 3, fig. 1, animal réduit; fig. 2, partie convexe de l'intérieur du corps à l'appareil de résistance; fig. 3, partie concave de l'appareil à la base de la tête; fig. 4, cercle corné des cupules des bras sessiles; fig. 5, cercle corné des cupules des bras tentaculaires. Pl. 4, fig. 13, coquille d'un jeune embryon, fortement grossie; fig. 14, la même, vue en dessus, montrant les loges aériennes; fig. 15, coupe transversale des loges aériennes grossies; fig. 16, coupe longitudinale des loges aériennes grossies.

SEPIA ORBIGNYANA, Féruss.

Pl. 4, fig. 3, coquille de grandeur naturelle, vue en dessous; fig. 4, la même vue de profil.

SEPIA ORNATA, Rang.

Pl. 3, fig. 12, extrémité d'un bras tentaculaire Pl. 4, fig. 1, coquille de grandeur naturelle, vue en dessous; fig. 3, le même, vu de profil.

SEPIA TUBERCULATA, Lamarck.

Pl. 3, fig. 11, Bras tentaculaire vu en dessus.

SEPIA ELEGANS, d'Orb.

Pl. 3, fig. 6, intérieur des bras sessiles, pour montrer la forme des séries de cupules; fig. 7, extrémité d'un bras tentaculaire grossi; fig. 8, partie de la tête pour montrer, *a* l'oreille, *b* orifice de l'ouverture lacrymale, *c* l'œil.

SEPIA ELONGANTA, d'Orb.

Expl. des fig. Pl. 4, fig. 7, coquille vue en dessus; fig. 8, la même vue en dessous; fig. 9, profil; fig. 10, coupe transversale.

SEPIA ROSTRATA, d'Orb.

Expl. des fig. Pl. 4, fig. 11, osselet coupé en deux pour montrer la disposition des loges aériennes; fig. 12, rostre grossi et usé, pour montrer les lignes d'accroissement identiques à celles des bélemnites.

SEPIA INERMIS, Hasselt.

Expl. des fig. Pl. 3, fig. 9, cercle corné grossi, des cupules des bras sessiles, vu de face; fig. 10, le même vu de profil.

SEPIA LEFEBREI, d'Orb.

Pl. 4, fig. 5, coquille réduite; fig. 6, coupe de la même.

Espèces fossiles décrites par les auteurs qui n'appartiennent pas au genre *Sepia*.

Gaillardoti, Keferstein, 1834. V. *Conchorhychus Gaillardoti*, d'Orb.

Gigantea, Keferstein, 1834. V. *Nautilus giganteus*, d'Orb.

Hirundo, Keferstein, 1834. V. *Nautilus*.

Larus, Keferstein, 1834. V. *Rynchoteuthis larus*, d'Orb.

Orbignyi, Keferst., 1834. V. *Rhynchoteuthis larus*, d'Orb.

Parisiensis, d'Orb., 1825. V. *Beloptera belemnitoidea*, Blainv.

Rostrum, Hisinger, 1837. V. *Pollicipes*.

Distribution géologique et géographique des espèces du genre *Sepia*.

On connaît jusqu'à présent *sept espèces* fossiles, et *vingt-quatre espèces* vivantes.

Soit que les coquilles n'aient pas pu se conserver dans les couches terrestres, soit qu'il n'en ait pas existé, on n'a pas encore reconnu de seiches dans les étages géologiques : silurien, dévonien, carbonifère et triasique. On n'en connaît pas non plus dans le lias, ni dans les étages bathonien, de la grande Oolite, ni même dans les couches oxfordiennes inférieures et moyennes de la formation jurassique. Ces animaux n'ont encore été rencontrés que dans les couches oxfordiennes supérieures. Là on trouve, en Bavière, les espèces suivantes :

S. Hastiformis, Ruppel. S. linguata, Munster.
Antiqua, Munster. S. venusta, Munster.
Caudata, Munster.

qui sont caractérisées par leurs expansions aliformes, bien plus marquées que chez les espèces vivantes.

Les seiches semblent ensuite anéanties pendant la durée des étages jurassiques kimmérigdien et portlandien, et des étages crétacés néocomien, aptien, albien, turonien et sénonien. Elles reparaissent avec les couches inférieures des terrains tertiaires qui, dans le bassin parisien, montrent les *Sepia sepioidea* et *compressa*, mais ces seiches, qui n'ont plus la forme des espèces des terrains jurassiques, sont principalement distinguées par la présence d'un énorme rostre inconnu dans les espèces plus anciennes. Bien que ce rostre ne soit pas aussi gros, il existe pourtant chez quelques-unes des *Sepia* actuellement vivantes. Ainsi, parmi les espèces fossiles, il y aurait eu deux types distincts, propres chacun à son époque géogique, et le dernier aurait plus de rapport avec les espèces vivantes que le premier.

Les *vingt-quatre espèces* de seiches actuellement vivantes, distribuées suivant les mers auxquelles elles appartiennent, donnent :

A l'Océan Atlantique, espèces spéciales, 8; espèces communes à la Méditerranée, 2. Total........ 10

A la Méditerranée, espèces spéciales, 2; espèces communes à l'Océan Atlantique, 2. Total.......... 4

A la mer Rouge, espèces spéciales, 4; espèces communes avec le grand Océan, 1. Total.......... 5

Au grand Océan, espèces spéciales, 7; espèces communes à la mer Rouge, 1. Total................ 8

En résumé, les espèces spéciales à des mers distinctes seraient au nombre de 21, tandis que les espèces communes encore aux mers les plus voisines et communiquant entre elles, ne s'élèvent qu'à 3. Il en résulte que les seiches appartiennent bien certainement à des mers déterminées, où elles sont cantonnées chacune dans sa région propre, plus ou moins étendue.

Ces espèces, par le lieu où elles ont été rencontrées, sont toutes côtières. Une seule, le *Sepia officinalis*, s'approche des régions froides. Peu de seiches vivent dans les régions tempérées, tandis que le plus grand nombre sont des régions chaudes tropicales des océans qu'elles habitent.

Table alphabétique de toutes les espèces fossiles réelles ou nominales du genre Sepia.

2e famille. SPIRULIDÆ, d'Orbigny.

Animal raccourci ; corps oblong.

Coquille interne testacée, enveloppée ou non d'un rostre calcaire, formée de loges aériennes traversées par un siphon ; la dernière terminale et ne pouvant jamais loger l'animal.

Cette famille diffère des *Sépidées*, par ses loges aériennes régulières percées d'un siphon. J'y réunis les genres *Beloptera*, *Spirulirostra* et *Spirula*.

Ier GENRE. BELOPTERA, Deshayes. Pl. 8.

Animal? Coquille testacée allongée, cylindrique en avant, quelquefois ailée sur les côtés, terminée par un rostre obtus en arrière. La partie cylindrique antérieure est creusée d'une cavité conique, où sont empilées des loges aériennes simples, transverses, séparées par des cloisons droites, percées d'un siphon.

Rapp. et diff.—Ce genre se rapproche, par son rostre testacé terminal, des *Spirulirostra*, tout en s'en distinguant par ses loges non spirales. Une espèce montre encore, par son rostre et par ses ailes latérales, du rapport avec la coquille des *Sepia*, mais s'en distingue par ses loges aériennes régulières.

Hist. M. Deshayes appliqua le premier ce nom dans sa collection en formant un nouveau genre. M. de Blainville le publia en 1825, mais il y joignit, à tort, des rostres qui appartiennent évidemment au genre *Sepia*.

On ne connaît pas encore de *Beloptera* vivants; toutes les espèces sont fossiles et propres aux terrains tertiaires inférieurs.

Espèces du terrain tertiaire parisien.

N° 1. **BELOPTERA LEVESQUEI**, d'Orbigny. Pl. 8, f. 5-7.

Beloptera Levesquei, d'Orb. et Féruss., 1839, Céphal. acét. Seiches, pl. 20, fig. 10-12.

Idem, d'Orb., 1845, Moll. viv. et foss., p. 307, pl. 14, fig. 10-12. Paléont. franç., Ter. tert. pl. 2, fig. 5-7.

B. testâ oblongo-elongatâ, arcuatâ, subtùs unicostatâ lateribus depressâ; anticè cylindrico-angustatâ; posticè rostratâ; rostro obtuso, striato.

Dim. Longueur, 35 mill., largeur, 9 mill.

Coquille très-allongée, arquée, presque cylindrique, sans expansions latérales, convexe en dessus, pourvue d'une forte côte en dessous, avec les deux côtés un peu excavés; sa partie antérieure est légèrement anguleuse; la postérieure est terminée par un rostre très-gros, très-obtus, fortement strié en long et comme feuilleté. Les loges paraissent avoir été transverses.

Rapp. et diff. — Cette espèce se distingue facilement des *B. belemnitoidea* par le manque d'expansions aliformes. Plus voisine par ce dernier caractère du *B. anomala,* elle s'en distingue encore par sa côte inférieure.

Loc. et gissem. Dans le terrain tertiaire inférieur du bassin parisien ; c'est-à-dire au-dessous de la couche verte à nummulites, dans le sable de Thury-sous-Clermont, de Gilocourt, et de Cuise-Lamotte (Oise). MM. Lévesque et Graves.

Expl. des fig. Pl. 8, fig. 5, coquille de grandeur naturelle, vue en dessous ; fig. 6, la même, vue en dessus ; fig. 7, la même, vue de profil.

N° 2. **BELOPTERA BELEMNITOIDEA**, Blainville. Pl. 8, fig. 1-4.

Dent de poisson? Guettard, Mém. div. sur les Sc., t. V, pl. 2, fig. 11, 12.
Beloptera belemnitoidea, Blainv., 1825, Malacol. supp., p. 621, pl. 11, fig. 8.
Sepia parisiensis, d'Orb. et Féruss., 1825, Tabl. méth. des Céph., p. 67, Ann. des Sc. nat., t. VII, p. 157.
Idem, d'Orb., 1826, Planch. de Seiches, pl. 3, fig. 7, 8, 9.
Beloptera belemnitoidea, Blainv., 1827, Mém. sur les Bélemn., p. III, pl. fig. 3.
Idem, Deshayes, 1830, Encycl. méth., t. II, p. 135.
Idem, Deshayes, 1837, Fossiles des env. de Paris, p. 762, pl. *c*, fig. 4, 5, 6.
Idem, Sow, Miner. Conch., pl. 591, fig. 3.
Idem, Bronn, 1830, Jahrb., p. 410, 465.
Idem, Keferstein, 1834, Die. nat., p. 430, n° 2.
Idem, d'Orb. et Féruss., 1839, Céphal. acét. Seiches, pl. 3, fig. 7, 9; pl. 24, fig. 11, 12.
Idem, d'Orb., 1845, Moll. viv. et foss., p. 308, pl. 14, fig. 1-4.
Idem, d'Orb., 1845, Paléont. franç., Ter. tert., pl. 2, fig. 1-4.

B. testâ ovato-oblongâ, suprà convexâ, subtus concavâ; longitudinaliter recurvâ; rostro dilatato, obtuso, striato, lateralibus alato.

Dim. Longueur des grands individus, 50 mill. ; largeur, 20 mill.

Coquille déprimée, légèrement arquée, oblongue, convexe et rugueuse en dessus, et marquée de petites dépressions latérales ramifiées ; sur la ligne médiane postérieure sont des stries longitudinales qui se continuent sur le rostre; celui-ci très-gros, très-obtus, est séparé de l'aile latérale par une échancrure profonde. Dessous légèrement concave de chaque côté et pourvu d'expansions aliformes demi-circulaires. Prolongement loculaire arrondi en dessus, pourvu d'un méplat en dessous, se prolongeant libre des ailes, un peu en avant de celles-ci; les loges sont transverses, et comme infléchies supérieurement.

Loc. Terrain tertiaire du bassin parisien, dans le calcaire grossier inférieur, contenant la couche verte nummulitique, au Vivrais, à Grypseuil, à Pouchon (Oise), (M. Graves et moi); dans le calcaire grossier moyen, à Grignon, à Parmes, à Mouchy-le-Châtel. On le trouve encore dans les couches nummulitiques de Biaritz (Basses-Pyrénées). (MM. Thorent et Pratt.)

Expl. des fig. Pl. 8, fig. 1, coquille de grandeur naturelle, vue en dessous; fig. 2, la même, vue en dessus; fig. 3, la même, vue de profil; fig. 4, coupe longitudinale.

N° 3. **BELOPTERA ANOMALA**, Sowerby. Pl. 8, f. 8-10.

Beloptera anomala, Sow., 1828, Min. Conch., t. VI, p. 184, pl. 591, fig. 2.
Idem, Keferstein, 1834, Die nat., p. 430, n° 1.
Idem, d'Orb. et Féruss., 1839, Mon. des Céph. acét. Seiches, pl. 20, fig. 13-15.
Idem, Morris, 1843, Catal. of Brit. Foss., p. 178.
Idem, d'Orb., 1845, Moll. viv. et foss.. p. 309, pl. 14, fig. 8-10.

B. testâ oblongo-elongatâ, depressâ, arcuatâ, subtùs convexâ, anticè cylindricâ, posticè obtusâ.

Dim. Longueur, 14 mill.; largeur, 6 mill.

Coquille très-allongée, déprimée, arquée, presque cylindrique, et sans expansions aliformes, convexe en dessus et en dessous, élargie antérieurement, un peu amincie en arrière, sans rostre distinct de l'encroûtement général. Les loges sont transverses, droites, apparentes en dessous.

Rapp. et diff.—Voisine par son manque d'ailes du *B. Levesquei*, cette espèce paraît s'en distinguer par le manque de côte inférieure et de rostre distinct, ainsi que par ses loges aériennes, apparentes en dessous.

Loc. Elle est propre au terrain tertiaire inférieur, et a été rencontrée dans l'argile de Londres, à Highgate, et à Middlesex (Londres).

Expl. des fig. Pl. 8, fig. 8, coquille de grandeur naturelle, vue de profil; fig. 9, la même, vue en dessous; fig. 10, la même grossie, vue de trois quarts.

Espèces citées ou décrites par les auteurs, mais qui n'appartiennent pas au genre *Beloptera*.

Compressa, Blainville, 1827. Voy. *Sepia compressa*, d'Orb.
Cuvieri, Voltz. V. *Sepia sepioidea*, d'Orb.
Longirostrum, Morris, 1843. V. *Sepia sepioidea*, d'Orb.
Sepioidea, Blainv., 1827. V. *Sepia sepioidea*.

Résumé sur les espèces de Beloptera.

On a décrit ou mentionné jusqu'à présent, dans le genre *Beloptera*, huit noms, sur lesquels quatre n'appartenant pas au genre *Sepia*, et un n'étant que la synonymie des autres; il n'en reste que trois espèces bien caractérisées.

Ces trois espèces sont fossiles, et appartiennent aux terrains tertiaires inférieurs. Le *B. levesquei*, aux sables inférieurs à la couche nummulitique, dans le bassin parisien; le *B. anomala*, à l'argile de Londres; le *B. belemnitoidea*, au calcaire grossier parisien, dans la couche inférieure verte à nummulites, et dans les couches moyennes. On la trouve encore à Biaritz, dans le bassin pyrénéen, au sein de la même couche nummulitique.

Table alphabétique de toutes les espèces réelles ou nominales du genre Beloptera.

IIe GENRE. **SPIRULIROSTRA**, d'Orbigny. Pl. 9.

Animal inconnu.

Coquille raccourcie, presque entièrement formée d'un énorme rostre terminal, pourvu en avant de légères expansions latérales, et contenant, dans son intérieur, une coquille multiloculaire spirale, composée de tours disjoints, formée d'un ensemble cylindrique divisé par des cloisons et percé, au côté interne, d'un siphon continu. Le rostre ne paraît pas avoir d'autres fonctions que de protéger la coquille; en effet, il l'enveloppe en avant et en arrière; dans la partie la plus exposée au choc, il présente une énorme pointe conique légèrement relevée. Ce rostre est composé, comme l'osselet des Bélemnites, de couches concentriques, des parties externes au centre, et ces couches montrent également, sur leur cassure, des fibres rayonnantes du centre à la circonférence.

La coquille commence par une loge aérienne ronde, sur laquelle viennent successivement s'empiler d'autres loges rondes, percées d'un siphon continu sur le côté médian interne. Cette coquille est logée dans le rostre, de manière à ce que le commencement de la spire corresponde à la saillie inférieure, tandis que le prolongement antérieur de la coquille s'étend en avant avec le prolongement.

Si l'on veut, en suivant les lignes d'accroissement du rostre, s'assurer de la forme de l'ensemble à tous les âges, il sera facile de reconnaître que la coquille, dans sa jeunesse, n'avait qu'un simple encroûtement extérieur, mais non un rostre; que celui-ci, d'abord très-obtus, n'a commencé à se montrer que plus tard, et qu'il a toujours augmenté progressivement de longueur, jusqu'à la dernière période connue; ainsi, la forme de l'ensemble, suivant l'âge, aurait subi de très-grandes modifications.

Rapp. et diff. — Par son rostre testacé, épais, ce genre se rapproche beaucoup des Seiches, dont il a, jusqu'à un certain point, l'aspect. Le rostre terminal, en effet, est de même indépendant des loges inférieures ; de même il est concave en dessous, à sa partie antérieure. Par sa coquille cloisonnée spirale, ce genre ressemble à la Spirule, puisque la coquille en est également cylindrique, composée de tours disjoints, et percée d'un siphon à sa partie inférieure. Le Spirulirostre a donc la plus grande analogie avec ces deux genres, en présentant le rostre de la Seiche et la coquille de la Spirule. Le Spirulirostre diffère néanmoins des Seiches par son osselet comprimé, au lieu d'être déprimé, par la présence d'une coquille cloisonnée spirale et percée d'un siphon, au lieu de loges spongieuses. Il diffère de la Spirule par son rostre terminal, enveloppant la coquille, cette partie étant tout à fait libre chez la Spirule.

On n'en connaît encore qu'une espèce fossile, découverte par M. Bellardi, dans les terrains tertiaires subapennins du Piémont.

SPIRULIROSTRA BELLARDII, d'Orbigny. Pl. 9.

Spirulirostra bellardii, d'Orb., 1842, Ann. des Sc. nat., t. XVII, p. 362, pl. 11, fig. 16.

Idem, d'Orb., 1845, Moll. viv. et foss., p. 312, pl. 15, et Paléont. étr., pl. 7.

S. testâ elongatâ, anticè dilatatâ, alatâ, subtùs concavâ, postice rostratâ; rostro elongato, acuto.

Dim. Longueur, 21 mill.; largeur, 9 mill.

Coquille raccourcie, formée d'un rostre très-gros, légèrement comprimé sur les côtés, arrondi et convexe en dessus, conique, très-aigu et légèrement relevé en arrière ; pourvu en dessous, à la partie antérieure, d'une fossette prolongée, bordée latéralement d'expansions épaisses peu larges. En arrière de la fossette, il y a une forte saillie inférieure pourvue de rugosités. Ensemble des loges aériennes cylindrique, courbé en spirale, mais n'atteignant que les deux tiers d'une révolution spirale.

Loc. Dans les terrains tertiaires moyens des couches subapennines du second étage, près de Turin.

Expl. des fig. Pl. 9, fig. 1, coquille grossie, vue en dessous; fig. 2, la même, vue en dessus; fig. 3, la même, vue de profil; fig. 4, la même, coupée longitudinalement pour montrer la forme des loges aériennes et de l'accroissement du rostre qui l'enveloppe; fig. 5, la même, vue de face en avant; fig. 6, coquille de grandeur naturelle.

3e famille. LOLIGIDÆ, d'Orbigny.

Forme générale, allongée; corps long, subcylindrique; yeux dépourvus de paupières. Membrane buccale, le plus souvent armée de cupules; une forte crête auriculaire transversale sur le cou. Cupules seulement sur deux rangs aux bras sessiles; cercle corné des cupules, non convexe en dehors, pourvu d'un bourrelet étroit saillant sur le milieu de sa largeur. Bras tentaculaires, rétractiles en partie seulement dans la cavité sous-oculaire. Tube locomoteur rattaché à la tête par une double bride supérieure. *Coquille* interne cornée, en forme de plume ou de spatule, sans loges aériennes.

Nous plaçons dons cette famille les genres *Sepioteuthis*, *Loligo*, *Teudopsis*, *Leptoteuthis* et *Beloteuthis*.

IIe GENRE. **LOLIGO**, Lamarck.

Τευθὸς et Τευθὶς, Aristote; *Loligo*, Pline, Belon, Rondelete; Genre *Sepia*, Linné, 1767; genre *Loligo*, Lamarck, 1799; *Calmars plumes* ou *Pteroteuthis*, section E, de Blainville, 1823.

Animal de forme allongée, la tête courte par rapport au reste. Corps lisse, allongé, subcylindrique, acuminé en arrière, tronqué obliquement en avant, et pourvu de trois saillies; une supérieure, deux latérales. Appareil de résistance, formé : 1° sur la base latérale du tube locomoteur, de chaque côté, d'une fosse très-allongée, cartilagineuse, entourée de bourrelets sur les côtés, représentant un ensemble conique, acuminé en haut, très-élargi en bas; 2° sur la paroi interne correspondante du corps, d'une crête très-élevée, linéaire, longitudinale, placée au bord même du corps, et se prolongeant en s'élargissant sur moins du cinquième de sa longueur; 3° à la partie cervicale, médiane supérieure, d'un bourrelet allongé, cartilagineux, élevé, bilobé, par un sillon médian; 4° à la paroi inférieure du corps, sous l'osselet, d'une partie modelée sur celle-ci; les parties se réunissent l'une sur l'autre, à la volonté de l'animal. Nageoires postérieures seulement, très-larges sur les côtés, réunies et embrassant l'extrémité du corps en arrière; leur ensemble est le plus souvent rhomboïdal.

Tête du même diamètre que le corps, courte, déprimée, fortement rétrécie en arrière des yeux. Yeux libres dans la cavité orbitaire, gros, saillants, latéraux-supérieurs entièrement recouverts à l'extérieur par une membrane transparente, formée par la continuité de l'épiderme de la tête, qui, sur une très-large surface ovale longitudinale, est comme vitrée, et laisse passer les rayons lumineux. Une ouverture lacrymale très-petite en avant du globe de l'œil. Membrane buccale plus ou moins grande, très-extensible, souvent plus courte en haut qu'en bas, pourvue de sept lobes charnus, allongés, à l'extrémité interne desquels sont presque toujours, sur deux rangs, des cupules obliques armées de cercles cornés. Bec mince, flexible partout, moins à la partie rostrale; mandibule inférieure composée d'ailes latérales au capuchon, longues, flexibles et d'expansion postérieure assez longue, subcarénée en dessus, assez échancrée en arrière; mandibule supérieure, sans ailes latérales, munie d'un capuchon court très-séparé, et d'une expansion postérieure longue, sans échancrure. Oreille externe, composée d'une crête auriculaire transversale, ondulée, très-épaisse, fortement élargie et recourbée en avant à ses extrémités. Le trou auditif externe est situé en avant et en dedans du repli inférieur de la crête auriculaire. *Ouvertures aquifères :* deux *brachiales*, une de chaque côté, située entre la troisième et la quatrième paire de bras, par laquelle les bras tentaculaires rentrent en partie dans une cavité sous-oculaire; six *ouvertures buccales.*

Bras sessiles conico-subulés, triangulaires ou comprimés, la troisième paire carénée en dehors, et élargie, tous très-inégaux entre eux dans un ordre constant, la 3ᵉ paire la plus longue, la 1ʳᵉ la plus courte, la 4ᵉ et la 2ᵉ quelquefois égales. Une crête natatoire à la 3ᵉ paire de bras, une légère membrane protectrice des cupules en dehors de celle-ci. Cupules charnues obliques placées sur deux rangs alternes, fixées sur un petit pied, au sommet d'une saillie du bras, pourvues d'un cercle corné presque toujours denté à son bord le plus large, non convexe en dehors, muni seulement d'un bourrelet saillant circulaire très-étroit. Bras tentaculaires rétractiles seulement en partie, assez longs, cylindriques, attachés à leur base par une bride, au bras inférieur, élargis en massue, plus souvent lancéolés à leur extrémité, pourvus en dessus d'une crête natatoire très-prononcée, et en dessous de quatre rangs de cupules alternes, les deux médianes toujours plus grandes, peu obliques. Une cavité longitudinale sous une membrane mince intercupulaire, occupe tout le milieu de la masse. *Cercle corné* comme celui des bras sessiles. Membrane de l'ombrelle, toujours nulle entre les bras inférieurs, longue entre les bras inférieurs et le latéral-inférieur de chaque côté, à peine visible ou nulle ailleurs. Tube locomoteur médiocre, non logé dans une cavité spéciale, retenu à la tête par deux brides très-prononcées, laissant entre elles une cavité profonde. Il est muni d'une forte valvule interne.

Coquille occupant toute la longueur du corps, ayant toujours la forme d'une plume ou d'un fer de lance plus ou moins large, suivant les espèces; étroite en avant sur une petite longueur, puis élargi par des expansions latérales qui se terminent inférieurement en une pointe plus ou moins obtuse. Une forte côte ferme, médiane, convexe en dessus, concave en dessous, commence en avant, et se continue sur toute la longueur, en diminuant de diamètre jusqu'à l'extrémité.

Rapp. et diff. — Les calmars voisins, par tous leurs caractères, des *Sepioteuthis,* en diffèrent par la forme générale du corps toujours plus allongée; par des nageoires rhomboïdales dans leur ensemble, le plus souvent terminales, et n'occupant jamais toute la longueur du corps.

Les calmars sont des animaux essentiellement sociables. Ils sont aussi côtiers et nocturnes. Tous les ans, à la saison chaude, ils suivent une direction déterminée dans leurs migrations, des régions tempérées vers les régions chaudes, comme le font les sardines et les harengs. Ils séjournent ordinairement le temps de la ponte et disparaissent ensuite. Ils pondent sur le rivage, au dessous ou au niveau des basses marées de sizygies. Leurs œufs gélatineux et à un seul embryon, sont ordinairement réunis en grappes et attachés aux corps sous-marins.

Les calmars se nourrissent de petits poissons et de mollusques; ils sont aussi souvent la proie des cétacés à dents et des poissons. Ils sont estimés comme nourriture par les peuples du littoral de toutes les mers.

Hist. Aristote parle le premier de ces animaux, qu'il nomme *Teuthis* et *Teuthos*—Pline ne les cite que d'après Aristote, et très en général. Il les nomme *Loligo*. Le nom de *calmar* leur est, à ce qu'il paraît, venu de *calamarium*, *calamar* en vieux français, de la ressemblance de l'animal avec ces encriers portatifs contenant la plume et l'encre[1].

Il ne fut plus question des calmars avant le XVIe siècle, où Belon, en 1551, et les autres auteurs du moyen âge, reprirent les notions données par les anciens. Linné, en publiant la dernière édition de son *Systema Naturæ* (1767), ne distingua pas, malgré sa sagacité ordinaire, les différences de formes des espèces de calmars figurés par Séba, et sous son nom de *Sepia loligo*, confondit toutes les citations relatives aux véritables calmars et aux ommastrèphes. Lamarck le premier, en 1799, partagea le genre *Sepia* de Linné en trois : *Sepia*, *Loligo* et *Octopus*, conservant dans le genre *Loligo* toutes les espèces à nageoires partielles et à osselet corné.

En 1823, M. de Blainville divise les espèces en sections, ainsi qu'il suit. Section A ou *sépioles* (le genre *Sepiola* de Leach); section B ou *cranchies* (le genre *Cranchia* de Leach); section C ou *onychoteuthes* (le genre *Onychoteuthis* de Lichtenstein); section D ou *calmars flèches* (dont j'ai formé le genre *Ommastrèphes*); section E ou *calmars plumes* (les véritables *Loligo*). Dans cette dernière section, qui compose le genre *Loligo*, M. de Blainville décrit huit espèces, parmi lesquelles le *Pavo*, que j'ai reconnu appartenir au genre *Loligopsis*. En 1835, j'ai proposé de séparer des calmars le genre *Ommastrephes*, pour le placer dans une autre famille.

On connaît du genre *Loligo*, une espèce fossile, et un grand nombre d'espèces vivantes.

Espèces du lias supérieur.

N° 1. **LOLIGO PYRIFORMIS**, d'Orbigny. Pl. 12.

Teudopsis pyriformis, Munster, 1843, Beitrag. zur Petref., VI, p. 58, taf. VI, fig. 3.

Loligo pyriformis, d'Orb. 1845, Moll. viv. et foss., p. 336, n° 1 ; Paléont. étr., pl. 10.

L. testâ ovato-oblongâ, lævigâtâ anticè attenuatâ, posticè dilatatâ.

[1] Cœlius, *Lectiones antiquæ*, p. 24, 28.

Dim. Longueur de la coquille, 93 mill. Par rapport à la longueur : largeur $\frac{54}{100}$.

Coquille représentant un fer de lance élargi, dont la pointe est un peu obtuse. La côte médiane est du diamètre ordinaire aux espèces vivantes, prolongée en haut bien au delà des ailes latérales.

Rapp. et diff. — Cette espèce est, par sa largeur, on ne peut plus voisine du *Loligo brevis*; elle en diffère néanmoins par son ensemble plus lancéolé.

Loc. M. le comte Munster l'a recueillie dans le lias supérieur d'Ohmden (Wurtemberg), et l'a rapportée au genre *Teudopsis*; mais, en la comparant à la coquille du *L. brevis*, il est facile de se convaincre que c'est un véritable *Loligo* et, en la classant dans ce dernier genre, il ne me reste aucune incertitude.

Expl. des fig. Pl. 12. Coquille interne de grandeur naturelle vue en dessous.

Espèces vivantes figurées comme exemples.

LOLIGO VULGARIS, Lamarck.

Expl. des fig. Pl. 10, fig. 1, animal entier vu en dessus; fig. 2, intérieur de l'ombrelle pour montrer la disposition des membranes buccales, couvertes de cupules ; fig. 3, tête vue de profil pour montrer : *a* les crêtes auriculaires et l'oreille externe; *b* l'ouverture lacrymale ; fig. 4, appareil de résistance sur la base du tube locomoteur ; fig. 5, contre-partie de l'intérieur du corps; fig. 6, appareil de résistance cervical, en dedans du corps ; fig. 7, contre-partie sur le cou ; fig. 8, cercle corné des grandes cupules des bras tentaculaires ; fig. 9, le même vu de profil ; fig. 10, cercle corné des bras sessiles, vu de profil ; fig. 11, le même vu de face; fig. 12, cercle corné des cupules latérales des bras tentaculaires. Pl. 11, fig. 2, coquille d'un individu femelle vue en dedans; fig. 3, coquille d'un mâle, vue en dessus; fig. 4, la même, vue de profil.

LOLIGO PLEI, Blainville.

Expl. des fig. Pl. 11, fig. 6, coquille de grandeur naturelle vue en dessus.

LOLIGO BREVIS, Blainville.

Expl. des fig. Pl. 11, fig. 1. Coquille de grandeur naturelle vue en dessus.

LOLIGO REYNAUDII, d'Orbigny.

Exp. des fig. Pl. 11, fig. 5, Coquille réduite vue en dessus.

LOLIGO GAHI, d'Orbigny.

Exp. des fig. Pl. 10, fig. 13. Cercle corné des cupules des bras sessiles vu de face; fig. 14, le même vu de profil.

Espèces citées qui n'appartiennent pas au genre *Loligo*.

Aalensis, Zieten, 1830. Voy. *Belemnosepia bollensis*, d'Orb.
Antiqua, Munster, 1830. V. *Sepia antiqua*, Munst.
Bollensis, Zieten, 1830. (Pl. 25.) V. *Belemnosepia bollensis*, d'Orb.
Bollensis, Zieten, 1830. (Pl. 37, fig. 1.) V. *Teudopsis bollensis*, d'Orb.
Priscus, Ruppell, 1829. V. *Acanthoteuthis prisca*, d'Orb.
Sagittata, Munst., 1836. V. *Ommastrephes Munsterii*, d'Orb.
Schubleri, Quensted, 1843. V. *Teudopsis bollensis*, d'Orb.
Subhastata, Munst., 1837. V. *Enoploteuthis subsagittata*, d'Orb.
Subsagittata, Munst., 1836. V. *Enoploteuthis subsagittata*, d'Orb.

Table alphabétique de toutes les espèces fossilles, réelles ou nominales du genre LOLIGO.

IIIe GENRE. TEUDOPSIS, Deslongchamps.

Animal inconnu.

Coquille interne cornée, spatuliforme, très-étroite et très-prolongée en avant, fortement élargie en arrière ; pourvue d'une côte médiane, étroite, saillante et d'expansions latérales larges. Ensemble convexe en dessus, concave en dessous, représentant une sorte de cuiller arrondie à son extrémité postérieure.

Rapp. et diff. — Par sa forme élargie, par ses lignes d'accroissement, la coquille du genre *Teudopsis* a beaucoup de rapports avec celle des *Sepioteuthis;* néanmoins, elle s'en distingue par sa partie antérieure saillante, beaucoup plus étroite et plus longue, par son extrémité postérieure profondément creusée en cuiller. La différence des formes dans les coquilles internes accompagnant toujours, chez les Céphalopodes, des modifications organiques, j'ai cru devoir conserver cette coupe, qui doit être placée près des *Sepioteuthis*.

Hist. Sous le nom de *Teudopsis*, M. Deslonchamps place, en 1835, dans un genre qu'il crée, trois espèces qu'il regarde comme distinctes; les *T. Agassizii*, *Bunellii* et *Caumontii.* J'ai pu voir, chez ce savant observateur, les trois espèces en nature, et je me suis facilement convaincu que le *T. Agassizii* dépend du genre *Belemnosepia.* Pour les deux autres, elles appartiennent, comme l'a également pensé depuis M. Deslonchamps, à une seule et même espèce, à laquelle j'ai conservé le nom de *Bunellii*. M. Deslonchamps croit que cette coquille pouvait s'ouvrir et se fermer comme les valves d'un acéphale; mais cette idée n'est pas admissible. Le *Teudopsis* est tout simplement une coquille très-voisine de celle des Sépioteuthes, qui m'est parfaitement connue ; mais celle-ci étant très-concave, la moindre pression des couches où elle était renfermée a suffi pour la faire fendre en avant ou en arrière, comme je l'ai figurée pl. 20. J'y réunis une des espèces du genre *Sepialites* de M. de Munster, qui me paraît être une coquille usée avant la fossilisation.

On connaît de ce genre quatre espèces fossiles propres aux couches du lias supérieur.

Espèces du lias supérieur.

N° 1. **TEUDOPSIS BUNELLII**, Deslongchamps. Pl. 13.

T. Bunellii, Deslongchamps, 1835, Mém. de la soc. Linnéenne de Normandie, t. V, p. 74, pl. 3, fig. 1, 2 et 3.
T. Caumontii, Deslongch., 1835, id., ibid., p. 76, pl. 3, fig. 4, 5.
T. Bunellii, d'Orb., 1842, Paléont. franç., ter. Jur., t. I, p. 38, pl. 1.
Idem, d'Orb., 1845, Moll. viv. et foss. pl. 20, p. 360.

T. testâ ellipticâ, lævigatâ, anticè attenuatâ, posticè subobtusâ; supernè convexâ, infernè concavâ.

Dim. Longueur, 134 mill. Par rapport à la longueur : largeur, $\frac{52}{100}$.

Coquille cornée, mince, concave, spatuliforme, amincie en avant, obtuse en arrière, pourvue d'une côte médiane élevée, étroite et d'expansions latérales s'élargissant des parties antérieures au quart postérieur ; puis, de là, se rétrécissant brusquement de nouveau, pour former une partie arrondie.

Loc. Dans les couches du lias supérieur, à Amayé-sur-Orne et à Curcy (Calvados). M. Deslonchamps.

Expl. des fig. Pl. 13, fig. 1, coquille de grandeur naturelle; vue en dessus ; fig. 2, la même vue de profil ; fig. 3, une autre coquille ; fig. 4, 5, les deux extrémités d'une coquille qui, par suite de la pression des couches, dans la fossilisation, s'est fendue en avant *a*, et en arrière *b*.

N° 2. **TEUDOPSIS AMPULLARIS**, d'Orbigny, 1845. Pl. 14, fig. 1-2.

Beloteuthis ampullaris, Munster, 1843, Beitrage zur Petref., VI, pl. 6, fig. 1[1].
Sepiolithes gracilis, Munster, 1843, Beitrage zur Petref., VI, pl. 14, fig. 5?
Teudopsis ampullaris, d'Orb., 1845. Pal. étrang., pl. 11, fig. 1, 2.
Idem, d'Orb., 1845. Moll. viv. et foss., p. 360, n° 2.

T. testâ elongatâ, lanceolatâ, lævigatâ, lateribus sinuatâ, anticè elongatâ, angustatâ productâ, posticè dilatatâ, obtusâ.

[1] Peut-être la figure 1, pl. 5, donnée par M. le comte de Munster, n'appartient-elle pas à cette espèce, et n'est-elle qu'une déformation de la coquille des *Beloteuthis*.

Dim. Longueur de la coquille entière, 162 mill. Par rapport à la longueur : largeur, $\frac{28}{100}$.

Coquille mince, lisse, très-allongée, lancéolée dans son ensemble, très-allongée, étroite et acuminée en avant, cette partie formant sur les côtés un léger sinus à sa jonction à la partie postérieure élargie, qui occupe seulement le tiers de la longueur. La partie spatuliforme est obtuse à son extrémité. La côte médiane est très-saillante.

Rap. et diff.—Cette espèce, dont j'ai sous les yeux de beaux échantillons, diffère des T. *Bunellii*, par les légers sinus latéraux qu'on remarque au tiers supérieur de sa longueur. Il serait très-possible qu'elle fût la même que le *Loligo bollensis*, figuré par Zieten, Pl. 37; mais les singulières stries qu'on remarque sur cette figure, et qui manquent sur les deux échantillons que j'ai examiné, m'empêchent d'effectuer cette réunion.

Loc. Dans les couches du lias supérieur d'Holzmaden, d'Ohmden et de Boll (Wurtemberg).

Expl. des fig. Pl. 14, fig. 1. Coquille de grandeur naturelle dessinée d'après nature. La partie qui n'est pas ombrée *a*, est supposée d'après les lignes d'accroissement; fig. 2, la même vue de profil.

N° 3. **TEUDOPSIS BOLLENSIS**, Voltz. Pl. 14, fig. 3.

Loligo bollensis, Schübler, 1830, Zieten. Wurt., p. 49, tab. 37, fig. 1. (Non L. bollensis, t. XXV, fig. 6, 7.)
Teudopsis bollensis, Voltz, 1836, Taschenb., p. 629
Loligo Schubleri, Quenstedt, 1843, Wurt, p. 254.
Teudopsis bollensis, d'Orb., 1845. Paléont. étrang., pl. 11.
Idem, d'Orb., 1845. Moll. viv. et foss., p. 361, n° 3.

Dim. Longueur, 144 mill. Par rapport à la longueur : largeur, $\frac{31}{100}$.

Coquille lancéolée, allongée, striée obliquement, en travers, sur les côtés, très-étroite et prolongée en rostre en avant, élargie en spatule en arrière, et marquée d'un profond sinus sur les côtés, un peu plus bas que la moitié de sa longueur. Extrémité postérieure un peu anguleuse. Côte médiane très-marquée.

Rap. et diff. — Cette espèce représente la forme du *T. am-*

pullaris; seulement, elle est plus large postérieurement, moins obtuse et couverte de stries. Il serait possible que ces différences tinssent à la manière dont elle a été dessinée.

Loc. Dans le lias supérieur de Boll (Wurtemberg).

Cette espèce, confondue avec des *Geoteuthis*, a reçu, en 1830, de M. Schübler, le nom de *Loligo bollensis*; plus tard elle a été, avec raison, rapportée au genre *Teudopsis* par M. Voltz. Néanmoins, M. Quenstedt la décrit comme un *Loligo*, et M. le comte de Munster pense à tort que c'est un *Beloteuthis*.

Expl. des fig. Pl. 14, fig. 3. Figure de grandeur naturelle (copie de Zieten).

Espèces décrites par les auteurs qui n'appartiennent pas au genre *Teudopsis*.

Agassizii, Deslongchamps, 1835. V. *Belemnosepia Agassizii*, d'Orb.

Pyriformis, Munster, 1843. V. *Loligo pyriformis*, d'Orb.

Résumé sur les Teudopsis.

On a mentionné jusqu'à présent 8 noms de *Teudopsis*; de ce nombre, 2 n'appartenant pas au genre, il en reste 6 que la comparaison m'a fait réduire à trois espèces, toutes propres au lias supérieur. Ce fait est curieux, en ce qu'il donne à cette époque une forme particulière de céphalopodes.

Table alphabétique de toutes les espèces réelles ou nominales du genre TEUDOPSIS.

IVe GENRE. **LEPTOTEUTHIS**, Meyer. Pl. 15.

Animal inconnu. *Coquille* interne cornée, lancéolée, très-large et arrondie en avant, prenant des expansions latérales droites très-près de cette partie antérieure, et de là, s'atténuant insensiblement en arrière jusqu'à se terminer en pointe. La côte médiane ordinaire est très-large, et l'ensemble peu convexe en dessus.

Rap. et diff. — Ce genre représente la forme lancéolée des coquilles, de *Sepioteuthis* et d'*Histioteuthis*, mais elle se distingue de l'une et de l'autre par la grande largeur de sa partie antérieure et le peu de largeur des ailes latérales. C'est un type intermédiaire qui doit former un genre de la famille des *Loligidæ*.

On ne connaît encore qu'une seule espèce fossile très-grande de l'étage oxfordien supérieur.

N° 1. **LEPTOTEUTHIS GIGAS**, Meyer. Pl. 15.

Leptoteuthis gigas, Meyer, 1834, Museum Lenskenberginum, I, p. 292.
Leptoteuthis gigas, Bronn, 1836, Taschenb., p. 56.
Idem, d'Orb., 1845, Paléont. étrang., pl. 12.
Idem, d'Orb., 1845. Moll. viv. et foss., p. 363, pl. 21.

L. testâ lanceolatâ, lævigatâ, anticè obtusâ, posticè acuminatâ.

Dim. La partie conservée a 540 mill., ce qui ferait, pour la coquille entière, 830 mill.

Coquille cornée, mince, peu concave en dessous, lancéolée, lisse, composée de couches striées dans le sens de l'accroissement, marquée au milieu de quatre sillons peu profonds, qui convergent vers l'extrémité inférieure.

Loc. Dans les calcaires feuilletés de Solenhoffen (Bavière), dans les couches de l'étage oxfordien supérieur.

Expl. des fig. Pl. 15. Coquille réduite à un cinquième, où l'on a marqué, par des lignes, la forme de l'ensemble.

Ve GENRE. BELOTEUTHIS, Münster. Pl. 16.

Animal inconnu. *Coquille* interne cornée, lancéolée, plane, composée de trois parties distinctes ; d'une partie médiane rhomboïdale, qui s'élargit en partant de l'extrémité inférieure sous un angle très-ouvert relativement aux autres genres, et se continue ainsi jusqu'à la moitié de la longueur, puis s'acumine en avant de manière à former un angle très-saillant. De chaque côté de cette partie médiane, sont de larges expansions aliformes, qui en occupent la moitié. On remarque au milieu, en dessus, une côte convexe longitudinale.

Rap. et diff. — Par l'ensemble de sa coquille, ce genre a du rapport avec les *Sepioteuthis,* mais il s'en distingue par sa partie antérieure large et acuminée, ce qui ne se voit dans aucun des genres actuellement vivants, ainsi que par la grande largeur des expansions latérales de l'extrémité inférieure. C'est un type différent de ce qui existe, dont la forme raccourcie indique un animal côtier. La coquille était infiniment plus épaisse que les coquilles cornées des céphalopodes actuels.

Ce genre s'est rencontré seulement à l'état fossile dans les couches du lias supérieur. On en a multiplié inutilement les espèces. J'y réunis une partie de celles du genre *Sepialites* de M. de Munster, qui me paraissent n'être que des coquilles usées et détériorées avant d'être enveloppées dans les couches terrestres, et d'autres décrites par M. de Munster, me paraissent devoir rentrer dans le genre *Teudopsis.*

N° 1. BELOTEUTHIS SUBCOSTATA, Munster. Pl. 16.

Beloteuthis ampullaris, Munster, 1843, Beitrage, zur Petref, VI; t. V, fig. 1. (Non t. VI, fig. 1.)

B. subcostata, Munster, 1843, loc. cit., p. 61, n° 2, t. V, fig. 2, t. VI, fig. 2.

B. substriata, Munster, 1843, loc. cit., p. 62, n° 3, t. V, fig 3, t. VI, fig. 5.

B. acuta, Munster, 1843, loc. cit., p. 63, n° 4, t. VI, fig. 4.

B. venusta, Munster, 1843, loc. cit., p. 64, n° 5, t. XIV, fig. 2.

Sepialites striatulus, Munster, 1843, loc. cit., p. 76, pl. 6, fig. 6?

Belemnoteuthis subcostata, d'Orb., 1845. Paléont. étrang., pl. 13.
Idem, d'Orb., 1845. Moll. viv. et foss., p. 364, pl. 22.

B. testâ compressâ, lanceolatâ, anticè attenuatâ, suprà substriatâ, subtùs subcostatâ.

Dim. Longueur, 170 mill. Par rapport à la longueur : largeur, 37 à $\frac{40}{100}$.

Coquille lancéolée, mince, presque plane, acuminée à ses deux extrémités, lisse en dessus ou marquée de légères lignes longitudinales, visibles seulement à la loupe, marquée en dessous de côtes qui suivent les lignes en sautoir de l'accroissement, ces côtes sont principalement prononcées sur la partie conique médiane, dont l'angle est de 26°. La côte médiane est munie d'une rainure sur la convexité, et ses côtés s'unissent au reste sans solution de continuité. On remarque encore deux rainures parallèles à la jonction des expansions aliformes.

Rap. et Diff.—M. le comte de Munster a décrit quatre *Beloteuthis*, qui me paraissent être différents états de la même espèce. Il est certain qu'en tenant compte des différences de sexes et d'âges dans les coquilles, des modifications apportées par la fossilisation, et des états de conservation des coquilles, on devra toutes les réunir en une seule. En effet, la *B. ampullaris* de M. de Munster, Pl. 5, fig. 1, pourrait être une coquille de mâle vue en dedans. (La fig. 1, Pl. 6, rapportée à la même espèce appartient au genre *Teudopsis*.) Le *B. subcostata* est un individu femelle, montrant l'empreinte interne de la coquille. Le *B. substriata* me paraît encore une coquille de femelle montrant le dessus du test, et des stries qui appartiennent à la contexture du test. Le *B. acuta* est une coquille de jeune, alors mince, dont les côtés de la partie antérieure ont été altérés. Le *B. venusta* me paraît être un individu mâle usé avant la fossilisation. Je crois encore que le *Sepialites striatulus* du même auteur pourrait être une coquille usée avant la fossilisation. L'examen minutieux de beaux exemplaires d'Ohmden, appartenant à l'école des Mines de Paris, m'a permis d'observer positivement quelques-unes de ses modifications, et je ne reconnais, au moins jusqu'à présent, qu'une seule espèce de *Beloteuthis*.

Loc. et gisement. Cette espèce appartient au lias supérieur. Elle a été recueillie à Ohmden, à Holzmaden, et à Boll en Wurtemberg.

Expl. des fig. Pl. 16, fig. 1. Coquille d'un mâle réduite, vue en dessus, et dessinée d'après nature, avec des parties de test enlevées pour montrer les côtes de l'empreinte. Fig. 2, coquille d'une femelle. Fig. 3, coquille jeune appelée *B. acuta*, par M. le comte Munster.

Résumé sur les Beloteuthis.

Il résulte du travail précédent que jusqu'à présent on a donné dans le genre, six noms d'espèces que j'ai cru devoir réunir en une seule.

Table alphabétique de toutes les espèces réelles ou nominales du genre Beloteuthis.

5e famille. TEUTHIDÆ, d'Orbigny.

Animal allongé, d'une consistance musculaire, charnue. Corps libre, allongé, muni de nageoires anguleuses, rhomboïdales dans leur ensemble. Tête médiocre, portant : des yeux latéraux, pourvus d'un sinus lacrymal profond, une membrane buccale très-développée, une crête auriculaire longitudinale très-marquée, et des ouvertures aquifères anales. Tube locomoteur, attaché à la tête, en dehors par une ou deux brides de chaque côté, et ayant une forte valvule à sa partie interne supérieure. *Coquille* interne cornée, sans loges aériennes.

Rapp. et diff. —Cette famille, bien caractérisée, se distingue des *Loligopsidæ*, par la présence d'un sinus lacrymal aux yeux, par la valvule interne et les brides externes de son tube locomoteur, par sa crête auriculaire et par ses ouvertures aquifères. Elle se distingue des *Belemnitidæ*, par le manque de loges aériennes dans sa coquille interne.

Je groupe dans cette coupe les genres *Onychoteuthis*, *Enoploteuthis*, *Acantoteuthis*, *Ommastrephes* et *Belemnosepia*.

Les espèces d'*Onychoteuthis fossiles*, indiquées par les auteurs, appartiennent aux genres suivants :

Angusta, Munster, 1830. { V. *Acanthoteuthis prisca*, d'Orb.
{ V. *Ommastrephes Angusta*, d'Orb.

Cochlearis, Munster, 1837. V. *Ommastrephes Cochlearis*.

Ferussaci, Munster, 1837. V. *Acanthoteuthis prisca*, d'Orb.

Intermedia, Munster, 1837. V. *Ommastrephes intermedius*, d'Orb.

Lata, Munster, 1837. V. *Acanthoteuthis prisca*, d'Orb.

Lichtensteinii, Munster, 1837. V. *Ommastrephes Angustus*, d'Orb.

Prisca, Munst., 1834. V. *Acanthoteuthis prisca*, d'Orb.

Prisca, Moris., 1843, V. *Belemnosepia Bollensis*, d'Orb.

Sagittata, Munst., 1837. { V. *Acanthoteuthis prisca*, d'Orb.
V. *Ommastrephes Angusta*, d'Orb. }

Speciosa, Munst., 1837. V. *Acanthoteuthis prisca*, d'Orb.

Subovata, Munst., 1837. V. *Acanthoteuthis prisca*, d'Orb.

Tricarinata, Munst., 1837. V. *Acanthoteuthis prisca*, d'Orb.

IIe GENRE. ENOPLOTEUTHIS[1] d'Orb. Pl. 17.

Animal allongé, formé d'un corps couvert de tubercules réguliers en dessous, et muni de nageoires le plus souvent non terminales et dépassées par une longue queue. Ensemble céphalique très-volumineux par rapport au reste. Les membranes buccales pourvues de huit lobes extérieurs, dont deux brides supérieures distinctes, s'insérant aux deux bras supérieurs. Bras sessiles, pourvus de crochets cornés fermes, plus ou moins longs, élargis à leur base, pourvus d'une membrane qui les enveloppe et se contracte entièrement sur eux, de manière à les couvrir. Bras tentaculaires grêles et faibles, armés de crochets seulement. Tube locomoteur, muni de deux brides se rattachant à la tête.

Coquille en forme de plume, et constamment dépourvue d'appendice à son extrémité, mais ayant des expansions latérales le plus souvent sinueuses.

Rapp. et diff. Les *Enoploteuthis*, que je sépare comme genre distinct des *Onychoteuthis*, s'en distinguent par la présence de crochets seulement à tous les bras, par les tubercules de leur corps; par leurs nageoires non terminales; par huit brides à la membrane buccale, et par une coquille penniforme, sans appendice postérieur.

Ils habitent sous les régions chaudes, le milieu des Océans, et ne sont que fortuitement jetés sur les côtes.

On connaît de ce genre une espèce fossile, et plusieurs vivantes.

Espèces de l'étage oxfordien supérieur.

N° 1. **ENOPLOTEUTHIS SUBSAGITTATA**, d'Orb. Pl. 18.

Loligo subsagittata, Munster, 1836, Taschenb., p. 582; 1839, p. 375.
Idem, Munster, 1843, Beitrag. zur Petref., p. 107, pl. 10, f. 3.
Enoploteuthis subsagittata, d'Orb., 1845, Paléont. univ., pl. 19; Paléont. étrang., pl. 15.

[1] D'ἔνοπλος, armé, et de τευθος, calmar.

E. testâ elongatâ, pennatâ, anticè angustatâ, productâ, posticè dilatatâ, lateribus sinuatâ.

Dim. Longueur, 130 mill. Par rapport à la longueur : largeur, $\frac{16}{100}$.

Coquille en forme de plume; partie antérieure étroite, très-longue, se continuant sans s'élargir jusqu'à moins de la moitié, où naissent des expansions latérales peu larges, qui, avant de se terminer en arrière, montrent de chaque côté une échancrure. On remarque de plus, sur les côtés, parallèlement au bord des expansions, une ligne assez prononcée. La côte médiane est très-saillante.

Rapp. et diff. — Cette espèce, ressemble beaucoup par les échancrures latérales de sa coquille, à l'*E. armata,* ce qui m'a fait la rapporter au genre *Enoploteuthis*, plutôt que de la laisser dans le genre *Loligo* où M. Munster l'avait placée.

Localité. Dans les couches de pierres lithographiques de l'étage oxfordien supérieur de Eichstadt (Bavière.)

ENOPLOTEUTHIS LEPTURA, d'Orb.

Expl. des fig. Pl. 17, fig. 1, animal vu en dessous ; fig. 2, tête vue de profil montrant, *a* le sinus lacrymal ; *b* les crêtes auriculaires ; fig. 3, mandibule supérieure vue de profil ; fig. 4, la même, vue de face ; fig. 5, mandibule inférieure vue de face ; fig. 6, la même vue de profil ; fig. 7, un crochet avec sa membrane ; fig. 8, un crochet sans membrane ; fig. 9, coquille interne.

ENOPLOTEUTHIS LESUEURII, d'Orb.

Expl. des fig. Pl. 17, fig. 10. Coquille réduite, vue en dessous.

ENOPLOTEUTHIS ARMATA, d'Orb.

Exp. des fig. Pl. 17, fig. 11. Coquille vue en dessous ; fig. 12, la même, vue de profil.

IIIe GENRE. **ACANTHOTEUTHIS**, Wagner.

Kelæno, Munster, 1836 (non Kelæno, Munster 1842); *Onychoteuthis*, Munster, 1837; *Acanthoteuthis*, Wagner, 1839.

Animal allongé, cylindrique, dont le corps est terminé par des nageoires anguleuses, qui paraissent avoir été courtes. Bras au nombre de dix, peu inégaux, tous munis de crochets sur deux lignes.

Coquille interne cornée, en forme de glaive conique, un peu élargi en haut et diminuant ensuite graduellement vers l'extrémité, en pointe simple, sans expansion ni appendice terminal. En dessus est une côte médiane longitudinale représentée, en dessous, par un sillon.

Rapp. et diff. — Par les crochets à tous les bras, les *Acanthoteuthis* se rapprochent beaucoup des *Enoploteuthis*, dont ils se distinguent néanmoins par une coquille interne, conique, étroite, dépourvue d'expansion et d'appendice terminal. Ils se distinguent également des *Onychoteuthis* par les crochets à tous les bras et par la forme de la coquille. Comme j'ai remarqué que le changement de forme dans la coquille interne était toujours en rapport avec la modification des autres caractères zoologiques, je ne balance pas à distinguer ce genre des *Enoploteuthis* et des *Onychoteuthis*, par ce seul caractère.

Histoire. La première espèce de ce genre a été figurée par M. Ruppell, en 1829, sous le nom de *Loligo prisca*. En 1834, M. le comte Munster parla de la découverte qu'il venait de faire de céphalopodes fossiles pourvus de crochets à tous les bras. En 1836, il me communiqua les dessins de ces espèces, sous le nom de *Kelæno*. Je lui répondis que, si les osselets en glaives pouvaient être rapportés certainement à l'animal dont il avait découvert les bras, il faudrait conserver ce genre qui, sans cela, par les seuls caractères des crochets à tous les bras, rentrait dans la série de l'*Onychoteuthis leptura*, connue depuis 1817, dont je venais de former mon genre *Enoploteuthis*. Je ne sais si M. le comte Munster a reçu ma lettre; mais il changea d'opinion en 1837, et publia toutes ses espèces dans le journal de MM. Bronn et Leohnart, sous le nom d'*Onychoteuthis*. Néanmoins, conservant des doutes, il écrivit à M. Wagner, qui, ne connaissant pas les *Onychoteuthis leptura* et *Lesueurii* pourvus de crochets à tous les bras, et figurés depuis longtemps dans mon ouvrage avec M. Férussac, proposa pour ce seul caractère différentiel, le nouveau nom d'*Acanthoteuthis*, tout en disant qu'il croyait pouvoir y rapporter les osselets en glaive qui se rencontrent dans les mêmes couches.

Les observations de M. Wagner firent encore changer d'avis M. le comte Munster. Il abandonna les noms de *Kelæno*, d'*Onychoteuthis*, adoptés par lui, et prit, en 1839, la dénomination générique d'*Acanthoteuthis*; mais généralisant trop cette idée, il paraît croire que tous les osselets fossiles en glaive et en lancettes, décrits par lui comme des *Onychoteuthis*, sont des *Acanthoteuthis*, tandis que j'y ai trouvé plusieurs espèces bien caractérisées d'*Ommastrèphes*. Il décrit, la même année, trois espèces distinguées par les bras, que je crois dépendre d'une seule.

En 1842, me basant sur le premier nom communiqué par M. Munster, je publiai le genre *Kelæno*, caractérisé par la forme de sa coquille interne, et par la présence des crochets à tous les bras.

La même année, M. le comte Munster, pour des animaux très-différents des premiers, et qui même ne me paraissent pas être des céphalopodes, reprit le nom de *Kelæno*. Cette circonstance me force aujourd'hui d'abandonner le nom le plus ancien, afin de ne pas induire en erreur, et d'adopter la dénomination d'*Acanthoteuthis*, sans néanmoins admettre la multiplicité des espèces introduites par M. le comte Munster.

No 1. ACANTHOTEUTHIS PRISCA, d'Orb. Pl. 19, 20, 21.

Loligo priscus, Rüppell, 1839, Abbildung Und Besch., p. 8, pl. 3 f. 1.
Onychoteuthis angusta, Munster, 1830, Jahrb., p. 404, 458.
Kelæno spinosa, Munster, 1836, manusc.
K. Ferussaci, Münster, 1836, manusc.
K. sagittata, Munster, 1836, manusc.
Onychoteuthis angusta, Munster, 1836, Jahrb., p. 250, 630.
Onychoteuthis spinosa, Munster, 1837, Jahrb., p. 252.
O. Ferussaci, Munster, 1837, Jahrb., p. 252.
O. sagittata, Münster, 1837, Jahrb., p. 252.
O. angusta, Munster. 1837, Jahrb., p. 252.
O. subovata, Munster, 1837, Jahrb., p. 252.
O. tricarinata, Münster, 1837, Jahrb., p. 252.
O. lata, Munster, manusc.
Acanthoteuthis, 1839, Wagner.
Acanthoteuthis Ferussacii, Munst., 1839, Beitrag., I, hefs, p. 104, pl. 10, f. 1.
A. speciosa, Münster, 1839, Beitr., I, heft. p. 105, pl. 9.
A. Lichtensteinii, Münster, 1839, I, feft., p. 105, pl. 10, f. 2.
Acanthoteuthis brevis, Munster, 1842, Beitr., V, tab. I, f. 3.
Kelæno speciosa, d'Orb., 1842, Paléont. franç., Ter. jur., t. I, p. 140, no 35, pl. 23, f. 1-4.
Acanthoteuthis prisca, d'Orb., 1845, Paléont. univ., pl. 19, 20, 21; Paléont. étrang., pl. 16, 17, 18.
Idem, d'Orb. 1845, Moll. viv. et foss., p. 409, pl. 28.

A. corpore elongato, subcylindrico, pinnis terminalibus, angulatis; testâ depressâ, tricarinatâ, conicâ.

Dim. Longueur de la coquille, 240 mill. Par rapport à la longueur : largeur, $\frac{19}{100}$; angle apicial de 5 à 7 degrés.

Animal allongé, pourvu de nageoires courtes, anguleuses. *Coquille* conique, un peu élargie antérieurement, munie en dessus d'une large côte médiane, qui s'atténue en avant, de manière à se confondre avec le reste, tandis qu'elle s'élève davantage aux parties inférieures. Des individus femelles ont la coquille un peu plus large.

Rapp. et diff.—M. le comte Münster n'ayant égard qu'à la manière dont se présente l'empreinte des bras, des crochets, du corps et de la coquille dans les couches, a formé une foule d'espèces dans ce genre. Après un mûr examen de tous les matériaux que je dois à la complaisance de ce savant, je suis arrivé à croire, au contraire, qu'il n'en existe qu'une seule, dont le corps, les crochets, les bras et la coquille, plus ou moins conservés, appartiennent à des âges différents; car il est certain que les crochets plus rapprochés de l'*A. Lichtensteinii*, ne proviennent que de la contraction des bras à l'instant de la mort de l'animal. Les rainures des crochets sont probablement dues à la fossilisation et à l'âge des individus.

Hist. Figurée et nommée pour la première fois par M. Ruppell, en 1829, sous le nom de *Loligo prisca*, ses bras ont été décrits successivement par M. le comte Munster, sous les noms de *Kelæno speciosa*, *Ferussaci* et *Sagittata*; d'*Onychoteuthis*, *Speciosa*, *Ferussaci* et *Sagittata*, et ensuite d'*Acanthoteuthis*, *Speciosa*, *Ferussaci*, *Sagittata* et *Brevis*, tandis que la coquille recevait, du même auteur, les noms d'*Onychoteuthis*, *Angustata*, *Lata*, *Prisca*, *Subovata* et *Tricarinata*. Pour moi, toutes ces espèces appartiennent à une seule à laquelle le nom de *Prisca*, doit être conservé comme le plus ancien.

Loc. Dans les calcaires lithographiques de l'étage corallien de Solenhoffen (Bavière), où ils sont assez communs. C'est peut-être la même que l'espèce rencontrée par M. Itier, dans les schistes bitumineux du département de l'Ain.

Expl. des fig. Pl. 19, fig. 1. Animal avec ses bras; fig. 2, un bras de grandeur naturelle; fig. 3, un crochet dessiné à part; fig. 4, coquille interne, vue en dessus. Pl. 20, fig. 1, animal entier réduit, montrant le corps avec ses nageoires, la coquille interne, le sac à encre, la tête et l'empreinte des bras (*Onychoteuthis sagittata*, Munster); fig. 2, un autre échantillon réduit, montrant en avant l'empreinte du bec; fig. 3, coquille de mâle, vue en dessus; fig. 4, coquille de femelle. Pl. 21, fig. 1, bras de l'*Acanthotenthis speciosa*, Munster, réduits; fig. 2, bras de grandeur naturelle, pour montrer les détails des crochets; fig. 3, bras de l'*A. Lichtensteinii*, Munster, de grandeur naturelle; fig. 4, un bras grossi, pour montrer les crochets.

Résumé sur les Acanthoteuthis.

On a mentionné jusqu'à présent, dans le genre *Acanthoteuthis*, 10 espèces que la discussion des caractères et de la synonymie m'a fait réduire à une seule espèce fossile propre à l'étage oxfordien supérieur.

Table alphabétique de toutes les espèces réelles ou nominales du genre ACANTHOTEUTHIS.

IVe GENRE. OMMASTREPHES[1], d'Orb. Pl. 22-24.

Sepia loligo, Linné, 1767; genre *Loligo*, Lamarck, 1779; *Calmars*, Sect. D, ou *Calmars flèches*, Blainville, 1823; *Ommastrèphes*, d'Orbigny, 1835.

Animal formé d'un corps long et d'une tête courte; corps très-allongé, cylindrique, très-acuminé postérieurement, tronqué carrément en avant. Appareil de résistance composé 1°, à la base du tube locomoteur, de chaque côté, d'une partie cartilagineuse représentant, dans son ensemble, un triangle à extrémité supérieure prolongée, obtuse, divisée en deux cavités, l'une supérieure longitudinale, l'autre inférieure transverse, se communiquant entre elles par un canal étroit, dont les côtés sont formés de protubérances obtuses très-cartilagineuses; 2° sur les côtés de la paroi interne inférieure du corps, par des saillies correspondant aux cavités, formées en dessus d'un bouton oblong, longitudinal, élargi et épais en bas, qui se joint à une crête transverse inférieure; 3° sur la partie postérieure cervicale de la tête, d'un sillon médian et de deux bourrelets longitudinaux sur une plaque demi-cartilagineuse; 4° à l'intérieur du corps en dessus, sous l'osselet, d'une crête, et de deux sillons latéraux destinés à s'appliquer sur la plaque cervicale. Nageoires postérieures terminales, très-larges, n'occupant jamais la moitié de la largeur du corps, qu'elles embrassent toujours en arrière; leur ensemble forme un rhomboïde, dont le grand diamètre est transversal. Tête assez grosse, peu déprimée, rétrécie tout à coup en arrière des yeux, à la partie cervicale, et pourvue sur cette partie, de chaque côté, de trois crêtes longitudinales très-saillantes; la dernière recevant l'orifice externe de l'oreille. Yeux très-grands, latéraux, pourvus à l'extérieur d'une ouverture ovale, munie d'un sinus lacrymal très-prononcé. Membrane buccale, très-extensible, plus large en bas qu'en haut,

[1] De ὄμμα, œil, et de στρέφω, tourner (qui tourne les yeux).

pourvue de sept lobes allongés, lisses, sans cupules. Bec gros, flexible, excepté à la partie rostrale; mandibule inférieure, composée d'une aile latérale peu longue, étroite, et d'une expansion postérieure lisse, très-courte, carénée en dessus, fortement échancrée en arrière, ainsi que l'expansion postérieure; celle-ci non échancrée, très-prolongée. Ouvertures aquifères au nombre de deux brachiales, situées entre la troisième et quatrième paire de bras sessiles, et en dehors des bras tentaculaires, donnant dans une cavité courte, antérieure seulement aux yeux; de quatre buccales, *deux*, une de chaque côté à la base des bras de la première paire; *deux*, une de chaque côté entre les bras de la troisième et de la quatrième paire, donnant dans une cavité qui entoure la masse buccale; de deux ouvertures anales, placées une de chaque côté du tube locomoteur, en dehors de sa bride externe, donnant chacune dans une cavité simple.

Bras sessiles, conico-subulés, les supérieurs et inférieurs quadrangulaires, les autres triangulaires ou comprimés, souvent carénés en dehors; tous inégaux entre eux, dans l'ordre suivant : la troisième paire la plus longue, la plus forte; puis la seconde, la première et la quatrième les plus courtes. une crête natatoire externe aux bras de la troisième paire. Membrane protectrice des cupules, souvent très-développée. Cupules très-obliques, charnues, placées sur un petit pied au sommet d'une saillie conique des bras, et alternant sur deux lignes presque toujours bien distinctes, et pourvues d'un cercle corné oblique, armé de dents à son bord supérieur; convexe et arrondi en dehors, sans bourrelet externe ni rétrécissement inférieur. Bras tentaculaires, non rétractiles, peu longs, gros, forts, pourvus en dehors d'une légère crête longitudinale, non élargis en massue à leur extrémité, simplement acuminée ou un peu lancéolée, toujours munis d'une crête natatoire, et d'une membrane protectrice des cupules. Les cupules sont obliques, charnues, sur quatre lignes alternes; deux médianes très-grandes, deux latérales toujours petites, dont le cercle corné est semblable, pour la forme, à celui des bras sessiles. Membrane de l'ombrelle nulle, excepté entre la troisième et la quatrième paire de bras, où elle est très-marquée. Tube locomoteur souvent logé dans une cavité inférieure de la tête, court, large, retenu par quatre brides; deux très-larges, internes, étroites; celles-ci laissant entre elles une cavité profonde, dans laquelle vient aboutir un canal. La cavité interne est pourvue d'une valvule supérieure.

Coquille interne, cornée, flexible, occupant toute la longueur du corps, ayant toujours la forme conique, allongée, très-déprimée, un peu élargie en avant, et de là diminuant graduellement jusqu'à l'extrémité, terminée par des expansions courtes, qui se réunissent pour former un godet creux, sans loges aériennes. Un bourrelet épais se remarque de chaque côté de la coquille, et un autre médian étroit, linéaire.

Rapp. et diff. — Ce genre, que j'ai séparé des Calmars, avec lesquels tous les auteurs l'avaient confondu, et que je place même dans une famille tout à fait différente, se distingue des *Loligidées* parce qu'il a les yeux ouverts à l'extérieur, tandis que les Calmars ont ceux-ci recouverts par une membrane.

Les Ommastrèphes diffèrent encore des Calmars, par l'appareil de résistance très-compliqué; par leurs nageoires, toujours plus terminales, plus anguleuses, et rhomboïdales dans leur ensemble; par la tête plus ferme, plus large, toujours pourvue de trois crêtes longitudinales; par leur sinus lacrymal; par l'iris arrondi; par le manque de cupules aux lobes de la membrane buccale; par le bec dont la mandibule inférieure est beaucoup plus échancrée en arrière; par la forme de l'oreille externe; par les ouvertures aquifères brachiales très-peu profondes; par quatre ouvertures buccales au lieu de six; par la présence d'ouvertures latérales au tube locomoteur; par la forme des cercles cornés des bras, toujours convexe et sans bourrelets extérieurs; par des bras tentaculaires non rétractiles; par le tube locomoteur logé dans une cavité de la tête, et pourvu de quatre brides au lieu de deux; par la présence du canal supérieur au tube locomoteur; enfin, par une coquille toujours en flèche, sans expansion latérale et pourvue d'un godet terminal.

Chaque espèce est, pour ainsi dire, cantonnée dans une vaste région des mers, dont elle ne sort pas, et y forme des troupes voyageuses, composées de myriades d'individus qui viennent encombrer les côtes des régions méridionales et septentrionales de l'Amérique. Ces animaux servent presque exclusivement à nourrir, dans les régions polaires, ces myriades d'oiseaux pélagiens (albatros, pétrels, etc.) qui couvrent l'immensité des mers, ainsi que les nombreux cétacés à dents, cachalots, dauphins et marsouins. Toutes les espèces sont pélagiennes et nocturnes.

On connaît des espèces fossiles et des espèces vivantes de ce genre.

ESPÈCES FOSSILES.

Espèces de l'étage oxfordien supérieur.

N° 1. **OMMASTREPHES ANGUSTUS**, d'Orb. 1845. Pl. 23, fig. 9, 11.

Onychoteuthis angusta, Munster 1830, Jahrb., p. 404, 458; idem, 1836, p. 250, 630.
Onychoteuthis Lichtensteinii, Munster, 1837, manusc.
O. sagittata, Munster, 1837; Jahrb., p. 252. (Non *Sagittata*, Lam. 1799.)
O. angusta, Munster, 1837, Jahrb., p. 252.
Ommastrephes angustus, d'Orb., 1845, Paléont. univ., pl. 23, f. 9-11; Pal. étrang., pl. 20, f. 9-11.
Idem, d'Orb., 1845, Moll. viv. et foss., p. 415, pl. 30, f. 9-11.

O. testâ elongatâ, depressâ, longitudinaliter tricostatâ; anticè posticèque dilatatâ.

Dim. Longueur, 218 mill. Par rapport à la longueur : largeur supérieure, $\frac{9}{100}$; largeur de l'expansion inférieure, $\frac{7}{100}$; angle d'ouverture, 7 degrés.

Coquille allongée, déprimée, ornée de trois côtes longitudinales, dont la plus forte est médiane; partie antérieure arrondie; partie inférieure représentant un large fer de lance.

Rapp. et diff. — Cette espèce, voisine de l'*O. sagittatus*, s'en distingue par son angle plus ouvert, et par sa côte médiane bien plus forte. Elle ne laisse aucun doute sur le genre auquel elle appartient.

Loc. Dans les couches coralliennes, ou de l'étage oxfordien supérieur de Solenhoffen (Bavière.)

Hist. Cette espèce, qui m'a été communiquée par M. le comte de Munster, portait dans ses divers états les noms d'*Onychoteuthis angusta, Lichtensteinii*, et *sagittata*. Je lui ai conservé le plus ancien, quoique sous ce nom l'auteur ait également confondu des espèces d'*Acanthoteuthis*.

Expl. des fig. Pl. 23, fig. 9, coquille interne; fig. 10, extrémité inférieure vue de profil, montrant le godet; fig. 11, partie médiane.

N° 2. **OMMASTREPHES INTERMEDIUS**, d'Orb. 1845. Pl. 24, fig. 1.

Onychoteuthis intermedia, Munster, 1837, Jahrb., p. 252.
Ommastrephes intermedius, d'Orb., 1841, Céph. acét., Introd., p. XL.
Ommastrephes intermedius, d'Orb., 1845, Paléont. univ., pl. 24, f. 1; Pal. étrang., pl. 21, f, 1.
Idem, d'Orb., 1845, Moll. viv. et foss., p. 416, n° 2.

O. testâ elongatâ, conicâ, suprà convexâ, unicostatâ; posticè angustato-lanceolatâ.

Dim. Longueur de la coquille, 162 mill. Par rapport à la longueur : longueur de l'expansion inférieure, $\frac{11}{100}$; sa largeur, $\frac{4}{100}$; angle d'ouverture, 6° $\frac{1}{2}$.

Coquille allongée, conique, convexe en dessus et pourvue d'une côte médiane et de quelques lignes latérales; sa partie postérieure est pourvue de très-étroites expansions dont l'ensemble représente un fer de lance très-étroit et très-aigu.

Rapp. et diff.—Voisine, par son angle d'ouverture, de l'*O. angustus* cette coquille a la côte médiane bien plus large, et l'extrémite inférieure bien plus étroite et de forme différente. Décrite par M. de Munster comme une Onychoteuthis, je crois devoir la placer, au contraire, parmi les Ommastrèphes dont elle a les caractères.

Loc. Dans les calcaires lithographiques de l'étage corallien ou oxfordien supérieur de Solenhoffen (Bavière). Comte Munster.

Expl. des fig. Pl. 24, fig. 1, coquille de grandeur naturelle vue en dessus.

N° 3. **OMMASTREPHES COCHLEARIS**, d'Orb. Pl. 24, fig. 2.

Onychoteuthis cochlearis, Munster, 1837, Jahrb., p. 252.
Ommastrephes cochlearis, d'Orb., 1841, Céph. acét., Introd., p. XL.
Ommastrephes cochlearis, d'Orb., 1845, Paléont. univ., pl. 24, f. 2; Paléont. étrang., pl. 21, f. 2.
Idem, d'Orb., 1845, Moll. viv. et foss., p. 417, n° 3.

O. testâ, longitudinaliter unicostatâ, anticè posticèque dilatatâ; posticè lanceolato-dilatatâ.

Dim. Longueur, 160 mill.; angle apicial, 9 degrés.

Coquille assez large, convexe en dessus et pourvue sur la ligne médiane d'une côte très-prononcée. Sa tige est large; son expansion inférieure large, forme dans son ensemble un rhomboïde allongé.

Rapp. et diff. — Par sa tige et pas son extrémité inférieure très-large, cette coquille se distingue facilement des espèces vivantes; elle l'est pourtant moins que l'*O. Munsterii*. Ce n'est point, comme l'avait pensé M. le comte Munster, une espèce d'*Onychoteuthis*, mais un *Ommastrèphe* à large coquille, opérant le passage au genre *Geoteuthis*.

Loc. Dans les calcaires lithographiques de l'étage corallien ou oxfordien supérieur de Solenoffen (Bavière). M. le comte Munster.

Expl. des fig. Pl. 24, fig. 2, coquille de grandeur naturelle vue en dessus.

N° 4. **OMMASTREPHES MUNSTERII**, d'Orbigny. 1845. Pl. 24, fig. 3.

Ommastrephes Munsterii, d'Orb., 1845, Paléont. univ., pl. 24, f. 3; Paléont. étrang., pl. 21, f. 3.
Idem, d'Orb., 1845, Moll. viv. et foss., p. 417, n° 4.

O. testâ dilatatâ, brevi, cochleari, anticè dilatatâ, longitudinaliter radiatâ, posticè dilatato-obtusâ.

Dim. Longueur de la partie connue, 80 mill.

Coquille très-large, très-courte, convexe en dessus; large et marquée de lignes rayonnantes au milieu et en avant ; pourvue en arrière d'énormes expansions qui paraissent avoir été réunies en dessous comme celles de ce genre, ce qui m'a porté à classer cette coquille parmi les *Ommastrephes*, plutôt que parmi les *Geoteuthis*, qui n'ont point ces lames réunies.

Rapp. et diff.—Cette espèce se distingue facilement de toutes les autres par la grande largeur de ses parties. Elle offre évidemment un passage entre les *Ommastrephes* et les *Geoteuthis*.

Loc. Dans le calcaire lithographique de l'étage oxfordien supérieur de Solenhoffen (Bavière). Communiqué sans noms par M. le comte Munster.

Expl. des fig. Pl. 24, fig. 3, coquille de grandeur naturelle vue en dessus.

OMMASTREPHES SAGITTATUS, d'Orbigny.

Expl. des fig. Pl. 22, fig. 12, l'extrémité d'un bras tentaculaire; fig. 13, cercle corné des cupules des bras sessiles vu de profil; fig. 14, le même vu de face; fig. 15, cercle corné des cupules médianes des bras tentaculaires vu de face; fig. 16, le même vu de profil.

OMMASTREPHES BARTRAMII, d'Orb.

Expl. des fig. Pl, 22, fig. 1, animal entier; fig. 2, tube locomoteur, pour montrer *a* la cavité dans laquelle il est logé; *b* les ouvertures aquifères. Pl. 30, fig. 7, coquille vue en dessous; fig. 8, la même vue de profil.

OMMASTREPHES TODARUS, d'Orb.

Expl. des fig. Pl. 22, fig. 3, tête vue de profil, montrant *a* le sinus lacrymal; *b* le tube locomoteur; *c* la crête auriculaire; *d* l'appareil de résistance; *e* l'ouverture aquifère anale; fig. 4, appareil de résistance de la base du col; fig. 5, contre-partie de l'intérieur du corps; fig. 6, cercle corné des cupules latérales des bras tentaculaires; fig. 7, le même vu de face; fig. 8, cercle corné des grosses cupules; fig. 9, profil du même; fig. 10, cercle corné des cupules des bras sessiles; fig. 11, le même vu de profil. Pl. 23, fig. 5, coquille vue du dessous; fig. 6, profil de l'extrémité.

OMMASTREPHES GIGANTEUS, d'Orbigny.

Expl. des fig. Pl. 23, fig. 1, coquille interne, vue en dessous; fig. 2, la même vue de profil; fig. 3, mandibule supérieure du bec vue de profil; fig. 4, mandibule inférieure.

Résumé sur les Ommastrèphes.

Des dix espèces positives, quatre sont fossiles, et six sont vivantes. Les quatre espèces fossiles sont spéciales, dans le terrain jurassique, à l'étage oxfordien supérieur, et deux d'entre elles se distinguent des espèces vivantes par une largeur infiniment plus grande de la coquille.

Les six espèces vivantes, divisées suivant les mers auxquelles elles appartiennent, me donnent :

A l'Océan Atlantique, trois espèces, les *O. sagittatus, Bartramii* et *Pelagicus*, dont le premier paraît cantonné dans les régions septentrionales, tandis que les autres sont des régions chaudes et tempérées.

A la Méditerranée, trois espèces dont une spéciale, l'*O. todarus*, et deux communes à l'Océan Atlantique, les *O. Bartramii* et *Sagittatus*.

Au grand Océan, deux espèces, l'O. *giganteus*, cantonné dans les régions méridionales, et l'*O. Oualaniensis*, qui en habite toutes les parties chaudes.

Il résulte du dépouillement des espèces d'Ommastrèphes connues: 1° que quatre se trouvent fossiles dans l'étage oxfordien supérieur, sans qu'on en rencontre de traces dans les étages inférieurs ou supérieurs des autres terrains; 2° que les espèces vivantes sont réparties à peu près également dans toutes les mers, et cantonnées sur des régions plus ou moins étendues. Les espèces qui existent dans deux mers à la fois se rencontrent seulement dans la Méditerranée et dans l'Océan atlantique, sur les points voisins de la jonction de ces deux mers.

Ve GENRE. **BELEMNOSEPIA**, Agassiz.

Belemnosepia, Agassiz, 1835; *Belopeltis*, Voltz, 1840; *Loligosepia*, Quenstedt, 1843; *Geoteuthis*, Münster, 1843.

Animal inconnu. *Coquille* interne cornée, mince, large ou allongée, tronquée en avant, accompagnée en arrière d'expansions terminée par une partie convexe, acuminée ou lancéolée. Elle se compose de deux parties distinctes : d'une région médiane, et d'expansions latérales. La région médiane plane, conique, s'élargissant des parties postérieures aux antérieures se forme de trois parties distinctes, d'une première au milieu, plus large que les deux autres, marquée de lignes d'accroissement transversales droites et souvent de lignes longitudinales et sur la ligne du milieu d'une côte prononcée. De chaque côté de celles-ci sont des parties souvent séparées de la première par des sillons, sur lesquels se prolongent des lignes d'accroissement paraboliques dont la convexité de l'arc en avant. Les expansions latérales commencent, suivant les espèces, à une plus ou moins grande distance de l'extrémité de la région médiane; elles sont formées de stries d'accroissement qui les divisent en deux parties faciles à distinguer; l'une qui s'insère à la région médiane, consiste en stries d'accroissement sinueuses, arquées ou paraboliques dont la convexité est en bas; l'autre partie qui n'est que la continuité de la première, est extérieure et se compose de lignes d'accroissement verticales, obliques ou très-légèrement arquées, dont la convexité de l'arc est externe. La partie postérieure est convexe en dessus et très-concave, en cuiller en dessous, disposition qui, dans l'acte de la fossilisation, a occasionné beaucoup de formations déterminées par la pression des couches.

Rapp. et diff. —Par sa ligne médiane conique et par ses expansions latérales terminales, la coquille a beaucoup de rapports avec les *Ommastrèphes* et les *Bélemnites;* néanmoins les *Belemnosepia* se distinguent de tous les deux, par des expansions qui ne se réunissent pas en dessous pour former un cône creux, et des premiers par le manque de loges aériennes et de rostre protecteur. C'est un type générique bien nettement caractérisé.

Hist. M. le comte Munster parla le premier de ces corps en 1830, et les nomma alors *Onychoteuthis prisca.* Jahrb., 1830, p. 443. A peu près à la même époque, Schubler, dans Zieten, en figura sous les noms de *Loligo bollensis* et *Aalensis.* Buckland les a cités et figurés sous les mêmes noms, dans sa Minéralogie, tab. 28, f. 6. 7; t. 29, f. 1-3; t. 30.

MM. Agassiz et Buckland les ayant trouvés près des Bélemnites, ont pensé qu'ils pourraient appartenir au même animal, et alors M. Agassiz (Jahrb., 1835, p. 168), et M. Buckland (Jahrb., 1836, p. 36), leur ont donné le nom de *Belemnosepia.* Tout en croyant qu'ils dépendaient des Bélemnites, il paraît néanmoins, d'après le nouveau nom imposé, que ces savants ne les identifiaient pas positivement avec les Bélemnites, car le nom de *Belemnites* existant, il était inutile d'en créer un nouveau pour des parties d'un même animal. Quoiqu'il en soit, ces osselets internes reçurent, en 1835, le nom de *Belemnosepia.* M. Voltz, en parlant de l'*Onychoteuthis prisca* (Jahrb., 1836, p. 223), se rangea à l'opinion de MM. Agassiz et Buckland.

M. le comte Munster, la même année (Jahrb., 1836, p. 583), déclare que, n'ayant jamais trouvé, dans aucune collection d'Allemagne, des rostres de Bélemnites avec ces osselets internes, il les regarde comme des corps distincts. M. Quenstedt (Jahrb., 1829, p. 156), fut aussi de cette opinion et il l'appuya de la description comparative de ces osselets avec les traces de la coquilles cornée, restées sur l'alvéole intérieure des rostres de Bélemnites, ce qui le porta judicieusement à croire qu'ils ne pouvaient appartenir au même animal.

Néanmoins, M. Voltz, en 1840, persista à rapprocher les osselets en question des Bélemnites (*Bull. de la Soc. géolog.*,

t. 11, p. 40, et *Mém. de la Soc. de Strasbourg*, t. 3, 1843), mais les figures qu'il donne pour prouver le rapprochement, démontrent une différence très-marquée. Sans répondre aux objections présentées par M. Quenstedt, il croit que ce sont des osselets internes de Bélemnites, et pourtant il ne conserve pas le nom de *Belemnosepia*, et impose la nouvelle dénomination de *Belopeltis*.

En 1842, (*Paléontologie française, terrains jurassiques*), je cherchai à reconstruire la coquille des Bélemnites d'après l'empreinte de l'alvéole; mais n'ayant pas alors de matériaux, je m'abstins de parler des coquilles de Céphalopodes d'Ohmden.

M. Quenstetd en 1843, Flolzgeberge, Wurtemb., p. 252, dit qu'on devrait les séparer des Bélemnites, et propose de les nommer *Loligosepia*. M. le comte Munster, la même année (Beitrag. VI, p. 65), reprend la question; il fait l'historique de ces osselets, et sans nier que les Bélemnites puissent en avoir un particulier, il n'a jamais trouvé d'analogie entre ceux d'Ohmden et de Solenhoffen, et les empreintes des alvéoles de Bélemnites, et finit par conclure que ces corps n'étant pas des parties de Bélemnites, on doit en former un genre à part, comme l'a dit M. Quenstedt; mais alors, au lieu de prendre le nom de *Belemnosepia*, imposé par M. Agassiz en 1835, celui de *Belopeltis* donné en 1840 par M. Voltz, ou celui de *Loligo sepia* appliqué en 1843, par M. Quenstedt, il propose une quatrième dénomination, celle de *Geoteuthis*. D'après l'examen des faits je crois devoir prendre une détermination différente. Un nom différent de celui de *Béleumites* ayant été créé pour ces corps dès 1835 (abstraction faite des rapprochements), je crois devoir le conserver au genre comme le plus ancien, et je prends celui de *Belemnosepia*, qui indique un animal intermédiaire entre la Bélemnite et la Seiche.

Par suite de l'étude minutieuse de belles pièces en nature, je me range à l'opinion de MM. Quenstedt et Munster, et je considère ces corps problématiques comme devant former une coupe générique nouvelle, appartenant à la famille des *Teuthidæ*, et venant se ranger près des Ommastrèphes.

Ce genre ne s'est montré jusqu'à présent que dans les couches de lias supérieur; il est presque toujours accompagné de quelques parties de l'animal, et surtout du sac à encre.

N° 1. **BELEMNOSEPIA LATA**, d'Orbigny, pl. 25, fig. 1; pl. 26, fig. 1.

Geoteuthis lata, Munster, 1843, Beitr. zur Petref., VI, pl. 7, fig. 1.
Belopeltis emarginata, Voltz, manusc. Coll. de l'Ecole des mines.
Belemnosepia lata, d'Orb., 1846, Paléont. univ., pl. 25, fig. 1, pl. 26, fig. 1; Paléont. étrang., pl. 22, f. 1; pl. 23, f. 1.
Idem, d'Orb., 1846, Moll. viv. et foss., pl. 31, f. 1.

B. testâ dilatatâ, compressâ, anticè latâ, truncatâ, posticè lateribus alis latis integris ornatâ.

Dim. Longueur, 200 mill.; angle d'ouverture de la partie médiane. 25°[1].

Coquille très-large, courte, mince; région médiane tronquée carrément, assez prolongée en avant des expansions latérales. On n'y remarque, à la partie moyenne, aucune côte médiane; mais seulement des stries ou des rides transverses d'accroissement très-prononcées, et des stries longitudinales, la partie latérale a des stries d'accroissement très-prononcées. A la jonction de cette partie aux expansions latérales, il y a un sillon très-marqué. Les expansions latérales très-sinueuses à leur jonction, sont larges, minces et striées longitudinalement en dehors. La poche à l'encre occupe le milieu de la coquille.

Rapp. et diff. — Cette espèce se distingue facilement des autres par sa grande largeur et par l'angle de sa partie médiane très-ouvert. Elle paraît différer du *B. Orbignyana* par le manque de renflement inférieur aux expansions latérales.

Loc. Dans le lias supérieur d'Ohmden et de Mezingen (Wurtemberg), collect. de l'École des Mines de Paris.

Expl. des fig. Pl. 25, fig. 1. Coquille entière restaurée par

[1] C'est la mesure exacte donnée par l'hélicomètre. La figure du *G. lata* que donne M Munster ne paraît avoir que 18° à son angle médian.

moi sur un échantillon de l'École des Mines. Pl. 26, fig. 1, coquille réduite, d'après M. le comte Munster.

N° 2. **BELEMNOSEPIA FLEXUOSA**, d'Orb., pl. 25, fig. 2. Pl. 26, fig. 2.

Geoteuthis flexuosa, Munster, 1843, Beitr. zur Petref., VI, pl. 9, f. 2.
Belemnosepia flexuosa, d'Orb., 1846, Paléont. univ., pl. 25, f. 2, pl. 26, f. 2; Paléont. étrang., pl. 22, f. 2, pl. 23, f. 2.
Idem, d'Orb., 1846. Moll. viv. et foss., pl. 31, f. 2.

B. testâ oblongo-elongatâ; productâ, truncatâ, posticè angustè lanceolatâ, lateribus alis angustatis elongatis ornatâ.

Dim. Longueur, 140 mill.; largeur, 40 mill.; angle d'ouverture de la partie médiane, 15°.

Coquille oblongue; partie médiane de 15° de largeur, assez prolongée en avant, marquée d'une côte médiane étroite, et de quelques indices de sillons longitudinaux. Les expansions latérales occupent presque toute la longueur de la coquille; elles sont lancéolées à leur extrémité, fortement sinueuses à leur jonction antérieure, marquées de rides d'accroissement avec lesquelles viennent se croiser quelques lignes rayonnantes longitudinales. L'extrémité en cuiller est souvent tronquée ou fendue par suite de la pression.

Rapp. et diff. — Cette espèce, par ses lames, a du rapport avec le *B. Lata*, mais elle est beaucoup moins large, ses expansions sont autrement disposées et bien plus sinueuses.

Loc. Dans le lias supérieur d'Ohmden (Wurtemberg) et de Franconie.

Expl. des fig. Pl. 25, fig. 2. Coquille entière restaurée par moi sur un échantillon de l'École des Mines. Pl. 26, fig. 2, coquille réduite d'après M. le comte Munster.

N° 3. **BELEMNOSEPIA AGASSIZII**, d'Orb., pl. 25, fig. 3.

Teudopsis Agassizii, Deslongchamps, 1835, Mém. de la Soc. Linn. de Normandie, t. V, p. 72, pl. 2, f. 15.
Belemnosepia Agassizii, d'Orb., 1846, Paléont. univ., pl. 25, f. 3; Paléont. étrang., pl. 22, f. 3.
Idem, d'Orb., 1846. Moll. viv. et foss., pl. 31, f. 3.

B. testâ elongatâ, conicâ, anticè dilatatâ, posticè attenuatâ; alis latis, elongatis lateribus ornatâ.

Dim. Longueur, 240 mill.; largeur, 70 mill.; angle d'ouverture de la partie médiane, 10°.

Coquille allongée, étroite, tronquée et comme trilobée en avant. Région médiane large de 10°, peu prolongée au delà des expansions, marquée au milieu de trois sillons longitudinaux, et d'un autre sillon externe de chaque côté. Les expansions sont presque aussi larges que la partie médiane; elles forment un sinus profond à leur jonction, qui a lieu près de l'extrémité antérieure, s'élargissant un peu, et se continuant ensuite sur toute la longueur.

Rapp. et diff. — Cette espèce se distingue nettement de toutes les autres par sa forme conique, par son angle médian étroit, et par la longueur extraordinaire des expansions.

Loc. Dans le lias de Trois-Monts à trois lieues de Caën, et à Curcy (Calvados), M. Deslongchamps.

Expl. des fig. Pl. 25, fig. 3, coquille entière, dessinée par M. Deslongchamps.

N° 4. **BELEMNOSEPIA ORBIGNYANA**, pl. 26, fig. 3.

Geoteuthis Orbignyana, Munster, 1843, Beitr. zur Petref., VI, pl. 7, f. 2.
Belemnosepia Orbignyana, d'Orb., 1846, Paléont. univ., pl. 26, f. 3; Paléont. étrang., pl. 23, f. 3.

B. testâ dilatatâ, compressâ, anticè latâ, posticè lateribus alis latis, sinuosis ornatâ.

Dim. Longueur, 160 mill. Angle d'ouverture de la partie médiane, 20°.

Coquille très-large, mince; région médiane tronquée carrément, prolongée en avant, sans côte médiane. Expansions latérales assez larges, longues, pourvues d'une profonde échancrure latérale à la moitié de leur longueur, par suite d'un second renflement terminal.

Rapp. et diff. — Cette espèce, figurée par M. le comte Munster, ressemble beaucoup à *B. lata*, dont elle ne paraît différer que par les échancrures latérales de ses expansions. Peut-être est-ce la même espèce.

Loc. Dans le lias supérieur d'Ohmden (Wurtemberg).

Expl. des fig. Pl. 26, fig. 3, coquille entière, réduite, copiée d'après M. le comte Munster.

N° 5. **BELEMNOSEPIA SAGITTATA**, d'Orbigny, pl. 27.

Geoteuthis sagittata, Munster, 1843, Beitr. zur Petref., VI, tab. VII, f. 3, tab. VIII, f. 4, et tab. XIV, f. 4.

Belemnosepia sagittata, d'Orb., 1846, Paléont. univ., pl. 27; Paléont. étrangère, pl. 24.

B. testâ elongatâ, anticè dilatatâ, posticè lanceolatâ, lateribus alis brevibus ornatâ.

Dim. Longueur, 140 mill. Angle d'ouverture de la partie médiane, 15 à 17°[1].

Coquille allongée, assez étroite; région médiane de 15° de largeur, très-prolongée en avant des expansions latérales, et tronquée, pourvue au milieu d'une côte médiane assez saillante et de sillons latéraux. Les expansions latérales ne paraissent occuper que le quart postérieur de la coquille, et représentent un élargissement lancéolé. Elles sont striées en long.

Rapp. et diff. — Cette espèce se distingue facilement du *B. lata*, par sa forme plus étroite et par son prolongement médian infiniment plus long. La ligne d'insertion des expansions ne paraît pas avoir eu de sinus antérieur.

Loc. Dans le lias supérieur d'Ohmden et d'Holzmaden (Wurtemberg). J'ai pu examiner de beaux échantillons montrant très-bien les parties antérieures.

Expl. des fig. Pl. 27, fig. 1, coquille entière, copiée d'après M. le comte Munster; fig. 2, un autre individu, copié d'après M. le comte Munster; fig. 3, figure dessinée d'après nature, sur des échantillons de l'Ecole des Mines.

N° 6. **BELEMNOSEPIA HASTATA**, d'Orb., pl. 28, fig. 1.

Geoteuthis hastata, Munster, 1843, Beitr. zur Petref., VI, tab. VIII, f. 3.

Belemnosepia hastata, d'Orb., 1846, Pal. univ., pl. 28, f. 1; Pal. étrang., pl. 25, f. 1.

[1] J'ai mesuré 15°; la figure donnée par M. le comte Munster en donne 17.

B. testâ angustatâ, elongatâ; anticè angustâ, posticè lanceolatâ, obtusâ, lateribus alis angustatis ornatâ.

Dim. Longueur, 190 mill.; largeur, 30 mill. Angle d'ouverture de la région médiane, environ 10°.

Coquille très-allongée, étroite. Région médiane de 10° de largeur, très-prolongée en avant des expansions latérales, pourvue d'une forte côte au milieu. Les expansions latérales occupent le tiers inférieur de la longueur de la coquille. Elles sont étroites, et forment, dans leur ensemble, un fer de lance étroit et très-obtus.

Rapp. et diff. — Plus étroite encore que le *B. sagittata*, cette espèce paraît s'en distinguer, de plus, par la forme étroite et obtuse de l'ensemble de ses expansions terminales. La figure donnée par M. le comte Munster laisse du reste beaucoup à désirer pour les détails.

Loc. Dans le lias supérieur d'Holzmaden (Wurtemberg).

Expl. des fig. Pl. 28, fig. 1, coquille copiée d'après M. le comte Munster.

N° 7. **BELEMNOSEPIA SPECIOSA**, d'Orb., pl. 28, fig. 2.

Geoteuthis speciosa, Munster, 1843, Beitr. zur Petref., VI, tab. VIII, f. 2.
Belemnosepia speciosa, d'Orb., 1846. Paléont. univ., pl. 28, f. 2; Paléont. étrang., pl. 25, f. 2.

Dim. Longueur, 280 mill.; largeur, 70 mill.

En donnant cette espèce, d'après M. le comte Munster, je le fais avec quelques doutes, n'ayant pas pu reconnaître, dans le vague du dessin, si elle devait réellement constituer une espèce, ou n'être qu'un état différent de fossilisation du *B. bollensis*. Elle paraît avoir des stries en contre-sens qui se contrarient tellement, qu'il est impossible de ne pas croire qu'il y a eu confusion des stries propres à la coquille, et des stries que laisse souvent l'empreinte de l'animal. Elle paraît néanmoins plus étroite et plus conique que le *B. bollensis*.

Loc. Près de Boll (Wurtemberg), dans le lias supérieur.

Expl. des fig. Pl. 28, fig. 2, coquille copiée d'après M. le comte Munster.

N° 8. **BELEMNOSEPIA BOLLENSIS**, d'Orb., pl. 29, fig. 1-3.

Loligo Aalensis, Schubler, 1830, Zieten Wurtemberg, p. 34, pl. 25, fig. 4.
Loligo Bollensis, Schubler, 1830, Zieten Wurtemberg, p. 34, pl. 25, f. 5-7.
Loligo Aalensis, Buckland, 1838, Min., pl. 28, f. 6, 7, pl. 29, f. 1, 2; pl. 30.
Belopeltis sinuatus, Voltz, 1840.
Geoteuthis Bollensis, Munster, 1843, Beitr. zur Petref., VI, tab. XIV, f. 3, tab. VIII, f. 1.
Belemnosepia Bollensis, d'Orb., 1846, Paléont. univ., pl. 29, f. 1-3; Paléont. étrang., pl. 26, f. 1-3.

B. testâ dilatatâ, oblongâ, anticè dilatatâ, truncatâ, lateribus alis subangustatis sinuosis ornatâ.

Dim. Longueur, 100 mill.; largeur, 40 mill. Angle d'ouverture de la région moyenne, 20°. Il a jusqu'à 240 mill. de longueur.

Coquille oblongue, large, tronquée en avant, arrondie en arrière; région médiane large de 20°, peu prolongée en avant, marquée d'une légère côte médiane et de deux sillons latéraux. Les expansions latérales occupent une grande longueur de la coquille; elles sont fortement sinueuses à leur jonction, et forment un ensemble arrondi à l'extrémité postérieure.

Rapp. et diff.—Intermédiaire entre les *B. lata* et *flexuosa*, cette espèce est moins large que la première, ayant de plus une côte médiane. Elle se distingue de la seconde par son angle médian, plus large de 5 degrés, et par la forme de ses expansions.

Loc. Dans le lias supérieur de Boll, d'Ohmden, d'Aalen en Wurtemberg, de Lyme-Regis (Angleterre).

Expl. des fig. Pl. 29, fig. 1, copiée du *Geoteuthis bollensis*, Munster; fig. 2, empruntée à M. le comte Munster; fig. 3, individu de Lyme-Regis, copié dans Buckland, pl. 30.

N° 9. **BELEMNOSEPIA OBCONICA**, d'Orb., pl. 29, fig. 4, 5.

Geoteuthis obconica, Munster, 1843, Beitr. zur Petrif., VI, t. IX, f. 1.
Belemnosepia obconica, d'Orb., 1846, Paléont. univ., pl. 29, f. 4, 5; Paléont. étrang., pl. 26, f. 4, 5.

B. testâ conicâ, oblongâ, anticè dilatatâ, truncatâ, lateribus alis angustatis ornatâ.

Dim. Longueur, 100 mill.; angle d'ouverture de la région médiane, 16 à 18°.

Coquille mince, oblongue, très-conique, tronquée en avant, arrondie, un peu anguleuse en arrière; région médiane de 16 à 18° d'ouverture, prolongée en avant, marquée d'une légère côte médiane et de côtes latérales. Les expansions latérales étroites.

Rapp. et diff. — Bien que cette espèce ait les plus grands rapports avec le *B. Bollensis*, elle paraît en différer par son angle médian moins ouvert, et par sa forme plus conique.

Loc. Dans le lias supérieur de Banz, le Schwarzach et de Mistelgau, en Franconie.

Expl. des fig. Pl. 29, fig. 4, copiée du *Geoteuthis obconica,* Munster; fig. 5, envoyée par M le comte Munster.

Résumé sur les Belemnosepia.

On a donné jusqu'à présent, dans le genre *Belemnosepia,* douze noms d'espèces que la discussion des caractères et de la synonymie m'a fait réduire à neuf.

Toutes ces espèces se trouvent à l'état fossile, et sont propres seulement aux couches du lias supérieur. Il est très-curieux, lorsque ce genre ne s'est pas montré dans les formations plus anciennes, de le voir apparaître en nombre, seulement avec la faune du lias supérieur, où il reste enseveli pour toujours; car, au moins jusqu'à présent, on ne le connaît pas dans les autres étages jurassiques ni dans les terrains crétacés et tertiaires, pas plus qu'au sein des mers actuelles. C'est un des faits les plus remarquables de la distribution géologique des genres dans les couches de l'écorce terrestre.

Table alphabétique de toutes les espèces réelles ou nominales du genre BELEMNOSEPIA.

6e famille. BELEMNITIDÆ, d'Orbigny.

Animal allongé pourvu d'une *coquille interne,* cornée et testacée, munie, à la partie postérieure, de loges aériennes, empilées sur une ligne presque droite, représentant un cône percé, à sa partie inférieure, d'un siphon marginal.

Rapp. et diff. — Cette famille, voisine des *Teuthidæ* par sa coquille cornée, s'en distingue par une série de loges aériennes, empilée à son extrémité postérieure, et formant une partie conique percée d'un siphon, analogue à la coquille complète des *Orthoceratites* ; mais s'en distinguant par sa position interne comme le reste de la coquille cornée de laquelle elle dépend, au lieu d'être externe.

La famille des *Belemnitidæ* ne renferme, jusqu'à présent, que les genres *Conoteuthis, Belemnitella* et *Belemnites.*

Ier GENRE. CONOTEUTHIS, d'Orbigny, Pl. 30.

Animal inconnu.

Coquille interne, cornée, très-allongée, terminée postérieurement, par un cône alvéolaire contenant une série de cloisons transverses aériennes, percées d'un siphon à la partie inférieure. Les lignes d'accroissement dénotent une forte carène médiane supérieure longitudinale, et un cône qui se réunit obliquement à la carène.

Rapp. et diff. — Par la forme allongée de la coquille, par la présence du cône postérieur, ce genre a la plus grande analogie avec les *Ommastrephes*. Par son alvéole, pourvue de cloisons aériennes, représentant un cône, il a de grands rapports avec la *Bélemnite*. Il diffère néanmoins des premiers par son cône alvéolaire, cloisonné, tandis qu'il est simple chez les *Ommastrephes*. Il se distingue des seconds par sa coquille étroite en avant, au lieu d'être spatuliforme, par le manque de rostre testacé autour de l'alvéole.

Le genre *Conoteuthis*, par ses caractères intermédiaires entre les *Ommastrephes* et les *Belemnites*, doit évidemment prendre place près de ces deux genres.

On n'a rencontré, jusqu'à présent, qu'une seule espèce fossile, dans l'étage aptien, du centre de la France.

N° 1. CONOTEUTHIS DUPINIANUS, d'Orbigny, Pl. 30.

Conoteuthis Dupinianus, d'Orbigny, 1842, Ann. des Sc. nat.; Zool., t. XVII, pl. 12, fig. 1-5.
Idem, d'Orbigny, 1846, Paléont. univ., pl. 30.
Idem, d'Orb., 1846, Paléont. franç., terr. crét., suppl., pl. 1.
Idem, d'Orb., 1846, Moll. viv. et foss., pl. 32.

C. testâ conicâ, oblique striatâ, subarcuatâ, septis rectis.

Dim. La partie connue a 12 mill. de longueur, son angle d'ouverture a 30° $\frac{1}{2}$.

Coquille interne très-allongée, pourvue, postérieurement, d'un cône corné oblique, lisse, ou seulement marqué de très-légères lignes d'accroissement. Cloisons transversales, lisses. Crête longitudinale saillante et presque tranchante.

Loc. Dans l'étage aptien ou argile à plicatules, du bassin parisien ; entre Ervy et Marolles, près de Seignelay (Yonne), MM. Dupin, Ricordeau et Cotteau ; Saint-Dizier (Haute-Marne), M. Tombeck.

Expl. des fig. Pl. 30, fig. 1, cône alvéolaire de grandeur naturelle, vu de profil ; *a* la tige : la partie ombrée est ce qu'on connaît en nature, le reste est supposé ; fig. 2, le même, vu de en dessus ; fig. 3, godet terminal, supposé d'après les lignes d'accroissement ; fig. 4, coquille entière, supposée d'après les lignes d'accroissement marquées sur le cône alvéolaire ; fig. 5, la figure 2 grossie, la partie non ombrée supposée ; fig. 6, la la figure 1, grossie ; *a*, partie supposée ; *b*, partie positive ; fig. 7, cône alvéolaire, vu en dessus, avec son siphon ventral, de ma collection.

IIe GENRE. BELEMNITELLA, d'Orbigny.

Actinocamax (pars); *Belemnites* (pars).

Animal. Coquille interne, probablement cornée, terminée en arrière, par un godet conique, contenant une série transverse de loges aériennes traversées par un siphon continu, sur la région inférieure, le tout protégé extérieurement par un encroûtement postérieur ou rostre. *Rostre* allongé, subcylindrique ou lancéolé, pourvu, en avant, à la région ventrale, d'une fente profonde, communiquant avec la paroi externe de l'alvéole. A la région dorsale antérieure se voit, en avant, une côte médiane, et de chaque côté une impression longitudinale latéro-dorsale d'abord, large en avant, puis rétrécie vers l'extrémité, où elle se divise en rameaux plus ou moins partagés, dirigés vers la région ventrale. L'alvéole est, comme l'extrémité supérieure du rostre, pourvue d'une forte côte dorsale longitudinale, qui règne sur toute la longueur.

Observ. La côte longitudinale médiane du rostre pourrait faire croire que la coquille cornée interne avait une tige étroite, comme celle des *Conoteuthis*, tandis que la présence de la fissure inférieure, et les impressions latéro-dorsales du rostre dénotent une organisation particulière. La singulière forme carrée du godet de l'alvéole du *B. quadrata* annoncerait peut-être une enveloppe cornée plus épaisse à cette partie qu'elle ne l'est dans les Bélemnites ordinaires.

Rapp. et diff. — Les *Belemnitella*, offrent, comme les *Conoteuthis*, une côte longitudinale dorsale, élevée, sur la partie supérieure de l'alvéole ; mais elles s'en distinguent par la présence d'un rostre postérieur. Les *Belemnitella* ont, par leur rostre, les plus grands rapports avec les *Belemnites*, néanmoins, elles s'en distinguent toujours de la manière la plus tranchée par la côte supérieure dorsale de l'alvéole, par les impressions latéro-dorsales du rostre, et par la fissure inférieure de celui-ci, communiquant avec la paroi externe de l'alvéole, trois caractères zoologiques constants, qui manquent toujours chez les *Belemnites*, et dénotent un animal pourvu d'organes différents.

Toutes les espèces de *Belemnitella* sont fossiles, et par une rare exception, semblent du moins, jusqu'à présent, n'être propres qu'aux couches supérieures de la craie, auxquelles elles ne paraissent pas avoir survécu.

Espèces de l'étage turonien, ou de la craie chloritée.

N° 1. **BELEMNITELLA VERA,** d'Orbigny, 1846, Pl. 32.

Breynius, 1732, Dissertatio phys., p. 411, t. VII, fig. 15.
Beudant, 1810, Ann. du Mus., t. XVI, pl. 3, fig. 8, 9.
Parkinson, 1811, Organ. rem., vol. III, pl. 4, fig. 19.
Belemnites fusiformis, Young, 1822, Geol. of York, XIV, pl. 14, fig. 2 ??
Actinocamax verus, Miller, 1823, Trans. of the geol. Soc., II, p. 64, pl. 9, fig. 17.
Belemnites plenus, Blainv., 1827, Mém. sur les Bél., p. 59, n° 1.
Idem, Dict. des Sc. nat., fig. 3.
B. mucronatus, Sow., 1829, Min. conch., VI, p. 205 (pars), pl. 600, fig. 6, 7.
B. lanceolatus, Sow., 1829, Min. conch., VI, p. 208, pl. 600, fig. 8, 9. (Non Schloth., 1815.)
Actinocamax Blainvillei, Voltz, 1830, Bélemn., p. 35.
B. plenus, Desh., 1830, Encycl. méth., t. II, p. 124, n° 1.
B. lanceolatus, Pusch, 1837, Polens paléont., p. 162, n° 2.
B. plenus, Bronn, 1837, Lethæa géol., t. XXXIII, fig. 14.
B. plenus, Potiez et Mich., 1838, Galerie, I, p. 22, n° 9.
B. plenus, Roemer, 1841, Kreid., p. 84, n° 7.
Belemnitella Galliennei, d'Orb., 1842, Bull. de la Soc. géol.
B. lanceolatus, Morris, 1843, Brit. foss., p. 177.
Belemnitella vera, d'Orb., 1846, Pal. univ., pl. 32, fig. 1-6.
Idem, d'Orb., 1846, Terr. crét., suppl., pl. 2, fig. 1-6.
Idem, d'Orb., 1846, Moll., viv. et foss., I, Bélem., n° 1.

B. testâ elongatâ, lanceolatâ, lævigatâ, anticè subtrigonâ, posticè dilatatâ, depressâ, acuminato-mucronatâ; lateribus sulcis impressis latis, posticè evanescentibus; alveolo? anticè truncato, radiatìm costato, subtùs scissurato.

Dim. Longueur, 90 mill. Grand diamètre postérieur, 14 mill.; grand diamètre antérieur, 10 mill.

Rostre très-allongé, fusiforme, rétréci en avant, renflé au tiers postérieur, et fortement acuminé en pointe en arrière. La coupe antérieure est comprimée, triangulaire ; à la partie la plus large, elle est déprimée ovale. Dessous se remarque une légère dépression antérieure. Impressions latéro-dorsales larges en avant, sans ramifications, rétrécies à la partie la plus dilatée, et alors marquées seulement de deux nervures. Je ne connais cette espèce qu'à l'état d'Actinocamax, c'est-à-dire sans alvéole ; néanmoins, sur un des échantillons que je possède, on voit le commencement de l'alvéole, et de la scissure inférieure qui y conduit. La troncature paraît être identique sur tous les individus; elle est oblique, la région ventrale plus saillante; on y remarque, en dessus, trois côtes divergentes, en dessous une dépression médiane, et sur chacun des côtés, vis-à-vis des impressions latéro-dorsales, une forte côte rayonnante. Il y a, en outre, d'autres petites côtes moins prononcées. Cette espèce varie beaucoup pour son allongement.

Rapp. et diff. — Elle se distingue facilement des autres par sa forme lancéolée, par sa surface lisse, sans ramifications latérales, et enfin par la singularité de sa troncature.

Loc. Elle est propre à l'étage turonien supérieur. En France, elle a été recueillie à Sainte-Cerotte (Sarthe), par M. Gallienne ; en Belgique, à Tournay, à Lathinne et à Tirlemont, par M. de Koninck et par moi ; en Angleterre, à Hamsey, à Steyning.

Hist. Considérée, en 1811, par M. Beudant, comme une pointe d'oursin, cette espèce fut le type du genre *Actinocamax*, et de l'*A. verus*, par Miller. Trois ans après, M. de Blainville, en la plaçant dans le genre *Belemnites*, changea son nom spécifique en celui de *Plenus*; M. Sowerby l'appela *Lanceolatus*, et M. Voltz, *Blainvillei*. Je l'avais d'abord indiquée, en 1842, sous le nom de *Belemnitella Galliennei*, mais aujourd'hui je crois devoir revenir au nom le plus anciennement donné, celui de *Vera*, malgré sa défectuosité.

Expl. des fig. Pl. 32, fig. 1, rostre, vu de côté, *a* dessous, *b* dessus ; fig. 2, la même, vue en dessus ; fig. 3, la même, vue en dessous ; fig. 4, partie supérieure du rostre grossi, *a* dos, *b* ventre ; fig. 5, coupe transversale au tiers inférieur ; fig. 6, individu plus jeune. De ma collection.

Espèces de l'étage sénonien ou de la craie blanche.

N° 2. **BELEMNITELLA MUCRONATA**, d'Orbigny, Pl. 31, fig. 1-6 ; pl. 33.

Belemnites, Breynius, 1732, Dissertatio phys., p. 41, t. VII, fig. 1-14.
Klein, 1773, Desc. tubul., p. 30, tab. VIII, fig. 3, 4, 5.
B. Faujas, 1799, Hist. de la mont. Saint-Pierre, p. 127, pl. 32, fig. 3.
Belemnites paxillosa, Lamarck, 1801, Syst. des an. sans vert., p. 104.
Belemnites Paxillosus, Montfort, 1808, Conch. syst., p. 383. (Non Schloth., 1813).
Parkinson, 1811, Org. rem., III, p. 9, fig. 1.
B. paxillosus, Schloth., 1813, Min. Tasch., v. VII, p. 51, 70, 100, 111 (pars).
B. mucronatus, Schloth., 1813, Min. Tasch, v. VII, p. 3.
B. mucronatus, Schloth., 1820, Petrefacten, p. 47, n° 4.
B. cylindricus, Wahlemb., 1821,
B. mucronatus, Mantell, 1822, The Foss. of the south Dow., etc., pl. 16, f. 1.
B. mucronatus, Brong. et Cuvier, 1822, Géogn. par., pl. 3, fig. 1, ab.
B. Subconicus, Lam., 1822, An. sans vert., VII, p. 592, n° 1. (Plusieurs espèces confondues)[1].
B. fusoïdes, Lam., 1822. An. sans vert.
B. electrinus, Miller, 1823, Observ. on Belemnites, p. 61, n° 9, pl. 8, f. 2.
B. mucronatus, Nilsson, 1825, Act. reg. acad. Holm., 339.
B. mucronatus, Blainv., 1827, Mém. sur les Bélemnites, n° 7, pl. 1, f. 12. Id., Diction. des Sc. nat., f. 5.
B. Osterfieldi, Blainv., 1827, idem, p. 62, n° 3, pl. 1, f. 8. Dict., pl. f. 1.
B. mucronatus, Nilsson, 1827, Petrif. suec., p. 9, n° 1, tab. II, f. 1 à 4, L.
B. mucronatus, Ure, 1829, A new syst., pl. 2 et pl. 5.
B. Idem, Sowerby, 1829, Mineral. conch., t. 600, f. 1, 2 et 4.
B. Idem, Deshayes, 1830, Encycl. méth., p. 125, n° 5. Règne animal, pl. 11, fig. 3.
Idem, Hartmann, 1830, Wurt., p. 17.
Idem, Zieten, 1830, Wurt., p. 30, tab. XXIII, f. 2.
Belemnites americanus, Morton, 1830, Amer. journ., XVII, p. 281 ; XVIII, pl. 1, fig. 1-3.

[1] Cette espèce de Lamarck, comme son *B. fusoïdes*, à en juger par les figures de Breynius, auxquelles il la renvoie, est bien le *Belemnitella mucronata*, tandis que la localité indiquée ferait présumer qu'il est question d'une autre espèce. D'un autre côté, la figure de l'Encyclopédie représente une orthocère.

B. mucronatus, Desh., 1831, Coq. caract., p. 212, pl. 6, f. 3.
B. americanus, Keferst, 1834, p. 424, n° 12.
B. electrinus, Keferst, 1834, p. 425, n° 37.
B. mucronatus, Pusch, 1837, Polens paléont., p. 162, n° 1.
Idem, Hisinger, 1837, Leth. suec., p. 30, t. X, f. 6.
Idem, Bronn, 1837. Leth. géogn., p. 716, tab. XXXIII, f. 10.
Idem, Galeotti, 1837, Braban, p. 165, n° 1.
Idem, Potiez et Mich, 1838, Gal. de Douai, I, p. 22, n° 7.
Belemnitella mucronata, d'Orb., 1840, Paléont. franç., T. Crétacés, pl. 7.
Belemnites mucronatus, Geinitz, 1840, Charak. Kreid., p. 42.
Belemnites mucronatus, Rœmer, 1841, Kreid., p. 84, n° 4.
Idem, Morris, 1843, Brit. foss., p. 177.
Belemnitella mucronata, d'Orb., 1845, Murch, Vern. et Key., Russia, p. 489, pl. 43, f. 1-4.
Idem, d'Orb., 1846, Paléont. univ., pl. 31, f. 1-6, pl 33.
Idem, d'Orb, 1846, Paléont. étrang., pl. 27, f. 1-6.
Idem, d'Orb, 1846, Moll. viv. et foss., pl. 33, f. 1-6, n° 2.

B. testâ elongatâ, subconicâ, rugosâ, anticè cylindricâ, fissuratâ, lateribus sulcis complanatis ramulosis, posticè multis ramosis; posticè acuminatâ, mucronatâ, aperturâ rotundâ; alveolo, angulo 19 *vel* 20°.

Dim. d'un grand individu : longueur, 126 mill. Par rapport à la longueur, $\frac{20}{100}$.

Rostre allongé, quelquefois un peu comprimé en avant, cylindrique sur sa moitié antérieure ; de là, acuminé et déprimé jusqu'à l'extrémité très-obtuse, au milieu de laquelle est une pointe souvent assez allongée ; les deux impressions latéro-dorsales sont très-marquées, larges, et il en part de petits sillons ramifiés et réticulés qui viennent joindre la partie inférieure. *Scissure* longue, occupant la moitié de la cavité. *Cavité* ronde, conique, très-longue, occupant les deux cinquièmes de la longueur, pourvue en dessus d'un sillon creux longitudinal ; alvéole avec des cloisons séparées, dont les traces se montrent encore dans la cavité. L'alvéole que je possède est légèrement comprimé, pourvu d'une côte en dessous, et d'une bien plus forte en dessus ; celle-ci accompagnée d'un sillon latéral. Jeune, sa forme est plus conique et légèrement comprimée chez quelques individus, cylindrique chez d'autres.

Rapp. et diff. — Analogue, pour la forme, au *Belemnitella quadrata*, le *mucronata* s'en distingue par son ouverture ronde et non anguleuse, par sa surface plus ramifiée.

Loc. Étage sénonien ou craie blanche la plus supérieure. Meudon, près de Paris; Épernay, Césane (Marne), MM. Dutemple, de Wegmann et moi; Sens (Yonne); Orglande (Manche), MM. de Gerville et Desnoyers; Norfolk, dans le Sussex; le Yorkshire, Askton-Moor, Norwich, dans le Kent, dans le Sussex, à Norfolk (Angleterre); Maëstricht, en Belgique; Balsberg, Kjugestrand, Kopinge, Oldembourg, Pétersberg (Suède); Aix (Prusse); Peine (Hanôvre), M. Rœmer; pays du Donetz et dans le gouvernement de Sembirsk (Russie), M. de Verneuil; New-Jersey (États-Unis), M. Morton.

C'est à tort que M. Sowerby a rapporté à cette espèce les *B. quadratus, Scaniæ* et *verus;* ce sont des espèces bien distinctes. Le nom le plus ancien est, sans contredit, celui de *paxillosus;* mais, comme Lamarck, Montfort et Schlotheim ont confondu, sous ce nom, presque toutes les *Belemnites* connues, je crois devoir conserver celui de *mucronatus*, qui ne laisse aucun doute et qui est le plus connu.

Expl. des fig. Pl. 31, fig. 1. Variété de l'Amérique septentrionale, vue de côté; fig. 2, la même, vue en dessous; *a* la nervure inférieure de l'alvéole; fig. 3, ouverture vue en dessus; fig. 4, alvéole vu en dessus; *a* la côte dorsale; fig. 5, le même, vu de profil; *a* côté dorsal; fig. 6, le même, vu en dessus; *a* côte dorsale. Pl. 33, fig. 1, rostre vu en dessus pour montrer les sillons latéraux; fig 2, le même, vu en dessous, pour montrer la fente inférieure; fig. 3, le même, vu de côté, pour montrer les ramifications des côtés; fig. 4, exemplaire fendu longitudinalement pour montrer la place qu'occupe la cavité, la marque de celle-ci et sa fissure latérale; fig. 5, ouverture vue en dessus; fig. 6, tranche prise au milieu de la longueur, pour montrer le rayonnement des couches; fig. 7, jeune individu, pour montrer sa forme conique; fig. 8, le même, vu en dessus. De ma collection.

N° 3. **BELEMNITELLA QUADRATA**, d'Orb., pl. 34, fig. 5-10.

Belemnites quadratus, Defrance (dans sa collection).
Idem, Blainv., 1827, Bélemn., p. 62, n° 4, pl. 1, f. 9 (individu entier, usé).
B. granulatus, Blainv., 1827, Bélemn., p. 63, n° 5, pl. 1, f. 10 (individu non usé, à ouverture cassée). Dict. des Sc. nat., fig. 2. (Non *granulatus*, Zieten, 1830).
B. striatus, Blainv., 1827, Bélemn.. pl. 64, n° 6, pl. 1, f. 11 (individu tronqué à ses deux extrémités). (Non *striatus*, Hartm., 1830).
B. granulatus, Sowerby, 1829. Mineral conc., VI, p. 207, tab. 600, fig. 3, 5.
B. granulatus, Deshayes, 1830, Encycl. méth., p. 135, n° 3.
B. striatus, Deshayes, 1830, Encycl. méth., p. 125, n° 4.
B. granulatus, Potiez et Mich., 1838, Galerie de Douai, I, p. 22, n° 6.
Belemnitella quadrata, d'Orb., 1840, Ter. crét., I, p. 60, n° 10, pl. 6, f. 5-10.
Belemnites granulatus, Rœmer, 1841, Kreid., p. 84, n° 5.
Idem, Morris, 1843, Brit. foss., p. 177.
Belemnitella quadrata, d'Orb., 1846, Paléont. univ., pl. 34, f. 5-10.
Idem, d'Orb., 1846, Moll. viv. et foss., I, Belemnitella, n° 3.

B. testâ elongatâ, subcylindricâ, anticè compressâ, fissuratâ, posticè acuminatâ, mucronatâ; sulcis lateralibus latis, posticè trifurcatis, ramulosis; aperturâ subquadratâ.

Dim. Longueur, 68 mill.; diamètre, 12 mill.

Rostre allongé subcylindrique, un peu comprimé en avant, acuminé d'abord, puis s'atténuant tout à coup pour se terminer par une pointe aiguë, grêle; sa surface couverte de granulations assez régulières, formant souvent des espèces de stries vers l'extrémité, interrompues seulement par les sillons supérieurs, ceux-ci profonds et doublement impressionnés, ramifiés sur les côtés. *Scissure* peu prolongée. *Cavité* quadrangulaire, courte, occupant un peu plus du quart de la longueur; stries en long en dessous, stries en travers au dessus; les bords supérieurs sont obliques, festonnés en quatre lobes, dont les supérieurs un peu onduleux. Jeune, il est plus allongé, l'extrémité plus acuminée. Je ne puis expliquer la forme carrée de l'ouverture, qu'en supposant que l'alvéole était enveloppé de parties cornées détruites par la fossilisation.

Rapp. et diff. — Cette espèce diffère du *Belemnitella mucronata* par sa surface granuleuse, par sa cavité plus courte et quadrangulaire. Ce dernier caractère, surtout, la fait reconnaître au premier aperçu.

Loc. Étage sénonien ou craie blanche. Hardivilliers, près de Beauvais (Oise), M. Graves; Reims (Marne), M. Dutemple; Sens (Yonne), M. Baudouin de Solène et moi; à Lewes, dans le Yorkshire (Angleterre); à Osterhofen, près d'Eisen, M. Hœninghauss. Elle ne se trouve point à Meudon.

Hist. Elle montre combien les erreurs se perpétuent dans la science. Trop souvent on se contente de copier ses devanciers, et se fiant aux figures, sans recourir aux originaux, on augmente la confusion qu'une critique plus sévère aurait dû faire cesser. M. de Blainville, d'après la belle collection de M. Defrance, décrit trois espèces de Bélemnites de la craie blanche, son *B. quadratus*, son *B. granulatus* et son *B. striatus*, que je crois devoir réunir en une seule espèce. Ce savant décrit la première comme lisse et à cavité quadrangulaire; la seconde, comme granulée, à cavité subtriquètre; la troisième, comme striée, à ouverture triquètre, et ces caractères sont exprimés dans les figures. M. Deshayes a décrit, deux ans après, le *Belemnites granulatus*, sans parler de sa cavité, et le *Belemnites striatus*, avec une *cavité peu profonde, trigone, à bords tranchants et sans fissure*. Dans le manuel de Labèche, on trouve encore les trois espèces indiquées, et dès lors bien établies.

Ayant promis, dans cet ouvrage, de ne me fier qu'aux échantillons même, j'ai voulu remonter aux sources, et voir chez M. Defrance les pièces qui ont servi à ces descriptions. Voici ce que j'ai trouvé: le *Belemnites quadratus* de M. de Blainville est un sujet à cavité bien entière, mais dont la superficie est un peu usée, paraît lisse au premier aperçu; cependant on y reconnaît facilement les granulations de l'espèce. Le *Belemnites granulatus* est en tout semblable de forme, granulé ou légèrement strié à son extrémité, et bien évidemment de la même espèce. Les échantillons de M. Defrance sont cassés en avant, ce qui a pu autoriser l'erreur de l'ouverture, rendue positive par une figure creuse imaginaire ; mais un échantillon montre encore un des pans de sa forme quadrangulaire, fait qui lève tous les doutes sur la nécessité de les réunir.

Pour le *B. striatus*, de M. de Blainville, je me suis aperçu que ce n'était qu'un tronçon de la même espèce, sans ouverture ni extrémité, où les granulations, comme on le trouve dans quelques autres échantillons du *B. quadratus*, forment des stries irrégulières vers l'extrémité[1]. De plus, j'ai pu reconnaître que le peintre n'avait, en aucune manière, rendu sa forme, en le faisant trop conique, trop tronqué à son extrémité, et surtout en donnant à l'ouverture une figure creuse purement de son invention ; car l'échantillon type est tronqué vers le tiers de sa longueur, bien avant la cavité. C'est probablement de cette figure factice qu'aura été emprunté le caractère de la cavité indiquée par M. de Blainville. Si M. Deshayes, lorsqu'il a fait sa description, avait vu l'échantillon en nature, il aurait sans doute reconnu cette erreur, et n'aurait pas dit que *son ouverture a des bords tranchants*, et que sa *cavité est peu profonde*, caractères encore évidemment empruntés à la figure dessinée par le peintre, et qui n'existe pas dans l'échantillon. Ainsi, un fragment d'espèce mal figuré et représentant un caractère fictif, sert de thème à des descriptions, et devient une espèce véritable, citée dans les Manuels comme désormais bien établie.

M. Sowerby a placé le *B. quadratus* comme synonyme du *mucronatus*, en décrivant le *granulatus* comme espèce séparée. Le nom de *quadratus* ayant été imposé le même jour que les autres, et rappelant un caractère unique dans les Bélemnites, je l'ai conservé de préférence à celui de *granulatus*, certains échantillons du *B mucronata* étant quelquefois subgranulés.

Expl. des fig. Pl. 34, fig. 5. Rostre vu en dessus, pour

[1] On trouve aussi sur l'extrémité de certains exemplaires du *Belemnitella mucronata*, des stries semblables à celles qui existent sur ce tronçon.

montrer les rainures latérales ; fig. 6, le même, vu en dessous, pour montrer la fente; fig. 7, le même, vu de côté; fig. 8, le même, coupé longitudinalement, pour montrer la longueur de la cavité, sa forme anguleuse et les stries opposées ; fig. 9, partie supérieure du même; fig. 10, rostre d'un jeune individu des environs de Sens. De ma collection.

N° 4. **BELEMNITELLA SUBVENTRICOSA**, d'Orb., pl. 31, fig. 7-12.

Belemnites subventricosus, Wahlemb., 1821, Act. Ups., vol. VIII, p. 80.
Belemnites mamillatus, Nilsson, 1825, Act. acad. Holm., p. 340.
Belemnites Scaniæ, Blainv., 1827, Mém. sur les Bélemn., p. 61, n° 2.
Idem, Diction. des Sc. nat, f. 6.
B. mamillatus, Nilsson, 1827, Petref. suec., p. 10, n°. 2, tab. II, f. 2.
B. subventricosus, Voltz, 1830, Bélemn., p. 64, n° 17, pl. 8, f. 1.
B. Scaniæ, Desh., 1830, Encycl. méth., t. II, p. 124, n° 2.
B. mamillatus, Hising. 1837, Leth. suec., p. 31, t. x, f. 7.
B. subventricosus, Rœmer, 1841, Kreide, p. 84, n° 6.
Belemnitella subventricosa, d'Orb., 1846, Paléont. univ., pl. 31, f. 7-12.
Idem, d'Orb., Paléont. étrang., pl. 27, f. 7-12.
Idem, d'Orb., 1846, Moll. viv. et foss., n° 4, pl. 33, f. 7-12.

B. testâ elongatâ, subcylindricâ, lævigatâ, anticè subtrigonâ compressâ, lateribus sulcis complanatis simplicibus, posticè evanescentibus; posticè depressâ, apice mucronatâ, aperturâ conicâ vel concentricè rugosâ.

Dim. Longueur, 90 mill.; grand diamètre, 18 mill.

Rostre allongé, lisse, subcylindrique, presque égal en grosseur, légèrement rétréci, triangulaire et un peu comprimé en avant, très-déprimé en arrière, surtout à la région ventrale, terminé par une pointe mucronée, très-prononcée. Les impressions latéro-dorsales commencent par occuper une grande largeur et par former deux sillons en avant, réunis en un sur la moitié, et de là s'abaissant vers la pointe, sans avoir de ramifications inférieures ni de branches près de l'extrémité; scissure courte, mais assez large. La cavité alvéolaire est conique, profonde chez les jeunes individus, et montre alors un angle régulier et rond d'environ 43 degrés. A un âge plus avancé, l'ouverture s'évase, les couches du pourtour sont comme rongées, elles forment des sillons concentriques et des sillons rayonnants, comme chez les Actinocamax, et la cavité, chez les très-vieux, est tout à fait irrégulière. Les jeunes individus montrent une forme bien plus allongée.

Rapp. et diff. — Cette espèce, très-voisine par sa forme, du *B. quadrata*, s'en distingue à tous les âges par sa surface lisse, sans rameaux aux sillons latéraux-dorsaux, par sa cavité alvéolaire non carrée. Elle se distingue aussi, à tout âge, du *B. paxillosa*, par son manque de ramifications aux sillons latéraux-dorsaux.

Loc. Dans l'étage sénonien d'Ignaberga, Balsberg, Oppmanna, Sœndraby, Bokenas et dans l'île Ifo (Suède), Nilsson.

Expl. des fig. Pl. 31, fig. 7. Individu adulte vu de côté; *a* dessus; *b* dessous; fig. 8, le même, vu en dessous; *c* canal; fig. 9, extrémité supérieure de la même, vue en dessus; *a* côté dorsal; *c* canal; fig. 10, coupe prise près du tiers inférieur; fig. 11, coupe supérieure de la même; *a* canal; fig. 12, coupe d'un jeune individu ayant alors la cavité alvéolaire plus profonde. De ma collection.

Espèces incertaines.

N° 5. **BELEMNITELLA AMBIGUA**, d'Orbigny, pl. 31, fig. 13, 14.

Belemnites ambiguus, Morton, 1830, Sell. Amer. Journ., vol. XVIII, tab. I, fig. 4.
Idem, 1834, p. 424, n° 11.
Belemnitella ambigua, d'Orb., 1846, Paléont. étrang., pl. 27, f. 13-14.
Idem, d'Orb., 1846, Moll. viv. et foss., pl. 33, f. 13, 14.

Cette espèce, dont je ne connais que la figure donnée par M. Morton, pourrait bien n'être qu'un jeune de la *Belemnitella mucronata*.

Loc. La craie supérieure de la contrée du Gloucester-New-Jersey (États-Unis), M. Morton.

Expl. des fig. Pl. 31, fig. 13, copie de la figure donnée par M. Morton; fig, 14, la même, vue en dessus.

Résumé critique et géologique sur les Belemnitella.

On a mentionné ou décrit, jusqu'à présent, 21 noms d'espèces, qui se rapportent au genre *Belemnitella*. La discussion sévère des caractères et de la synonymie de ces espèces m'a fait réduire ce nombre à :

Espèces positives..........................	4
Espèces incertaines........................	1
Total................	5

Des quatre espèces positives l'une, le ***B. vera***, paraît être propre aux couches les plus supérieures de l'étage turonien, des terrains crétacés du bassin de la Loire, de la Belgique et de l'Angleterre.

Les trois autres espèces positives sont toutes de l'étage sénonien, ou de la craie blanche du terrain crétacé : 1° l'une, le ***B. mucronata***, se trouve en même temps dans l'Amérique du Nord et en Europe. Dans cette dernière partie du monde, elle se rencontre en France, en Russie, en Allemagne, en Belgique, en Suède et en Angleterre, et occupe dès lors une surface considérable; 2° le ***B. quadrata***, se rencontre dans le bassin parisien, en France et en Angleterre; 3° le ***B. subventricosa***, est spécial, jusqu'à présent, à la Suède.

Ainsi, les *Belemnitella* se seraient montrées, pour la première fois, avec le terrain crétacé dans les couches les plus supérieures de l'étage turonien; l'espèce de cet étage se serait anéantie, et trois espèces seraient venues la remplacer dans l'étage sénonien, où l'une d'elles vivait simultanément en Amérique et en Europe; puis le genre serait entièrement disparu de la surface du globe, avec la fin de la période crétacée, fait très-curieux et très-digne de fixer l'attention des géologues et des paléontologistes.

Table alphabétique de toutes les espèces réelles ou nominales du genre Belemnitella.

IIIe GENRE. **BELEMNITES**, Lamarck.

Belemnites, Agricola, 1546; *Nautilus belemnita*, Linné, 1767. Genre *Belemnites*, Lamarck, 1801. Genres, *Paclites*, *Thalamus* (alvéole) *Callirhoe* (rostre), *Cetocis*, *Belemnites*, *Acamas*, *Hibolites*, *Porodragus*, Montfort, 1808; *Belemnites*, *Pseudobelus*, Blainville, 1827.

Animal céphalopode allongé, formé d'une tête portant dix bras analogues à ceux du genre *Enoploteuthis*; pourvu, comme ceux de ce genre, de deux rangées alternes de crochets, et d'un corps bursiforme, conique, très-allongé, muni latéralement, un peu au-dessus du milieu de la longueur, de nageoires arrondies en avant[1].

Coquille interne cornée, élargie antérieurement, rétrécie en arrière et terminée postérieurement, par un *godet* conique plus ou moins profond, contenant une série de loges aériennes, empilées et traversées, sur le côté externe inférieur, par un siphon continu, que rétrécit l'étranglement de chaque loge. Le godet postérieur est protégé à l'extérieur et seulement en arrière par un encroûtement testacé, représentant un *rostre* épais, pointu ou obtus, généralement allongé. *Rostre* allongé, conique, aigu ou obtus, entier en avant, et sans fente inférieure. Alvéole simplement conique sans côte supérieure.

Rapp. et diff. — Les *Belemnites* sont voisines des *Belemnitella*, avec lesquelles elles avaient été confondues par leur rostre testacé; mais elles s'en distinguent toujours par le manque de côte supérieure à l'alvéole, par le manque de ces impressions latéro-dorsales si ramifiées du rostre, et enfin par le manque constant de la fissure ventrale de cette partie. Ainsi des caractères organiques séparent nettement ces deux coupes génériques, confondues par les auteurs.

1 On doit à M. Owen des figures et un travail intéressants sur l'animal de la Bélemnite, rencontré dans les couches oxfordiennes. *Philos. trans.*, part. I, 1844, p. 65, Pl. 2, 7.

Toutes les espèces de *Belemnites* sont fossiles, et aucune ne paraît peupler les mers actuelles.

Obs. Les *Belemnites* étant généralement peu connues, quoiqu'elles aient servi de texte à beaucoup d'écrits et d'importants travaux, je crois devoir entrer, à leur égard, dans une série de considérations destinées à détruire, s'il est possible, les incertitudes qui existent encore sur leur véritable composition et sur la place qu'elles occupent dans l'échelle des êtres. Je ne chercherai point à reproduire les opinions plus ou moins bizarres professées par les auteurs, relativement à leur forme primitive, et à l'animal auquel elles appartenaient. Il me suffira d'expliquer les faits résultant de mes observations sur les immenses matériaux que j'ai eus sous les yeux, en les rattachant à la connaissance que m'a donnée de leur ensemble, l'étude comparative des céphalopodes vivants [1].

Composition de la coquille. Des recherches minutieuses sur les restes de Bélemnites, conservés au sein des couches terrestres, m'ont démontré, par l'inspection d'un grand nombre d'empreintes restées, soit sur les alvéoles, soit sur la paroi interne de la cavité alvéolaire du rostre, que la coquille interne de Bélemnite se compose de quatre parties intimement liées entre elles, et constituant un osselet interne compliqué. Ces parties sont : 1° antérieurement, une lame cornée, spatuliforme, élargie en avant; 2° en arrière, un godet profond ou alvéole conique, contenant une coquille conique testacée dans laquelle est une série transverse de loges aériennes; 3° un siphon inférieur traversant toute la série de loges; 4° un encroûtement calcaire plus ou moins allongé, recouvrant et protégeant l'alvéole, et constituant un véritable rostre terminal. Je vais successivement passer en revue ces différentes parties, en les décrivant dans tous leurs détails.

[1] J'ai imprimé une grande partie de ces considérations en 1842, *Paléont. franç., terr. jurass.*, p. 41. Il est étonnant que M. Owen n'en ait pas eu connaissance, en 1844, lorsqu'il a publié ses recherches sur le même sujet.

Partie cornée de la coquille. La partie cornée de la coquille, est chez les Bélemnites peu variable dans sa forme, ainsi que j'en ai pu juger sur plus de quinze espèces distinctes dont les rostres sont très-disparates, et où je lui ai toujours trouvé la même configuration. Elle se compose : en avant, d'une lame élargie, spatuliforme, assez courte, formée au milieu, d'une *région dorsale* large (pl. 36, fig. 1, 2, *aa*; et pl. 37, *aa*), dont l'angle dépasse toujours dix degrés d'ouverture, couverte de stries d'accroissement en ogive, allant se réunir, de chaque côté, à la ligne médiane quelquefois saillante, striée, ou légèrement sillonnée. De chaque côté de la région dorsale règnent des *expansions latérales*[1] (pl. 36, la région comprise entre *a* et *b*), qui partent de cette région et forment, de chaque côté, des lames cornées, minces, étroites, marquées de lignes d'accroissement, obliques, de haut en bas, et de dessus en dessous. Ces expansions accompagnent la coquille sur toute sa longueur, et vont se réunir à la partie inférieure, où elles forment un godet conique (pl. 36, fig. *c*) plus ou moins long, mais paraissant occuper près de la moitié de l'ensemble. Sur les côtés, au point de jonction des expansions latérales au godet terminal ou alvéolaire, les lignes d'accroissement s'arquent tout à coup, décrivent des courbes dont la convexité est en bas[2], et deviennent ensuite transversales sur toute la *région ventrale*, pour constituer le godet terminal, espèce de cône renversé, corné, où les loges aériennes se forment successivement, au fur et à mesure de l'accroissement de l'animal.

En résumé, la partie cornée se compose : 1° d'une région dorsale large, plus courte, mais analogue à la tige de la coquille des Ommastrèphes, des Onychoteuthes, etc.; d'expansions latérales plus étroites, mais de même nature que celles des coquilles de Calmars, d'Onychoteuthes, etc. ; 3° d'un godet ter-

[1] Ce sont les *Asymptotes* de M. Voltz, Mémoire, p. 3.

[2] Ce sont ces lignes convexes, lorsque le cône est renversé, qui forment ce que M. Voltz appelle *régions hyperbolaires*.

minal identique, mais plus grand que celui qui existe à l'extrémité de la coquille des Ommastrèphes; ainsi, sans aucune hypothèse, en suivant, comme je l'ai fait, sur l'empreinte même d'une alvéole, toutes les lignes d'accroissement de la coquille, on arrive à la restituer telle qu'elle devait être à l'état complet, de manière à ne plus laisser de doutes, quant à sa forme ou à ses rapports avec les autres Céphalopodes connus.

J'ai dit que j'ai pu reconnaître la coquille cornée sur les empreintes internes de plus de quinze espèces de Bélemnites, dont le rostre avait les formes les plus disparates, et que cette coquille m'avait paru partout absolument identique dans ses détails. C'est, en effet, ce que j'ai trouvé, puisqu'à l'exception d'une plus ou moins grande largeur de la région dorsale, largeur toujours relative à l'ouverture de l'angle de l'alvéole, je n'ai remarqué entre ces coquilles aucune différence appréciable. On doit en conclure que, chez les Bélemnites comme chez les autres Céphalopodes actuellement vivants, cette partie interne est en rapport avec les autres caractères zoologiques, et qu'elle peut avec certitude être adoptée comme caractère distinctif des genres.

Dans son mémoire sur les restes de Bélemnites fossiles[1], M. Richard Owen ne parle pas de cette partie essentielle de la Bélemnite. Sans doute qu'elle avait disparu par la fossilisation sur les échantillons qu'il a observés, car j'ai sous les yeux le rostre de la même espèce étudiée par ce savant, et sur l'alvéole duquel on voit parfaitement la coquille cornée. D'ailleurs la partie située au-dessus du cône alvéolaire, marquée *d* dans toutes ses figures, et montrant le tissu musculaire du corps, était, sans aucun doute, la région occupée par cette coquille. Si M. Owen avait étudié les empreintes cornées de la coquille qui se voient souvent sur le cône alvéolaire, il aurait sans doute modifié son opinion relativement à l'ensemble de la coquille de Bélemnite.

[1] *Philosoph. trans.*, 1844, p. 65.

Godet ou cône alvéolaire. Ce godet se compose de deux parties distinctes : du *cône alvéolaire*, corné, qu'on a vu n'être que le prolongement de l'extrémité de la coquille, cornée et de l'*alvéole*[1] ou coquille testacée où se forment les loges aériennes, au fur et à mesure des besoins de l'animal. Il en résulte que la partie extérieure du cône, toujours cornée, préexistait à ce dépôt testacé des cloisons, et que celles-ci n'en ont en rien modifié la forme. Si j'en juge par un grand nombre d'empreintes que j'ai pu voir, le godet ou cône alvéolaire aurait occupé moins de la moitié de la longueur de la coquille. Il paraît certain aussi que ses bords s'élevaient en avant comme les parois d'un cornet et dépassaient de beaucoup l'alvéole (pl. 36, *ee*). Cette partie, souvent un peu comprimée, ne varie que dans sa largeur ; aussi, son angle se réduit-il à onze ou quinze degrés d'ouverture chez le *B. hastatus*, tandis que sa plus grande ouverture est de vingt-huit à trente degrés chez le *B. brevis* et *Tricanaliculatus*, sans qu'elle soit toujours en rapport avec la longueur respective du rostre extérieur, puisque, parmi les plus larges, se trouvent des espèces à rostre court et d'autres à rostre très-long. Ce godet est loin de former invariablement un cône régulier. Quand on le voit en dessus ou en dessous, il est effectivement conique, et s'accroît régulièrement sur toute son étendue ; mais, lorsqu'on le regarde de côté, il offre presque toujours une courbe marquée, la pointe s'inclinant évidemment vers la région ventrale (*Pal. univ.*, pl. 47 et 57). Quelquefois, il est presque droit.

L'*alvéole* ou *coquille testacée*, se dépose en dedans du cône alvéolaire, dont elle tapisse les parois internes, et occupe presque toute la longueur (pl. 36, *dd*). Elle contient, dans les deux tiers de la longueur environ (pl. 36, *ff*), une série de loges aériennes. Si j'étudie ces loges, je verrai que la première est ovale, ronde ou cupuliforme (*Pal. univ.*, pl. 53), et qu'elle paraît appartenir à l'âge embryonnaire de la Bélemnite (j'en

[1] Cette partie a été appelée *Phragmocone* par M. Owen, *loc. cit.*, p. 66.

traiterai plus tard). Sur cette loge viennent successivement s'en déposer d'autres, déprimées, minces, convexes en dessous, concaves en dessus, et augmentant d'épaisseur proportionnellement à la largeur du cône testacé, où elles se forment de manière à ce que les premières soient les plus minces et les dernières les plus épaisses. L'étude de la composition des cloisons qui séparent ces loges me donne, comme je l'ai dit, la certitude qu'elles sont indépendantes, non-seulement du godet corné qui les reçoit, mais encore les unes des autres[1]. En effet, lorsqu'on examine au microscope les parois des cloisons, on s'aperçoit de suite, que chacune en particulier se forme d'une chambre spéciale, que chaque chambre, avec ses cloisons supérieure, inférieure et latérale, s'applique l'une sur l'autre (*Paléont. univ.*, pl. 53, fig. 8), et que chacune des cloisons est elle-même composée de deux couches. Ces couches, ainsi que le reste de la coquille testacée, paraissent avoir été nacrées comme les loges internes de toutes les coquilles multiloculaires des Céphalopodes.

En résumé, la coquille testacée ou l'*alvéole*, que M. Owen a nommée *Phragmocone*[2], et les loges aériennes qui y sont contenues, sont déposées dans une cavité terminale de la coquille cornée, analogue à celle de l'Ommastrèphe. Dès lors, elle n'est pas un animal parasite comme l'a pensé M. Raspail[3], ni un corps indépendant, comme le croyait Denis de Montfort[4]. Cet alvéole paraît avoir un angle d'ouverture assez constant dans chaque espèce; on pourrait s'en servir comme caractère spécifique; mais il faudrait tenir compte de la compression qui existe presque toujours et modifie beaucoup l'ouverture de l'angle.

Le *siphon* est un canal longitudinal qui traverse toutes les loges aériennes de l'alvéole, sans communiquer avec elles. Il

[1] M. Voltz a bien vu ce fait. *Mémoire*, p. 4.

[2] L'alvéole ou coquille testacée interne ne paraît pas avoir adhéré à la coquille cornée, car M. Owen en figure qui ont été trouvées séparées du reste.

[3] *Annales des sciences d'observation.*

[4] *Conchyliologie systématique.*

se compose d'un tube formé de segments obliques, renflés dans chaque loge, rétréci et comme étranglé à chaque cloison. En l'observant avec soin sur des échantillons remarquables de ma collection, j'ai reconnu qu'à chaque nouvelle loge, ce siphon vient saillir en dehors. Dans la figure que j'en ai donnée (*Pal. univ.*, pl. 53, fig. 7), on voit parfaitement qu'il existe un point de suture, non sur la ligne des cloisons et au point de rétrécissement, comme l'ont cru MM. Voltz[1] et Duval[2], mais bien dans l'intervalle de chaque cloison, sur le tiers inférieur du renflement; et cette suture, très-marquée, ne suit en rien l'obliquité des cloisons, étant au contraire transversale à l'axe du cône alvéolaire. Ce siphon, toujours contigu aux parois externes de l'alvéole, est invariablement placé sur la partie médiane et marginale de la région ventrale de l'alvéole, c'est-à-dire en dessous de la coquille.

Le siphon est une partie dont la position relative a beaucoup de valeur zoologique. En le voyant, en effet, toujours marginal ou dorsal, chez les genres de forme si bizarre qui composent la famille des Ammonidées, tandis que chez les Nautilidées, également très-variés, il est médian ou assez près du bord ventral, sans être contigu; on doit croire qu'il tient, dans l'organisation de ces êtres, une place très-importante, en rapport avec la forme des cloisons, et que, dès lors, sa position, relativement aux autres organes, est la conséquence de modifications organiques de grande valeur. S'il n'en était pas ainsi, le siphon ne conserverait pas, dans la grande famille des Ammonidées, une position identique, et varierait suivant les genres, ou même suivant les espèces. Il n'est donc pas douteux que le siphon ne soit invariable dans sa position, selon les grandes coupes, et que, zoologiquement, il ne doive en être ainsi. M. Duval, attachant à un simple sillon de la matière encroûtante du rostre de la Bélemnite plus d'importance qu'au

1 Voyez son *Mémoire*, p. 6.

2 *Bélemnites des Basses-Alpes*, p. 22.

siphon lui-même, parce qu'il rencontrait un sillon du côté opposé où il se trouve le plus souvent, y a vu un déplacement de siphon, et a fondé sur ce caractère deux groupes distincts : ses *Notosiphites*, pour les Bélemnites qui ont, à son avis, le siphon dorsal, et ses *Gastrosiphites*, pour celles qui l'ont ventral. Or, il y a lieu de se demander lequel des deux organes, du sillon du rostre, ou du siphon, présente zoologiquement plus de valeur? Les sillons sur les corps internes, tels que les coquilles de seiches et de calmars, ne sont point dus à une grande modification organique; ils sont formés, comme je m'en suis souvent assuré, par un simple pli, ou un épaississement de la paroi interne des téguments qui enveloppait la coquille. Ils ne sont pas non plus le siége d'attaches musculaires, mais sont simplement des crans longitudinaux, destinés à empêcher la coquille de changer de place, de remuer dans sa gaîne charnue. J'ai fait voir quelle était l'importance réelle du siphon d'après l'invariabilité de la place qu'il occupe; je crois inutile de pousser plus loin la comparaison. Tous les zoologistes auront déjà compris que, pour les Notosiphites de M. Duval, c'est le sillon qui devient dorsal, tandis que le siphon est à sa place normale. Les noms de *Notosiphites* et *Gastrosiphites*, donnés par ce naturaliste, ne peuvent donc plus être conservés, à moins que cette position inverse du siphon ne soit justifiée par l'ensemble de la coquille elle-même. Alors, il ne faudra plus former de groupes d'espèces, mais bien de véritables genres distincts, puisqu'il y aurait une modification importante dans l'économie animale.

Le *rostre*, que j'ai nommé ainsi[1] parce qu'il termine la coquille en arrière, et qu'il est dès lors en avant dans la nage rétrograde, le rostre n'est, à proprement parler, qu'un encroûtement calcaire, de forme très-variable, le plus souvent allongé, recouvrant et protégeant l'extrémité cornée de la co-

[1] J'ai le premier adopté cette expression, et j'en ai donné l'explication, en 1840, dans ma *Paléontologie française, terrains crétacés*, t. I, p. 35. C'est la *gaîne* de M. Voltz.

quille et l'alvéole qu'elle renferme; ainsi, dans la Bélemnite, le godet terminal de la coquille cornée aurait reçu, en dedans, la coquille testacée ou les loges alvéolaires, tandis qu'en dehors il serait recouvert par le dépôt calcaire constituant le rostre. Cette partie est des plus variées dans sa forme, comprimée, déprimée, sillonnée ou non, pourvue d'un ou de plusieurs sillons vers la pointe ou vers sa région supérieure, courte ou allongée, conique, ventrue ou lancéolée. Elle change d'aspect, suivant chacune des espèces, ou même dans les périodes diverses de l'existence de l'animal, sans avoir de caractères extérieurs toujours bien saisissables, toujours bien constants. En un mot, comme on devait s'y attendre pour un corps interne qui n'a aucune importance zoologique, le rostre de la Bélemnite est une partie sujette à une immense extension de variation, et ne peut se restreindre en des limites spécifiques qu'après une discussion sévère de toutes les causes susceptibles d'amener des différences, tenant à l'âge, au sexe, ou aux accidents nombreux qu'il peut éprouver.

Ne pouvant définir la forme fixe des rostres qu'en traitant des modifications qu'ils sont susceptibles d'éprouver, je me borne ici à l'exposé des lois invariables auxquelles leurs formes sont soumises. Le rostre, comme je l'ai dit, n'est qu'un encroûtement calcaire qui revêt extérieurement le godet terminal de la coquille cornée. Cet encroûtement, recevant toujours, sur toute sa longueur, de nouvelles couches au fur et à mesure de l'accroissement du godet, et l'accroissement du godet ayant lieu en avant, il en résulte que la région postérieure du rostre devient plus épaisse que l'antérieure, et qu'elle forme souvent un cône ou une partie très-allongée. En avant, au contraire, les couches calcaires du rostre deviennent d'autant plus minces qu'on approche de l'extrémité antérieure, et finissent par former une pellicule si peu épaisse qu'elle est à peine sensible.

M. Duval[1] a dit que le bord antérieur du rostre devait se

[1] *Bélemnites des Basses-Alpes*, p. 23, 29, 38.

terminer différemment, suivant les espèces; il le décrit; il le figure avec un long prolongement, en dessus et en dessous, et avec une échancrure sur les flancs. Je crois que ces saillies ne tiennent qu'à l'altération des rostres observés, et voici sur quoi je me fonde : je possède des échantillons des *B. tripartitus* et *acutus* (*Pal. univ.*, pl. 38 et 45), où les lames testacées du rostre se prolongent en avant, sur l'alvéole, en une pellicule très-mince, jusqu'à une très-grande distance, et ne cessent évidemment d'être perceptibles que par suite d'une altération. Ces deux faits, dans leur isolement même, eussent déjà été concluants; mais en observant toutes les coupes longitudinales, faites sur plus de quinze espèces de rostres très-bien conservés, je me suis encore assuré, à l'aide d'un fort grossissement, que les couches testacées du rostre, loin de venir s'achever carrément sur l'alvéole, dans la direction du rostre, s'étendent en une couche très-mince qui revêt, en s'évasant très-loin en avant, le cône alvéolaire. Je crois donc, en dernière analyse, d'après les observations citées, que le dépôt testacé du rostre se continuait sur presque toute la longueur du godet terminal de la coquille, et que, dès lors, ses bords suivaient la forme arrondie de ce godet. Quand il y a des parties élevées des côtes, sur le rostre, ces côtes s'atténuent, s'abaissent peu à peu et s'effacent même à la partie antérieure, comme j'ai pu le voir sur plusieurs espèces des terrains jurassiques et crétacés *B. hastatus*, *Blainvillei*, etc. Toutes les saillies et les échancrures antérieures du rostre me paraissent devoir n'être que le produit d'altérations plus ou moins fortes dans la décomposition ou dans l'usure, et ne tenir nullement à la forme de son bord.

Le rostre, composé de couches calcaires successives, ne les reçoit pas uniformément sur toute sa longueur. Les couches se portent le plus souvent en arrière, où elles forment, tout d'un coup, des prolongements énormes, comme on peut le voir pour les *B. irregularis*, *giganteus*, *unicanaliculatus et minimus*. Dans tous les cas, le rostre étant toujours terminé par une extrémité acuminée au centre postérieur, ce centre, cette extrémité de tous les âges, se montre dans les coupes, depuis le sommet de l'alvéole jusqu'aux dernières couches terminales du rostre, il forme une ligne droite, arquée ou flexueuse, suivant les espèces. Cette ligne, ancienne trace de l'extrémité successive du rostre, a été nommée *Apiciale* par M. Voltz; elle est, le plus souvent, identique suivant les espèces.

Les rostres des Bélemnites sont très-allongés chez les *B. hastatus, pistilliformis, clavatus, giganteus*, etc.; ils sont, au contraire, très-courts chez les *B. acutus, brevis, curtus.* Entre ces deux extrêmes, il y a tous les intermédiaires.

Leurs seuls ornements consistent :

1° En un sillon ventral prolongé sur presque toute la longueur (*B. hastatus, Duvalianus, sulcatus, bessinus, Fleuriausus*, etc.), n'occupant que la partie antérieure (*B. Sauvanausus, pistilliformis, minimus, semicanaliculatus*), ou marqué seulement en arrière (*B. Puzosianus*);

2° En un sillon dorsal marqué sur toute la longueur (*B. latus, conicus*), ou seulement à l'extrémité supérieure (*B. dilatatus, Emerici, Grasianus*);

3° En deux sillons latéraux-supérieurs, marqués sur toute la longueur (*B. tricanaliculatus*);

4° En sillons latéraux-pairs, visibles sur une étendue plus ou moins grande (*B. Coquandianus, bipartitus, dilatatus*, etc.).

Toutes ces lignes longitudinales du rostre, qui s'effacent quelquefois chez les individus d'une même espèce, et auxquelles on a donné une trop grande importance zoologique, en les considérant comme des restes d'*attaches musculaires*[1], ne sont, comme je l'expliquerai, que le résultat d'un simple pli dans l'enveloppe charnue de la coquille. Il suffit, du reste, d'ouvrir un calmar ou une seiche, pour s'assurer que cette dernière n'adhère aux parois par aucun muscle longitudinal, et que

[1] M. Duval, opusc. cit., p. 23.

toutes les saillies et les creux de la coquille ne sont que la reproduction des saillies et des creux formés par l'épaississement des diverses parties des téguments de l'espèce de gaîne charnue où elle se trouve renfermée, le rostre n'en étant lui-même que la partie la plus éloignée des organes essentiels à la vie.

Le rostre est formé de matière calcaire, compacte, en couches superposées, ou d'étuis s'emboîtant les uns dans les autres. Sa cassure est fibreuse ou rayonnante, du centre à sa circonférence. Ce caractère n'est point, comme on l'a cru longtemps, un état de pétrification, puisqu'un rostre de seiche enlevé aux espèces vivantes montre les mêmes couches superposées et les stries rayonnantes. J'ai même, par la comparaison, acquis la certitude que le rostre de la Bélemnite était, avant sa fossilisation, testacé, ferme et analogue à celui des Seiches[1]. Il était dès lors probablement nacré, et cet aspect se retrouve encore chez quelques Bélemnites de tous les terrains.

D'après les détails dans lesquels je viens d'entrer, on voit que la coquille cornée est, par sa forme antérieure, voisine de celle des *Loligo* et des *Onychoteuthis*. Le *godet terminal* est identiquement celui des *Ommastrèphes*; seulement, il est plus grand et contient de plus, en dedans, une coquille testacée renfermant des loges aériennes, et, en dehors, un encroûtement rostral. Lorsqu'on voit le genre *Conoteuthis* offrir un cône alvéolaire sans rostre, dans une coquille tout à fait analogue à celle des *Ommastrèphes*, on aura les passages d'un genre à l'autre, sans aucune lacune zoologique. L'*alvéole aérien*, tout en différant de forme, est, chez les Bélemnites, le représentant de la coquille de la spirule ou *Spirulirostra*; il ne diffère que dans sa forme conique. Le *rostre* de la Bélemnite est absolument identique au rostre testacé de la coquille de seiche.

En résumé, la coquille de Bélemnite est conformée comme

[1] M. Owen, opusc. cit., p. 69, 70, 82, paraît croire le dire le premier en 1844, tandis que je l'ai imprimé dès 1840. *Paléont. franç., terr. crétacés*, p. 36.

celle des Céphalopodes qui habitent actuellement nos mers; seulement, elle est plus compliquée, puisqu'elle réunit plusieurs caractères isolés chez les autres Céphalopodes. Néanmoins, sa forme allongée et ses autres rapports m'ont (dès 1840) porté à la rapprocher davantage des Ommastrèphes. La découverte du genre *Conoteuthis* vient, en établissant les passages, confirmer ces rapprochements et prouver que la Bélemnite était un Céphalopode acétabulifère, dont les caractères conduisent à former une famille distincte. La découverte des restes fossiles, étudiés par M. Owen[1], vient confirmer cette déduction, tirée des caractères internes; seulement, elle nous donne, de plus, la forme générale d'une espèce, la conformation et la place des nageoires, et nous apprend que les Bélemnites avaient des crochets aux bras, comme les *Enoploteuthis* d'aujourd'hui. On voit, par la place que j'assigne aux Bélemnites, que je suis loin de les mettre entre les *Spirula* et les *Sepia*, où les classe M. Owen, d'après la forme des nageoires, caractère peu important, et d'après la présence des loges aériennes.

Les considérations étendues dans lesquelles je suis entré aux généralités[2], sur les fonctions de la coquille, suivant sa forme et sa composition, m'ont, dès 1842, porté à croire que la forme allongée de l'ensemble de la coquille de la Bélemnite annonce un Céphalopode voisin des Ommastrèphes et des Onychoteuthes, bon nageur, sans néanmoins avoir atteint, sous ce rapport, le degré de perfection auquel sont parvenus les Ommastrèphes. La présence du rostre indique, en même temps, un être dont les habitudes étaient côtières; ainsi la Bélemnite aurait joint une nage très-prompte à des mœurs purement riveraines.

Les modifications des caractères extérieurs des rostres de Bélemnites paraissent tenir à plusieurs causes : aux variétés naturelles, aux variétés accidentelles, aux variétés de sexe et aux variétés d'âge.

[1] Mémoire cité, *Philos. trans.*, 1844.

[2] Voyez p. 118 et suivantes.

Variétés naturelles.—Ces variétés sont d'autant plus larges chez les rostres des Bélemnites, qu'elles ont lieu sur une partie moins importante dans l'économie animale. J'ai dit que, sur plus de quinze espèces dont j'avais pu voir, par les empreintes, la coquille cornée, cette partie ne m'avait offert aucune différence bien appréciable dans sa forme. J'ai dit aussi que l'ouverture de l'angle, dans le cône alvéolaire, montrait peu ou point de variations, suivant les individus d'une espèce. On voit, que les parties essentielles des Bélemnites sont, en quelque sorte, invariables, et offrent ainsi un caractère spécifique important. Si je passe au rostre, je trouverai, au contraire, les limites de variations si étendues, que je puis croire qu'il n'existe pas d'autres corps organiques plus difficiles à circonscrire dans leurs caractères spécifiques. — En effet, prend-on pour base la longueur relative de l'alvéole ou du rostre? on la voit varier à l'infini. Prend-on la compression ou la dépression? celle-ci est plus ou moins marquée. Enfin, se sert-on de la présence des sillons? ils sont si prononcés sur certains individus et si faibles chez d'autres, qu'on est réellement très-embarrassé. Il devient donc impossible de fixer les limites des variétés naturelles, sans tenir compte des variétés accidentelles, des variétés de sexe et d'âge.

Les *variétés accidentelles* peuvent dépendre de trois causes. Elles sont produites, à l'état de vie de l'animal, par les lésions de l'extrémité du corps dues au choc du rostre, dont elles modifient la pointe; par une rupture au milieu de la longueur du rostre, par l'enlèvement d'une partie du rostre. Je vais les traiter séparément.

1° Les monstruosités provenant de la lésion de l'extrémité du corps par un choc, doivent être plus fréquentes, et ce que j'ai dit de la nage rétrograde[1] les explique d'une manière satisfaisante. Il est certain qu'un choc violent doit rompre l'ex-

[1] Voyez p. 120.

trémité du rostre, meurtrir les chairs et endommager notablement la peau ; dès lors, pendant cette période, et ensuite si la blessure est forte, les matières testacées ne se déposent plus régulièrement, et il en résulte des formes anormales, souvent des plus bizarres ; ainsi, de pointu qu'il était, le rostre devient rond (*B. hastatus, Pal. univ.*, Pl. 53, fig. 9), et cette monstruosité, la plus commune de toutes, se remarque surtout chez les très-vieux individus de chaque espèce (*B. niger, tripartitus*).

D'autres fois, la lésion amène un tortillement à l'extrémité du rostre (*B. hastatus, Pal. univ.*, Pl. 53, fig. 10), ou encore une pointe crochue (*B. tripartitus, B. unicanaliculatus*).

Lorsque la lésion est devenue trop forte, il a dû en résulter une plaie non fermée. Les parties testacées ne se déposant que dans les points non malades, il s'est formé une extrémité boursoufflée avec une crevasse irrégulière (*Pal. univ.*, Pl. 53, fig. 8). Ces monstruosités pouvaient être si fréquentes et si variées, que les caractères spécifiques tirés de l'extrémité du rostre sont, comme on le voit, les plus mauvais qu'on puisse prendre, lorsqu'ils ne se retrouvent pas identiques sur un grand nombre d'échantillons, et lorsqu'ils ne sont pas accompagnés d'autres différences constantes. Pour faire usage des caractères de l'extrémité du rostre, sur un échantillon anormal, il convient de le couper préalablement en deux, afin de voir s'il n'y a pas de traces de lésions internes.

2° Les monstruosités provenant d'une rupture au milieu de la longueur du rostre ne peuvent avoir lieu que chez les espèces dont cette partie est allongée et grêle ; aussi ne la voit-on, jusqu'à présent, que chez les *B. hastatus* et *pistilliformis*. C'est elle qui amène évidemment les Bélemnites sans cône alvéolaire, dont on a formé le genre *Actinocamax*. J'ai donné[1], dès 1842, une courte explication de cette singulière déformation, que je regardais comme le produit d'une rotation des deux parties,

[1] Voyez *Paléont. franç., terrains crétacés*, p. 38.

pendant la vie de l'animal. Aujourd'hui, je n'ai pas changé d'opinion.

J'ai dit que le genre *Actinocamax* était le produit d'une rupture pendant la vie, et d'une rotation, l'une sur l'autre, des parties rompues du rostre. Voici comment je me l'explique (Pl. 36, fig. 5) : ce genre de mutilation se remarque principalement sur deux espèces, toutes deux de forme lancéolée, c'est-à-dire plus large en haut et en bas qu'au milieu de leur longueur, et offrant ainsi plus de facilité à se rompre dans cette partie faible qu'ailleurs, soit au-dessous, soit au commencement de l'alvéole; c'est, en effet, ce qu'on trouve, tous les prétendus Actinocamax n'étant que des Bélemnites ou des *Belemnitella* rompues dans leur partie la plus mince. Je crois qu'il n'y a pas de doute à cet égard, et les figures que j'ai données en 1840 peuvent servir à le démontrer. On a encore la certitude que ces ruptures ont presque toujours eu lieu dans l'instant où le rostre était très-délié, très-faible, comme on en peut juger par le diamètre de la partie saillante du rostre du *B. pistilliformis* et par la taille des *Actinocamax fusiformis*, qui ne sont que des mutilations du *B. hastatus* (*Pal. univ.*, Pl. 53, fig. 4, 6). Le rostre s'était donc rompu à une grande distance de son extrémité postérieure. J'ai dit encore que la coquille est, chez les Céphalopodes, logée dans une gaîne charnue, très-étroite, de la région la plus supérieure du corps[1]; que le rostre en occupe la partie la plus déliée, la plus pointue de l'extrémité postérieure[2]; que l'animal, dans la nage rétrograde, présente constamment cette partie déliée à la résistance de l'eau. Il est alors évident que l'extrémité du corps, n'étant plus affermie par le rostre entier, recevra dans la natation, sur le point de la rupture, un mouvement incessant en tous sens, ou une espèce d'articulation mobile, qui amènera constamment la rotation, l'une contre l'autre, des deux parties rompues.

[1] Voyez p. 119.
[2] Voyez p. 121.

Aucune soudure ne pourra devenir possible, puisqu'il faudrait que l'animal restât sans mouvement, ce qui serait difficile à des êtres entourés d'ennemis auxquels ils servent de nourriture, et qui ne cessent de les poursuivre. Si donc l'animal ainsi blessé exécute le moindre mouvement déterminé par la résistance de l'eau, ce mouvement du corps sur la partie rompue du rostre viendra pincer, tantôt d'un côté, tantôt de l'autre, la paroi interne de la gaîne; il en résultera une lésion constante de cette partie, une plaie permanente qui empêchera la soudure. De plus, l'état pathologique augmentant toujours, la paroi perdra peu à peu, sur ce point, ses facultés sécrétantes; il s'en suivra cette série de couches en retraite qui commencent au point de rupture première et s'achèvent plus ou moins loin, suivant l'étendue de la partie malade. Si, après une période plus ou moins longue, la plaie se cicatrise, en partant des parties postérieures non lésées, et en s'avançant vers le point primitif de la blessure, il en résultera une sécrétion extérieure qui, au lieu d'être en retraite, débordera la partie déjà formée, et il se formera ces bouts saillants du sein d'une cavité, comme on le voit souvent (Pl. 53 et 68 de la *Pal. univ.*).

3° Les monstruosités par enlèvement d'une partie de la longueur du rostre doivent provenir de deux causes : d'un choc qui a déterminé une blessure grave, et par suite la chute de l'extrémité du rostre, après sa rupture; ou d'une morsure quelconque, qui a enlevé l'extrémité postérieure du corps. C'est sans doute à l'une et à l'autre de ces causes que sont dues ces mutilations si singulières, figurées par M. Duval, et qu'il a reconnues sur le *B. pistilliformis* (*Pal. univ.*, Pl. 70).

Pour me résumer, quant aux variétés accidentelles, je crois qu'elles sont tellement marquées et tellement exagérées pour les rostres des Bélemnites, qu'on ne saurait trop longtemps réfléchir avant d'établir une espèce sous une forme anormale dont on n'a qu'un représentant.

Variétés de sexes. Comme je l'ai fait remarquer, les sexes apportent, chez les *loligo*, des différences très-grandes dans la forme du corps et de la coquille interne. Ces observations, appliquées aux rostres des Bélemnites, m'ont fait reconnaître que, dans chaque gisement où se rencontrent beaucoup de Bélemnites, il existait toujours des individus plus allongés et d'autres plus courts, sans le moindre changement dans les autres caractères; je fus, en conséquence, logiquement conduit à penser que ces proportions si distinctes ne devaient tenir qu'aux sexes des individus qui les présentent. J'ai fait, en ce sens, des observations multipliées sur des milliers d'échantillons, et je suis arrivé à ne conserver aucun doute sur les variations dues aux différences de sexes dans les rostres des Bélemnites.

Ces variétés de sexes dans les rostres sont simples ou compliquées.

Je les appelle *simples*, lorsqu'elles consistent seulement en un plus ou moins grand allongement constant du rostre, et cette différence, je l'ai trouvée chez les *B. niger*, *tripartitus*, *umbilicatus*, *brevis*, *acutus*, *Fournelianus*, *Nodotianus*, *clavatus*, *hastatus*, *Puzosianus*, *sulcatus*, etc. On conçoit qu'admettant ces différences apportées par les sexes, toute mesure de rapport entre la longueur relative de l'alvéole et du rostre devient illusoire, puisqu'elle varie suivant les individus.

Je l'appelle *variété de sexe compliquée*, lorsqu'avec des proportions très-différentes suivant les sexes, ce caractère se joint aux changements de forme dus à l'âge. Ces variétés sont surtout très-marquées chez les *B. irregularis* et *giganteus*. Chez la première, je regarde comme individus mâles ceux qui sont allongés dans leur jeunesse, et comme femelles ceux qui, jusqu'à un âge très-avancé, sont fortement obtus. Ils croissent ainsi un temps plus ou moins long. Il arrive enfin un instant où le rostre de la femelle reçoit, sur les couches calcaires de son extrémité, un prolongement énorme qui, plus tard, le fait changer de forme; seulement, l'extrémité croissant trop vite pour recevoir assez de parties calcaires, reste creuse ou tubuleuse. Ce changement si singulier m'a été dévoilé par des coupes (*Pal. univ.*, Pl. 44), et m'a donné la certitude absolue qu'un rostre obtus et tronqué, comme celui de la femelle jeune, pouvait appartenir à la même espèce que celui qui est si allongé et si grêle, puisqu'on trouve, par la coupe, que ce rostre, d'abord court et obtus, reçoit, à un certain âge, un prolongement terminal qui le rend tout aussi long que celui des mâles.

Dans le *B. giganteus*, les changements, sans être aussi considérables, ne laissent pas d'avoir une grande portée. Les rostres des jeunes mâles sont longs, élancés : c'est le *B. gladius* des auteurs. Le rostre de jeune femelle est conique et court : c'est le *B. quinquesulcatus*. Le rostre du mâle continue toujours à croître aussi élancé; le rostre de la femelle cesse, à un certain âge (*Pal. univ.*, Pl. 47, 48), d'être conique et court : il reçoit à l'extrémité, comme celui du *B. irregularis*, un prolongement qui, plus tard, le fait ressembler en tout à celui des mâles.

En résumé, les limites des variétés de sexe, non-seulement amènent toujours une bien plus grande longueur du rostre chez les mâles que chez les femelles; mais cette longueur peut encore se compliquer, à un certain âge, par un changement complet dans la forme, comme on le voit chez les *B. irregularis* et *giganteus*. Il est donc très-important de faire entrer toutes ces considérations dans l'établissement d'une espèce, en ayant soin d'user les rostres, pour s'assurer si, dans l'intérieur, il n'y a pas de trace de ce changement.

Variétés d'âge. Les modifications dues à l'âge, dans les rostres des Bélemnites, sont aussi étendues que possible, et offrent les faits les plus curieux. Pour les reconnaître, il suffit de couper longitudinalement et transversalement un grand nombre de rostres; alors il paraîtra constant que ces modifications ne sont point l'effet du hasard, mais qu'elles ont lieu d'une manière régulière dans presque toutes les espèces.

La *période embryonnaire* est très-marquée chez les Bélemnites, et se distingue parfaitement sur l'alvéole et sur le rostre. Elle est représentée, dans l'alvéole, par cette première loge aérienne ronde, ovale ou cupuliforme, toujours différente des autres, qui commence l'empilement alvéolaire des chambres aériennes (*Pal. univ.*, Pl. 53, fig. 6). Cette première loge se retrouve, sans exception, chez toutes les espèces de Bélemnites; elle était toujours accompagnée d'un rostre plus ou moins long, mais invariablement rond, sur la tranche : ainsi la Bélemnite a commencé par avoir un rostre et une alvéole, et n'était point, dans le jeune âge, un corps sans cavité intérieure, comme l'a pensé M. de Blainville. On peut dire que les rostres de Bélemnites commencent tous, sans exception, par être ronds, lors même que, plus tard, ils doivent être comprimés ou anguleux, et présentent les formes les plus disparates (*B. polygonalis*, *dilatatus*, *Emerici*, *hastatus*, *bipartitus*, etc.). L'âge embryonnaire, chez les Bélemnites, affecte donc la plus grande uniformité dans les caractères de toutes les espèces, et prouve encore qu'à cet âge, loin d'être une exception, cette simplicité et cette uniformité dépendent des lois générales de la Zoologie.

A l'âge embryonnaire succède, chez les Bélemnites, la première *période d'accroissement*. Alors le rostre est généralement plus grêle, plus allongé, plus aigu à son extrémité. Il conserve cette forme plus ou moins longtemps, suivant les espèces; il reste aussi arrondi pendant un temps variable, puis, revêtant les caractères essentiels de l'espèce, il se comprime, se déprime, se couvre ou non de sillons; et ceux-ci, ainsi que tous les autres caractères extérieurs, se marquent davantage : le rostre est en pleine croissance.

Lorsque l'accroissement n'amène pas de changements exceptionnels dans les formes, comme il arrive pour le plus grand nombre des Bélemnites, les rostres, dans beaucoup de cas, perdent un peu de leur longueur, s'épaississent, deviennent plus courts à proportion, et demeurent ainsi jusqu'à ce qu'ils aient atteint le maximum de leur taille; seulement, les plis de leur extrémité postérieure sont moins visibles dans la vieillesse la plus avancée, et l'extrémité du rostre prend la forme obtuse (*B. niger*, *tripartitus*). Lorsque l'accroissement détermine des changements exceptionnels, semblables à ceux qu'on remarque chez les *B. irregularis, giganteus, minimus* et *unicanaliculicus*, on voit dans une dernière période de l'existence, chez les deux sexes ou dans les coquilles de femelles seulement, naître, sur l'extrémité du rostre, ces prolongements si singuliers qui manquaient durant une période assez longue de la vie de ces individus, et dont j'ai dû parler en traitant des variétés des sexes.

On peut conclure que, chez les Bélemnites, l'âge apporte les plus grands changements aux formes; et, si l'on ne tenait compte de ces changements, on courrait le risque de commettre les plus graves erreurs, dans la détermination des espèces et de leurs véritables limites naturelles.

En résumé, d'après les grandes modifications que peuvent subir les rostres des Bélemnites, par suite d'accidents, de déformations, des changements qu'apportent les sexes et les âges, on voit qu'on ne peut être sûr de rien sans une étude approfondie des espèces, faite sur un nombre immense d'échantillons. L'expérience m'a convaincu que le genre Bélemnite, l'un des plus intéressants par ses caractères et par son application à la géologie, est aussi, sans contredit, le plus difficile à déterminer positivement, quant à ses espèces, qu'on ne distingue plus qu'au moyen d'une très-petite partie de l'ensemble, et encore la moins importante dans l'économie animale. En général, on explique le chaos qui règne à cet égard dans les auteurs qui s'en sont occupés, parce qu'on s'est borné aux formes purement extérieures des rostres, sans y appliquer les modifications si étranges que j'ai eu le bonheur de découvrir, relativement à l'âge et aux sexes. Ces mêmes modifications viendront justifier, je l'espère, les nombreuses réformes que j'ai cru devoir faire subir à celles qui ont été décrites ou figurées jusqu'à ce jour.

Explication des Planches de généralités.

Pl. 35. Voyez au *Belemnites Puzosianus*, d'Orb., n° 24;

Pl. 36, fig. 1. Cône alvéolaire grossi, pourvu de sa coquille cornée, sur lequel on a suivi les lignes d'accroissement pour donner la forme de la coquille cornée interne *x*; *a* région dorsale spatuliforme. Entre *a* et *b* est comprise l'expansion latérale; *c* godet terminal; *d* limite du cône alvéolaire, ou *Pragmocone* de M. Owen; *e x* limite supérieure du godet corné terminal; *ff* loges aériennes; fig. 2, le même cône alvéolaire, vu sur le dos; fig. 3, ensemble de la coquille, vu de profil; *a* coquille cornée; *c* son godet terminal; *g* le rostre, par rapport au godet qu'il contient; fig. 4, la même coquille, vue en dessous; fig. 5, coquille et son rostre rompu, sur le point, *y*, pour expliquer la formation des *Actinocamax*. (Voyez les généralités qui précèdent.) Pl. 37, fig. 1. Animal de la Bélemnite, restauré d'après les connaissances actuelles; *a* osselet corné; *b* rostre testacé; *c* cône alvéolaire; *d* muscles du corps; *e* nageoires; *f* loges aériennes; *i* les bras sessiles armés; *k* les bras tentaculaires; *l* yeux; *m* le tube locomoteur; *n* bords inférieurs du corps; fig. 2, animal vu en dessous; fig. 3, corps vu de profil.

Division des rostres de Bélemnites par groupes.

Il paraît, au premier abord, plus que hasardeux d'oser former des groupes parmi des corps qui ne sont que la très-petite partie d'un tout; pourtant, comme ce mode de procéder peut simplifier les recherches de détermination, je crois devoir l'adopter pour les Bélemnites.

1er groupe : les *Acuarii*.

Rostre plus ou moins conique, souvent sillonné ou ridé à l'extrémité inférieure, sans sillons ventral ni latéraux aux parties antérieures. Ce groupe comprend les *B. irregularis, niger, tripartitus, umbilicatus, longissimus, brevis, acutus, curtus, Fournelianus, Nodotianus*, du lias; *B. giganteus*, de l'oolite inférieure; *B. excentralis, Puzosianus, magnificus, Panderianus, Russiensis, Kirghisensis, Borealis*, des couches oxfordiennes; *B. Souichei*, de l'étage kimméridgien. *B. Subquadratus*, de l'étage néocomien.

2e groupe : les *Canaliculati*.

Rostre allongé, lancéolé ou conique, pourvu inférieurement d'un sillon ventral, occupant presque toute la longueur. Point de sillons latéraux. Ce groupe comprend les *B. canaliculatus, sulcatus, unicanaliculatus, Bessinus* et *Fleuriausus*; toutes appartenant à l'oolite inférieure et à la grande oolite.

3e groupe : les *Hastati*.

Rostre allongé, le plus souvent lancéolé, pourvu de sillons latéraux, sur une partie de leur longueur, et antérieurement d'un sillon ventral très-prononcé. *B. tricanaliculatus*, du lias; *B. hastatus, Duvalianus, Coquandus, Sauvanosus, Didayanus, enigmaticus, latisulcatus, Grantianus, Altdorfensis, Volgensis*, des couches oxfordiennes; *B. Royerianus*, de l'étage corallien; *B. bipartitus, pistilliformis*; *bicanaliculatus, semicanaliculatus, minaret*, de l'étage néocomien; *B. minimus*, du gault; *B. ultimus*, de l'étage turonien.

4e groupe : les *Clavati*.

Rostre allongé, souvent en massue, pourvu de sillons latéraux. Point de sillon ventral en avant. *B. clavatus, exilis* et *Tessonianus*, du lias.

5e groupe : les *Dilatati*.

Rostre comprimé, souvent très-élargi, pourvu de sillons latéraux, et, en avant, d'un profond sillon dorsal. *B. dilatatus, Emerici, polygonalis, latus, binervius, Orbignianus, conicus, Grasianus*, de l'étage néocomien.

ESPÈCES DES TERRAINS JURASSIQUES.

Espèces du lias inférieur, ou étage sinemurien (avec la *gryphœa arcuata* et au-dessous).

N° 1. **BELEMNITES ACUTUS**, Miller, pl. 38, fig. 8-14.

Luid., 1699, tab. xxv, fig. 1683?
Belemnites acutus, Miller, 1823, Trans. of the Geol., vol. II, pl. 8, f. 9. (Non *acutus*, Blainv., 1827; Deshayes, Zieten).
B. brevis, Blainv., 1827, Bélemn., p. 86, n° 26, pl. 3, f. 1. Excl., f. 2, 3.
B. acutus, Sowerby, 1828, Min. conch., VI, p. 178, pl. 590, f. 7, 8, 10.
B. pyramidalis, Munster, Zieten, 1830. Wurt., pl. 24, f. 5?
B. acutus, d'Orb., 1842, Paléont. franç., Ter. jur., t. I, p. 94, n° 10, pl. 9, f. 8-14.
B. acutus, Morris, 1843. Brit. foss., p. 177.
Idem, d'Orb., 1846, Paléont. univ., pl. 38, f. 8-14.
Idem, d'Orb., 1846, Moll. viv. et foss., pl. 36, f. 1-3.

B. testâ brevi, conicâ, compressiusculâ, posticè acuminatâ; aperturâ ovali; alveolo, 18, 24°.

Dim. Longueur, 50 mill.; grand diamètre, 7 mill.

Rostre court, conique, fortement comprimé, acuminé régulièrement en arrière; la pointe presque médiane. On ne remarque aucune trace de sillons. Coupe un peu ovale, centre peu excentrique. Cavité alvéolaire très-prolongée en dehors du rostre, et en occupant les trois quarts. Elle est presque centrale, et ses angles sont de 18 à 24 degrés. Des individus sont plus ou moins allongés.

Rap. et diff. — Voisine, par sa forme courte, des ***B. brevis*** et *curtus*, cette espèce se distingue de la première par sa forme bien plus conique et non renflée, de la seconde par son manque de sillons et par sa forme beaucoup plus allongée.

Loc. Lias inférieur à *Gryphœa arcuata*; à Villefranche (Rhône), M. Gaudry; à Chevigny, Semur et Thibaud (Côte-d'Or), à Avallon (Yonne), MM. Puzos, Nodot, Moreau, Desplaces de Charmasse et moi; à Mende, près de Lyon, M. Terver; à Maure, près de Besançon (Doubs), M. Marcou; à Pinperdu, près de Salins (Jura), M. Marcou; à Saint-Rambert (Ain),

M. Sauvanau ; aux environs de Nancy (Meurthe), M. Delcourt ; à Shorne-Cliff ; à Charmouth (Angleterre).

Hist. Décrite et figurée par Miller, dès 1823, sous le nom d'*Acutus*, cette espèce fut appelée *Brevis* par M. de Blainville, et *Pyramidalis* par M. Zieten. Comme Miller a l'antériorité positive, je reprends la dénomination qu'il lui a imposée.

Expl. des fig. Pl. 38, fig. 8, individu entier, vu de côté ; fig. 9, coupe supérieure, du même ; fig. 10, coupe inférieure, du même ; fig. 11, individu avec son alvéole, coupé longitudinalement ; fig. 12, individu écrasé, vu de côté ; fig. 13, individu anguleux ; fig. 14, le même, vu en dessus. De ma collection.

Espèces du lias moyen, ou étage liasien, (des couches supérieures au *Gryphæa arcuata*, jusques et y compris l'horizon du *Gryphæa cymbium*).

N° 2. **BELEMNITES NIGER**, Lister, pl. 39, fig. 1, 2, 4-7, 9 ; pl. 40, fig. 1-5.

Belemnites niger, Lister, 1678, Cochl. angl., tab. VII, 31, 226?
B. coniformis, Parkinson, 1811, Org. rem., III, p. 127, pl. 8, f. 11, 12, 15?
B. paxillosus, Schlotheim, 1813, Taschenb., t. VII, p. 51, 70. (Non paxillosus, Montfort, 1808.)
Idem, Schloth., 1820, Petref., p. 46, n° 3.
B. vulgaris, Young, 1822, Geol. survey of Yorksh., p. 256, pl. 14, f. 1, 2.
B. apicicurvatus, Blainv., 1827, Bélemn., p. 76, n° 16, pl. 2, f. 6.
B. bisulcatus, Blainv., 1827, Bélemn., p. 79, n° 19, pl. 2, f. 7 ; Dict., pl., f. 6-7.
B. paxillosus, Blainv., 1827, Bélemn., p. 101, n° 43.
Idem, Voltz, 1830, Bélemn., pl. 6, f. 2.
B. crassus, Voltz, 1830, Belemn., p. 53, n° 10, pl. 7, f. 2.
B. apicicurvus, Hartm., 1830. Wurt., p. 15, n° 1.
B. subaduncatus, Zieten, 1830, Wurt., p. 27, tab. XXI, f. 4. (Non Voltz.)
B. teres, Sthal, 1830, Zieten, Wurt., p. 28, tab. XXI, f. 8. (Déformation.)
B. Carinatus, Hehl., 1830, Zieten, Wurt., p. 27, tab. XXI, f. 6.
B. crassus, Zieten, 1830, Wurt., tab. XXII, f. 1.
B. apicicurvatus, Zieten, 1830, Wurt., p. 30, tab. 23, f. 4.
B. papillatus, Pheninger, 1830, Zieten, p. 30, tab. XXIII, f. 7.
B. subpapillatus, Zieten, 1830, Wurt., p. 30, tab. XXIII, f. 8?
B. bisulcatus, Hartmann, 1830, Zieten Wurt., p. 31, 31, tab. XXIV, f. 2.
Idem, Hartmann, 1830, Wurt., p. 16, n° 1.
B. quadrisulcatus, Hartmann, 1830, Ziet., p. 31, tab. XXIV, f. 4 ?
B. affinis, Munster, 1830, zur Belem., p. 14, tab. II, f. 1, 3. (Non Raspail, 1829.)
B. bisulcatus, Desh., 1830, Encycl., 2, p. 128, n° 12.

B. subaduncatus, Voltz., 1830, Bélemnites, p. 48, nº 8, pl. 3, f. 2.
B. paxillosus, Voltz, 1830, Bélemnites, p. 50, nº 9, pl. 6, f. 2, pl. 7, f. 2.
Idem, Zieten, 1830, Wurt., pl. 23, f. 1, p. 29.
Idem, Hartmann, 1830, Wurt., p. 17, nº 1.
B. lævigatus, Zieten, 1830, Wurt., p. 282, pl. 21, f. 12?
B. turgidus, Schub., 1830, Zieten, Wurt., p. 28, t. XXII, f. 1.
B. teres, Hehl., 1830, Zieten, tab. XXI, f. 2? (Déformation.)
B. paxillosus, Keferst., 1834, Dict. nat., p. 427, nº 68.
B. apicicurvatus, Keferst., 1834, p. 424, nº 14.
B. bisulcatus, Keferst., 1834, p. 424, nº 19, 20.
B. crassus, Keferst., 1834, p. 425, nº 31.
B. subaduncatus, Keferst., 1834, p. 428, nº 91.
B. Carinatus, Keferst., 1834, p. 425, nº 27.
B. papillatus, Keferst., 1834, p. 427, nº 69.
B. subpapillatus, Keferst., 1834, p. 428, nº 95.
B. quadrisulcatus, Keferst., 1834, p. 427, nº 78.
B. affinis, Keferst., 1834, p. 424, nº 9.
B. lævigatus, Keferst., 134, p. 426, nº 53.
B. paxillosus, Rœmer, 1835, Ool., p. 171, nº 17.
B. crassus, Rœmer, Ool., p. 174.
B. subaduncus, Rœmer, 1835, Ool., p. 170, nº 15.
B. papillatus, Rœmer, 1836, Ool., p. 169.
B. subpapillatus, Rœmer, 1836, Ool., 169.
B. quadrisulcatus, Rœmer, 1835, Ool., p. 175.
B. lævigatus, Rœmer, 1835, Ool., p. 169.
B. striatulus, Rœmer, 1836, Nord. Ool., p. 165, nº 3?
B. impressus, Rœmer, 1836, idem, p. 170, nº 16, tab. XVI, f. 5.
B. bisulcatus, Rœmer, 1836, idem, p. 171, nº 18.
B. paxillosus, Pusch, 1837, Polens Paléont., p. 162, nº 5.
B. crassus, Potiez et Mich., 1838, Gal., t. I, p. 22, nº 4.
B. Bruguierianus, d'Orb., 1842, Paléont. franç., Terr. jur., I, p. 84, pl. 6, pl. 7, fig. 15.
B. paxillosus, Morris, 1843, Brit. foss., p. 177.
B. Niger lister, d'Orb., Paléont. univ., pl. 39; pl. 40, f. 1-5.
Idem, d'Orb., 1846, Moll viv. et foss., t. I, Bélemn., nº 2.

B. testâ elongatâ, subcylindricâ, quadrato-rotundatâ, posticè acuminatâ, suprà bisulcatâ, anticè dilatatâ; aperturâ subquadratâ; alveolo, 20°.

Dim. Longueur d'un très-vieil individu, 140 mill.; grand diamètre, 22 mill.

Rostre allongé, arrondi ou un peu carré, cylindrique au milieu, élargi en avant par l'alvéole, acuminé et obtus en arrière; marqué, à la partie dorsale, de deux sillons latéraux profonds, et de stries; quelquefois même il y a un indice de dépression à la partie ventrale, mais toutes ces impressions n'occupent que l'extrémité. Coupe presque carrée, à la moitié de sa longueur; cavité alvéolaire occupant beaucoup moins de la moitié du rostre. Elle est un peu comprimée, presque médiane; son angle est de 20 degrés. Dans le jeune âge, cette espèce est plus conique et manque, le plus souvent, de sillons à la pointe; quelquefois, elle est beaucoup plus grêle et plus allongée que la figure 1.

Rapp. et diff. — Cette Bélemnite se distingue du *B. tripartitus* par sa forme plus cylindrique, par ses deux sillons apiciaux au lieu de trois, par sa tranche formant un carré à angles très-émoussés, par son centre toujours près du milieu, par son alvéole, dont l'extrémité est médiane et non pas ventrale.

Obs. Dans toutes les localités où elle se trouve, elle montre, avec les mêmes caractères généraux de sillons, des formes plus ou moins allongées. Les uns, par exemple, ont le double de longueur des autres. Je regarde les premiers comme des rostres de mâles, les seconds comme des rostres de femelles. Quelquefois les deux sillons apiciaux sont à peine marqués, d'autres fois ils le sont beaucoup.

Loc. Lias moyen; Vieux-Pont, Evrecy, Croisilles, près du village, Fontaine-Etoupe-Four (Calvados), M. Tesson et moi; Lyon (Rhône), M. Terver; Chevigny, Semur, Pouilly (Côte-d'Or), MM. Leignelet, Nodot, Collenot et moi; Metz, Thionville, MM. Fournel, Joba, Hollandre; Avallon (Yonne), MM. Moreau, de Charmasse et moi; Ludres, Ville-en-Viennois (Meurthe), MM. Guibal et Delcourt; Lassagne (Haute-Marne), M. Delcourt; Mont-de-Lans (Isère), M. Gras; Saint-Rambert (Ain), M. Sauvanau; Saint-Amand (Cher), MM. Robin-Macé, Maugenest et moi; île Bernard, près de Talmont, Fontenay (Vendée), moi; Niort (Deux-Sèvres), M. Baugier et moi; dans le Yorkshire et le Gloucestershire (Angleterre), à Heiningen, Mizingen, Boll, Sodelfungen, Banz, Wasseralfengen (Wurtemberg); à Liesberg (Jura-Bernois), M. Gresly; à Staffelegy, près d'Aarau; Montaigu et Conliége, près de Lons-le-Saunier; Pinperdu et Aresche, près de Salins (Jura), M. Marcou.

Hist. Cette espèce, figurée d'une manière reconnaissable dès 1678, par Lister, sous le nom de *B. niger*, a reçu successivement ceux de *Coniformis*, Parkinson; de *Paxillosus*, Schloth.; d'*Apicicurvatus*, de *Bisulcatus*, Blainville; de *Crassus*, Voltz; de *Subaduncatus*, de *Carinatus*, de *Papillatus*, de *Subpapillatus*, de *Quadrisulcatus*, de *Lævigatus*, de *Turgidus*, Zieten; d'*Affinis*, Munster; de *Bruguierianus*, d'Orbigny; basés sur des variétés d'âge et de sexe, et sur des monstruosités de l'espèce type. Je crois devoir revenir au nom le plus ancien, qui devra désormais rester à cette Bélemnite, et y réunir, comme synonyme, toutes les espèces qui me paraissent en dépendre.

Expl. des fig. Pl. 39, fig. 1, individu de grande taille, vu de côté. C'est la variété la plus constante et la plus répandue: *a* côté du dos; *b* côté ventral; fig. 2, tranche à la partie supérieure; fig. 4, tranche au sommet; *a* dessus, *b* dessous; fig. 5, extrémité de la variété aiguë et striée, vue en dessous; fig. 6, sa tranche grossie; fig. 7, individu monstrueux, vu sur le dos; ce sont les *B. tumidus* et *crassus*; fig. 9, extrémité d'une autre difformité (*B. apicicurvatus* et *aduncatus* des auteurs). Pl. 40, fig. 1, individu de grande taille, vu sur le dos; fig. 2, tranche au-dessus de l'alvéole : *a* dessus, *b* dessous; fig. 3, tranche à l'extrémité : *a* dessus, *b* dessous; fig. 4, jeune individu, vu de côté; fig. 5, coupe longitudinale d'un individu. De ma collection.

N° 3. **BELEMNITES UMBILICATUS**, Blainv., pl. 40, fig. 6-11.

Belemnites umbilicatus, Blainv., 1827, Bélemn., pl. 3, f. 11, p. 97, n° 37.
B. clavatus, Blainv., 1827, Bél., pl. 3, f. 12, f. *b c*.
B. umbilicatus, Desh., 1830, Encycl., p. 132, n° 23.
B. subdepressus, Voltz, 1830, Mém., pl. 2, f. 1, p. 40, n° 5; pl. 7, f. 4, f. 5.
B. perforatus, Voltz, 1830, Bélemn., p. 63, n° 16, pl. VIII, f. 2?
B. ventroplanus, Voltz, 1830, Bélemn., pl. 1, f. 10, p. 40, n° 4.
B. umbilicatus, Hartm., 1839, Wurt., p. 17, n° 1.

B. subclavatus, Zieten, 1830, Wurt., p. 29, pl. 22, f. 5.
B. subclavatus, Sthal, Wurt., p. 19.
B. perforatus, Keferst., 1834, p. 427, n° 71.
B. umbilicatus, Keferst., 1834, p. 429, n° 109.
B. subdepressus, Keferst., 1834, p. 428, n° 93.
B. subclavatus, Keferst., 1834, p. 428, n° 92.
B. ventroplanus, Keferst., 1834, p. 429, n° 113.
B. subclavatus, Rœm., 1835, Ool., p. 167, n° 9.
B. ventroplanus, Rœm., 1835, Ool., p. 168, n° 10.
B. ventroplanus, Rœm., 1835, p. 168.
B. subdepressus, Rœm., 1836, Ool., p. 166, n° 7.
B. umbilicatus, d'Orb., 1842, Paléont. franç., Terr. jur., t. I, p. 86, pl. 7, fig. 6-11.
Idem, d'Orb., 1846, Moll. viv. et foss., I, Bélemn., n° 3.

B. testâ elongatâ, subcylindricâ, subtùs depressâ, posticè acuminatâ, subumbilicatâ, anticè subdilatatâ; aperturâ subrotundatâ; alveolo, 19°.

Dim. Longueur, 90 mill.; grand diamètre, 14 mill.

Rostre très-variable, suivant l'âge. Jeune, il est très-allongé, presque fusiforme, très-acuminé à son extrémité, et assez élargi en avant, marqué longitudinalement, sur les côtés, d'un très-léger sillon; sa tranche alors est presque circulaire. Adulte, sa pointe est beaucoup moins effilée; son extrémité plus obtuse et souvent ombiliquée. La tranche, vers le milieu de la longueur, montre une forte dépression ventrale, qui rend l'ensemble plus large que haut, tout en montrant, par les lignes d'accroissement, que, dans le jeune âge, les lignes concentriques n'avaient pas la même forme. Cavité alvéolaire oblique, du côté ventral, occupant moins du tiers de la longueur. Son angle paraît être de 19°.

Rapp. et diff. — Cette espèce a beaucoup de rapports avec le *B. tripartibus* jeune, pourtant elle s'en distingue par son aplatissement inférieur et son manque de sillons au sommet. Adulte, elle diffère du *B. irregularis* par son ensemble déprimé.

Loc. Lias moyen; Vieux-Pont, près de Bayeux, Evrecy (Calvados), M. Tesson et moi; Fleury-les-Faverey (Haute-Saône), M. Thirria; Urhweiler, Gundershoffen (Bas-Rhin), M. Voltz;

Buc et Béfort (Haut-Rhin), M. Voltz; Montmartre d'Avallon (Yonne), M. Moreau et moi; Mende, près de Lyon (Rhône), M. Terver; Chevigny, Pouilly (Côte-d'Or), M. Nodot et moi; Nancy (Meurthe), M. Guibal; Fontenay (Vendée), moi.

Hist. Cette espèce est encore une de celles où il y a eu le plus de doubles emplois; figurée d'une manière imparfaite par M. de Blainville, M. Voltz ne l'a pas reconnue. Il a formé, de l'adulte son *B. subdepressus*, et d'une variété femelle plus courte son *B. ventroplanus*. La comparaison d'un très-grand nombre d'individus m'a permis de vérifier tous les passages.

Expl. des fig. Pl. 40, fig. 6, rostre d'un jeune individu; fig. 7, rostre d'un adulte, vu de côté, avec l'alvéole figuré au point *a* dessus, *b* dessous; fig. 8, le même, vu sur le ventre; fig. 9, coupe prise vers le tiers inférieur. On y voit que le jeune n'avait pas la même forme que l'adulte: *a* dessus, *b* dessous; fig. 10, coupe au sommet de l'alvéole; fig. 11, un autre individu jeune, variété allongée. De ma collection.

N° 4. **BELEMNITES CLAVATUS**, Blainv., pl. 41, fig. 19-23.

Belemnites clavatus, Blainv., 1827, Bélemn., p. 97, n° 38, pl. 3, f. 12, *a*, *b*, Exclus., f. *c*.
Idem, *pistilliformis*, Sowerb., 1828, Min. conch., p. 177, pl. 589, f. 3.
B. clavatus, Desh., 1830, Encycl., p. 130, n° 24.
B. subclavatus, Voltz, 1830, Bélemn., pl. 1, f. 11.
B. pistilliformis, Hartm., 1830, Wurt., p. 17, n° 1.
B. clavatus, Hartm., 1830, Wurt., p. 16, n° 1.
B. clavatus, Keferst., 1834, p. 425, n° 28.
B. pistilliformis, Keferst., 1834, p. 427, n° 69.
B. pistilliformis, Rœmer, 1835, p. 168, n° 11.
B. pistilliformis, Rœmer, Nord Ool, 1836, p. 168, n° 11.
B. clavatus, Rœmer, 1836, p. 168, n° 10.
B. subclavatus, Rœmer, 1836, p. 167, n° 9.
B. clavatus, d'Orb., 1842, Paléont. franç., Terr. jur., t. I, p. 103, pl. 11, f. 10-20.
B. pistilliformis, Morr., 1843, Brit. foss., p. 177.
B. clavatus, d'Orb., 1846, Paléont. univ., pl. 41, f. 19-23.
Idem, d'Orb., Moll. viv. et foss., n° 4, pl. 34, f. 4-5.

B. testâ elongatissimâ, claviformi, anticè dilatatâ, medio-gracili, posticè inflatâ, submucronatâ, lateraliter bisulcatâ; aperturâ compressâ; alveolo?

Dim. Longueur totale, 60 mil.; diamètre de la massue, 7 mil.

Rostre très-allongé, claviforme, comprimé, fortement élargi à son extrémité supérieure ; de là s'amincissant jusqu'au tiers de la longueur, puis s'élargissant pour former une partie fusiforme, et terminée par une pointe. On remarque, de chaque côté, deux sillons parallèles, à peine tracés. Coupe comprimée, le centre excentrique inférieur. Cavité alvéolaire assez longue, saillante en dehors.

Rapp. et diff. — Cette espèce, par sa forme en massue, pourrait se confondre avec le *B. pistilliformis* des terrains néocomiens, et le *B. Royerianus* du coral-rag ; mais, si elle se distingue de la première par sa compression constante, l'autre étant toujours ronde, elle diffère de la seconde par sa compression, le *B. Royerianus* étant déprimé.

Loc. Lias moyen, environs de Nancy (Meurthe), MM. Guibal, Delcourt ; Mende, près de Lyon (Rhône), M. Terver ; Pouilly, Mussy (Côte-d'Or), M. Nodot et moi ; Fontenay, près de Tilly, Fontaine-Étoupe-Four, Vieux-Pont (Calvados), M. Tesson et moi ; Pinperdu, près de Salins (Jura), M. Marcou ; Vassy, près d'Avallon (Yonne), MM. Moreau, de Charmasse et moi ; côte de Lormeché (rive gauche de la Seille), et Saint-Julien, près de Metz (Moselle), MM. Hollandre, Joba, Fournel ; Beurre, près de Besançon (Doubs), M. Moreau ; Saint-Amand (Cher), M. Maugenest et moi ; Langres (Haute-Marne), M. Babeau ; Charmouth, Dorset (Angleterre) ; Uhrveiller, Muhlhausen (Bas-Rhin), M. Engelhardt ; Hiensbach, Wurtemberg ; chaîne du Vellerat, près de Délémont (canton de Berne), MM. Thurman et Marcou.

Hist. M. de Blainville donne cette espèce sous le nom de *Clavatus*, tout en y rapportant sa fig. 12 *c*, qui paraît être le *B. umbilicatus*. Sous la dénomination de *Pistilliformis*, le même auteur représente, pl. 5, fig. 14 et 15, le *Belemnites pistilliformis* des terrains crétacés, fig. 16, le *B. clavatus*. Pour sa fig. 17, il l'indique d'Esnandes, près de la Rochelle, c'est alors le *B. Royerianus*, comme je le dirai plus tard.

Le nom de *Clavatus* a été donné depuis par M. Schubler à une espèce distincte.

Expl. des fig. Pl. 41, fig. 19, individu entier, vu de côté; fig. 20, un autre, vu de côté; fig. 21, un autre échantillon, monstrueux; fig. 22, coupe à moitié de l'alvéole : *a* dessus, *b* dessous; fig. 23, coupe à l'extrémité inférieure. De ma collection.

N° 5. **BELEMNITES FOURNELIANUS**, d'Orbigny, pl. 42, fig. 7-14.

B. Fournelianus, d'Orb., 1842, Paléont. franç., Terr. jur., t. I, p. 98, n° 12, pl. 10, f. 7-4.
Idem, d'Orb., 1846, Paléont. univ., pl. 42, f. 7-14.
Idem, Moll. viv. et foss., n° 5.

B. testâ brevi, compressâ, posticè obtusâ, lateraliter impressâ; aperturâ compressâ, oblongâ; alveolo, angulo 17°.

Dim. Longueur, 40 mill.; grand diamètre, 10 mill.; petit diamètre, 7 mill.

Rostre plus ou moins allongé, très-comprimé, égal sur sa longueur ou légèrement rétréci en avant, marqué, sur les côtés ou seulement en arrière, d'une forte dépression; en arrière, il est très-obtus, avec une légère saillie excentrique, ridée ou pourvu d'un petit sillon de chaque côté. Tranche ovale ou oblongue antérieurement, souvent échancrée sur les côtés, vers l'extrémité. Cavité alvéolaire, occupant la moitié chez quelques individus, tandis qu'elle n'en prend que le tiers chez les autres; elle est presque centrale, et donne un angle de 37 degrés. Certains échantillons ont, avec les mêmes caractères, le double de longueur des autres; je les regarde comme ayant appartenu à des individus mâles.

Rapp. et diff. — Cette Bélemnite, dans sa forme courte et obtuse, tient du *B. irregularis* et du *B. Nodotianus*; mais elle se distingue facilement de la première par sa forte dépression latérale; elle diffère de la seconde par sa compression, placée près de l'extrémité postérieure et non avant; elle en diffère encore par sa pointe obtuse et par le manque de sillon ventral.

Loc. Lias moyen ; Metz (Moselle), MM. Fournel, Hollandre ; Missy et Fontaine-Etoupe-Four (Calvados), MM. Tesson, Puzos et moi ; Nancy (Meurthe), MM. Guibal et Delcourt ; Mende (Lozère) ; Langres (Haute-Marne), M. Babeau ; Gunderhoffen (Bas-Rhin), M. Engelhardt ; Pinperdu, près de Salins (Jura), M. Marcou ; Hœningen (Wurtemberg).

Expl. des fig. Pl. 42, fig. 7, individu de la variété courte, vu de côté, *a* dessus, *b* dessous ; fig. 8, le même, vu en dessous ; fig. 9, coupe longitudinale du même ; fig. 10, individu allongé, vu de côté ; fig. 11, le même, vu en dessous ; fig. 12, variété allongée, vu de côté ; fig. 13, coupe près de l'extrémité postérieure ; fig. 14, coupe prise à la partie antérieure. De ma collection.

N° 6. **BELEMNITES LONGISSIMUS**, Miller, 1833. Pl. 43, fig. 1-7.

Belemnites longissimus, Miller, 1823, Trans. géol. Soc., II, p. 60, pl. 8, f. 1, 2.
B. cylindricus, Blainv., 1827, Bélemn., p. 94, n° 33, pl. 3, f. 10.
B. longissimus, Blainv., 1827, Bélemn., p. 95, n° 35, pl. 4. f. 7.
Idem Zieten, 1830, Wurt., p. 28, tab. XXI, f. 10, 11.
B. cylindricus, Desh., 1830, Encycl., II, p. 131, n° 22.
Idem, Hartm., 1830, Wurt., p. 16.
B. longissimus, Keferst., 1834, p. 426, n° 60.
B. cylindricus, Keferst., 1834, p. 425, n° 33.
B. longissimus, Rœmer, 1836, Nord Ool., p. 168.
Idem, Morris, 1843, Brit. fos., p. 177.
B. longissimus, d'Orb., 1846, Paléont. franç., Terr. jur., Suppl., pl. 1, f. 1-7.
Idem, d'Orb., Paléont. univ., pl. 43, f. 1-7.
Idem, d'Orb., 1846, Moll. viv. et foss., I ; Bélemn., n° 6.

B. testâ elongatissimâ, gracili, compressâ, anticè dilatatâ, posticè obtuso-acuminatâ, longitudinaliter, lateribus subunicostatâ ; aperturâ compressâ.

Dim. Longueur, 104 mill. ; grand diamètre, 8 mill. ; petit diamètre, 6 mill.

Rostre très-allongé, très-grêle, fortement comprimé, légèrement fusiforme, marqué de chaque côté de deux dépressions latérales, qui circonscrivent une sorte de côte longitudinale médiane; extrémité antérieure dilatée, extrémité postérieure acuminée, mais d'une manière obtuse. Elle est très-étroite et très-grêle, dans le jeune âge.

Rapp. et diff. — Cette espèce, la plus longue de toutes, se distingue facilement du *B. giganteus* mâle, par son manque de sillon à son extrémité, et de l'*irregularis*, par sa forme lancéolée et les deux sillons latéraux qui règnent sur toute sa longueur.

Loc. Lias moyen; du canal de Saint-Amand (Cher), M. de Valdan et moi; Avallon (Yonne), MM. Moreau, de Charmasse et moi; Pouilly (Côte-d'Or), moi; Pinperdu, près de Salins (Jura), M. Marcou; Lyme-Regis, Weston (Angleterre); Boll, Wurtemberg.

Expl. des fig. Pl. 43, fig. 1, rostre entier, vu de côté; fig. 2, le même, vu en dessous; fig. 3, coupe supérieure; fig. 4, coupe au-dessous de l'alvéole; fig. 5, coupe près de l'extrémité; fig. 6, coupe à l'extrémité; fig. 7, jeune, ordinairement très-allongé. De ma collection.

Espèces du lias supérieur, ou étage Toarsien (toutes les couches comprises, de la *Gryphæa cymbium*; jusqu'à l'Oolite inférieure de Dundry).

N° 7. **BELEMNITES BREVIS**, Blainv., 1827, pl. 38, fig. 1-7.

B. brevis, Blainv., 1727, Bélemn., p. 86, n° 26, pl. 3, f. 2. (Exclus., f. 1.)
B. abbreviatus, Sowerby, 1828, Min. conch., t. VI, p. 178, pl. 590, f. 9. (Exclus., f. 2, 3.) Non Miller.
B. breviformis, Voltz, 1830, Mém., n° 6, p. 43, pl. 2, f. 2, 3, 4.
B. breviformis, Munster, Zieten, 1830, Wurt., pl. 21, f. 7, p. 27.
Idem, Zieten, 1830, Wurt., p. 27, tab. XXI, f. 7?
B. pyramidatus, Schub., 1830. Zieten, p. 29, tab. XXII, f. 9?.
B. brevis, Desh., 1830, Encycl., II, p. 131, n° 19.
B. brevis, Hartm., 1830, Wurt., p. 16, n° 1.
B. incurvatus, Keferst., 1834, p. 426, n° 51.
B. pyramidatus, Keferst., 1834, p. 427, n° 76.
B. breviformis, Keferst., 1834, p. 425, n° 25.
B. brevis, Keferst., 1834, p. 425, n° 24.
B. breviformis, Rœm., 1835, Ool., p. 164, n° 1, t. XVI, f. 8.
B. pyramidalis, Rœm., 1836, p. 169.
B. conulus, Munster, Rœm., 1836, Nord Ool., p. 165, n° 2.
B. pyramidalis, Rœm., 1836, idem, p. 172, n° 21.

B. brevis, Galeotti, 1837, Brab., p. 166, n° 13.
B. acutus, Potiez et Mich., 1838, p. 21, n° 1.
B. abbreviatus, d'Orb., 1842, Paléont. franç., Terr. jur., t. I, p. 92, n° 9, pl. 9, f. 1-7.
B. idem, Brown, 1843, Foss. conch., p. 21, pl. 2, f. 41, 42.
B. breviformis, Morris, 1843, Brit. foss., p. 177.
B. brevis, d'Orb., 1846, Paléont. univ., pl. 38, f. 1-7.
Idem, d'Orb. 1846, Moll. viv. et foss., I, Bélemn., n° 7.

B. testâ brevi, inflatâ, compressiusculâ, posticè acuminato-mucronatâ, anticè dilatatâ; aperturâ subquadratâ vel compressâ; alveolo obliquato, angulo 28°.

Dim. Longueur d'un grand individu, 80 mill.; grand diamètre supérieur, 23 mill.

Rostre assez court, conique, renflé, un peu comprimé, élargi en avant, rétréci tout à coup en arrière, où il forme une pointe légèrement comprimée, recourbée en dessous. Il est entièrement lisse; il ne montre aucune trace de sillons. Coupe un peu comprimée, légèrement quadrangulaire. Cavité alvéolaire, occupant beaucoup plus de la moitié du rostre; elle est ronde et fortement inclinée vers le ventre. Son angle est de 28 degrés. Les rostres des femelles sont la moitié plus courts que ceux des mâles.

Rapp. et diff. — Courte comme le *B. acutus*, cette espèce s'en distingue facilement par sa forme obtuse, renflée, rétrécie avant sa pointe et mucronée.

Loc. Lias supérieur : Gundershoffen et Mulhausen (Bas-Rhin), MM. Engelhardt, Voltz; Chevillé, Brullon, Asnières (Sarthe), M. Marçais et moi; Croisilles (Calvados), MM. Tesson, Puzos et moi; Metz (Moselle), MM. Fournel et Joba; Jean-de-l'Eau (Doubs), M. Carteron; Ludres (Meurthe), MM. Guibal et Delcourt; Saint-Maixent, Niort, Thouars (Deux-Sèvres), MM. Baugier, Garant, de Vieilbanc et moi; Aresche, près de Salins (Jura), M. Marcou; Saint-Quentin (Isère), M. Gras; près de Langres (Haute-Marne), M. Babeau; dans le Gloucestershire (Angleterre).

Expl. des fig. Pl. 38, fig. 1, individu adulte, vu de côté;

a dessus, *b* dessous; fig. 2, coupe du même, avec l'alvéole en position; fig. 3, variété plus raccourcie, de Gundershoffen (*B. breviformis*), Voltz; fig. 4, coupe prise à la partie supérieure; fig. 5, coupe au-dessous de l'alvéole; fig. 6, coupe de la pointe; fig. 7, jeune invividu plus effilé. De ma collection.

N° 8. **BELEMNITES TRICANALICULATUS**, Hartm. Pl. 41, fig. 1-5.

B. canaliculatus, Bauhino, 1698, p. 34?
B. tricanaliculatus, Hartm.; Zieten, 1830. Wurt., pl. 24, f. 10, p. 32.
Idem, Hartm., 1830, Wurt., p. 17, n° 1.
B. quadricanaliculatus, Hartm., 1830, Zieten Wurt., p. 32, tab. XXIV, f. 2.
Idem, Hartm., 1830, Wurt., p. 17.
Idem, Keferst., 1834, p. 427, n° 79.
B. tricanaliculatus, Keferst., 1834 p. 428, n° 102.
B. tricanaliculatus, d'Orb., 1842, Paléont. franç., Terr. jur., t. I, p. 100, n° 14, pl. 14, f. 1-5.
B. tricanaliculatus, d'Orb., 1846, Pal. univ., pl. 41, f. 1-5.
Idem, d'Orb., 1846, Moll. viv. et foss., I, Bélemn., n° 8.

B. testâ elongatâ, conicâ, posticè obtusâ, longitudinaliter trisulcatâ: sulcis non interruptis, excavatis; aperturâ triquetrâ; alveolo, angulo 30°.

Dim. Longueur, 50 mill.; grand diamètre, 7 mill.

Rostre allongé, conique, non élargi en avant, obtus à son extrémité. De sa pointe partent trois sillons profonds, qui continuent, sans s'interrompre, jusqu'aux parties les plus supérieures; de ces trois sillons, l'un est ventral et les deux autres latéro-dorsaux: souvent, il y a sur le dos un quatrième sillon double. Cavité alvéolaire courte, peu inclinée du côté ventral, formant un angle de 30 degrés. Lorsqu'on coupe cette espèce longitudinalement, on reconnaît que le milieu du rostre est très-poreux ou comme vermiculé.

Rapp. et diff.—Cette espèce se distingue facilement de toutes les autres espèces connues par ses trois sillons marqués sur toute sa longueur.

Loc. Lias supérieur de Boll (Wurtemberg), M. Hartmann; Saint-Quentin (Isère), M. Gras; Fontenay (Vendée), moi.

Expl. des fig. Pl. 41, fig. 1, individu vu de côté; fig. 2, le mêmevu en dessous ; fig. 3, coupe longitudinale de la variété courte; fig. 4, coupe transversale au milieu de l'alvéole; fig. 5, coupe transversale à l'extrémité postérieure, figure grossie. De ma collection.

N° 9. **BELEMNITES EXILIS**, d'Orb., pl. 41, fig. 6-12.

B. exilis, d'Orb., 1842, Paléont. franç., Terr. jur., t. I, p. 101, pl. 15, f. 6-12.
Idem, d'Orb., 1845, Paléont. univ., pl. 41, f. 6-12.
Idem, d'Orb., 1846, Moll. viv. et foss., Bélemn., n° 9.

B. testâ elongatissimâ, subulatâ, gracili, compressâ, lateribus unisulcatâ, posticè acuminato-acutâ; aperturâ compressâ, subquadratâ, angulosâ; alveolo, angulo 20°.

Dim. Longueur totale, 90 mill.; grand diamètre, 4 mill.

Rostre très-allongé, grêle, égal sur sa longueur, élargi en avant, rétréci insensiblement et très-acuminé en arrière. Cette partie est aiguë, allongée, lisse; à une assez grande distance de cette extrémité commence à paraître, de chaque côté, mais plus près du dessous que du dessus, un sillon qui se marque davantage en se creusant, à mesure qu'il avance vers l'ouverture; alors, aussi, le dessus et le dessous s'aplatissent et finissent par être coupés carrément. La tranche, à l'extrémité, est ovale, comprimée; au milieu, elle est seulement échancrée, de chaque côté; au milieu de l'alvéole, elle est très-anguleuse. Cavité alvéolaire très-courte, un peu inclinée en bas, formant un angle de 20 degrés. La première loge est ovale, très-grande relativement aux autres.

Rapp. et diff. — Par sa forme subulée, cette espèce représente la Bélemnite la plus allongée; c'est aussi, dans les terrains jurassiques, la seule qui soit pourvue de sillons latéraux aussi profonds, et dont la forme soit aussi anguleuse : elle est plus mince et plus grêle que la *B. longissimus.*

Loc. Lias supérieur ou étage thoarsien de Besançon (Doubs), M. Puzos; Saint-Quintin (Isère); dans le minerai de fer, M. Gras. Très-rare.

Expl. des fig. Pl. 41, fig. 6. Individu entier, vu de côté; fig. 7, le même, vu en dessous; fig. 8, coupe au milieu de l'alvéole; *a* dessus; *b* dessous, grossie; fig. 9, coupe au-dessous de l'alvéole; fig. 10, coupe à l'endroit où les sillons cessent; fig. 11, coupe à l'extrémité inférieure; fig. 12, coupe longitudinale, avec les cloisons et la première loge. De ma collection.

N° 10. **BELEMNITES TESSONIANUS**, d'Orbigny, pl. 41, fig. 13-18.

B. Tessonianus, d'Orb., 1842, Paléont. franç., Terr. jur., t. I, p. 103, pl. 11, f. 13-18.

Idem, d'Orb., 1846, Paléont. univ., pl. 41, f. 13-18.

Idem, d'Orb., 1846, Moll. viv. et foss., I, Bélemn., n° 10.

B. testâ elongatâ, gracili, posticè obtusâ, anticè dilatatâ, suprà bisulcatâ; subtùs trisulcatâ; alveolo obliquato, angulo 27°.

Dim. Longueur, 25 mill.; grand diamètre, 4 mill.

Rostre allongé, très-grêle, un peu comprimé, fortement élargi en avant, légèrement conique sur sa longueur, et obtus à son extrémité. Son côté supérieur est orné de deux sillons parallèles assez profonds, qui commencent près de l'extrémité et se prolongent jusqu'à l'évasement de l'alvéole. De ses deux sillons, l'un se bifurque vers le tiers supérieur de la longueur totale; en dessous, il y a trois sillons peu marqués, dont le médian est double. Cavité alvéolaire très-prolongée en dehors du rostre, assez inclinée du côté ventral : son angle est d'environ 27 degrés.

Rapp. et diff. Par sa forme grêle, par ses deux sillons, dont l'inférieur est bifurqué, cette espèce se distingue de toutes les autres Bélemnites des terrains jurassiques, et forme un type tout à fait spécial.

Loc. Lias supérieur, Amayé-sur-Orne (Calvados), M. Tesson. Elle n'y est pas commune.

Expl. des fig. Pl. 41, fig. 13. Individu de grandeur naturelle, vu en dessus; fig. 14, le même, grossi trois fois, pour montrer ses sillons; fig. 15, le même, vu en dessus; fig. 16, le même, vu en profil; fig. 17, coupe longitudinale; fig. 18, coupe transversale à l'extrémité inférieure de l'alvéole; *a* dessus, *b* dessous. De ma collection.

N° 11. **BELEMNITES CURTUS**, d'Orb., pl. 42, fig. 1-6.

B. brevirostris, d'Orb., 1842. Paléont. franç., Terr. jur., t. I, p. 96, n°. 11, pl. 10, f. 1-6. (Non *brevirostris*, Raspail, 1829.)
B. curtus, d'Orb., 1846, Paléont. univ., pl. 42, f. 1-6.
Idem, d'Orb., 1846, Moll. viv. et foss., I Bélemn., n° 11.

B. testâ brevi, conicâ, compressâ, apice obtusâ, bisulcatâ; aperturâ triquetrâ; alveolo, 28°.

Dim. Longueur totale, 23 mill.; grand diamètre, 14 mill.

Rostre très-court, conique, très-comprimé, obtus à son extrémité postérieure, et marqué, dans cette partie, de deux sillons latéraux supérieurs, prolongés très-loin en avant. Coupe ovale un peu triquètre, centre très-excentrique. Cavité alvéolaire occupant presque tout le rostre et n'étant, dès lors, recouverte que par un très-léger encroûtement extérieur; elle est excentrique, inclinée du côté ventral; son grand angle est d'environ 28 degrés.

Rapp. et diff. Courte comme les *B. acutus* et *brevis*, cette espèce s'en distingue par sa forme encore plus raccourcie et par ses deux sillons latéraux. C'est la Bélemnite dont le rostre est le plus réduit.

Loc. Lias moyen : Milhau (Aveyron), par moi; Chevigny (Côte-d'Or), M. Nodot; environs de Lyon (Rhône), M. Terver; Thibaud (Côte-d'Or), M. Puzos; Avallon (Yonne), par moi; Gundershoffen (Bas-Rhin), M. Engelhardt; Heiningen, Mezingen (Wurtemberg), M. Mandelslohe.

Expl. des fig. Pl. 42, fig. 1. Individu entier, vu de côté; fig. 2, le même, vu en dessous; fig. 3, coupe longitudinale de haut en bas; *a* dessus, *b* dessous; fig. 4, coupe vue en dessus; *a* dessus, *b* dessous; fig. 5, coupe à l'extrémité de l'alvéole; fig. 6, coupe à l'extrémité du rostre. De ma collection.

N° 12. **BELEMNITES NODOTIANUS**, d'Orbigny, pl. 42, fig. 15-20.

B. incurvatus, Zieten, 1830, Wurtemb., pl. 22, f. 7, p. 29. (Non *incurvatus* Raspail, 1829.)
B. incurvatus, Keferst., 1834, p. 426, n° 51.
Idem, Rœm., 1835, Wurt., p. 174.

B. Nodotianus, d'Orb., 1842. Paléont. franç., Terr. jur., t. I, p. 98, nº 13, pl. 10, f. 15-20.
Idem, d'Orb., 1846, Paléont. univ., pl. 42, f. 15-20.
Idem, d'Orb., 1846, Moll. viv. et foss., I, Bélemn., nº 12.

B. testâ oblongâ, compressâ, anticè dilatatâ, posticè obtuso-mucronatâ, subtùs sulcatâ; aperturâ compresso-quadratâ; alveolo, 25°.

Dim. Longueur, 70 mill.; grand diamètre, 16 mill.; petit diamètre, 13 mill.

Rostre oblong, fortement comprimé, égal sur la plus grande partie de sa longueur, marqué alors d'un méplat latéral; puis, il s'acumine assez brusquement et se termine en une pointe légèrement comprimée, droite. De l'extrémité inférieure part un sillon ventral profond, qui se perd vers le tiers inférieur. On remarque aussi, sur les côtés, un sillon qui n'occupe que la pointe. Cavité alvéolaire assez courte, fortement inclinée du côté ventral, et formant un angle de 23 degrés.

Rapp. et diff. — Voisine, par sa compression, du *B. irregularis*, cette espèce s'en distingue par sa pointe; assez voisine encore par sa pointe du *B. brevis*, elle en diffère par sa forte compression latérale et par ses sillons.

Loc. Lias supérieur : Semur, Mussy (Côte-d'Or), M. Nodot et moi; Avallon (Yonne), M. Moreau; Saint-Quintin (Isère), M. Gras; Gundershoffen (Bas-Rhin), M. Engelhardt; près de Langres, M. Babeau.

Hist. Le nom d'*Incurvatus* ayant été appliqué, en 1829, à une Bélemnite distincte de celle de M. Zieten, je me trouve forcé de le changer, et je nomme l'espèce *B. Nodotianus.*

Expl. des fig. Pl. 42, fig. 15. Individu complet, vu de côté; *a* dessus, *b* dessous; fig. 16, le même, vu du côté ventral; fig. 17, variété allongée, vue de côté; fig. 18, variété plus allongée encore, coupée longitudinalement; fig. 19, coupe transversale à l'extrémité supérieure de l'alvéole; fig. 20, coupe à l'extrémité inférieure du rostre. De ma collection.

N° 13. **BELEMNITES IRREGULARIS**, Schlotheim, pl. 43, fig. 8-11, pl. 44.

Belemnites irregularis, Schloth., 1813, Min. Tasch., v. VII, p. 70, tab. III, fig. 2.
B. irregularis, Schloth., 1820, Die petref., p. 48, n° 5.
Belemnites acuarius, Schloth., 1820, Petref., p. 46, n° 2.
B. penicillatus, Schloth., 1820, Petref., n° 10.
B. tubularis, Young, 1822, York., pl. 14, f. 6.
B. acuarius, Blainv., 1827, Bélemn., p. 96, n° 36.
B. irregularis, Blainv., 1827, Bélemn., p. 104, n° 46.
B. digitalis, Blainv., 1827, Bélemn., p. 88, n° 28, pl. 3, f. 5, 6.
B. penicillatus, Blainv., 1827, Bélemn., p. 89, n° 29, pl. 3, f. 7.
Pseudobelus striatus, Blainv., p. 113, pl. 4, f. 13. (Non *Striatus*, Defr.)
Pseudobelus levis, Blainv., p. 112, pl. 4, f. 14.
B. penicillatus, Sow., 1828, min., Conch., VI, p. 181, pl. 590, f. 5, 6?
B. tubularis, Philips, 1829, Yorksh., pl. 12, f. 20.
B. gracilis, Hell. Zieten, 1830, Wurt., p. 28, pl. 22, f. 2. (Non *gracilis*, Raspail, 1829; Philips, 1829.)
B. lagenæformis, Hartmann, Zieten, 1830, Wurt., p. 33, pl. 25, f. 1.
B. pygmeus, Zieten, 1830, Wurt., p. 28, tab. XXI, f. 9?
B. rostratus, Zieten, 1830, Wurt., p. 30, tab. XXIII, f. 5. (Non *rostratus*, Raspail, 1829.)
B. penicillatus, Desh., 1830, Encycl., II, 2, p. 131, n° 21.
B. longisulcatus, Voltz, 1830, Mém., p. 57, pl. 6, f. 1.
B. tenuis, Munst., 1830, Zur Belemn., pl. 22, f. 5, 6.
B. semistriatus, Munst., 1830, Zur Belemn., t. 2, f. 4.
B. acuarius, Munster, 1830, Bélemn., p. 15, tab. II, f. 5, 6.
B. digitalis, Voltz, Bélemn, 1829, t. II, f. 5, p. 45, n° 7.
Idem, Zieten, 1830, p. 31, t. XXIII, f. 9.
B. irregularis, Zieten, 1830, Wurt., p. 30, t. XXIII, f. 6.
Idem, Hartm., 1830, Wurt., p. 16.
B. acuarius, Hartm., 1830, Wurt., p. 15.
B. penicillatus, Hartm., 1830, Wurt., p. 17.
B. digitalis, Bélemn., 1830, Wurt., p. 16.
B. tenuis, Hart., 1830, Wurt., p. 17.
B. digitalis, Keferst., 1834, p. 425, n° 35.
B. irregularis, Keferst., 1834, p. 426, n° 52.
B. acuarius, Keferst., 1834, p. 424, n° 4.
B. penicillatus, Keferst., 1834, p. 427, n° 70.
B. striatus, Keferst., 1834, p. 428, n° 90.
B. gracilis, Keferst., 1834, p. 426, n° 46.
B. lagenæformis, Keferst., 1834, p. 426, n° 54.
B. pygmeus, Keferst., 1834, p. 427, n° 77.
B. rostratus, Keferst., 1834, p. 427, n° 83.
B. longisulcatus, Keferst., 1834, p. 426, n° 58.
B. tenuis, Keferst., 1834, p. 428, n° 99.

B. semistriatus, Keferst., 1834, p. 428, nº 88.
B. digitalis, Rœm., 1836, Ool., p. 167, nº 8.
B. gracilis, Rœm., 1835, Ool., p. 175.
B. longisulcatus, Rœm., 1835, Ool., p. 174.
B. tenuis, Rœm., 1835, Ool., p. 169, nº 13.
B. acuarius, Rœm., 1835, Ool., p. 174.
B. lævis, Rœm., 1836, Ool., p. 165, nº 4?
B. rostratus, Rœm., 1835, Ool., p. 175.
Guibal, Mém. sur les Terr. jur., pl. II, f. 11-13.
B. irregularis, d'Orb., 1842, Paléont. franç., Terr. jur., t. I, p. 76, pl. 5.
B. irregularis, d'Orb., 1842, Paléont. franç., Terr. jur., t. I, p. 74, pl. 4, fig. 2-8.
B. acuarius, d'Orb., 1842, Paléont. franç., Terr. jur., I, p. 74, pl. 7.
B. tubularis, Morris, 1843, Brit. foss., p. 178.
B. irregularis, d'Orb., 1846, Paléont. univ., pl. 43, f. 9-11, pl. 44.
Idem, d'Orb., 1846, Moll. viv. et foss., Bélemn., nº 13.

B. testâ (junior) *brevi, compressâ, posticè obtusâ, submucronatâ;* (adulta) *elongatissimâ, compressâ, subconicâ, posticè attenuatâ, subobtusâ, longitudinaliter striato-sulcatâ; aperturâ compressâ; alveolo, angulo* 20–22°.

Dim. Longueur d'un individu bien complet, 230 mill.; grand diamètre antérieur, 16 mill.

Rostre changeant souvent de forme, suivant l'âge.

Jeune, il est peu allongé, comprimé, légèrement conique, très-obtus en arrière, et peu oblique en dessous. C'est alors le *B. irregularis*. Souvent le rostre reste dans cette même forme jusqu'au plus grand âge connu; dans ce cas il est peu allongé, comprimé, presque égal sur sa longueur, à peine un peu plus large en avant, très-obtus en arrière, où sa partie terminale est légèrement oblique en dessous. Dans certains individus, cette extrémité est très-obtuse, sans pointe apparente; chez d'autres, le sommet forme une légère saillie mucronée; chez quelques autres encore, on remarque, en dessous, un sillon prolongé. Les côtés sont fortement comprimés et pourvus de très-légères dépressions. La cavité occupe plus de la moitié de la longueur du rostre; elle forme un cône légèrement comprimé, dont les angles sont de 20 et 22 degrés. L'alvéole paraît se prolonger beaucoup en haut.

Adulte. A l'extrémité de cet âge du rostre que je viens de décrire, il naît un prolongement conique très-long, légèrement comprimé, entièrement lisse à sa base, marqué au sommet d'un sillon ventral, d'un autre latéral, et, de plus, beaucoup de stries longitudinales plus ou moins prononcées et passant à des sillons. Souvent, les stries manquent et les sillons sont très-atténués ou nuls. Quelques individus, que je regarde comme ayant appartenu à des mâles, sont allongés dès la jeunesse. Il n'y aurait alors que les osselets des femelles qui changeraient de forme.

Obs. De la description qui précède il ressort que, jusqu'à certain âge, dans quelques individus regardés comme femelles, le rostre est très-court, obtus et, comme tous les autres, composé de couches dont la tranche est rayonnante. Après ce premier âge, on pourrait croire que l'animal qui le contenait a changé de forme, et que son corps, d'obtus qu'il était, prend un prolongement postérieur, analogue à celui qu'on remarque chez les mâles du *Loligo media*, et que, dès cet instant, ce prolongement du corps dépose sur le rostre obtus un prolongement testacé conique et très-allongé, semblable à celui du *B. minimus*, Lister; mais ce nouvel appendice, croissant, sans doute, avec beaucoup plus de rapidité que le reste, est tubuleux et creux sur presque toute sa longueur et d'une contexture tout à fait différente. Lorsque son extrémité est pleine de matière testacée, cette matière est cristalline et jamais fibreuse (ce qui a déterminé le genre *Pseudobelus* de M. de Blainville). Lorsque ce prolongement est resté creux, ce qui arrive le plus souvent, la pression, dans la fossilisation, a d'ordinaire amené son écrasement. J'ai dit qu'au jeune âge, le rostre est court, obtus dans les rostres qui sont présumés avoir appartenu à des femelles, et qu'il ne prend son grand allongement qu'après son accroissement. Lorsqu'on voit, chez le *Loligo media*, l'osselet interne du mâle différer d'une manière si complète par son grand allongement de celui de la femelle, ne pourrait-on pas croire que le rostre des *B. irregularis* et *acuarius* provient de semblables modifications de sexes? Le premier serait un rostre de femelle ayant conservé sa forme à tous les âges; le second, un osselet de mâle, qui aurait cet allongement extraordinaire signalé chez l'*Acuarius*. Quoi qu'il en soit, il est évident que, dans le jeune âge des rostres de femelle, le rostre de l'*Acuarius* est identique au rostre constant du *B. irregularis;* et, que je ne crains pas de les réunir en une seule espèce, les individus, obtus et allongés, se trouvant partout ensemble.

Rapp. et diff. — Cette espèce diffère des suivantes par la forme primitive obtuse de son rostre; elle se distingue nettement de toutes les autres par le prolongement de sa partie postérieure.

Loc. Lias supérieur, Essay, Bouxières-aux-Dames, Villers-les-Nancy, près de Nancy (Meurthe), MM. Guibal et Delcourt; Amayé-sur-Orne (Calvados) ; Saint-Quintin (Isère), M. Gras; Châtillon-sur-Seine (Côte-d'Or), M. Jules Baudouin; Montmédy (Meuse), M. Raulin; Niort, Saint-Maixant, Thouars (Deux-Sèvres), MM. Baugier, de Vieilbanc et moi; Brullon, Chevillé, Asnières (Sarthe), M. Marçay et moi; Urweiller, Gundershoffen (Bas-Rhin), M. Engelhardt; Thionville, Arcy (Moselle), MM. Fournel et Hollandre; Pouilly (Côte-d'Or), M. Nodot; près de Langres (Haute-Marne), M. Babeau; Pinperdu, Aresche, près de Salins, Le Pin, près de Lons-le-Saulnier (Jura), M. Marcou; Maure, Pouilley-les-Vignes, près de Besançon (Doubs), M. Marcou; mont Terrible, près de Porentruy (Berne), M. Thurmann; Saltwich, Yorkshire, Gloucester (Angleterre); Wasseralfingen, Banz, Mezingen Heiningen, Ohmden, Holzheim (Wurtemberg), M. Mandelslohe; Banz (Franconie).

Hist. Décrite par Schlotheim, dès 1813, sous le nom d'*Irregularis,* elle fut rapportée, en 1827, par M. de Blainville, au *B. digitalis* de Faure Biguet. J'ai sous les yeux le travail de Faure Biguet, et j'y cherche en vain une espèce de ce nom; en effet, cet auteur a décrit les *B. dactylus, digitulus* et *digitus,* et nullement le *B. digitalis.* En comparant même les figures, je ne reconnais aucune espèce qui soit réellement celle de M. de Blainville. Il faut en conclure que la figure de ce nom, que le savant anatomiste a donnée de cette espèce, est différente de celle de Faure Biguet, à laquelle tous les auteurs l'ont rapportée. Le nom que Schlotheim a imposé étant le plus ancien, il convient de le conserver à l'espèce.

Elle offre le fâcheux exemple de la multiplicité de noms donnés par les géologues à toutes les variétés de formes. En effet, elle est inscrite dans la science sous *quatorze* dénominations distinctes, comme on peut le voir à la synonymie. C'est l'espèce dont la circonscription exacte m'a donné le plus de travail.

Expl. des fig. Pl. 43, fig. 8, rostre entier, vu de côté; fig. 9, le même, vu en dessous; *A a* l'extrémité de l'allongement indiqué; fig. 10, variété sillonnée à l'extrémité, vue en dessous; fig. 11, variété sillonnée et mucronée. Pl. 44, fig. 1, individu entier (en deux parties), légèrement déformé par la pression (*B. tenuis,* Munster); son extrémité striée *x* représente le *Pseudobelus striatus*, de M. de Blainville, et le *B. longiscatus*, Voltz; fig. 2, individu rétréci (*B. lagenæformis*, Hell); son extrémité lisse est le *Pseudobelus levis* de M. de Blainville; fig. 3, individu dont l'extrémité est fortement déformée par la pression. La partie antérieure a résisté à la même pression (c'est le *B. acuarius*, Schloth.); fig. 4, coupe longitudinale dans laquelle les lignes d'accroissement montrent que le rostre avait la forme du *B. irregularis,* jusqu'à l'instant où la partie tubuleuse postérieure est venue s'appliquer dessus; fig. 5, coupe au tiers de l'alvéole : *a* dessus, *b* dessous; fig. 6, coupe au-dessous de l'alvéole; fig. 7, 8, 9, diverses coupes de la partie tubuleuse; fig. 10, coupe de la partie striée de l'extrémité postérieure; fig. 11, une autre coupe d'un individu différent; fig. 12, un rostre avant qu'il n'ait pris l'allongement. De ma collection.

N° 14. **BELEMNITES TRIPARTITUS**, Schlotheim, pl. 39, fig. 3-8; pl. 45, pl. 46.

Plott., 1764, Phil. trans., vol. XII, pl. 3, f. 8.
B. tripartitus, Schloth., 1820, Petref., p. 48, n° 6.
Belemnites elongatus, Miller, 1823, Trans. géol. Soc., pl. 7, f. 6-7.

B. aduncatus, Miller, 1823, pl. 8, f. 6. (Déformation.)
B. tripartitus, Miller, 1823, p. 66, pl. 8, f. 10-13. (Extrémité.)
Idem, Blainv., 1827, Bélemn., p. 82, n° 21, pl. 4, f. 4.
B. trisulcatus, Blainv., 1827, Bélemn., p. 83, n° 22, pl. 5, f. 13. (Extrémité.)
B. ovatus, Blainv., 1827, Bélemn., p. 88, n° 27, pl. 3, f. 4?
B. aduncatus, 1827, Bélemn., pl. 2, f. 6, p. 77, n° 17; pl. 8, f. 6-11.
B. elongatus, Blainv., 1827, Bélemn., p. 95, n° 34, pl. 4, f. 6.
B. unisulcatus, Blainv., 1827, Bélemn., p. 81, pl. 5, f. 21. *(Jun.)*
B. elongatus, Sow., 1829, Min. conch., VI, p. 178.
B. compressus, Phill., 1829, York, pl. 12, f. 21?
B. trifidus, Voltz, 1830, Bélemn., p. 62, n° 15, pl. 7, f. 3.
B. trisulcatus, Hartm., Zieten, 1830, pl. 24, f. 3.
B. oxyconus, Hel., Zieten, 1830, Wurt., pl. 21, f. 5, p. 27.
B. elongatus, Zieten, 1830, Wurt., p. 28, pl. 22, f. 6.
B. unisulcatus, Desh., 1830, Encycl. méth., II, p. 129, n° 13.
B. subula, Desh., 1830, Encycl. méth., II, p. 130, n° 17.
B. ovatus, Desh., 1830, Encycl. méth., II, p. 131, n° 20.
B. unisulcatus, Hartm., 1830, Zieten, Wurt., p. 31, tab. XXIV, f. 1.
B. tripartitus, Hartm., 1830, Wurt, p. 17.
B. trisulcatus, Hartm., 1830, Wurt., p. 17.
B. elongatus, Hartm., 1830, Wurt., p. 16.
B. unisulcatus, Hartm., 1830, Wurt., p. 17.
B. compressus, Voltz, 1830, Bélemn., p. 53, pl. 11, f. n° 2.
B. tripartitus, Keferst., 1834, p. 428, n° 104.
B. trisulcatus, Keferst., 1834, p. 428, n° 105.
B. trifidus, Keferst., 1834, p. 428, n° 403.
B. elongatus, Keferst., 1834, p. 435, n° 39.
B. aduncatus, Keferst., 1834, p. 424, n° 8.
B. unisulcatus, Keferst., 1834, p. 429, n° 112.
B. oxyconus, Keferst., p. 427, n° 67.
B. tripartitus, Rœm., 1836, Ool.
B. trisulcatus, Rœm., 1836, Ool., p. 172, n° 20.
B. elongatus, Rœm., 1836, Ool., p. 169.
B. oxyconus, Rœm., 1836, Ool., p. 175.
B. ornithocephalus, Theodori, Rœm., 1836, Nord. ool., p. 169, n° 14?
B. compressus, Rœm., 1836, idem, p. 171, n° 19.
B. compressus, d'Orb., 1842, Paléont. franç., ter. jur., pl. 6, f. 3, 8.
B. elongatus, d'Orb. 1842, Paléont. franç., Terr. jur., I, p. 90, n° 8, pl. 8, fig. 6-11.
B. unisulcatus, d'Orb., 1842, idem, I, p. 88, n° 7, pl. 8, f. 1-5.
B. elongatus, Matheron, 1842, Catal., p. 258, n° 277.
B. compressus, Matheron, 1842, Catal., p. 258, n° 278.
B. trifidus, Morris, 1843, Brit. foss., p. 178.
B. elongatus, Morris, 1843, Brit. foss., p. 177.
B. tripartitus, d'Orb., 1846, Paléont. univ., pl. 45, pl. 46.
Idem, d'Orb., 1846, Terr. jur., Suppl., pl. 2.
Idem, d'Orb., 1846, Moll. viv. et foss., Bélemn., n° 14, pl. 37, f. 6-9.

B. (Jun.) *testâ elongatâ, gracili, compressâ, posticè attenuato-acutâ, subtùs unisulcatâ; aperturâ, compressâ* (Adul.), *testâ conicâ, compressâ, posticè acuminatâ, trisulcatâ, anticè dilatatâ, aperturâ ovali compressâ; alveolo, angulo,* 22-25°.

Dim. Longueur, 140 mill.; grand diamètre, 26 mill.

(*Jeune femelle.*) *Rostre* allongé, un peu quadrangulaire, élargi en avant, puis presque égal jusqu'au quart postérieur, où il s'amincit et se termine en une pointe aiguë, effilée. De la pointe part, au côté inférieur, un sillon assez marqué qui s'étend et se perd avant ou après la moitié de la longueur de l'ensemble. On remarque, de plus, à la pointe, deux autres petits sillons latéraux peu prononcés qui, presque effacés, se continuent jusqu'à la partie antérieure. C'est alors le *B. unisulcatus*, Blainv.

(*Jeune mâle.*) *Rostre* très-allongé, fortement comprimé dans son ensemble, égal au milieu, élargi en avant, très-atténué et très-aigu en arrière. La pointe, souvent striée longitudinalement, est ornée, en dessous, d'un sillon assez profond, qui s'efface vers le cinquième inférieur de la longueur; il y a, de plus, sur les côtés, un très-léger sillon beaucoup moins prolongé que le premier. Cavité alvéolaire occupant moins du tiers supérieur; son angle est 22 et 25 degrés environ. Elle s'incline tellement vers la partie ventrale, que le centre de son sommet correspond presque au tiers du diamètre. Son alvéole est quelquefois énorme en dehors du rostre.

L'*adulte* conserve, suivant les sexes, la forme allongée où obtuse des jeunes; mais a toujours trois sillons prononcés à l'extrémité du rotre.

Rapp. et diff. Cette espèce, propre à une couche différente du *B. niger*, s'en distingue par trois sillons apiciaux au lieu de deux, par sa forme conique, comprimée et surtout par son jeune âge, très-distinct, toujours pourvu d'un sillon ventral à l'extrémité.

Loc. Lias supérieur : Brullôn, Asnières, Chevillé (Sarthe),

M. Marçais et moi; Thouars, Niort, Saint-Maixant (Deux-Sèvres), MM. de Vieilbanc, Baugier et moi; Saint-Quintin (Isère), M. Gras; Amayé-sur-Orne, Subles, Croisselles (Calvados), M. Tesson et moi; Nancy (Meurthe), M. Guibal; Chevigny, Mussy, Semur (Côte-d'Or), M. Nodot et moi; Vassy, Avallon (Yonne), MM. Moreau, de Charmasse et moi; Lyon (Rhône), M. Teryer; Fontenay (Vendée), moi; Gundershoffen (Bas-Rhin), M. Voltz; Wast, Mont-de-Lans (Isère), M. Gras; Metz (Moselle), M. Hollandre; Saint-Rambert (Ain), M. Sauvanau; Aix (Bouches-du-Rhône), M. Coynard; Saint-Amand (Cher), M. Maugenest et moi; Montmédy (Meuse), M. Raulin; Milhau (Aveyron), moi; entre Bonneneuve et Nouvelle, Tuchan (Aude), M. Brown et moi; près de Langres (Haute-Marne), M. Babeau; Pinperdu et Montservant, près de Salins, Maynal, près Lons-le-Saulnier (Jura), M. Marcou; Maure, près de Besançon (Doubs), M. Marcou; Hœnengen, Mezingen, Boll (Wurtemberg), Mistelgau (Franconie), Lyme-Regis; Graham, Yorkshire (Angleterre); Erschwyl, canton de Soleure, M. Gressly; Alpes-Bernoises, dans le schiste, M. Agassiz.

Les différents âges et les difformités de cette espèce l'ont fait inscrire sous dix noms différents. De ces noms, celui de *Tripartitus* étant le plus ancien, et caractérisant parfaitement l'espèce, je n'ai pas balancé à le lui restituer.

Sa nouvelle synonymie, ainsi que ses caractères, prouveront que je l'ai considérée aujourd'hui sous un nouveau point de vue bien différent de celui sous lequel je l'avais envisagée en 1842, faute de renseignements.

Expl. des fig. Pl. 39, fig. 3. Tranche au dessous de l'alvéole; *a* dessus, *b* dessous; fig. 8, coupe longitudinale, pour montrer la place de l'alvéole et sa position respective par rapport au rostre. Pl. 45, fig. 1. Rostre entier d'un jeune individu, vu sur le ventre; fig. 2, le même, vu sur le côté; fig. 3, coupe au sommet, pour montrer la forme des trois sillons; *a* dessus, *b* dessous; fig. 4, coupe à l'extrémité inférieure de l'alvéole; fig. 5, coupe à l'extrémité supérieure; fig. 6, individu mâle entier, vu de côté; son alvéole en dehors; fig. 7, le même, vu sur le ventre; fig. 8, un individu plus grand et plus court, vu sur le ventre; fig. 9, coupe à l'extrémité supérieure du rostre; fig. 10, coupe vers la moitié de la longueur du rostre; *a* dessus, *b* dessous; fig. 11, coupe à l'extrémité inférieure du rostre; *a* dessus, *b* dessous. Pl. 46, fig. 1. Jeune rostre d'une femelle, vu en dessous; fig. 2, le même, vu de côté; fig. 3, coupe de son extrémité; fig. 3, coupé en dessus; fig. 4, rostre d'une femelle adulte, vu en dessous; fig. 5, le même, vu de côté; fig. 5, coupe à la partie supérieure du rostre; fig. 7, coupe au tiers inférieur; fig. 8, coupe à l'extrémite inférieure. De ma collection.

Espèces de l'oolite inférieure, ou de l'étage *Bajocien*.

N° 15. **BELEMNITES GIGANTEUS**, Schlotheim, pl. 47, 48.

Klein, 1731, Descrip., tab., t. IX, f. 314.
Bourguet, 1742, Trait. des Pétrif., pl. 45, f. 576.
Knorr, Mon., vol., III, IV, f. 3ç4.
Parkinson, 1811, Org. rem., III, p. 126, 128, pl. 8, f. 8.
Belemnites giganteus, Schloth., 1813, Min. Taschenb., VII, p. 70.
Idem, Schloth., 1820, Petref., p. 45, n° 1.
B. ellipticus, Miller, 1823, Trans. of the geol., v. II, pl. 8, f. 14-17.
B. abbreviatus, Miller, 1823, Trans. geol. Soc. of London, II, p. 59, pl. 8, f. 9, 10 (jeune).
B. compressus, Blainv., 1827, Bélemn., p. 84, n° 24, pl. 9.
B. abbreviatus, Blainv., 1827, Bélemn., p. 91, n° 31, pl. 4, f. 5.
B. ellipticus, Blainv., 1827, Bélemn., p. 102, n° 44.
B. quinquesulcatus, Blainv., 1827, Bél., p. 83, n° 22, pl. 2, f. 8. (Jun. fem.)
B. gladius, Blainv., 1827, Bélemn., n. 86, n° 25, pl. 2, f. 10; Dict. des Sc. nat., fig. 10.
B. gigas, Blainv., 1827, Bélemn., p. 91, n° 32, pl. 5, f. 20. Excl., pl. 3, f. 9.
B. compressus, Sowerby, 1828, Min. conch., t. VI, pl. 590, f. 4, p. 182.
B. abbreviatus, Sowerb., 1828, Min. conch., VI, p. 179, pl. 590, f. 2, 3. (Excl., f. 9.)
B. quinquesulcatus, Phill., 1829, Yorcksh., pl. 9, f. 38.
B. gladius, Deshayes, 1830, Encycl., p. 136, n° 18.
B. compressus, Desh., 1830, Encycl., II, p. 129, n° 15.
B. aalensis, Voltz, 1830, Mém., p. 60, pl. 4 et pl. 7, I, f. 7.
B. longus, Voltz, 1830, Mém., pl. 58, n° 13, pl. 3, f. 1.
B. aalensis, Zieten, 1830, Wurtemb., pl. 19, p. 25, tab. XXIV, f. 6.
B. quinquesulcatus, Zieten, 1830, Wurt., pl. 20, f. 3, pl. 26.
B. grandis, Schubl., 1830. Zieten, Wurt., pl. 20, f. 1, p. 26.

B. acuminatus, Schubl., Zieten, 1830, Wurt., pl. 20, f. 5, p. 26?
B. bipartitus, Hartmann, Zieten, 1830, Wurt., pl 14, f. 7, p. 32? (Non *bipartitus* Blainv., 1827.)
B. bicanaliculatus, Hartm., Zieten, Wurt., 1830, pl. 24, f. 9, p. 32? (Non Blainv., 1827.)
B. compressus, Zieten, 1830, Wurt., p. 26, tab. xx, f. 2.
B. quinquecanaliculatus, Hartm., 1830, Zieten, Wurt., p. 32, tab. xxiv, f. 12.
B. Milleri, Desh., 1830, Encycl., II, p. 129.
B. gladius, Desh., 1830, Encycl., II, p. 130, n° 18?
B. giganteus, Hartm., 1830, Wurt., p. 16.
B. compressus, Hartm., 1830, Wurt., p. 16.
B. quinquesulcatus, Hartm., 1830, p. 17.
B. bipartitus, Hartm., 1830, p. 16.
B. bicanaliculatus, Hartm., 1830, p. 15.
B. bicanaliculatus, Keferst., 1834, p. 424, n° 17.
B. aalensis, Keferst., 1834, Die nat., p. 423, n° 1.
B. abbreviatus, Keferst., 1834, p. 424, n° 2.
B. giganteus, Keferst., 1834, p. 426, n° 46.
B. ellipticus, Keferst., 1834, p. 425, n° 38.
B. acuminatus, Keferst., 1834, p. 424, n° 5.
B. compressus, Keferst, 1834, p. 426, n° 29.
B. quinquesulcatus, Keferst., 1834, p. 427, n° 81.
B. quinquecanaliculatus, Keferst., 1834, p. 427, n° 81.
B. gladius, Keferst., p. 426, n° 84.
B. longus, Keferst., p. 426, n° 59.
B. grandis, Keferst., p. 426, n° 48.
B. bipartitus, Keferst., p. 424, n° 18.
B. giganteus, Rœmer, 1836, p. 174.
B. gladius, Rœmer, 1836, p. 174.
B. aalensis, Rœmer, 1836, p, 174, n° 24.
B. longus, Rœmer, 1836, p. 174.
B. grandis, Rœmer, 1836, p. 174.
B. acuminatus, Rœmer, 1836, p. 175.
B. quinquesulcatus, Rœmer, 1836, p. 173, n° 22.
B. ellipticus, Rœmer, 1836, p. 174.
B. anomalus, Rœmer, 1836, p. 173, n° 23?
B. giganteus, d'Orb., 1842, Paléont. franç., Ter. jur., t. I, p. 112, pl. 14, 15.
B. aalensis, Morris, 1843, Brit. foss., p. 177.
B. ellipticus, Morris, 1843, Brit. foss., p. 177.
B. quinquesulcatus, Morris, 1843, Brit. foss., p. 177.
B. giganteus, d'Orb., 1846, Paléont. univ., pl. 47, 48.
Idem, d'Orb., 1846, Moll. viv. et foss., I, Bélemn., n° 15.

B. testâ elongatâ, compressâ, acuminatâ vel subinflatâ, posticè acuminatâ, lateraliter sulcatâ; anticè dilatatâ; aperturâ ovali; alveolo, angulo 20-25°.

Dim. Longueur (individu court), 310 mill.; grand diamètre, 47 mill.; longueur (individu allongé), 400 mill.

Rostre variable, plus ou moins allongé, entièrement conique ou renflé, près de son extrémité, toujours comprimé. Il est marqué, à son extrémité, de chaque côté, d'un ou deux sillons d'autant plus prolongés que l'individu est plus effilé. Les plus profonds de ces sillons sont à la partie dorsale; quelquefois il n'y en a qu'un, tandis que sur d'autres individus il y en a cinq ou beaucoup plus, et la tranche devient alors comme ridée. Quelques-uns sont presque lisses. Cavité alvéolaire, de 20 et 25°, dans son angle d'ouverture; elle s'incline beaucoup du côté ventral.

Obs. Cette espèce est une des plus variables dans son allongement, tout en conservant, du reste, les autres caractères de compression et surtout des sillons latéraux de l'extrémité. On a généralement remarqué que, dans chaque localité, où se trouvent les échantillons très-allongés, se rencontrent aussi les individus raccourcis, et l'on a fait de ces derniers des espèces différentes. En reconnaissant la grande disparité de longueur respective de l'osselet des mâles d'avec celui des femelles, chez les *Loligo vulgaris* et *subulata*, il est impossible de ne pas croire que cette différence de l'allongement, quand d'ailleurs tous les autres caractères sont uniformes, ne tienne au sexe des animaux qui les ont formés. De plus, comme cette différence dans l'allongement se retrouve chez toutes les espèces de Bélemnites, on ne doit y attacher que l'importance qu'elle mérite. Ces considérations m'amènent à réunir en une seule beaucoup des espèces des auteurs, qui ne sont que de simples variétés de sexe et d'âge. Les rostres des femelles sont les plus courts; ils ont servi à l'établissement des *B. quinquesulcatus, gigas, aalensis*, etc., tandis que tous les autres ont appartenu à des mâles.

Rapp. et diff. Par sa forme ovale sans sillon ventral, cette espèce se distingue de toutes les Bélemnites de l'oolite inférieure. Les sillons latéraux de son extrémité, qui laissent partout des traces sur la tranche, la font différer des autres Bélemnites ovales. C'est, du reste, la plus grande des espèces connues.

Loc. Oolite inférieure, Bayeux, Moutiers (Calvados), M. Tesson et moi; Saint-Maixant (Deux-Sèvres), M. Garan et moi; Foulain, près de Chaumont (Haute-Marne), M. Royer; près de la grande Chartreuse (Isère), M. Millet; près de Théancourt, Longevy, Génevaux (Moselle), MM. Hollandre, Joba et Jeannot; Saint-Rambert (Ain), M. Sauvanau; Don (Ardennes), Montmédy (Meuse), M. Raulin; près de Mamers (Sarthe), M. Chauvin et moi; Geraise, près de Salins (Jura), M. Marcou; Whitenab, Dundry, Sommerset (Angleterre); Stinsenberg, Gruibingen, Aalen, Dettingen, Attenstadt (Wurtemberg); Goldenthal, canton de Soleure, M. Gressly.

Hist. C'est certainement de cette espèce que parle Schlotheim, sous le nom de *giganteus;* et c'est, en effet, la plus grande de toutes, je propose de lui conserver cette dénomination qui, du reste, est la plus ancienne. En 1823, M. Miller a décrit un individu allongé sous le nom d'*ellipticus,* et un échantillon femelle sous celui d'*abbreviatus;* des échantillons d'Angleterre m'en ont donné la certitude. En 1827, M. Blainville, de plus du *B. ellipticus* de Miller, applique à la même espèce, lorsqu'elle est allongée, la dénomination de *gladius;* lorsqu'elle est courte, celles de *quinquesulcatus,* d'*abbreviatus*, de *gigas*. Sowerby l'appelle *compressus, abbreviatus*. Trois ans après, M. Voltz, à son tour, ne paraît pas avoir comparé ses échantillons à ceux qui étaient déjà décrits, puisqu'il appelle *aalensis* et *longus,* deux variétés de l'espèce qui m'occupe. La même année, M. Zieten, tout en oubliant également les auteurs antérieurs, emprunte à M. Voltz la détermination d'*aalensis,* et publie, de plus, comme Bélemnites distinctes, la variété allongée, sous les noms de *grandis* et d'*acuminatus*, la variété courte sous celui de *quinquesulcatus,* un tronçon supérieur sous celui de *bipartitus,* déjà employé, depuis 1827, par M. de Blainville, et sous ceux de *bicanalicula-*

tus, de *quinque canaliculatus*, Hartmann. Pour M. Rœmer, il adopte, dans son ouvrage d'ailleurs si intéressant, toutes les déterminations antérieures des différents auteurs; il cite, dès lors, les *B. giganteus, gladius, aalensis, longus, grandis, acuminatus, quinquesulcatus* et *ellipticus*. Si l'on suivait longtemps une telle marche, les noms se multiplieraient à l'infini, et, dans les catalogues des géologues, on pourrait arriver, en les citant tous, à quintupler le nombre réel des espèces. Pour me résumer, je pense : 1° que le nom de *giganteus*, doit être comme plus ancien, conservé à l'espèce; 2° que les *B. ellipticus, gladius, grandis, acuminatus*, sont des individus mâles; 3° que les *B. quinquesulcatus, aalensis, longus, gigas*, sont des individus femelles; 4° que le *B. bipartitus* est une extrémité inférieure. Cette espèce aurait eu, jusqu'à présent, *quinze* noms spécifiques.

Expl. des fig. Pl. 47, fig. 1, coupe longitudinale d'un individu femelle très-vieux, demi-grandeur, montrant : *a* l'alvéole, *b* la forme du jeune, avant qu'il n'ait pris l'allongement, *c* le commencement de la cavité, *d* la cavité intérieure. C'est le *B. aalensis* des auteurs; fig. 2, un individu femelle jeune (*B. quinquesulcatus*), Blainville; fig. 3, coupe à l'extrémité du même, pour montrer les cinq sillons; fig. 4, jeune individu, plus âgé; fig. 5, un autre de demi-grandeur, beaucoup plus âgé; fig. 6, coupe au milieu de la longueur; fig. 7, coupe du même, à son extrémité. Pl. 48, fig. 1, un individu femelle, à l'instant où il prend le prolongement postérieur (de demi-grandeur); fig. 2, coupe du même, de grandeur naturelle; fig. 3, coupe d'un individu mâle; fig. 4, coupe de l'extrémité d'un individu mâle; fig. 5, un jeune mâle; fig. 6, un autre jeune mâle, de grandeur naturelle; fig. 7, un mâle adulte, réduit au tiers, qui est le *B. gladius, longus*, etc.; fig. 8, extrémité d'un rostre mâle, de grandeur naturelle; fig. 9, sa coupe. De ma collection.

N° 16. **BELEMNITES SULCATUS**, Miller. Pl. 49, fig. 1-8.

Plott, Hist. of Oxford, t. II, f. 6.
Belemnites sulcatus, Miller, 1823, Trans. of the geol. Soc., t. II, pl. 8, f. 3, 4, p. 59.
B. apiciconus, Blainv., 1827, Belemn., p. 69, pl. 2, f. 2.
B. sulcatus, Keferst., 1834, p. 428, n° 98.
B. apiciconus, Keferst., 1834 p. 424, n° 13, *a*.
B. sulcatus, d'Orb., 1842, Paléont. franç., Ter. jur., t. I, p. 105, pl. 12, fig. 1-8.
Idem, Morris, 1843, Brit. foss., p. 117.
Idem, d'Orb., 1846, Paléont. univ., pl. 49, f. 1-8.
Idem, d'Orb., Moll. viv. et foss., Bélemn., n° 16, pl. 37, f. 10-14.

B. testâ elongatâ, anticè compressâ, posticè depressâ, æquali, apice obtuso-mucronatâ, subtùs sulcatâ; sulco posticè evanescente; aperturâ compressâ; alveolo, angulo 18°, 18° ½.

Dim. Longueur, 100 mill.; grand diamètre, 14 mill.

Rostre allongé, presque égal sur sa longueur, acuminé seulement en arrière, où il est pourvu d'une pointe mucronée; il est comprimé en avant, fortement déprimé en arrière; pourvu, sur sa longueur, en dessous, d'un profond sillon qui commence en avant, va en s'élargissant jusqu'à l'instant où le rostre s'amincit en arrière, et alors se perd tout-à-fait, sans se continuer jusqu'à la pointe. Tranche comprimée en avant, fortement déprimée en arrière, cavité alvéolaire occupant plus du tiers de la longueur, un peu inclinée en bas, et dont l'angle est de 18° à 18° ½. Les jeunes paraissent avoir été plus allongés et moins déprimés que les adultes. Certains individus sont infiniment plus allongés que les autres et me paraissent avoir appartenu à des mâles.

Rapp. et diff. — Très-voisine des *B. canaliculatus* et *unicanaliculatus*, cette espèce se distingue de la première par son canal interrompu en arrière, par sa partie antérieure comprimée, puis par l'angle de son alvéole. Elle diffère de la seconde par sa dépression postérieure, par sa forme obtuse et par son sillon interrompu en arrière.

Loc. Oolite inférieure: Saint-Vigor et aux Moutiers (Calvados), MM. Tesson, Deslongchamps et moi; Saint-Maixant (Deux-

Sèvres), M. Garan et moi; Pissotte, près de Fontenay (Vendée), moi; environs de Metz (Moselle), M. Joba; près Saint-Amand (Cher), M. de Valdan; Dundry, Somerset (Angleterre).

Hist. Décrite et figurée, dès 1823, par Miller sous le nom de *sulcatus*. Quatre ans après, M. de Blainville a changé cette dénomination en celle d'*apiciconus*. Je reviens au premier nom.

Expl. des fig. Pl. 49, fig. 1, individu vu en dessous; fig. 2, le même, vu de côté: *a* dessus, *b* dessous; fig. 3, coupe longitudinale, avec l'alvéole en relief: *a* dessus, *b* dessous; fig. 4, jeune individu, de la variété allongée; fig. 5, une monstruosité; fig. 6, coupe à la partie supérieure; fig. 7, coupe au tiers inférieur: *a* dessus, *b* dessous; fig. 8, coupe à l'extrémité inférieur. De ma collection.

N° 17. **BELEMNITES UNICANALICULATUS**, Hartmann. Pl. 49, fig. 9-16; pl. 50, fig. 1-2.

Belemnites acutus, Blainv., 1827, Bélemn., p. 69, pl. 2, f. 3. (Non *acutus*, Miller, 1823.) Dict. des Sc. nat., f. 4.

B. Blainvillei, Voltz, 1830, Bélemn., p. 37, n° 2, pl. 1, f. 9. (Non *Blainv.* Catullo, 1829.)

B. acutus, Deshayes, 1830, Encycl., p. 176, n° 26.

B. acutus, Zieten, 1830, Wurt., p. 26, tab. XXI, f. 1?

B. unicanaliculatus, Hartm., 1830, Zieten Wurt., p. 32, tab. XXIV, f. 8.

B. Blainvillei, Desh., 1830, Encycl. méth., II, p. 127, n° 10.

B. sulcatus, Munster.

B. acutus, Keferst., 1834, p. 424, n° 7.

B. unicanaliculatus, Keferst., 1834, p. 429, n° 110.

B. Blainvillei, Keferst., 1834, p. 424, n° 21.

B. Blainvillei, Rœmer, 1835, Ool., p. 176, n° 27.

B. acutus, Mich. et Potiez, 1838, Gal., 1, p. 21, n° 1.

B. Blainvillei, d'Orb., 1842, Paléont. franç., Terr. jur., t. I, p. 107, pl. 12, fig. 9-16.

B. unicanaliculatus, d'Orb., 1846, Paléont. univ., pl. 49, f. 9-16; pl. 50, fig. 1-2.

Idem, d'Orb., 1846, Paléont. franç., Terr. jur., Suppl., pl. 3, f. 1, 2.

Idem, d'Orb., 1846, Moll. viv. et foss., t. I, Bélemn., n° 17.

B. testâ elongatâ, compressâ, subconicâ, posticè acuminato-obtusâ, subtùs longitudinaliter sulcatâ: sulco anticè, posticèque interrupto; aperturâ compressâ, ovali; alveolo, angulo 22°.

Dim. Adulte. Longueur, 120 mill.; grand diamètre, 15 mill.

Rostre allongé, conique dans l'âge adulte, un peu renflé au tiers inférieur, chez les jeunes, comprimé sur toute sa longueur, terminé par une pointe obtuse. Il est orné, en dessous, d'un sillon étroit, qui règne sur toute la longueur et s'efface en avant et en arrière d'une manière insensible, en s'évasant un peu. Tranche comprimée, ovale, non échancrée à la partie antérieure, échancrée ensuite, en dessous, par le sillon longitudinal. Cavité alvéolaire occupant moins du tiers de la longueur, sur la ligne médiane; son angle est de 22°.

Obs. Cette espèce est du nombre de celles qui changent de forme avec l'âge. *Jeune,* elle est légèrement renflée, avant la pointe; *adulte,* elle est conique. Il en résulte évidemment qu'à un âge déterminé, elle s'acumine beaucoup, en s'accroissant plus vers la pointe que vers la partie supérieure, comme il arrive pour quelques autres espèces.

Rapp. et diff. — Voisine par son sillon inférieur des *B. sulcatus* et *canaliculatus,* elle s'en distingue par sa compression générale, par son sillon interrompu en avant, puis par sa forme conique.

Loc. Oolite inférieure; Moutiers et Saint-Vigor (Calvados), M. Tesson et moi; Fontenay (Vendée), moi; Niort, Saint-Maixant (Deux-Sèvres), M. Baugier et moi.

Hist. M. de Blainville l'a figurée le premier, en 1827, sous le nom d'*Acutus,* déjà employé, en 1823, par Miller pour une autre espèce. Décrite ensuite, en 1836, par M. Voltz, sous la dénomination de *Blainvillei,* je ne la lui conserve pas parce qu'elle est appliquée, en 1829, par M. Catullo, à une autre espèce. Je suis obligé de prendre dès lors le troisième nom donné.

Expl. des fig. Pl. 49, fig. 9, individu adulte, vu en dessous; fig. 10, le même, vu de côté : *a* dessus, *b* dessous; fig. 11, un individu, à l'instant du changement de forme, ayant dès lors l'extrémité rétrécie; fig. 12, individu plus jeune, avant son allongement ; fig. 13, coupe longitudinale ; fig. 14, coupe à la partie supérieure ; fig. 15, coupe à l'extrémité supérieure de l'alvéole ; fig. 16, coupe prise au quart inférieur. Pl. 50, fig. 1, individu avec le prolongement bien plus considérable ; fig. 2, coupe supérieure. De ma collection.

N° 18. **BELEMNITES CANALICULATUS**, Schloth. Pl. 51, fig. 1-6.

Belemnites canaliculatus, Schloth., 1820, Petref., p. 49, n° 9.
B. canaliculatus, Hartm., 1830, Wurt., p. 16.
Idem, Keferst., 1834, Dict., p. 425, n° 26.
Idem, Zieten, 1830, Wurt., t. 21, f. 3.
Idem, Rœmer, 1835, p. 176, n° 26.
Idem, d'Orb., 1842, Paléont. franç., Terr. jur., t. I, p. 109, pl. 13, f. 1-5.
Idem, d'Orb., 1846, Paléont. univ., pl. 51, f. 1-6.
Idem, d'Orb., 1846, Moll. viv. et foss., I, Belemn., n° 18.

B. testâ elongatâ, depressâ, cylindricâ, posticè acuminato-obtusâ ; subtùs, longitudinaliter sulcatâ : sulco non interrupto ; æqualiter impresso ; aperturâ depressâ, subtùs sinuatâ; alveolo, angulo 25°.

Dim. Longueur, 50 mill.; grand diamètre, 10 mill.

Rostre médiocrement allongé, presque égal sur la longueur, néanmoins un peu conique, déprimé partout, surtout en avant, arrondi en dessus, marqué en dessous d'un sillon profond médian, qui s'étend, sans s'interrompre, de la partie antérieure à l'extrémité, qui en est partagée. L'extrémité inférieure est légèrement acuminée et obtuse. Tranche déprimée en avant et en arrière, échancrée en dessous. Cavité alvéolaire, occupant plus du tiers de la longueur, un peu inclinée en bas. Son angle est de 25°. En suivant les lignes d'accroissement de la coupe longitudinale, on acquiert la certitude que les jeunes individus étaient bien plus raccourcis que les adultes.

Rapp. et diff. — Voisine principalement du *B. sulcatus*, Miller et *unicanaliculatus*, cette espèce se distingue de la première par son canal non interrompu vers la pointe et par la dépression de sa partie antérieure. Elle diffère de la seconde par sa forme obtuse et déprimée.

Loc. Oolite inférieure : Stuifemberg (Wurtemberg); Niort

(Deux-Sèvres); Fontenay (Vendée), M. Baugier et moi

Expl. des fig. Pl. 51, fig. 1, individu de grandeur naturelle, vu en dessous; fig. 2, le même, vu de côté; fig. 3, coupe du même, à la partie supérieure; fig. 4, coupe à la base de l'alvéole; fig. 5, coupe prise au sommet; fig. 6, coupe prise à l'extrémité. De ma collection.

N° 19. **BELEMNITES BESSINUS**, d'Orb. Pl. 51, fig. 7-13.

Belemnites hastatus, Deslongch., 1837, Mém. de la soc. Linn. de Norm., t. VI, p. 105, pl. 1, f. 4. (Non *hastatus*, Blainv.)

B. bessinus, d'Orb. 1842, Paléont. franç., Terr. jur., t. I, p. 110, Pl. 13, f. 7-13.

B. Idem, d'Orb., 1846, Paléont. univ., pl. 51, f. 7-13.

Idem, d'Orb., Moll. viv. et foss., I, Bélemn., n° 19.

B. testâ elongatâ, anticè compressâ, posticè depressâ, subtùs longitudinaliter sulcatâ : sulco posticè interrupto; aperturâ compressâ, subtùs sinuatâ; alveolo, angulo 20°.

Dim. Longueur, 100 mill.; grand diamètre, 13 mill.

Rostre allongé, très-lisse, légèrement fusiforme, comprimé en avant, déprimé en arrière, arrondi en dessus et en dessous. Il part, près de la pointe, un double sillon d'abord peu sensible, qui continue jusqu'à la partie la plus supérieure. L'extrémité postérieure est très-effilée, aiguë. La tranche, assez près de de l'extrémité en arrière, est déprimée, échancrée en dessous; le centre en est très-excentrique en dessous; à l'extrémité antérieure, la tranche est comprimée, toujours échancrée en dessous. Cavité alvéolaire, occupant un peu moins du tiers de la longueur totale; elle est un peu inclinée en bas; son angle est de 20 degrés. Le siphon est par rétrécissements obliques très-marqués. La première loge est cupuliforme, assez grande. J'ai vu un grand nombre d'échantillons de cette espèce; ils ne m'ont offert, entre eux, aucune différence.

Rapp. et diff. — Voisine du *B. Fleuriausus*, cette espèce s'en distingue par sa forme moins allongée, par son sillon moins profond et par celui-ci se perdant en arrière.

Loc. A la partie supérieure de l'oolite inférieure de Porten-Bessin, de Sainte-Honorine (Calvados), moi; aux environs de Niort (Deux-Sèvres), M. Baugier et moi.

Expl. des fig. Pl. 51, fig. 7, individu de grandeur naturelle, vu en dessous; fig. 8, le même, vu de côté : *a* dessus, *b* dessous; fig. 9, coupe près du bord supérieur; fig. 10, coupe à l'extrémité de l'alvéole; fig. 11, coupe au tiers postérieur; fig. 12, coupe à l'extrémité; fig. 13, siphon grossi. De ma collection.

Espèces de la grande Oolite, ou étage Bathonien.

N° 20. **BELEMNITES FLEURIAUSUS**, d'Orbigny. Pl. 51, fig. 14-18.

B. Fleuriausus, d'Orb., 1842, Paléont. franç., Terr. jur., I, p. 111, pl. 13, fig. 14-18.
B. Idem, d'Orb., 1846, Paléont. univ., pl. 51, f. 14-18.
Idem, d'Orb., 1846, Moll. viv. et foss., I, Bélemn., n° 20.

B. testâ elongatâ, gracili, anticè compressâ, attenuatâ, postice depressâ, acutissimâ, subtùs longitudinaliter sulcatâ: sulco posticè anticèque non interrupto; aperturâ compressâ, alveolo?

Dim. Longueur totale, 80 mill.; grand diamètre, 5 mill.

Rostre très-allongé, lisse, un peu fusiforme, comprimé en avant, déprimé en arrière, arrondi en dessus, marqué en dessous d'un sillon profond, unique, non interrompu sur toute la longueur, fortement acuminé en arrière et terminé par une pointe très-aiguë, déprimée. La tranche est très-peu déprimée en arrière et échancrée en dessous; elle est comprimée en avant Cavité alvéolaire très-courte, occupant à peine le cinquième de la longueur; sa pointe est un peu inférieure. Je n'ai pas pu en mesurer l'angle.

Rapp. et diff. — Voisine du *B. bessinus* par sa forme fusoïde, par son sillon inférieur, par sa compression antérieure, par sa dépression postérieure, cette espèce s'en distingue par son sillon non bifurqué et non interrompu en arrière. Elle est aussi infiniment plus grêle.

Loc. Grande oolite, aux environs de Luçon (Vendée). Rare.

Expl. des fig. Pl. 51, fig. 14, individu entier, vu en dessous; fig. 15, le même, vu de côté; fig. 16, coupe à la partie supérieure de l'alvéole; fig. 17, coupe au-dessus de l'alvéole; fig. 18, coupe prise à l'extrémité postérieure. De ma collection.

Espèces de l'étage oxfordien inférieur, ou *Kellovien* (Kelloway-rock), zone de l'*Ammonites coronatus*.

N° 21. **BELEMNITES HASTATUS**, Blainv. Pl. 52, 53.

Bauhino, 1598, Hist. fontis, etc., p. 34.
Luid, t. xxv, f. 1705.
Bourguet, 1742, Trait. des Pétrif., pl. 45, f. 374.
Langius, pl. 37, f. 3.
Journ. de Phys., fructidor an IX, pl. 1, f. D. E.
Hibolithes hastatus, Montf., 1808, Conch. syst., p. 386.
Porodragus restitutus, Montfort, 1808, Conch. syst., p. 390.
B. fusiformis, Parkinson, 1811, Org. rem., t. III, p. 122, pl. 8, f. 13.
B. lanceolatus, Schloth., 1813, Taschenb., t. VII, p. 111. (Non *lanceolatus*, Sow.. 1829.)
Idem, Schloth., 1820, Petref., p. 49, n° 8.
B. fusiformis, Young. et Birds., 1822, Yorksh., pl. 14, f. 2.
B. fusiformis, Miller, 1823, Trans. of the geol., v. II, pl. 7, f. 22, p. 61, Pl. 9, f. 5-7.
B. hastatus, Blainv., 1827, Bélemn., p. 71, n° 12, pl. 1, f. 4; pl. 2, f. 4; pl. 5, f. 3. Dict. des Sc. nat., f. 5.
B. semi-hastatus, Blainv., 1827, Bélemn., p. 72, n° 13, pl. 2, f. 5; pl. 5, fig. 1, 2.
B. fusiformis, Blainv., 1827, Bélemn., p. 74, n° 14.
B. gracilis, Raspail, 1829, Ann. des Sc. d'observ., pl. 5, f. 17, 18.
B. hastatus, Raspail, 1829, Ann. des Sc. d'observ., pl. 8, f. 91.
B. ferruginosus, Voltz, 1830, Mém., pl. 1, f. 8, p. 36, n°.
Actinocamax fusiformis, Volz, 1830, Mém., pl. 1, f. 6, p. 34.
B. semi-hastatus, Zieten, 1830, Wurt., p. 22, pl. 22, f. 4.
Actinocamax lanceolatus, Hartm., 1830, Zieten, t. XXV, f. 3.
B. hastatus, Desh., 1830, Encycl., p. 127, n° 9.
B. semi-sulcatus, Munster, 1830, Bélemn., p. 7, tab. 1, f. 1, 8, 15.
B. pusillus, Munster, 1830, Bélemn., p. 8, tab. 1, f. 9-10. (Jun.)
B. deformis, Munster, 1830, Bélemn., p. 8, tab. 1, f. 11. (Déformée.)
B. hastatus, Hartm., 1830, Wurt., p. 16.
B. fusiformis, Hartm., 1830, Wurt., p. 16.
B. semi-hastatus, Hartm., 1830, Wurt., p. 17.
B. hastatus, Keferst., 1834, p. 426, n° 50.
B. fusiformis, Keferst., 1834, p. 426, n° 43.
B. semi-hastatus, Keferst., 1834, p. 428, n° 88.
B. semi-sulcatus, Keferst., 1834, p. 428, n° 87.

B. ferruginosus, Keferst., 1834, p. 425, n° 41.
B. pusillus, Keferst., 1834, p. 427, n° 74.
B. deformis, Keferst., 1834, p. 427, n° 34.
B. fusiformis, Rœmer, 1836, p. 176, n° 26
B. semi-hastatus, Rœmer, 1836, p. 175, n° 25.
B. sub-hastatus, Rœmer, 1836, p. 177, n° 29.
B. pusillus, Rœmer, 1836, p. 177.
B. plano-hastatus, Rœmer, 1836, Nord ool., p. 177, n° 30, pl. 12, f. 2.
B. semi-hastatus, Pusch, 1837, Polens, Paléont., p. 162, n° 6.
B. lanceolatus, Pusch, 1837, Polens, Paleont., p. 162, n° 2.
B. fusiformis, Pusch, 1837, Polens, Paleont., p. 162, n° 3.
B. hastatus, Deslongchamps, 1837, Mém. de la soc. Linn., p. 38, pl. 1, f. 4-5.
B. fusoides, Potiez et Mich., 1838, Gall. I, p. 22, n° 5.
B. hastatus, d'Orb., 1842, Paléont. franç., Terr. jur., t. I, p. 121, n° 27, pl. 18 et pl. 19.
Idem, Matheron, 1842, Cat., p. 258, n° 279.
B. fusiformis, Morris, 1843, Brit. foss., p. 177.
B. gracil s, Morris, 1843, Brit. foss., p. 177.
B. hastatus, d'Orb., 1845, Paléont. du voy. de M. Homm. de Hell, III, p. 420, n, 1.
Idem, d'Orb., 1846, Paléont. univ., pl. 52, 53.
Idem, d'Orb., 1846, Moll. viv. et foss., I, Bélemn., n° 21, pl. 37, f. 15-20.

B. testâ elongatâ, gracili, fusiformi, anticè dilatatâ, compressâ, posticè inflatâ, depressâ, acutè mucronatâ; subtùs sulcatâ; sulco posticè evanescenti, interrupto; aperturâ subrotundâ; alveolo, angulo 11-18°.

Dim. Longueur d'un vieil individu, 250 mill.; grand diamètre à la partie renflée, 23 mill.; grand diamètre moyen, 13 mill.

Rostre très-allongé, fusiforme, grêle, fortement dilaté à son extrémité supérieure, par la saillie de l'alvéole, rétrécie et comprimée vers la base de celui-ci; de là s'élargissant peu à peu jusqu'aux deux tiers inférieurs, où il est déprimé et renflé, puis s'atténuant vers l'extrémité inférieure, terminée par une pointe légèrement mucronée. Vers le tiers ou les deux cinquièmes inférieurs, naît en dessous un sillon profond qui se continue jusque sur l'alvéole. Dans les individus bien conservés, on remarque, sur les côtés, à la partie renflée, une impression longitudinale assez large, pourvue de deux sillons longitudinaux qui s'écartent et se perdent vers l'endroit où commence le sillon inférieur. Ouverture supérieure presque ronde. Coupe à la moitié de l'alvéole, fortement comprimée, déprimée en arrière. Cavité alvéolaire très-longue, très-prolongée en avant, sous un angle qui varie de 11° à 18°. Les cloisons sont très-écartées, et la première, bulliforme, est très-marquée.

Obs. Très-jeune, cette espèce est, près du renflement, beaucoup plus déprimée que les adultes ; elle est si grêle, que les ruptures doivent être très-fréquentes, près de l'alvéole, ce qui détermine les actinocamax des auteurs. Adulte, elle varie par le plus ou le moins d'allongement de l'ensemble, ce qui devait tenir aux sexes des individus. Les monstruosités de cette espèce sont nombreuses, et tiennent toutes à des déformations de l'extrémité postérieure du rostre, par suite de blessures. Dans certains individus, cette partie devient arrondie, très-obtuse; d'autres fois, elle se contourne ou prend une forme très-irrégulière et caverneuse.

Rapp. et diff. — Cette magnifique espèce se distingue nettement de toutes les autres par sa forme lancéolée et par son sillon, interrompu près de l'extrémité.

Loc. Etage oxfordien inférieur et moyen. Dans l'étage inférieur on le trouve aux Blaches, près de Castellane (Basses-Alpes), M. Duval; Moulsaon, près de Chaumont (Haute-Marne), M. Royer et moi; Pas-de-Jeux, Ouaron, près de Thouars (Deux-Sèvres), M. de Vielbanc et moi; Pizieux, Marolles, Chauffour, Beaumont (Sarthe), M. Chauvin-Lalande et moi; aux Vaches-Noires (Calvados), moi.

Dans l'étage oxfordien moyen : Darois, Mussy, Marsannay-le-Bois (Côte-d'Or), M. Nodot; Châtel-Censois, Grigny et Elivay (Yonne), MM. Lallier et Cotteau; Ecrouves (Meurthe), MM. Delcourt et Guibal; Niort, Saint-Maixant (Deux-Sèvres), MM. Garran, Baugier et moi; Saint-Rambert (Ain), M. Sauvanau; Dournon, près de Cernans (Jura), M. Marcou; Beuve, près de Besançon, Maiche, Rosureux, Russey (Doubs), MM. Chassy et Carteros; île Delle (Vendée), environs de Nantua

(Ain), M. Cabannet; Claps, commune de Vauvenargue (Bouches-du-Rhône), Rians (Var), MM. Coquand et Puzos; Waast et environs de Marquise (Pas-de-Calais), M. du Souich; Meillan, près de Saint-Amand (Cher), Is-sur-Tille (Côte-d'Or), MM. Richard et Puzos; Neuvisi (Ardennes), MM. Raulin, Bouvignier et moi; Ecommoy (Sarthe), moi; calcaire lithographique de Solenhoffen et de Papenheim (Bavière), M. Munster; Kobsel (Crimée), M. Hommaire; Weymouth, Stonesfield, Oxon, Scarborough (Angleterre); Sierra-de-Mala-Cara, royaume de Valence (Espagne); Largere (Haut-Rhin), M. Gressly; chaîne du Jura suisse et français, M. Marcou; Nauffen, Dettingen (Wurtemberg), Frioigeli, près Baerschavyl, Gunsberg, canton de Soleure, Trimbash, près d'Olten, au Durrenberg, M. Muzinger; Saint-Braix, Val de Laufon, Liesberg, canton Bernois; Beberstein (Argovie), M. Gressly; Derschburca, Staffelegg, Mont-Terrible, près d'Aarau, Saint-Sulpice, canton de Neuchâtel, M. Borel.

Hist. Il est peu d'espèces plus faciles à reconnaître que celle-ci; aussi peut-on s'étonner du grand nombre de noms qu'elle a reçus des auteurs. Montfort l'a assez bien figurée dès 1808, sous les noms de *Hibolithes hastatus* et *Porodragus restitutus*. Parkinson, en 1811, la nomma *Fusiformis*; Schlotheim, en 1813 et 1820, l'appela *Lanceolatus*, sans revenir, pour cette espèce, suivant son habitude, aux noms de Montfort. Lamarck, qui estimait peu Montfort, appliqua, en 1822, un cinquième nom à cette Bélemnite, en la désignant comme *Fusoides*. Pour M. de Blainville, il revint au nom spécifique de Montfort, en la plaçant dans le genre Bélemnite; mais, considérant les jeunes comme d'espèce différente, il les appela *Semi-hastatus*, *Fusiformis*. C'est à tort qu'il rapporte à l'*Hastatus* le *Canaliculatus* de Schlotheim. M. Raspail, au milieu de la multiplicité de noms qu'il donne à tous les échantillons de Bélemnites, applique à celle-ci ceux de *Gracilis* et d'*Hastatus*. Ordinairement juste dans ses observations, M. Voltz, en 1830, est encore venu compliquer la synonymie des Bélemnites, en introduisant deux dénominations nouvelles. Il appelle les individus adultes *B. ferruginosus*, et du jeune il fait son *Actinocamax fusiformis*. La même année, M. Zieten donne le jeune sous le nom de *Semi-hastatus*; le jeune non complet est son *Actinocamax fusiformis*. Pour son *B. subhastatus*, c'est une autre espèce. Le comte Munster, pour un jeune forme le *B. pusillus*, et pour un individu déformé le *B. deformis*. De ces noms, M. Rœmer en conserve seulement quatre.

En résumé, cette Bélemnite a reçu seize noms spécifiques distincts, ce qui, plus que tout le reste, prouve le peu de progrès de la science, à l'égard des fossiles. De ces dénominations, la plus ancienne étant, sans contredit, celle d'*Hastatus*, je la conserve et renvoie les autres à la synonymie.

Cette espèce caractéristique, s'il en fut jamais, des étages oxfordiens, a été indiquée par M. de Blainville comme étant propre au *bleu-lias*. Si M. de Blainville part de principes aussi justes pour critiquer la paléontologie, il est facile de concevoir à quels résultats il peut arriver.

Expl. des fig. Pl. 52, fig. 1, individu entier avec son alvéole; fig. 2, rostre de la variété allongée, vu en dessous; fig. 3, rostre de la variété raccourcie; fig. 4, le rostre de la fig. 2, vu de côté; fig. 5, coupe à la partie moyenne de l'alvéole; fig. 6, coupe à la base de l'alvéole; fig. 7, coupe au tiers inférieur; fig. 8, coupe au cinquième inférieur; fig. 9, coupe de la pointe du rostre. Pl. 53, fig. 1, jeune individu dans l'état parfait, de grandeur naturelle; fig. 2, le même, grossi; fig. 3, coupe longitudinale d'un individu adulte; fig. 4, état pathologique du rostre, qui a motivé l'*Actinocamax fusiformis*; fig. 5, le même, grossi, pour montrer les couches en retraite; fig. 6, extrémité de l'alvéole grossie, pour montrer la première loge aérienne, plus grande que les autres, et l'accroissement des couches de dépôt testacé du rostre; fig. 7, siphon grossi, pour montrer que le point de suture est au-dessus des cloisons aériennes, et non sur la cloison même; fig. 8, un rostre, déformé par une blessure; fig. 9, autre déformation d'un rostre;

fig. 10, autre déformation par suite de blessure. De ma collection.

N° 22. **BELEMNITES LATESULCATUS**, Pl. 50, fig. 3-8.

B. latesulcatus, d'Orb., 1846, Paléont. univ., pl. 50, f. 3-8.
Idem, d'Orb., 1846, Paléont. franç., Terr. jur. Suppl., pl. 3, f. 3-8.
Idem, d'Orb., 1846, Moll. viv. et foss., I, Bélemn., n° 22.

B. testâ elongatâ, gracili, fusiformi, anticè attenuatâ depressâ, posticè depressâ, acutâ ; subtus longitudinaliter sulcatâ, sulco non interupto ; aperturâ depressâ.

Dim. Longueur, 80 mill.

Rostre très-allongé, fusiforme grêle et très-comprimé à son extrémité supérieure, élargi latéralement, mais encore très-déprimé au tiers inférieur, et terminé en arrière par une pointe très-effilée. En dessous règne un profond et large sillon qui s'étend presque jusqu'à l'extrémité. On remarque, sur les côtés, une ligne impressionnée, peu droite, souvent double. Ouverture déprimée, ainsi que la coupe sur toute la longueur.

Rapp. et diff. — Cette espèce, voisine, par sa forme lancéolée et son sillon inférieur, du *B. hastatus*, s'en distingue par la dépression qui règne sur toute sa longueur, ainsi que par son sillon bien plus large, et continué bien plus près de l'extrémité postérieure du rostre. Elle paraît très-distincte.

Loc. Elle appartient seulement aux couches inférieures de l'étage oxfordien ou Kelloway-rock, et n'a encore été rencontrée que dans le Jura. A Mémont, à Fontenay (Doubs), MM. Carteron et de Valdan; Clucy, Andelot, près de Salins (Jura), M. Marcou; Nauffen, Dettingen, Mont-Terrible, Haffelegg, près Aarau; Val de Laufon (Jura Bernois), MM. Gressly et Thurman.

Expl. des fig. Pl. 50, fig. 3, rostre entier, de grandeur naturelle; fig. 4, le même, vu de côté; fig. 5, coupe à la partie supérieure; fig. 6, coupe au tiers antérieur; fig. 7, coupe au tiers inférieur; fig. 8, coupe à l'extrémité. De ma collection.

N° 23. **BELEMNITES DUVALIANUS**, d'Orb. P. 54, fig. 6-9.

B. Duvalianus, d'Orb., 1842, Paléont. franç., Terr. jur., t. I, p. 127, n° 29; pl. 20, f. 6-10.

Idem, d'Orb., 1846, Paléont. univ., pl. 54, f. 6, 7.

Idem, d'Orb., 1846, Moll. viv. et foss., I, Bélemn., n° 23.

B. testâ elongatâ, gracili, subfusiformi, compressâ, anticè attenuatâ, posticè acuminatâ, subtùs sulcatâ : sulco angusto, non interrupto, aperturâ ovali, compressâ.

Dim. Longueur présumée, 100 mill.; grand diamètre, 9 mill.

Rostre très-allongé, grêle, fusiforme, comprimé partout, rétréci en avant, jusqu'à l'alvéole; puis s'élargissant un peu de ce point jusqu'en arrière, où il s'acumine de nouveau et se termine par une pointe assez obtuse. De cette pointe part un sillon étroit qui occupe toute la région ventrale. Coupe comprimée et légèrement échancrée en dessus, dans toute sa longueur. Cavité alvéolaire inconnue.

Rapp. et diff. — Par sa forme lancéolée, cette espèce se rapproche du *B. hastatus*, mais elle s'en distingue bien nettement par sa compression égale partout, et par son sillon prolongé jusqu'à l'extrémité. Plus voisine, par sa compression, du *B. Didayanus*, elle en diffère encore par son sillon ventral non interrompu en arrière et par le manque de petits sillons latéraux.

Loc. Étage oxfordien inférieur, la Clape, près de Chaudon (Basses-Alpes), M. Duval.

Expl. des fig. Pl. 54, fig. 6, rostre vu de côté; fig. 7, le même, vu en dessous; fig. 8, coupe à la partie supérieure; fig. 9, coupe à l'extrémité du rostre; fig. 10, coupe au tiers inférieur du rostre. De ma collection.

N° 24. **BELEMNITES PUZOSIANUS**, d'Orb. Pl. 35, pl. 50, fig. 9; pl. 55, fig. 1-6; pl. 56.

B. Puzosianus, d'Orb., 1842, Paléont. franç., Terr. jur., t. I, p. 118. Pl. 16, f. 1-6.

B. Owenii, Pratt, 1844, Owen, Phil. trans., I, p. 65, pl. 1 à 6.

B. Puzosianus, d'Orb., 1846, Paléont. univ., pl. 35, pl. 50, f. 9; pl. 55, f. 1-6; pl. 56.

Idem, d'Orb., 1846, Moll. viv. et foss., I, Bélemn., n° 24, pl. 34.

Idem, d'Orb., 1846, Paléont. étrang., pl. 28, 31.
Idem, d'Orb., Paléont. franç., Terr. jur., Suppl., pl. 3, f. 9.

B. testâ elongatâ, cylindricâ, compressâ; posticè acuminato-rectâ, subtùs compresso-subbisulcatâ; aperturâ compressâ, subquadratâ; alveolo, angulo 16° ½.

Dim. Longueur, 180 mill., grand diamètre, 19 mill.

Rostre lisse, très-allongé, cylindrique et un peu comprimé sur sa longueur, très-droit, fortement acuminé en arrière et terminé par une pointe conique, souvent ridée en long. Il part de la pointe en dessous un large sillon qui se perd vers le cinquième de sa longueur. Ce sillon est d'abord circonscrit, de chaque côté, vers la pointe, par une forte dépression longitudinale; dépression qui ne tarde pas à disparaître. Ouverture un peu comprimée, légèrement quadrangulaire. Cavité alvéolaire occupant près du quart du rostre. Elle est un peu comprimée, ovale, inclinée en dessous. Ses angles sont 16° ½. *Jeune*, cette espèce est très-allongée, grêle; alors elle se rapproche beaucoup du *B. elongatus*. Son sillon est surtout très-marqué.

M. Owen, dans un savant mémoire, a fait connaître l'animal presqu'entier de cette espèce, dans lequel on distingue le corps, les nageoires, la tête, les yeux, les bras pourvus de crochets, comme les *Enoploteuthis*, et surtout les rapports de longueur des diverses parties. On y distingue aussi le sac à encre, logé dans la partie supérieure du cône alvéolaire. Les nageoires sont arrondies en avant, et placées au-dessus de la moitié de l'ensemble.

Rapp. et diff. — Très-allongée, comme les *B. niger* et *tripartitus*, cette espèce s'en distingue par sa forme cylindrique, et surtout par le large sillon de son extrémité inférieure. En effet, les deux dernières manquent de sillon dans cette partie.

Loc. Etage oxfordien inférieur et moyen : Vaches-Noires (Calvados), M. Puzos et moi ; Waast, près de Colembert (Pas-de-Calais), M. Dusouich ; Neuvisi (Ardennes), Danvillers (Meuse), M. Raulin et moi ; à Christian-Malford, Wiltz (Angleterre), M. Owen.

Expl. des fig. — Pl. 35, fig. 1, copie de la pl. 3 du mémoire de M. Owen : *c* cône alvéolaire, *d* couches musculaires du corps, *e* nageoires, *i* bras armés, *n* sac à encre; fig. 2, copie de la planche 6 du mémoire de M. Owen. Les lettres *c, d, e, i* représentent les mêmes parties qu'à la fig. 1, *k* supposé, par M. Owen, être les bras tentaculaires, *l* les yeux, *h* fibres musculaire de la tête; fig. 3, un crochet grossi. Pl. 50, fig. 9, rostre et alvéole, copié d'après la pl. 2, fig. 1, de M. Owen. Pl. 55, fig. 1, individu coupé longitudinalement; fig. 2, le même, vu en dessous; fig. 3, jeune individu, vu en dessous; fig. 4, coupe à moitié de l'alvéole; fig. 5, coupe au-dessus de l'alvéole; fig. 6, coupe de l'extrémité. Pl. 56, fig. 1, copie de la pl. 5 de M. Owen; fig. 2, cône alvéolaire écrasé; fig. 3, un autre, également copié d'après M. Owen; fig. 4, très-jeune individu de Bélemnite. De ma collection.

N° 25. **BELEMNITES EXCENTRALIS**, Young. Pl. 57.

Belemnites excentralis, Young, 1822, Géol. of Yorksh., pl. 14, f. 4, 5.
B. excentricus, Blainv., 1827, Bélemn., p. 90, n° 30, pl. 3, f. 8.
B. excentricus, Keferst., 1834, p. 425, n° 40.
B. excentricus, d'Orb., 1842, Paléont. franç., Terr. jur., t. I, p. 120, n° 26, pl. 17.
B. abbreviatus, Morris, 1843, Brit. Zool., p. 127 (pars).
B. excentralis, d'Orb., 1846, Paléont. univ., pl. 57.
Idem, d'Orb., 1846, Moll. viv. et foss., I, Bélemn., n° 25.
B. inæqualis, Rœmer, 1836, Nord. ool., p. 166, n° 5, tab. XII, f. 1.
B. lævis, Rœm., 1836, Nord. ool., p. 165, n° 1.

B. testâ brevi, inflatâ, lateraliter impressâ, subtetragonâ, posticè acuminato-incurvatâ, anticè dilatatâ; aperturâ subtetragonâ; alveolo; angulo 19°.

Dim. Longueur, 95 mill.; grand diamètre, 21 mill.

Rostre plus ou moins court, très-lisse, conique, renflé sur sa longueur, élargi en avant, légèrement arqué vers son extrémité, qui dès lors est excentrique et incliné en dessous. Cette extrémité est presque mucronée. A partir de ce point, se remarque de chaque côté un méplat très-prononcé. Il y en a un troisième à peine visible, près de la pointe en dessous. Coupe un peu tétragone à la partie supérieure. Cavité alvéolaire occupant les deux tiers supérieurs de la longueur du rostre. Elle est ronde et fortement inclinée vers le ventre. Son angle est d'environ 19°. Jeune, elle est légèrement déprimée et marquée, sur les côtés, de doubles impressions linéaires ; adulte, elle est presque carrée, très-grande. Des individus, provenant sans doute de mâles, sont presque du double plus allongés que les autres.

Rapp. et diff. — Cette espèce, est par sa forme raccourcie, très-voisine du *B. abbreviatus* du lias supérieur et du *B. Cornuelianus* du terrain néocomien ; mais elle se distingue du premier par sa pointe excentrique et par ses méplats, l'autre étan entièrement lisse. Elle diffère du second par sa forme tétragone, et non pas déprimée, et par le manque de canal large sur la partie inférieure de l'extrémité inférieure. Plus voisine du *B. Pusozianus,* elle s'en distingue par son méplat latéral.

Loc. Etage oxfordien inférieur, moyen et supérieur. Dans l'*étage inférieur*, on la trouve aux lieux suivants : Dives, Vaches-Noires (Calvados). *Etage moyen*, aux environs de Marquise et de Waast (Pas-de-Calais), M. Dusouich ; à Trouville, à Villers (Calvados), par moi ; près de Saint-Mihiel (Meuse), par moi ; Saint-Maixant (Deux-Sèvres), par moi. *Etage supérieur*, dans les grés à Viller-Ville (Calvados), par moi ; à Wagnon (Ardennes), par moi.

C'est sans doute à cette espèce qu'on doit rapporter la moitié du *B. abbreviatus* de M. Morris.

Expl. des fig. Pl. 57, fig. 1, individu entier, vu de côté ; fig, 2, coupe longitudinale, *a* dessus, *b* dessous ; fig. 3, un autre rostre, très-vieux, vu en dessous ; fig. 4, un autre, vu en dessus ; fig. 5, coupe supérieure de l'alvéole ; fig. 6, coupe inférieure du rostre ; fig. 7, coupe d'un vieil individu ; fig. 8, coupe de l'extrémité de ce vieil individu, de ma collection.

N° 26. **BELEMNITES ALTDORFENSIS**, Blainv. Pl. 55, fig. 7-11 ; pl. 59, fig. 1-3.

B. Helveticus, Defrance (dans sa coll.), Blainv., Bélemn., p. 68.
B. altdorfensis, Blainv., 1827, Bel., p. 67, n° 9, pl. 2, f. 1.
Idem, Desh., 1830, Encycl., 2, p. 126, n° 7.

Idem, Hartmann, 1830, Wurt., p. 15 ?
Idem. Keferst., 1834, p. 424, n° 10.
Belemnites absolutus, Fischer, 1837, Oryct. du gouv. de Moscou, p. 173, pl. 49, fig. 2.
B. Beaumontianus, d'Orb., Paléont. franç., Terr. jur., p. 118, pl. 16, fig. 7-11.
B. absolutus, d'Orb., Murch. et Vern., Russia, 2, p. 421, n° 3, pl. 29, f. 1-9
B. altdorfensis, d'Orb., 1846, Paléont. univ., pl. 55, fig. 7-11 ; pl. 59, fig. 1-3.
Idem, d'Orb., 1846, Moll. viv. et foss., 1, Bélemn., n° 26.
Idem, d'Orb., Paléont. étrang., pl. 33, f. 1-3.

B. testâ subelongatâ, conicâ, anticè posticèque depressâ, longitudinaliter sulcatâ, sulco anticè evanescentibus; aperturâ rotundo-depressâ; alveolo, angulo 20°.

Dim. Longueur du rostre, 140 mill. Par rapport à la longueur : diamètre supérieur, $\frac{18}{100}$.

Rostre allongé, un peu conique, lisse, plus large en avant que partout ailleurs, fortement acuminé en arrière, où il est terminé par une pointe allongée et aiguë. On remarque de chaque côté un léger méplat assez étroit ; en dessous, il naît, à la pointe même, une petite rainure longitudinale qui s'élargit en un large sillon, et se rétrécit, avant de s'effacer entièrement, vers la moitié de la longueur de l'alvéole. Ouverture déprimée, arrondie. Coupe partout semblable à celle de l'ouverture. Ligne apiciale très-excentrique, placée à l'extrémité de l'alvéole au 40 centième inférieur du diamètre, et devenant beaucoup plus excentrique encore en approchant de l'extrémité du rostre. Cavité alvéolaire ronde, un peu arquée vers le bas ; son angle est de 20°.

Obs. Cette espèce varie peu suivant l'âge ; seulement, au diamètre de 3 millimètres, elle est beaucoup plus allongée et lancéolée, tandis que chez les plus vieux individus elle est conique.

Rapp. et diff. — Comme je l'ai dit pour le *B. volgensis*, si tous les échantillons de cette espèce s'étaient rencontrés avec le *B. altdorfensis*, je les aurais réunis sous une même nom, en prenant celles-ci pour un sexe différent de l'autre ; mais il n'en est pas ainsi, puisque les deux formes paraissent être spéciales à leur localité. Les différences que j'ai remarquées sont les suivantes : le *B. altdorfensis* est toujours bien plus raccourci à tous les âges, plus conique ; l'angle de son alvéole est de 20° au lieu de 27°, sa ligne apiciale est moins excentrique à l'extrémité de l'alvéole, et beaucoup plus à la pointe du rostre.

Hist. M. de Blainville a le premier en 1827 mentionné cette espèce sous le nom d'*Altdorfensis*. M. Fischer de Waldheim l'a décrite sous le nom de *B. absolutus*, en en donnant une figure peu reconnaissable. N'ayant pas de points de comparaison, j'ai publié, en 1842, la même espèce sous le nom de *Beaumontianus*, mais l'étude que j'ai pu faire des échantillons en nature m'ayant donné la certitude de l'identité des espèces, j'abandonne la dénomination que j'ai imposée pour revenir à la dénomination la plus ancienne.

Loc. Etage oxfordien inférieur, à Dives (Calvados), par moi ; Stonesfield (Angleterre), M. Agassiz ; environs de Moscou (Russie), MM. Murchison et de Verneuil.

C'est à tort que M. de Blainville, *Bélemn.*, p. 69, y rapporte le *B. sulcatus*, Miller, que, dans la même la page, il place encore, comme synonyme de son *B. apiciconus*.

Expl. des fig. Pl. 55, fig. 7, individu entier, vu en dessous ; fig. 8, le même, vu de côté ; fig. 9, coupe au milieu du rostre ; fig. 10, coupe au sommet du rostre ; fig. 11, coupe à l'extrémité. Pl. 59, fig. 1, très-jeune individu, vu en dessous ; fig. 2, le même, vu de côté ; fig. 3, individu plus âgé. De ma collection.

N° 27. **BELEMNITES GRANTIANUS**, d'Orb., 1846. Pl. 58.

Belemnites canaliculatus, Grant., 1837, Trans., of the Geol. soc., 2e série, vol. V, pl. 23, f. 2, 3. (Non Schloth.)
Belemnites Grantianus, d'Orb., 1846, Paléont. univ., pl. 58.
Idem, d'Orb., 1846, Paléont. étrang., pl. 32.
Idem, d'Orb., 1846, Moll. viv. et foss., 1, Bélemn., n° 27.

B. testâ elongatâ, cylindricâ, compressâ, subtùs longitudinaliter latè-sulcatâ ; sulco excavato ; aperturâ rotundato-compressâ ; alveolo angulo, 17°.

Dim. Longueur, 100 mill.; grand diamètre, $\frac{21}{100}$.

Rostre allongé, subcylindrique, égal sur toute sa longueur, assez brusquement acuminé en arrière, en une pointe obtuse. Très-lisse, il est légèrement comprimé, sur toute sa longueur; à la pointe naît, en dessous, un sillon, d'abord étroit, puis élargi, très-profond, à bords carénés, sur tout le reste. Ouverture ronde comprimée, et les coupes sur toutes la longueur conservent cette même forme avec l'échancrure inférieure du sillon. Ligne apiciale, peu excentrique, droite, arquée seulement à l'extrémité. Cavité alvéolaire ronde, très-droite, occupant souvent la moitié de la longueur du rostre.

Obs. Jeune, elle est bien plus grêle, mais toujours comprimée et obtuse à son extrémité.

Rapp. et diff. — Très-voisine, par sa forme et son sillon inférieur, du *B. Volgensis,* cette espèce s'en distingue par son rostre comprimé sur-toute sa longueur, par le manque de saillie longitudinale sur le côté, par sa pointe toujours plus obtuse, par son sillon bien plus large à l'extrémité supérieure, par son ouverture ronde comprimée, et enfin par sa ligne apiciale presque centrale.

Loc. Découverte dans la province de Cutch, Indes-Orientales, près de Charée, dans une couche que, d'après les autres fossiles, je crois pouvoir rapporter à l'étage kellovien.

Hist. Cette espèce, que M. Grant regarde à tort, comme le *B. canaliculatus*, de Schlotheim, est très-voisine de mon *B. Volgensis,* mais doit former une nouvelle espèce bien caractérisée que je dédie au savant qui en a parlé le premier.

Expl. des fig. Pl. 58, fig. 1, rostre de grandeur naturelle, vu au-dessous; fig, 2, le même, vu de côté; fig. 3, coupe longitudinale, pour montrer, par les lignes d'accroissements, la forme du rostre à tous les âges; fig. 4, extrémité supérieure du rostre, vu en dessus; fig. 5, coupe au-dessous de l'alvéole; fig. 6, coupe transversale, prise presqu'à l'extrémité du rostre. De ma collection.

N° 28. **BELEMNITES MAGNIFICUS**, d'Orb., 1844. Pl. 59, fig. 4-8.

Belemnites magnificus, d'Orb., 1846, Murch., Vern. et Keys., Russia, 2, p. 425, n° 7.
Idem, d'Orb., 1846, Paléont. univ., pl. 59, fig. 4-8.
Idem, d'Orb., 1846, Paléont. étrang., pl. 33, f. 4-8.
Idem, Moll. viv. et foss., 1, Bélemn., n° 28.

B. testâ elongatâ, cylindricâ, depressâ, acuminatâ; subtùs complanatâ, posticè angustè canaliculatâ; aperturâ subtetragonâ; alveolo, 27° $\frac{1}{2}$.

Dim. Longueur totale, 225 mill. Par rapport à la longueur : grand diamètre, $\frac{9}{100}$.

Rostre très-allongé, subcylindrique sur la moitié de sa longueur, ensuite s'acuminant peu à peu vers l'extrémité qui est très-allongée, ridée en long à la pointe, et de plus ornée en travers, sur les vieux individus, de rides ponctuées par lignes ondulées irrégulières. Il part de la pointe en dessous d'abord deux petits sillons étroits qui se rapprochent et forment, en se réunissant à peu de distance de la pointe, un seul sillon aussi large que les deux premiers ensemble; bientôt ce sillon s'élargit, s'efface et se trouve remplacé, vers les parties supérieures, par un simple méplat. Il est à remarquer que, dès l'instant où le sillon s'élargit, la matière composante, d'aspect presque corné qu'elle conserve partout, devient blanche, peu serrée et s'exfolie facilement. Ouverture subtétragone, plus large en dessous qu'en dessus. Ligne apiciale partout très-excentrique. Cavité alvéolaire courte, inclinée en dessous; ses angles sont de 27° $\frac{1}{2}$.

Rapp. et diff. — Très-voisine du *Belemnites Puzosianus* d'Orb., par sa forme allongée, par les rides et par le sillon de sa pointe, cette magnifique espèce s'en distingue par sa coupe non comprimée en avant, par le méplat inférieur, par la dépression de son extrémité, par l'excentricité remarquable de sa ligne apiciale et par son alvéole, dont l'angle est de 27° au lieu de 16.

Loc. Etage oxfordien inférieur, sur les bords du Volga, au-dessous de Kostroma (Russie), à Gorodichtché, près de Simbirsk et de Saragula, steppe des environs d'Orenbourg (Russie), M. de Verneuil.

Expl. des fig. Pl. 59, fig. 4, individu de grandeur naturelle, vu en dessous; fig. 5, le même, vu de côté, *a* dessus, *b* dessous; fig. 6, coupe transversale à moitié de l'alvéole; fig. 7, coupe bien au-dessous de l'alvéole; fig. 8, coupe près de l'extrémité.

N° 29. **BELEMNITES VOLGENSIS**, d'Orbigny, 1844, Pl. 60.

Belemnites volgensis, d'Orb., 1844, Murch. et Vern., Russia, 2, p. 410, n° 1, pl. 28, fig. 1-14.
Idem, d'Orb., 1846. Pal. univ., pl. 60.
Idem, d'Orb., Paléont. étrang., pl. 34.
Idem, d'Orb., Moll. viv. et foss., 1, Bélemn., n° 29.

B. testâ elongatâ, subfusiformi, anticè quadratâ, posticè depressâ, longitudinaliter latè sulcatâ; sulco excavato, continuo; aperturâ quadratâ; alveolo, angulo 27°.

Dim. Longueur du rostre, 141 mill. Par rapport à la longueur : diamètre supérieur, $\frac{11}{100}$.

Rostre très-allongé, sub-fusiforme, très-légèrement rétréci en avant, cylindrique sur les deux tiers, puis fortement acuminé en arrière, où il est terminé par une pointe aiguë, ridée en long; de chaque côté, on remarque une légère ligne saillante, à peine marquée, accompagnée en dessous d'une dépression ; de ce même côté, on voit naître, à la pointe même, deux petites rainures longitudinales qui, à peu de distance, donnent naissance à un large sillon, s'élargissant d'abord sans se creuser, puis à la partie cylindrique, ce sillon est très-profond, à bords inclinés. Le sillon s'efface tout à fait près du bord de l'alvéole seulement. Ouverture un peu déprimée, carrée, à angles arrondis ; coupe à l'extrémité de l'alvéole, ayant la même forme, seulement elle est échancrée en dessous. Aux deux tiers inférieurs, la coupe est arrondie en dessus et sur les côtés ; elle est beaucoup plus déprimée et très-fort échancrée en dessous. Ligne apiciale très-excentrique, placée vers le sommet de l'alvéole au tiers inférieur du diamètre, et devenant centrale au sommet. Cavité alvéolaire ronde, légèrement arquée vers le bas, occupant une très-petite partie de la longueur du rostre ; son angle est de 27°.

Obs. A tous les âges, cette espèce conserve la même forme ; seulement, au diamètre de 4 millimètres, elle est un peu plus allongée, son sillon inférieur est plus large, plus régulier, et la petite côte latérale plus saillante ; l'extrémité est alors lisse. Dans l'âge adulte, le sommet est moins aigu, ridé surtout en dessous. Les couches qui se déposent dans le sillon inférieur sont peu adhérentes, elles s'exfolient facilement et n'ont pas la contexture serrée des autres parties.

Rapp. et diff. — Cette espèce, voisine du *Belemnites altdorfensis* par son sillon inférieur, s'en distingue par sa forme plus carrée aux parties antérieures, par sa pointe plus effilée et par une bien plus grande longueur dans toutes ses proportions. J'en ai sous les yeux vingt échantillons. S'ils avaient été rencontrés dans le même lieu que le *Belemnites altdorfensis*, j'aurais pu les considérer comme une variété de sexe de ce dernier; mais la présence du *B. Volgensis* seulement sur le Volga, tandis que le *B. altdorfensis* ne s'est montré que près de Moscou, m'ont donné la certitude que ces deux formes ne peuvent dépendre d'une même espèce.

Loc. MM. Marchison et de Verneuil l'ont recueillie dans les marnes de l'étage terrain oxfordien des bords du Volga, au-dessous de Kostroma ; elle y est très-commune.

Expl. des fig. Pl. 60, fig. 1, individu réduit, vu en dessous; fig. 2, le même, vu de côté, *a* dessus, *b* dessous; fig. 3, coupe transversale à la partie supérieure de l'alvéole ; fig. 4, coupe à la base de l'alvéole; fig. 5, coupe au tiers inférieur ; fig. 6, coupe à la pointe; fig. 7, jeune individu de grandeur naturelle, vu en dessous; fig. 8, plus jeune individu, vu en dessous; fig. 9, le même, vu sur le côté. De ma collection.

N° 30. **BELEMNITES PANDERIANUS**, d'Orb., 1844. Pl. 61.

Belemnites aalensis, Fisch., 1837, Oryct. du gouv. de Moscou, p. 173, pl 49, fig. 1 ? (Non *aalensis*, Voltz.)

Belemnites excentricus, idem, 1843, Revue des foss. de Moscou, n° 5 ? (Non *excentricus*, Blainv.)

B. Panderianus, d'Orb., 1844, Murch. et Vern. Russia, p. 423, n° 6, pl. 30.
Idem, d'Orb., 1846, Paléont. univ., pl. 61.
Idem, d'Orb., 1846, Paléont. étrang., pl. 35.
Idem, d'Orb., 1846, Moll. viv. et foss., 1, Bélemn., n° 30.

B. testâ brevi, subconicâ, lateraliter compressâ; posticè subtùs impressâ, acuminatâ; aperturâ compressâ; alveolo, angulo, 22°.

Dim. Longueur du rostre, 140 mill. Par rapport à la longueur : diamètre supérieur, $\frac{20}{100}$.

Rostre lisse, assez court, conique, élargi en avant, acuminé et droit en arrière, où son extrémité est très-effilée. On remarque, de chaque côté, un fort méplat sur toute la longueur, et en dessous, près de l'extrémité seulement, un léger canal ou une simple dépression qui s'efface peu après. Ouverture comprimée; alvéole aplatie sur les côtés, coupée vers la moitié, comprimée comme la bouche. Ligne apiciale très-excentrique, placée au sommet de l'alvéole au 27 centième inférieur de la largeur, puis formant un arc dont la convexité est en dessous, en se rapprochant, de plus en plus, du côté ventral jusqu'à affleurer presque le bord vers l'extrémité. Cavité alvéolaire ronde, légèrement arquée sur la longueur, et occupant la moitié du rostre; son extrémité est fortement inclinée vers la région ventrale; son angle est de 22°. Les cloisons des loges aériennes sont très-rapprochées.

Obs. Jeune, au diamètre de 7 mill., le rostre est proportionnellement beaucoup plus allongé, sa ligne apiciale moins excentrique, et l'ensemble beaucoup plus grêle. Au diamètre de 14 mill., elle conserve absolument la même forme; au diamètre de 27 mill., l'ensemble est déjà infiniment plus court, et l'on retrouve l'intermédiaire ou le passage aux rostres adultes. Ceux-ci, au diamètre de 27 mill., sont courts, assez coniques, à extrémité aiguë prolongée. Il arrive alors quelquefois, sans doute par suite d'une blessure de l'animal, que les couches de parties calcaires qui doivent être partout réparties d'une manière régulière chez les individus placés en des conditions normales, commencent à ne plus se déposer d'une égale épaisseur; elles sont plus minces en dessus et même ne vont plus à l'extrémité en dessous ; dès lors, la forme de cette extrémité change, devient bossue en dessus, et finit par représenter de très-vieux individus, dont le diamètre est de 31 mill.; alors aussi, l'on voit toujours en dessous les couches en retraite, les unes sur les autres, l'état pathologique du derme de l'animal perdant de plus en plus ses propriétés secrétantes.

Rapp. et diff.—Au premier aperçu, j'avais pensé à réunir ces échantillons au *Belemnites excentricus*, tant (au moins pour les individus déformés) ils offrent d'analogie; mais en les analysant comparativement, j'ai reconnu qu'à tous les âges ils s'en distinguent par une forme plus comprimée, moins tétragone, par le manque de pointe mucronée, par la présence d'une dépression inférieure marquée à la partie antérieure du dessous, par une extrémité plus allongée, plus conique, par son alvéole de 22° au lieu de 19°, et enfin par une ligne apiciale infiniment plus excentrique, caractères qui, réunis sur tous les rostres rencontrés en Russie, démontrent une espèce distincte.

Loc. MM. Murchison, de Verneuil et de Keyserling, ont recueilli en très-grand nombre cette espèce dans les marnes oxfordiennes des bords du Volga, au-dessous de Kostroma, et aux environs de Moscou. Elle est très-commune dans les deux localités.

Hist. C'est sans doute cette espèce que M. Fischer a rapportée au *B. aalensis*, qui n'est autre chose que le *B. giganteus* de l'oolite inférieure.

Expl. des fig. Pl. 61, fig. 1, individu de grandeur naturelle, vu en dessous; fig. 2, coupe transversale du même à la partie supérieure, *a* dessus, *b* dessous; fig. 3, coupe bien audessous de l'alvéole; fig. 4, coupe à l'extrémité du rostre; fig. 5, coupe longitudinale montrant la ligne apiciale et l'alvéole; fig. 6, jeune individu, vu en dessous de grandeur naturelle; fig. 7, le même, vu de côté; fig. 8, extrémité d'un trèsvieil individu, vu en dessous, montrant les couches en retraite, *c*,-*c*. De ma collection.

N° 31. **BELEMNITES RUSSIENSIS**, d'Orb., 1844. Pl. 62, f. 1-7.

Belemnites Russiensis, d'Orb., 1844, Murch., Vern. et Keys., Russia, 2, p. 422, n° 4, pl. 29, fig. 10-16.
Idem, d'Orb., 1846, Paléont. univ., pl. 62, f. 1-7.
Idem, d'Orb., 1846, Paléont. étrang., pl. 36, fig. 1-7.
Idem, d'Orb., 1846, Moll, viv. et foss., 1, Bélemn., n° 31.

B. testâ, dilatatâ, depresso-conicâ, posticè, longitudinaliter sulcatâ ; sulco brevi evanescente ; aperturâ depressâ ; alveolo, angulo, 20°.

Dim. Longueur totale, 75 mill. Par rapport à la longueur : diamètre supérieur, $\frac{20}{100}$.

Rostre médiocrement allongé, élargi sur les côtés, acuminé en arrière, partout déprimé, pourvu, à l'extrémité de la partie inférieure, d'une légère rainure qui s'évase de suite en un sillon large sans être profond, disparaissant lui-même avant le tiers inférieur de la longueur totale, et ne laissant plus qu'un méplat, sur toute la longueur. Ouverture très-déprimée, surtout en dessous. La coupe est égale partout, moins à la partie sillonnée, où elle est échancrée inférieurement. Ligne apiciale excentrique, placée à l'extrémité de l'alvéole au $\frac{2}{5}$. Inférieur du diamètre, mais beaucoup plus rapprochée du bord en avançant vers la pointe du rostre. Cavité alvéolaire ronde, ayant l'angle de 22°.

Obs. Cette espèce, identique à tous les âges quant à sa forte dépression, à son court sillon postérieur, est seulement bien plus allongée, proportions gardées dans la jeunesse, et s'élargit dans la vieillesse, en se raccourcissant beaucoup.

Rapp. et diff. — Elle est voisine, par son sillon interrompu, des Bélemnites qui précèdent, mais elle s'en distingue à la première vue par sa grande compression, son aplatissement vers l'extrémité, joint à son sillon très-court.

Loc. MM. de Verneuil et Keyserling l'ont recueillie dans l'étage oxfordien de Gorodichtché, au nord de Simbirsk (Russie), où elle est rare.

Expl. des fig. Pl. 62, fig. 1, jeune âge, vu en dessous; fig. 2, le même, vu de côté; fig. 3, individu adulte, vu en dessous; fig. 4, le même, vu de côté, *a* dessus, *b* dessous; fig. 5, coupe au milieu de l'alvéole; fig. 6, coupe près de l'extrémité; fig. 7, coupe à l'extrémité. De ma collection.

N° 32. **BELEMNITES KIRGHISENSIS**, d'Orbigny, 1844. Pl. 62, fig. 8.

Belemnites Kirghisensis, d'Orb., 1844, Murch., Vern. et Keys., Russia, 2, p. 423, n° 5, pl. 29, fig. 17-21.
Idem, d'Orb., 1846, Paléont. univ., pl. 62, fig. 8-11.
Idem, d'Orb., Paléont. étrang.. pl. 36, fig. 8-11.
Idem, d'Orb., 1846, Moll. viv. et foss., 1, Bélemn., n° 32.

B. testâ elongato-conicâ, subquadratâ, inferne depressâ, posticè longitudinaliter sulcatâ; sulco brevi evanescente; aperturâ quadratâ; alveolo, angulo 20°.

Dim. Longueur totale, 95 mill. Par rapport à la longueur: diamètre supérieur, $\frac{17}{100}$.

Rostre assez allongé, comprimé sur les côtés, fortement acuminé en arrière, pourvu à l'extrémité, vers la région inférieure, d'une légère rainure qui s'élargit et forme un sillon n'occupant que le quart de la longueur, s'effaçant tout aussitôt pour ne plus former qu'un méplat jusqu'à la partie supérieure. Ouverture comprimée, presque carrée; la coupe est peu différente sur la longueur. Ligne apiciale excentrique, placée à l'extrémité de l'alvéole au 30 centième inférieur du diamètre. Alvéole très-arquée vers le bas, ayant 20° d'ouverture.

Rapp. et diff. — Cette espèce, tout en ayant le sillon interrompu des *B. Panderianus, Puzosianus* et *magnificus*, se distingue de la première par sa forme carrée et non déprimée; de la seconde, par l'excentricité de sa ligne apiciale, par sa forme carrée et son moindre allongement. Elle se distingue encore de la troisième par les mêmes caractères et par l'angle de son alvéole bien moins ouvert. C'est un type bien différent.

Loc. M. de Verneuil l'a découverte dans les grès des environs d'Orenbourg, steppe de Saragula (Russie), où elle est très-rare.

Expl. des fig. Pl. 62, fig. 8, individu vu de côté, *a* dessus, *b* dessous; fig. 9, le même, vu en dessous; fig. 10, coupe à la partie supérieure de l'alvéole; fig. 11, coupe au tiers inférieur; fig. 12, coupe longitudinale. De ma collection.

N° 33. **BELEMNITES BOREALIS**, d'Orbigny, 1844, pl. 62, fig. 12-18.

B. borealis, d'Orb, 1844, Murch., Vern. et Keys., Russia, 2, p. 420, n° 2, pl. 28, fig. 15-22.
Idem, d'Orb., 1846, Paléont. univ., pl. 62, f. 12-18.
Idem, d'Orb., Paléont. étrang., pl. 36, fig. 12-18.
Idem, d'Orb., 1846, Moll. viv. et foss., 1, Bélemn., n° 33.

B. testâ elongatâ, subfusiformi, anticè posticèque ovali, compressâ, lateribus impressâ; aperturâ ovali.

Dim. Grand diamètre du rostre, 5 mill.

Rostre très-allongé, sub-fusiforme, lisse, rétréci en avant, élargi en arrière et terminé par une pointe allongée, légèrement comprimé sur toute sa longueur et marqué d'une légère impression latérale. Aucun sillon ventral. Ouverture ovale, comprimée. Coupe ovale sur toute sa longueur. Ligne apiciale, peu excentrique, néanmoins un peu inférieure. Cavité alvéolaire comprimée, courte.

Obs. Cette espèce, dont je ne connais que les deux extrémités, devait être très-longue, et cette grande longueur, comme je l'ai fait remarquer aux généralités, pouvait déterminer la monstruosité si remarquable dont on a fait le genre *Actinocamax*. En effet, cette mutilation singulière se trouve parmi le nombreux échantillons recueillis par M. de Verneuil.

Rapp. et diff. — De toutes les espèces de Belemnites de Russie, c'est la seule qui soit dépourvue de dépression ou de sillon inférieur; c'est aussi la seule comprimée partout, dont la ligne apiciale ne soit pas très-excentrique. Comme je connais le jeune âge des autres Belemnites, il est certain que celle-ci en diffère essentiellement, et doit, par son manque de sillon, constituer une nouvelle espèce distincte du *B. Puzosianus*.

Loc. M. de Verneuil l'a rencontrée dans les marnes de l'étage oxfordien, sur les bords du Volga, au-dessous de Kostroma, en Russie.

Expl. des fig. Pl. 62, fig. 12, rostre en deux parties, vu de côté; fig. 13, suite du même; fig. 14, coupe supérieure du même; fig. 15, extrémité supérieure d'une même espèce, vue de côté; fig. 16, suite du même; fig. 17, coupe du même; fig. 18, monstruosité grossie, représentant une *Actynocemax* des auteurs.

Espèces de l'étage oxfordien moyen, ou proprement dit; zone de l'*Ammonites cordatus*.

BELEMNITES HASTATUS, Blainv. Voy. p. 275 n° 21.

BELEMNITES PUZOSIANUS, d'Orb. Voy. p. 302 n° 24.

BELEMNITES EXCENTRALIS, Young. Voy. p. 304 n° 25.

N° 34. **BELEMNITES DIDAYANUS,** d'Orb., pl. 54, fig. 1-5.

B. Didayanus, d'Orb., Paléont. franç., Terr. jur., 1, p. 126, n° 28, pl. 20, fig. 1-5.

Idem, 1846, Pal. univ., pl. 54, f. 1-5.

Idem, d'Orb., 1846, Moll. viv. et foss., 1, Bélemn., n° 34.

B. testâ elongatâ, subfusiformi, anticè compressâ, attenuatâ, lateraliter impressâ, posticè acuminatâ, subtùs unisulcatâ: sulco posticè interrupto; aperturâ compressâ, sinuatâ.

Dim. Longueur première, 120 mill.; grand diamètre postérieur, 17 mill.

Rostre très-allongé, fusiforme, comprimé sur toute sa longueur, rétréci en avant, un peu élargi en arrière, puis terminé par une pointe un peu mucronée. Un sillon profond, étroit, occupe toute la région ventrale de la partie antérieure jusqu'à la partie la plus large de l'extrémité postérieure, où il s'efface tout à fait. On remarque, de chaque côté, une dépression longitudinale formée de deux sillons peu visibles. Coupe comprimée sur toute la longueur du rostre. Cavité alvéolaire inconnue.

Rapp. et diff. — Lancéolée comme le *B. hastatus,* cette

espèce s'en distingue par sa forme comprimée sur toute sa longueur; comprimée comme le *B. Duvalianus*, elle en diffère par son sillon interrompu en arrière, par ses sillons latéraux, plus marqués, puis par sa forme élargie en arrière.

Loc. Etage oxfordien moyen : Rians, vallon de Simiane (Var), MM. Coquand, Puzos; près de Châtillon-sur-Seine (Côtes-d'Or), M. Jules Baudouin.

Expl. des fig. Pl. 54, fig. 1, rostre entier, vu en dessous ; fig. 2, le même, vu de côté; fig. 3, coupe de la base de l'alvéole; fig. 4, coupe au milieu de la longueur; fig. 5, coupe à l'extrémité du rostre. De ma collection.

N° 35. **BELEMNITES SAUVANAUSUS**, d'Orbigny, pl. 63, fig. 1-10.

B. Sauvanausus, d'Orb., 1842, Paléont. franç., Terr. jur., t. I, p. 127, n° 30, pl. 21, f. 1-10.
Idem, Mathér., 1842, Catal., p. 258, n° 281.
Idem, d'Orb., 1846, Paléont. univ., pl. 63, f. 1-10.
Idem, d'Orb., 1846, Moll. viv. et foss., 1, Bélemn., n° 35.

B. testâ elongatâ, anticè attenuatâ, posticè incrassatâ, acutè mucronatâ, subtùs anticè, profundè scissuratâ, aperturâ subquadratâ, subtùs sinuatâ ; alveolo, angulo 20°.

Dim. Longueur totale, 70 mill.; grand diamètre, 12 mill.

Rostre plus ou moins allongé, claviforme, rétréci en avant, très-fortement élargi en arrière, où il est terminé par une pointe aiguë, excentrique, inférieure, quelquefois très-saillante, d'autres fois à peine mucronée. Le dessus et le dessous sont lisses, jusqu'un peu avant la naissance de l'alvéole; alors commence une petite fossette longitudinale très-profonde, qui s'étend jusqu'au bord antérieur; cette fossette bien que très-excavée, ne paraît pas communiquer avec l'alvéole, comme chez les *Belemnitella*. On remarque quelquefois un très-léger sillon latéral, surtout chez les jeunes individus. Coupe subquadrangulaire sur toute la longueur, non échancrée sur les côtés. Cavité alvéolaire occupant moins de la moitié de l'ensemble, à peu près médiane; son angle paraît être de 20°.

Obs. Cette Bélemnite est très-variable dans son allongement et dans la forme de son extrémité, quelquefois très-aiguë; elle est aussi très-courte, très-obtuse.

Rapp. et diff.—Elle montre une forme analogue aux *B. Coquandus, Duvalianus*, etc.; mais elle s'en distingue par la scissure profonde qu'on remarque du côté ventral; ce caractère la fait différer de toutes les autres de la même série, qui n'ont qu'un sillon très-superficiel.

Loc. Etage oxfordien moyen, Saint-Rambert et près de Nantua (Ain), MM. Sauvanau et Cabannet; Simiane, près de Rians (Var); à Claps, commune de Vauvenargues (Bouches-du-Rhône), M. Coquand; dans la Sierra de *Mala-Cara,* royaume de Valence (Espagne), M. Teyeux; près de Châtillon-sur-Seine (Côte-d'Or), M. Jules Baudouin.

Expl. des fig. Pl. 63, fig. 1, rostre entier, vu en dessous; fig. 2, le même, vu de côté; fig. 3, coupe du même; fig. 4, extrémité d'un autre individu; fig. 5, coupe à l'extrémité du rostre; fig. 6, un rostre évidemment raccommodé à son extrémité; fig. 7, coupe à la partie supérieure de l'alvéole; fig. 8, coupe à la partie inférieure de l'alvéole; fig. 9, jeune rostre, vu en dessous; fig. 10, jeune rostre, vu de côté. De ma collection.

N° 36. **BELEMNITES COQUANDUS**, d'Orbigny, pl. 63, fig. 11-18.

B. Coquandianus, d'Orb., 1842, Paléont. franç., Terr. jur., t. I, p. 130, n° 31, pl. 21, f. 11-18.
Idem, Mathér., 1842, Cat., p. 258, n° 282.
Idem, d'Orb., 1846, Paléont. univ., pl. 63, f. 11-18.
Idem, 1846, Moll. viv. et foss., 1, Bélemn., n° 36.

B. testâ elongatâ, clavatâ, anticè attenuatâ; posticè incrassatâ, mucronatâ, subtùs lævigatâ, lateraliter sulcatâ : sulcis excavatis, posticè bifurcatis ; alveolo ?

Dim. Grand diamètre, 9 mill.

Rostre allongé, claviforme, rétréci en avant, fortement élargi en arrière, où il est terminé par une pointe excentrique inférieure; en dessus et en dessous, on remarque quelques indices de plis longitudinaux. Les côtés sont pourvus d'un profond sillon, qui règne sur toute la longueur, se bifurque et s'efface en arrière, peu après le plus grand élargissement de cette partie. Coupe presque carrée, fortement échancrée sur les côtés. Cavité alvéolaire inconnue.

Rapp. et diff. — Cette espèce rappelle, par ses sillons latéraux, le *B. bipartitus* de l'étage néocomien, tout en s'en distinguant par sa forme en massue raccourcie. Sa forme en massue la rapproche du *B. Sauvanausus*, dont elle diffère par ses sillons latéraux très-profonds, par ses plis longitudinaux et par sa forme un peu comprimée.

Loc. Etage oxfordien moyen, Rians (Var), M. Coquand.

Expl. des fig. Pl. 63, fig. 11, rostre vu de côté ; fig. 12, sa coupe supérieure; fig. 13, sa coupe moyenne, fig. 14, rostre de grandeur naturelle, vu en dessous; fig. 15, le même, vu de côté ; fig. 16, coupe à l'extrémité du rostre; fig, 17, coupe à la partie supérieur ; fig. 18, coupe au milieu de la longueur. De ma collection.

N° 37. **BELEMNITES ÆNIGMATICUS,** d'Orbigny, pl. 64, fig. 1-3.

B. ænigmaticus, d'Orb., 1842, Paléont. franç., Terr. jur., t. I, p. 131, n° 32, pl. 22, f. 1-3.
Idem, d'Orb., 1846, Paléont. univ., pl. 64, f. 1-3.
Idem, d'Orb., 1846, Moll. viv. et foss., I, Belemn., n° 37.

B. testâ brevissimâ, obtusâ, lævigatâ, posticè obtuso-rotundatâ ; aperturâ subquadratâ, suprà sinuatâ, alveolo angulo 20°.

Dim. Longueur, 40 mill.; grand diamètre, 15 mill.

Rostre très-court, obtus, un peu rétréci, en avant ; très-obtus et arrondi en arrière; le dessus est légèrement déprimé, et l'on voit, sur les côtés, une dépression linéaire à peine marquée. *Coupe* un peu carrée et déprimée; cavité alvéolaire occupant les sept huitièmes de la longueur; son angle est de 20°.

Obs. En suivant les lignes d'accroissement sur la coupe, on s'aperçoit que jeune cette espèce était très-conique, qu'ensuite elle est devenue mucronée à son extrémité, et que, plus tard,

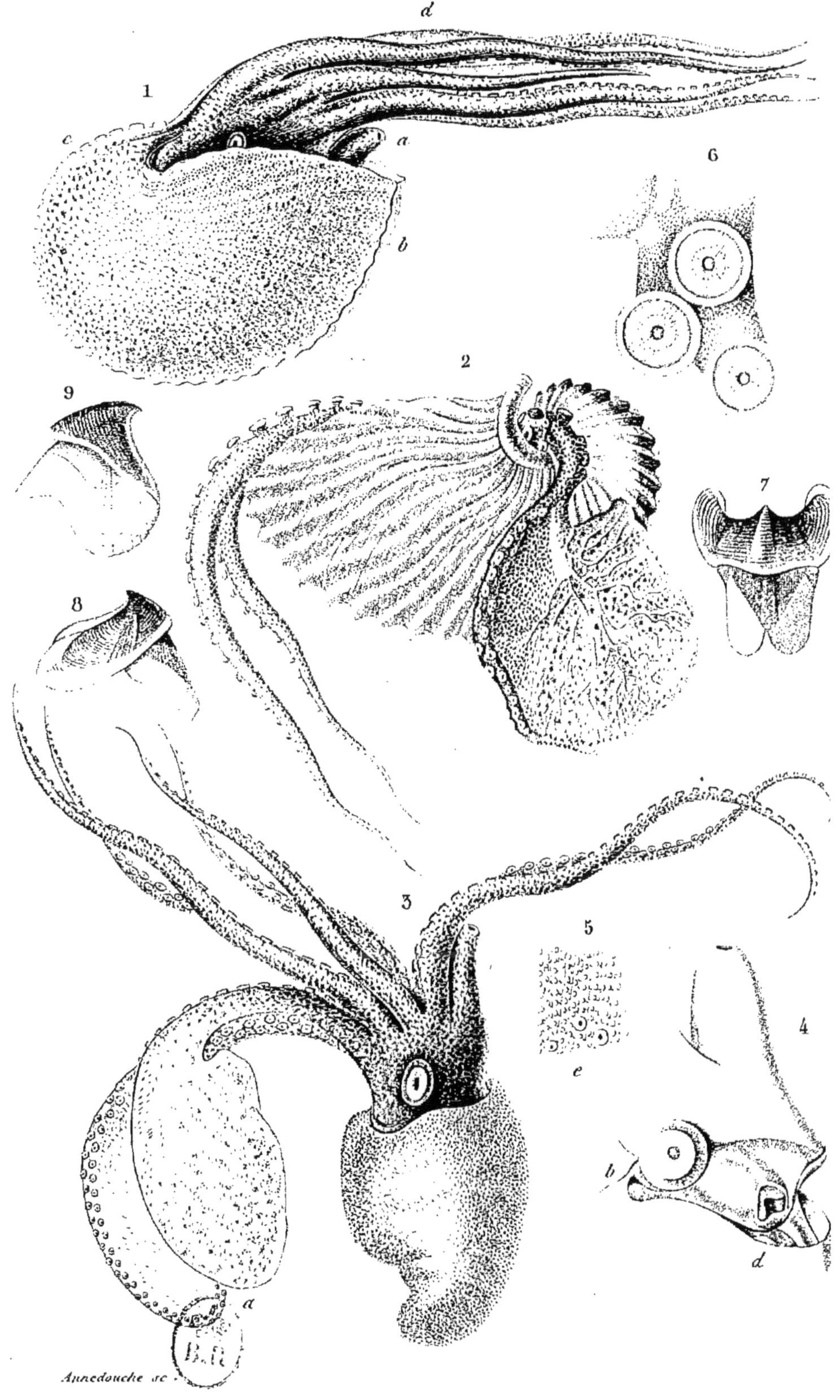

Argonauta argo, *Linné*.

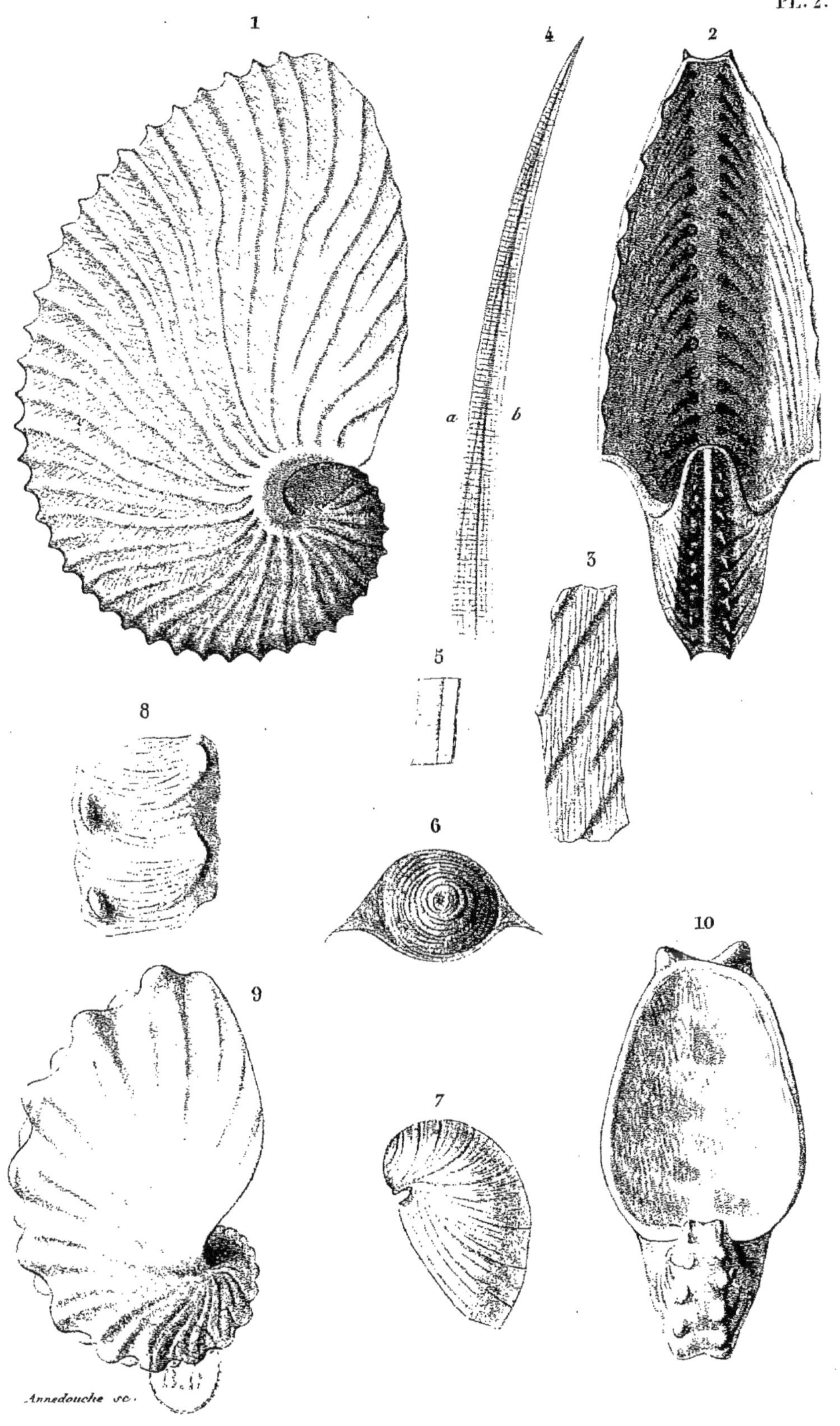

1-5. Argonauta argo, *Linné.*

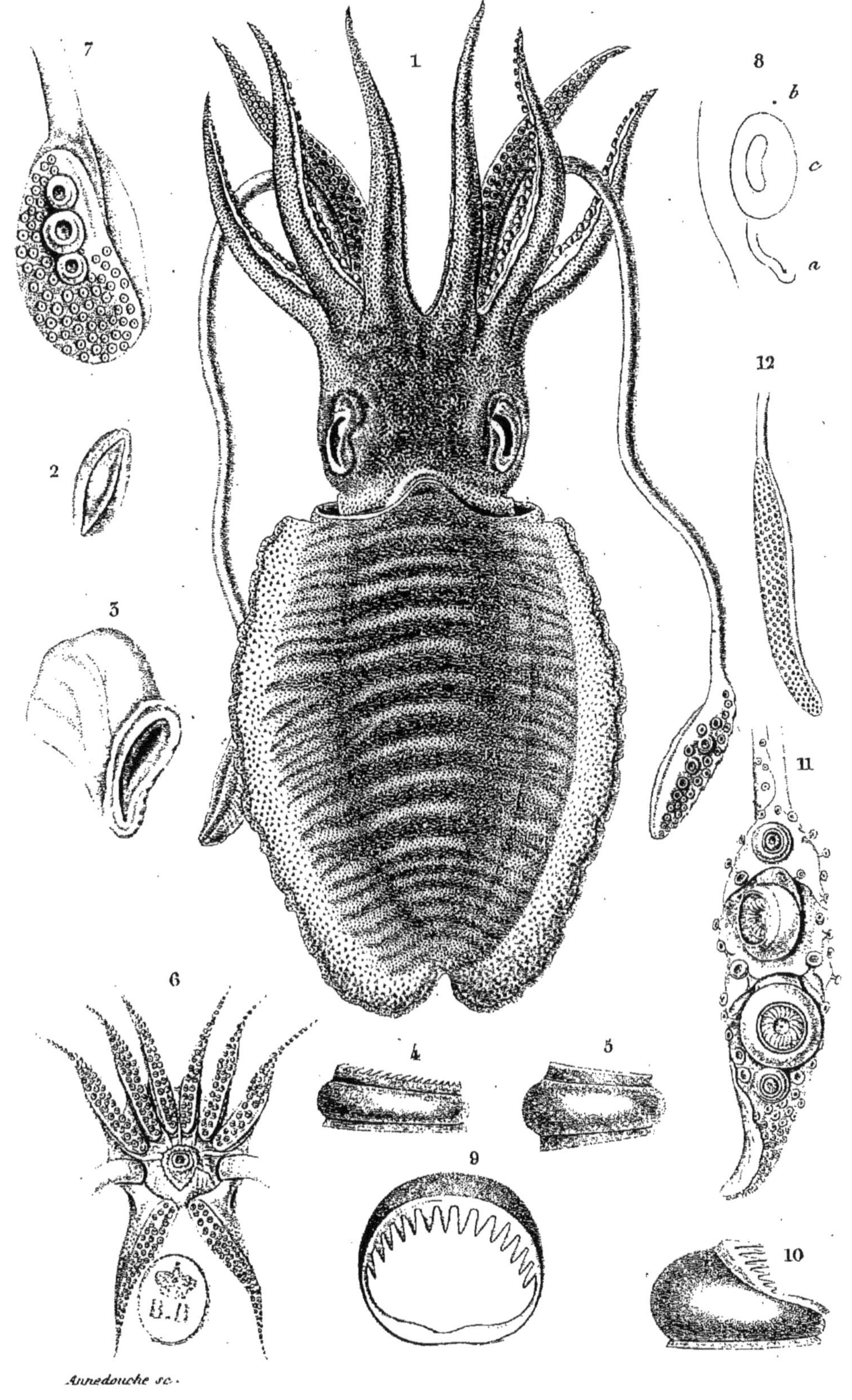

1–5. Sepia officinalis, *Linné.*

6-8. S. —— elegans, *d'Orb.* 9-10. S. —— inermis, *Hasselt.*

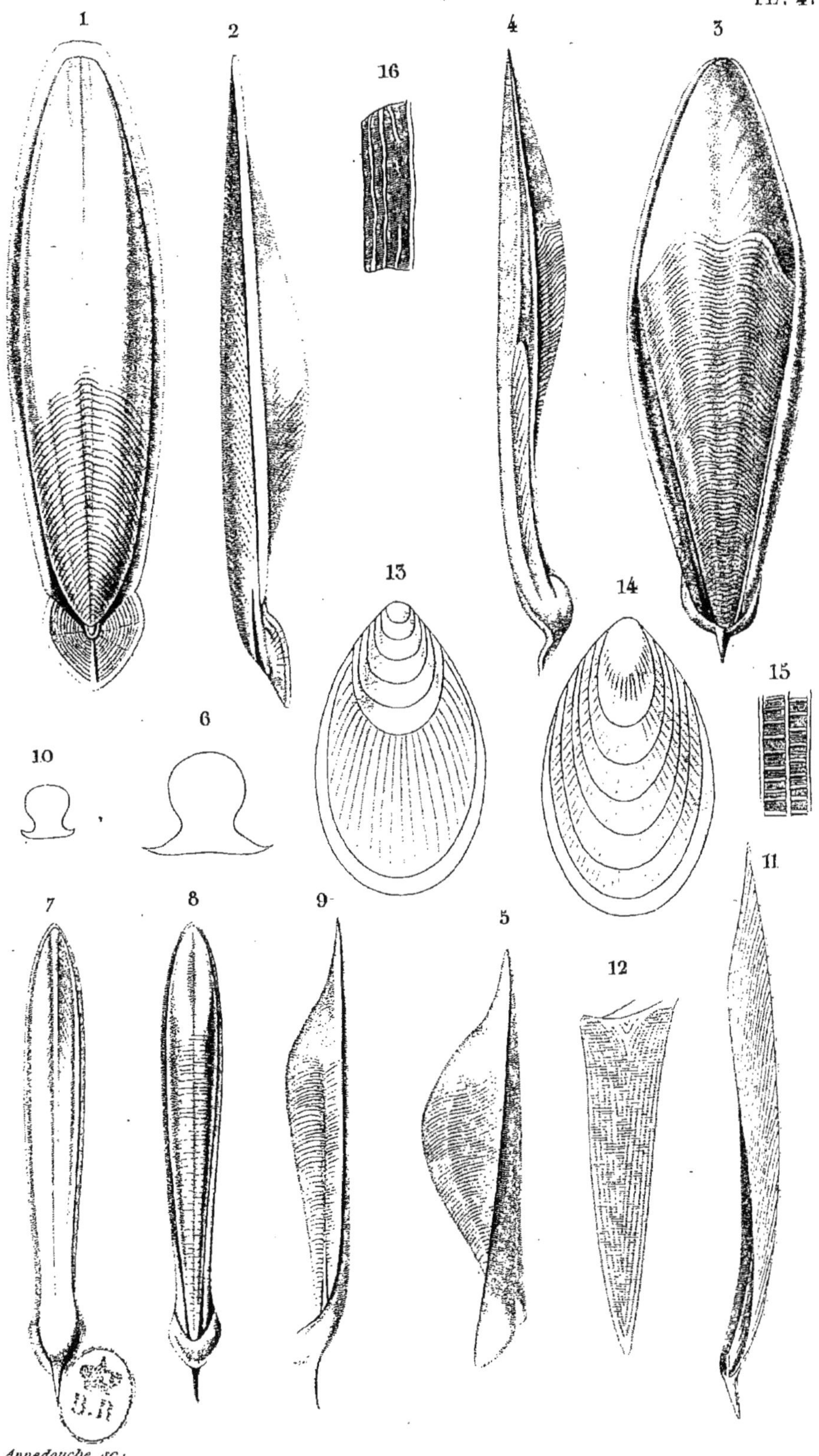

Annedouche sc.

1-2. Sepia ornata, *Rang*. 3.-4. S. — orbigniana, *Fer*.

1 2 5 6 4

3 7

J. Delarue lith.

Imp. Lith. J. Delarue rue Mont S.te Geneviève, 24.

1 5 4 3 2

6

Delarue, lith.

Imp. J. Delarue.

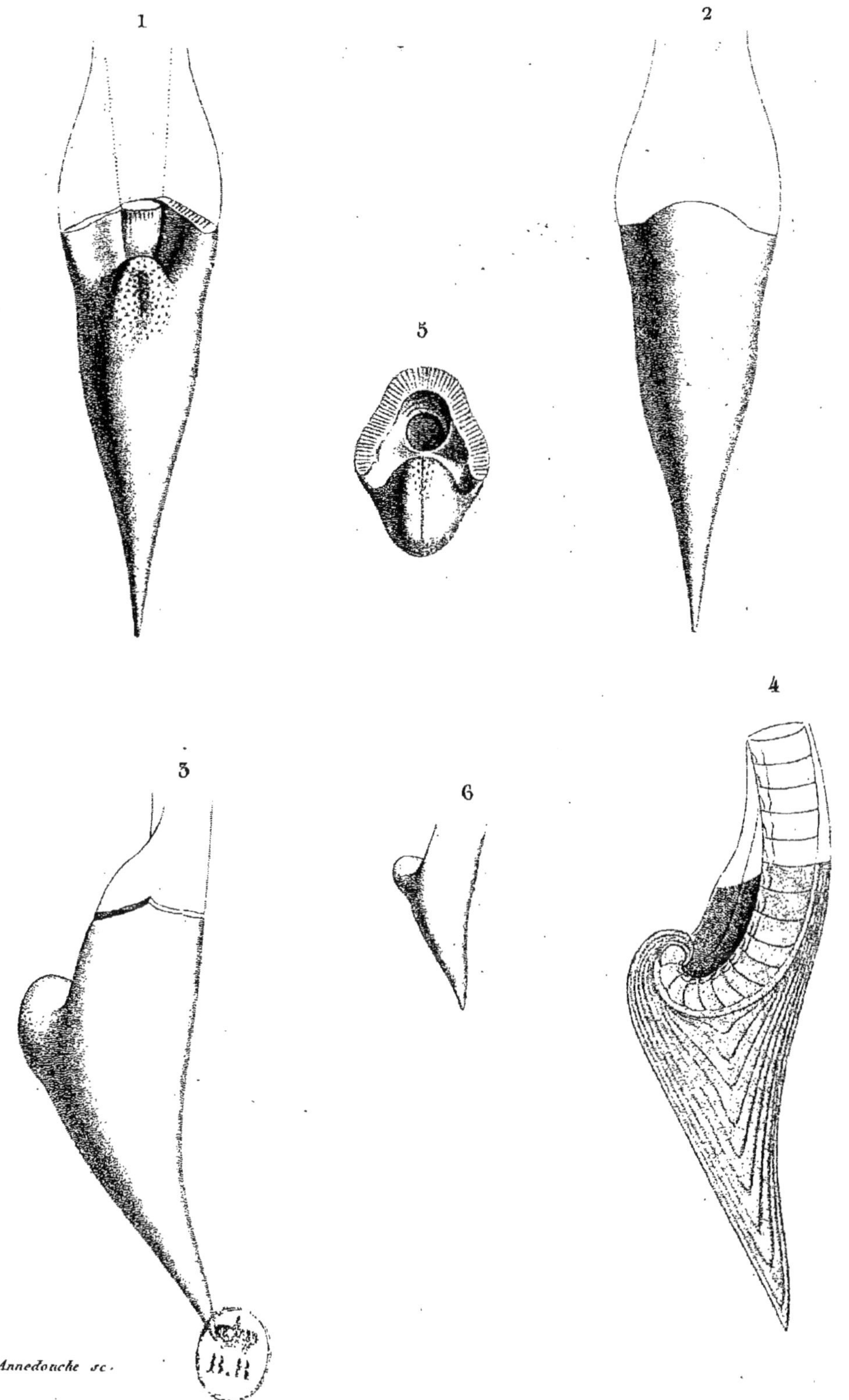

Annedouche sc.

Spirulirostra Bellardii, *d'Orb.* T. S.

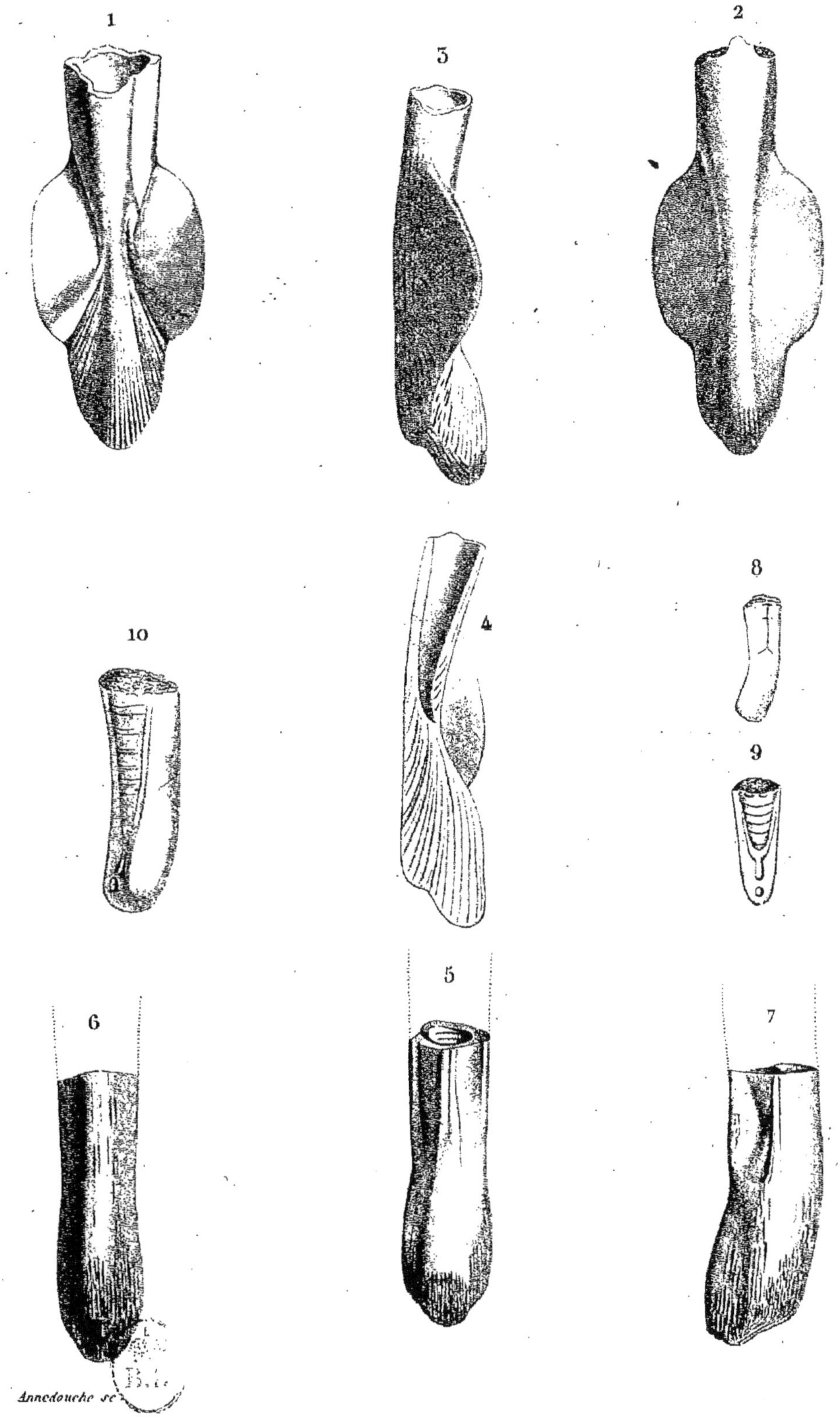

1-4. Beloptera belemnitoidea, *Blainville* T. G.

5-7. B. —— Levesquei, *d'Orb.* T. I. 8-10. B. —— anomala, *Sowerby* T.

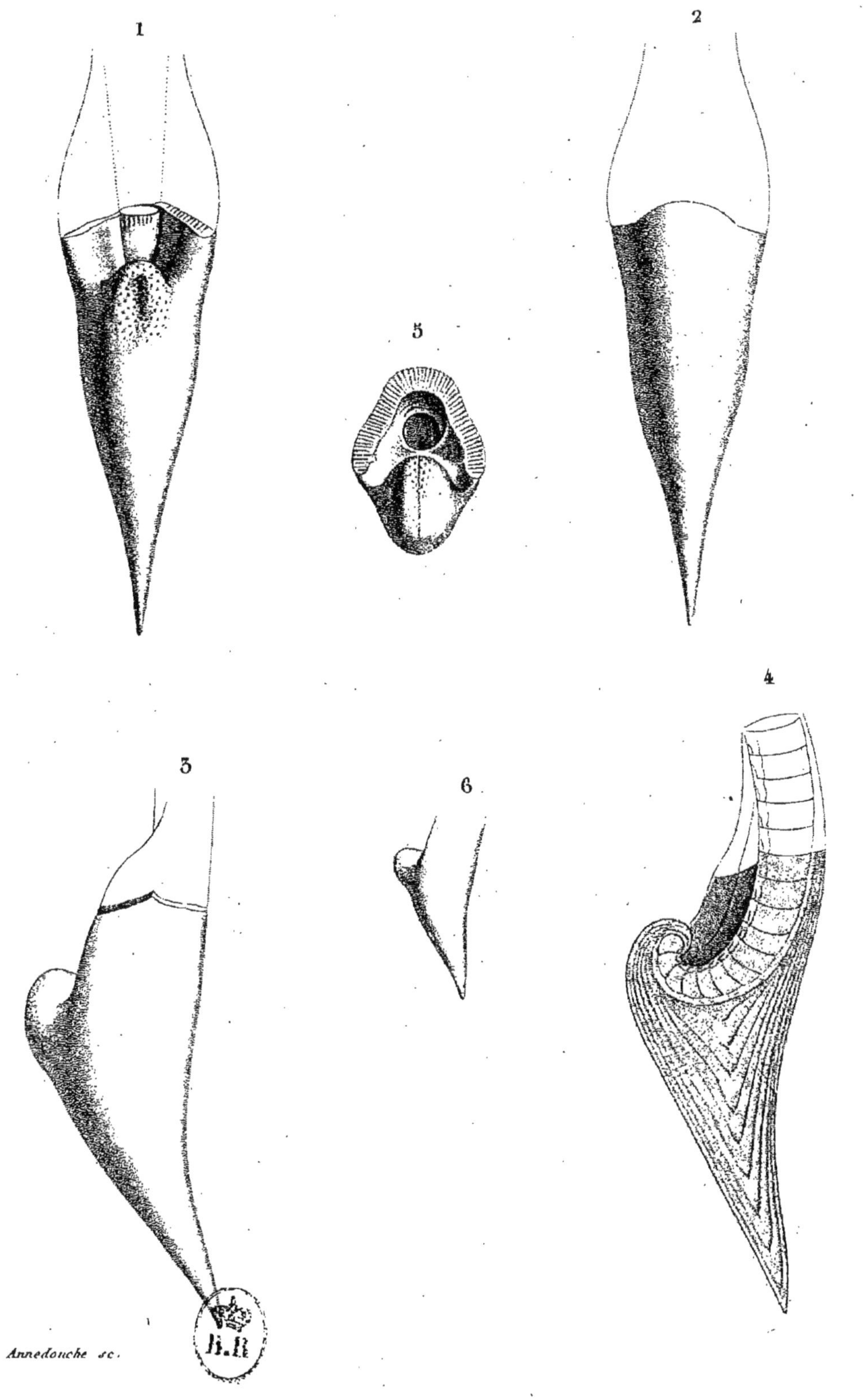

Spirulirostra Bellardii, *d'Orb.* T. S.

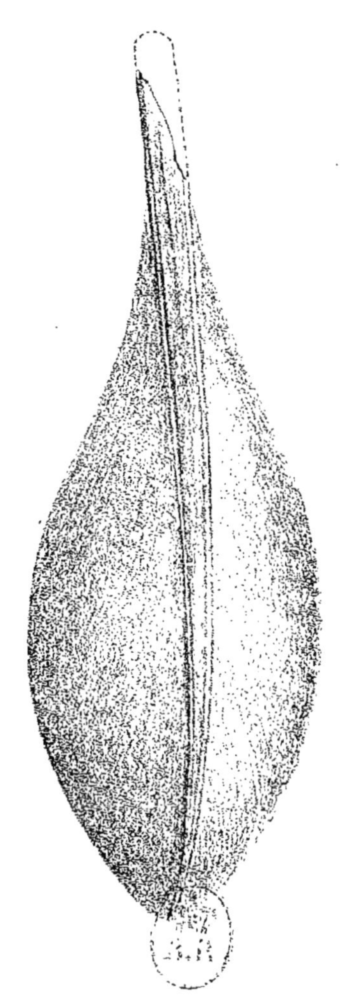

J. Delarue, lith. Imp. J. Delarue.

Loligo pyriformis, d'Orb. L. sup.

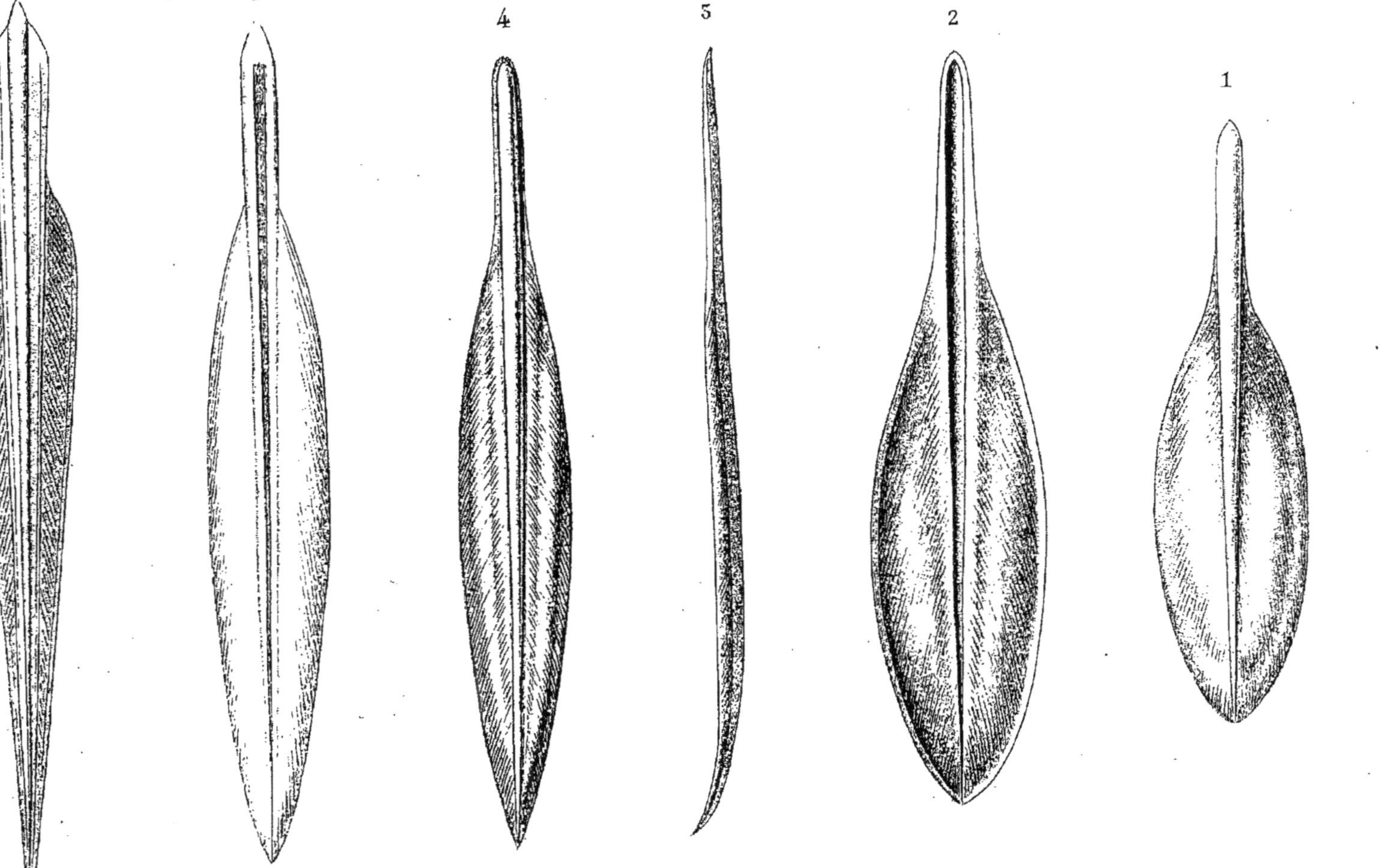

Annedouche sc.

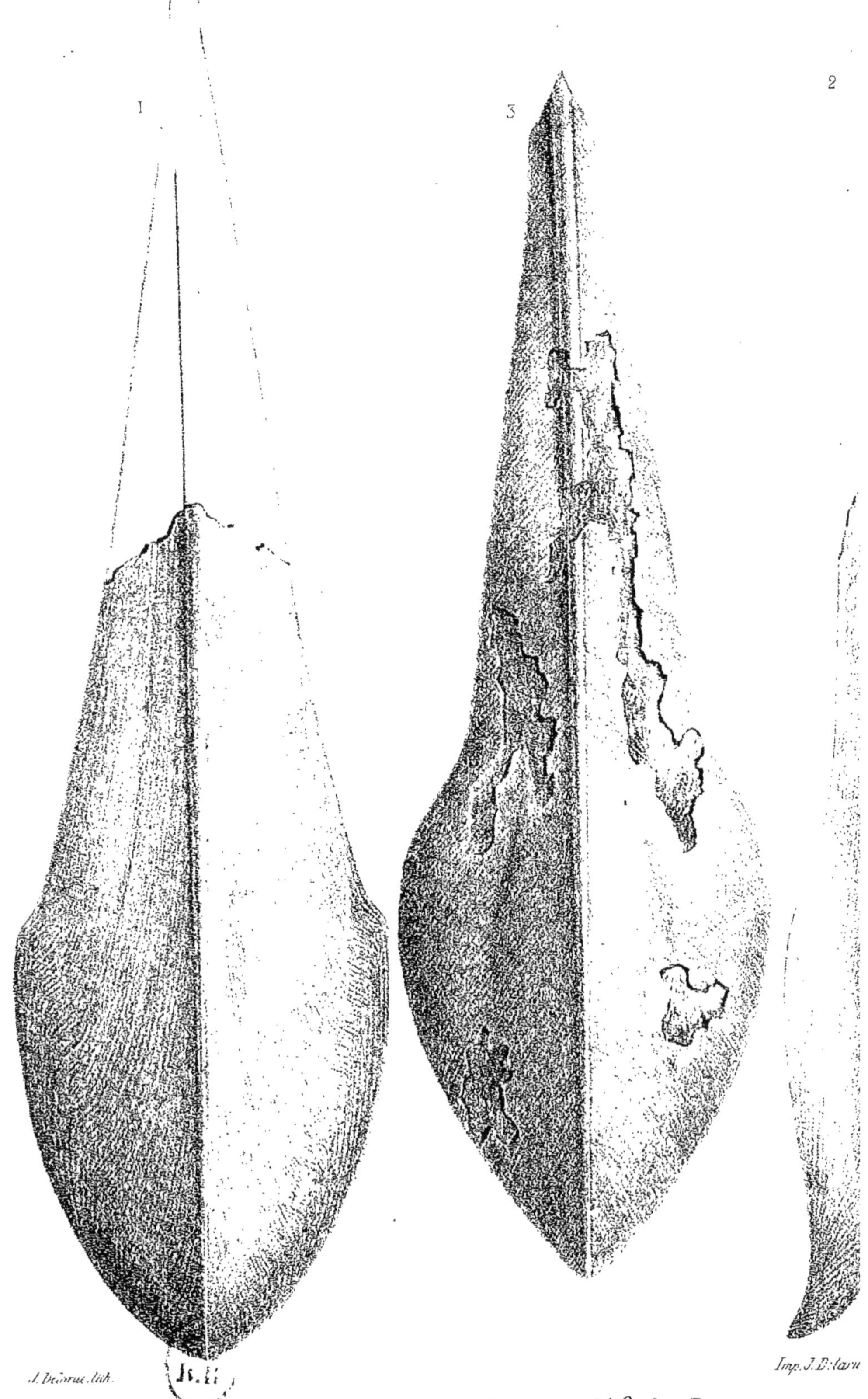

1, 2. *Teudopsis ampullaris*, d'Orb. L. sup.

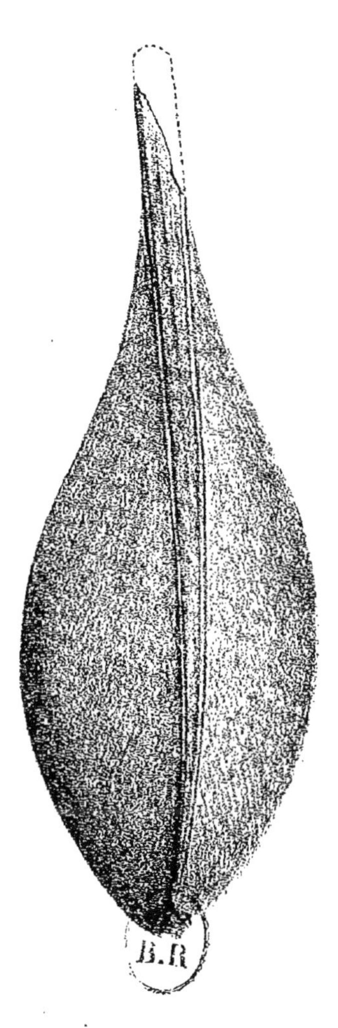

J. Delarue, lith. Imp. J. Delarue.

Loligo pyriformis, d'Orb. L. sup.

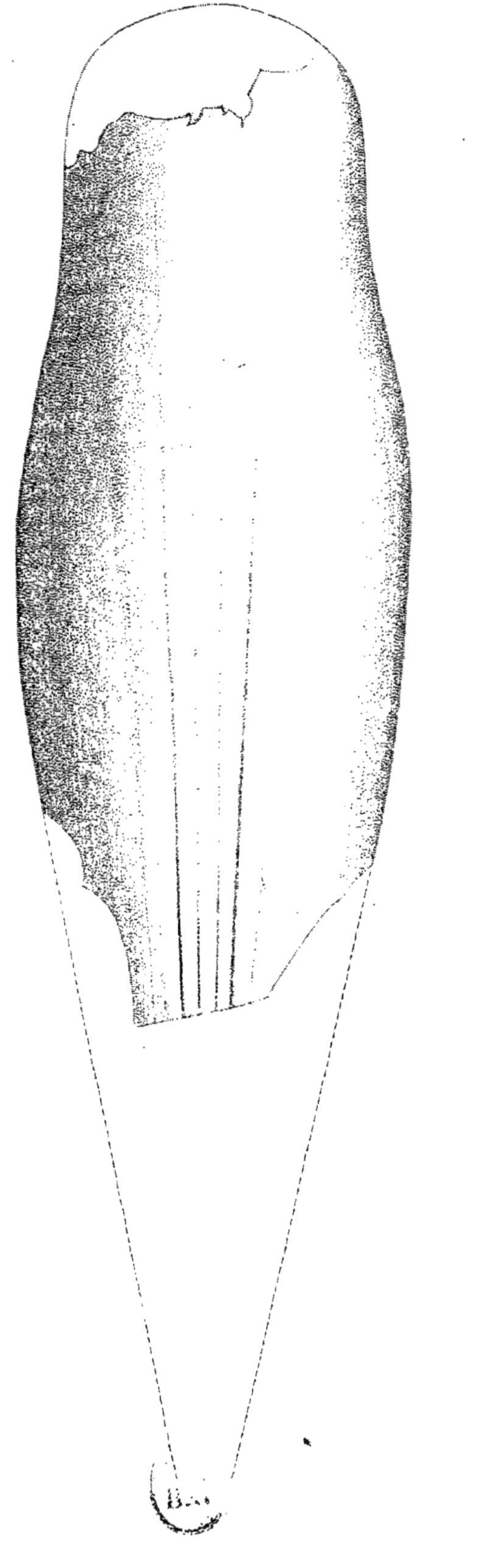

Annedouche sc.

Leptoteuthis gigas, *meyer*.

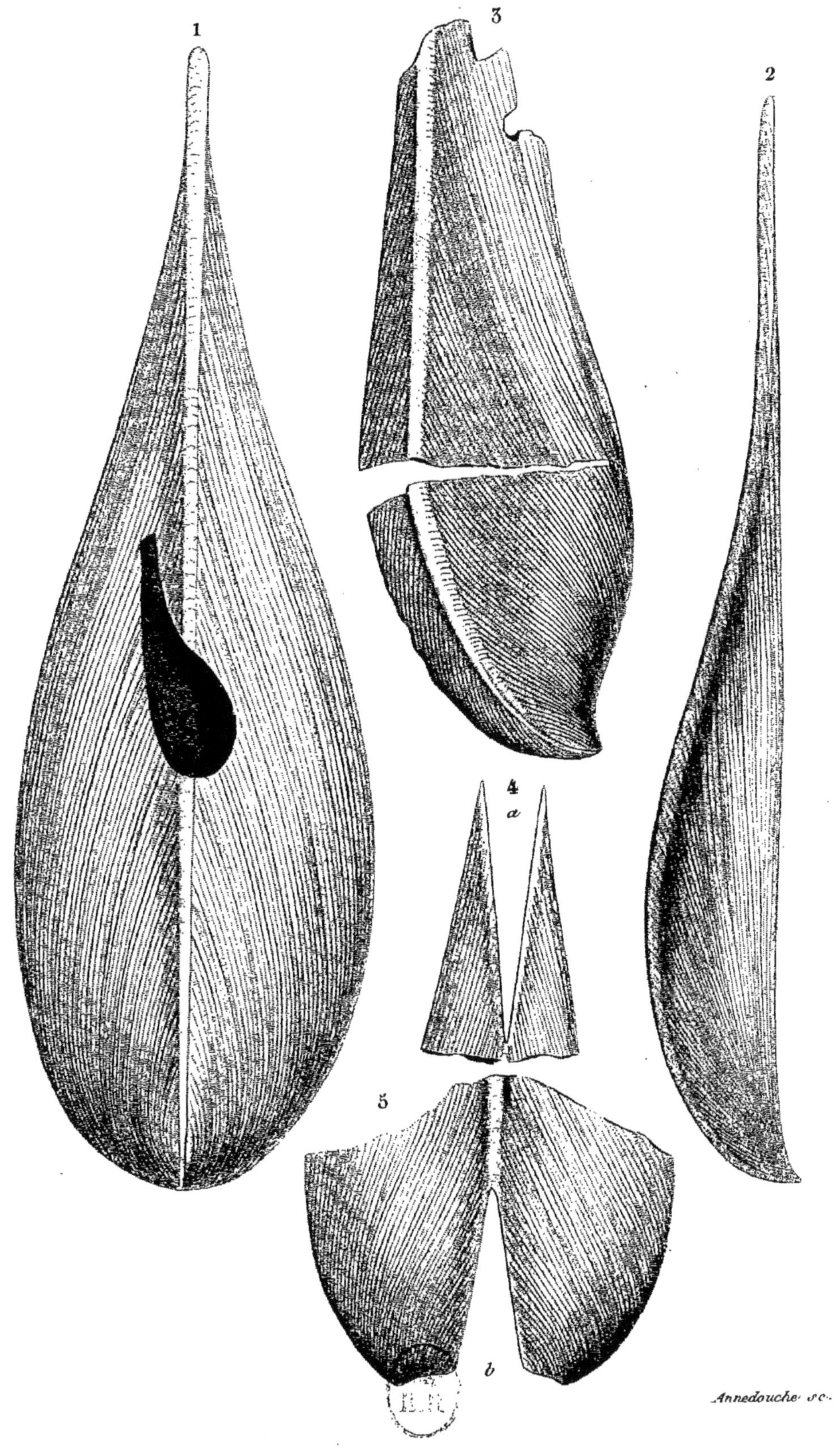

Teudopsis Bunellii *Deslongchamps.* L.

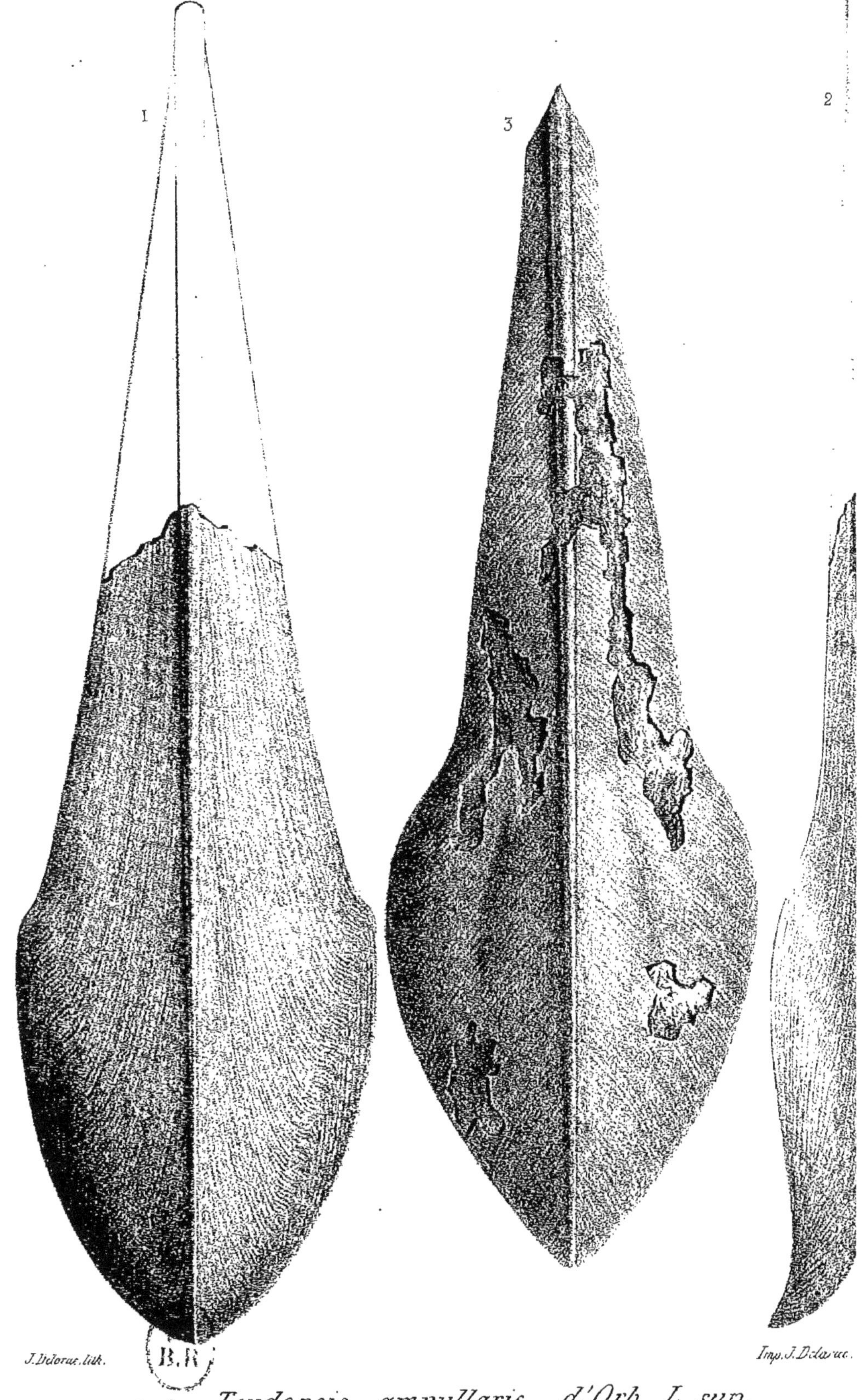

1, 2. *Teudopsis ampullaris, d'Orb. L sup.*
3. *T. bollensis Bronn. L. sup.*

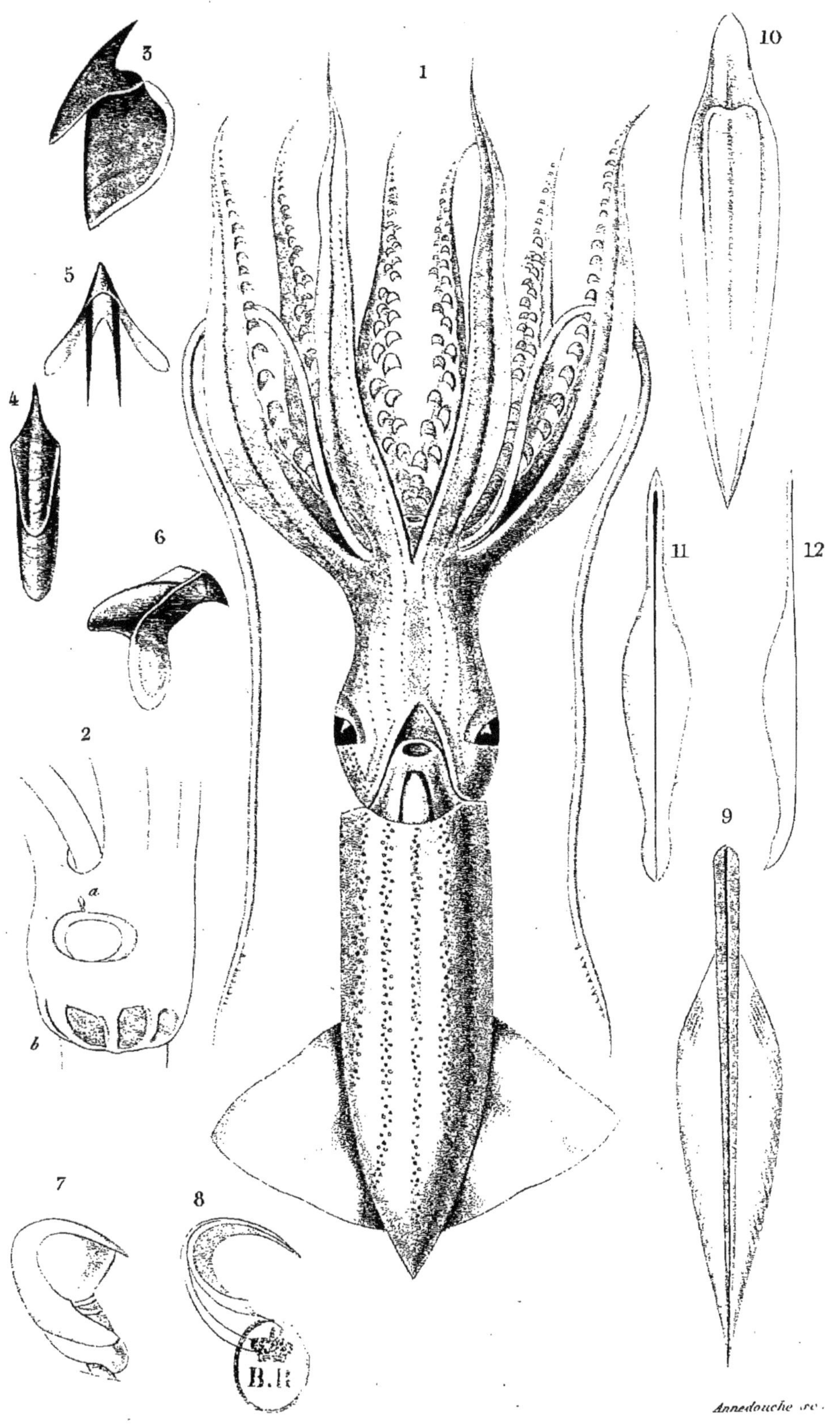

1 9. Enoploteuthis leptura, d'Orb.

10. E. ——— [illegible] d'Orb.

2
3
1
a
b
a
b

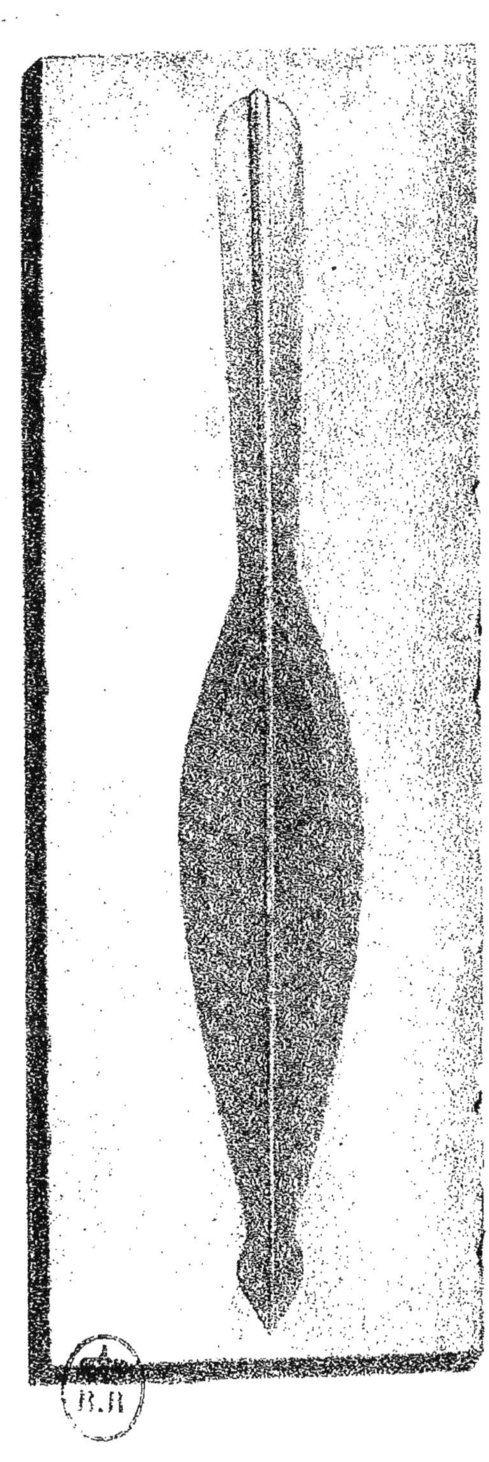

J. Delarue, lith. Imp. Lith. J. Delarue rue Mont Ste Geneviève. 24.

Enoploteuthis subhastata, d'Orb. Ox. sup.

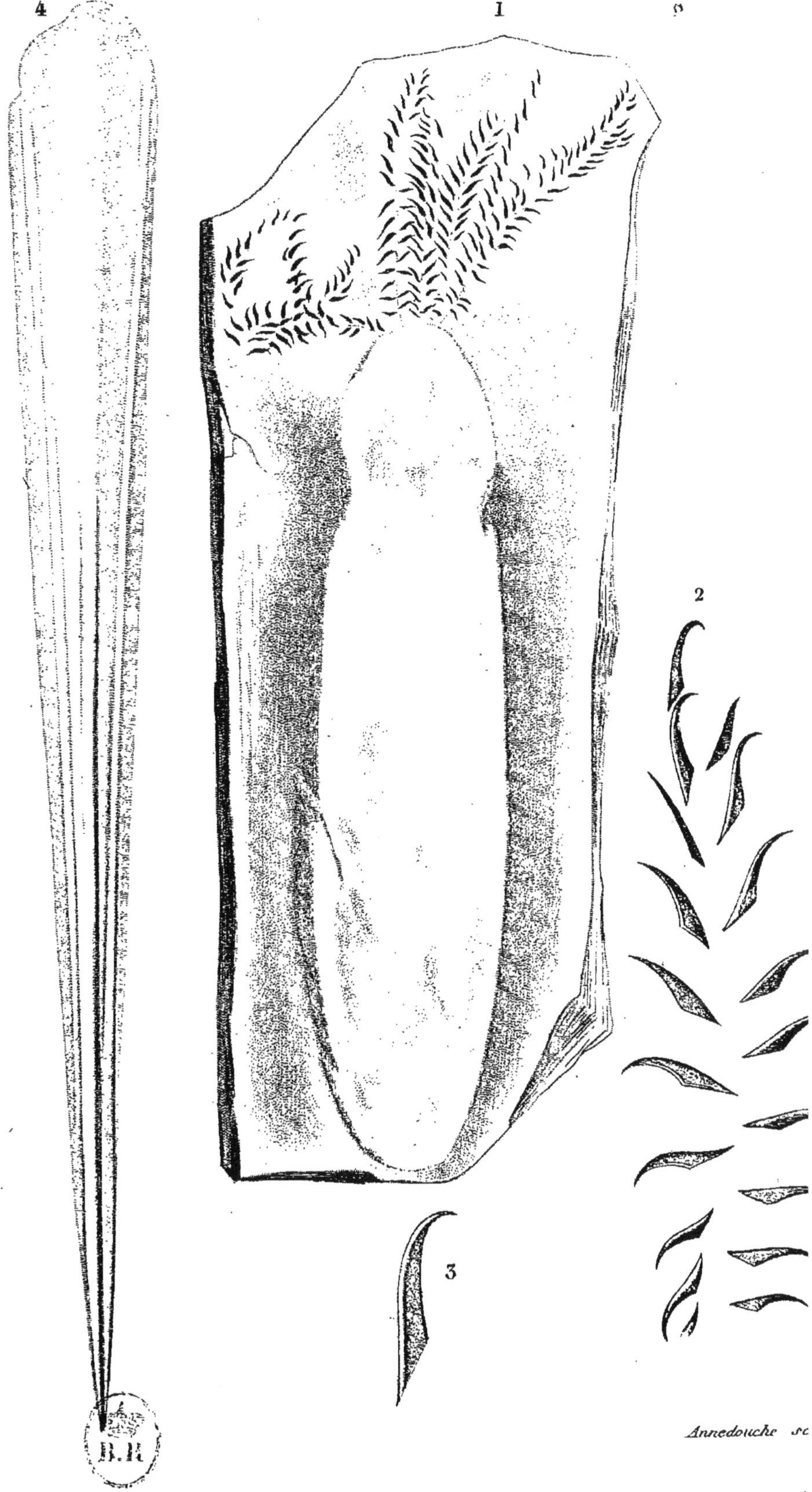
4
1
2
3
Annedouche sc

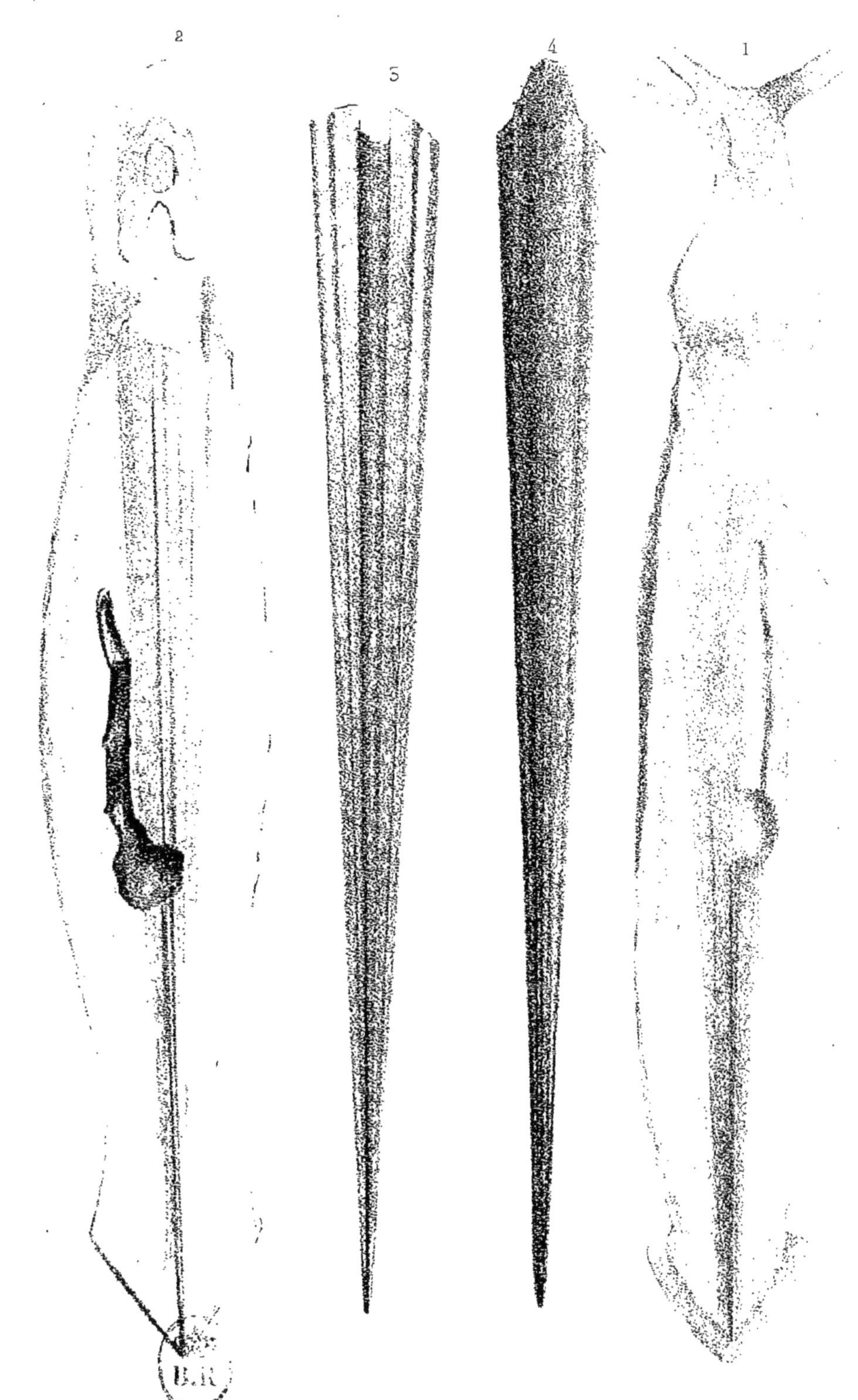

J. Delarue lith.

Imp. J. Delarue

Acanthoteuthis prisca, d'Orb. Ox. sup.

J. Delarue lith. Imp. J. Delau

Acanthoteuthis prisca, d'Orb. Ox. sup.

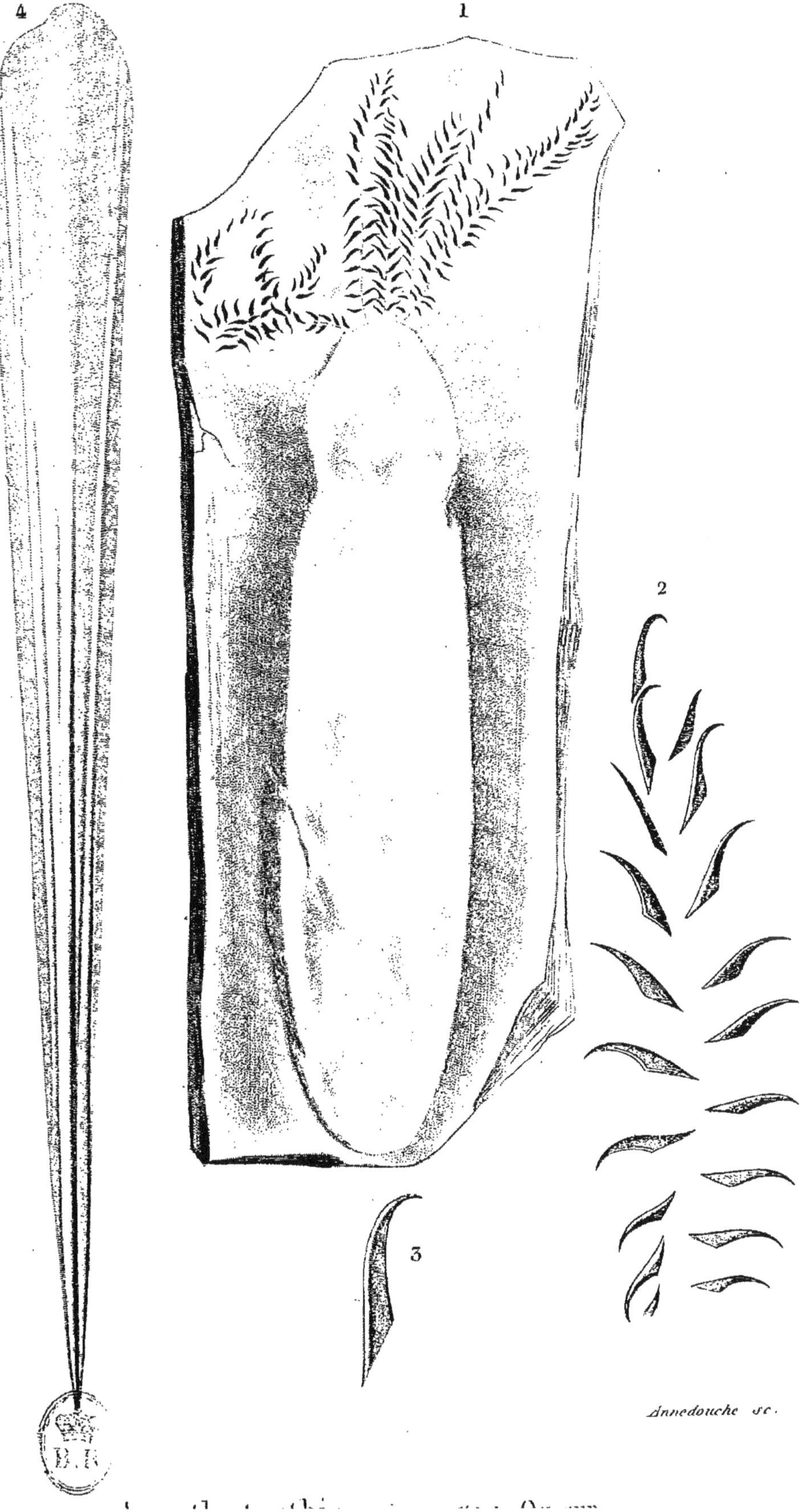
4
1
2
3
Annedouche sc.

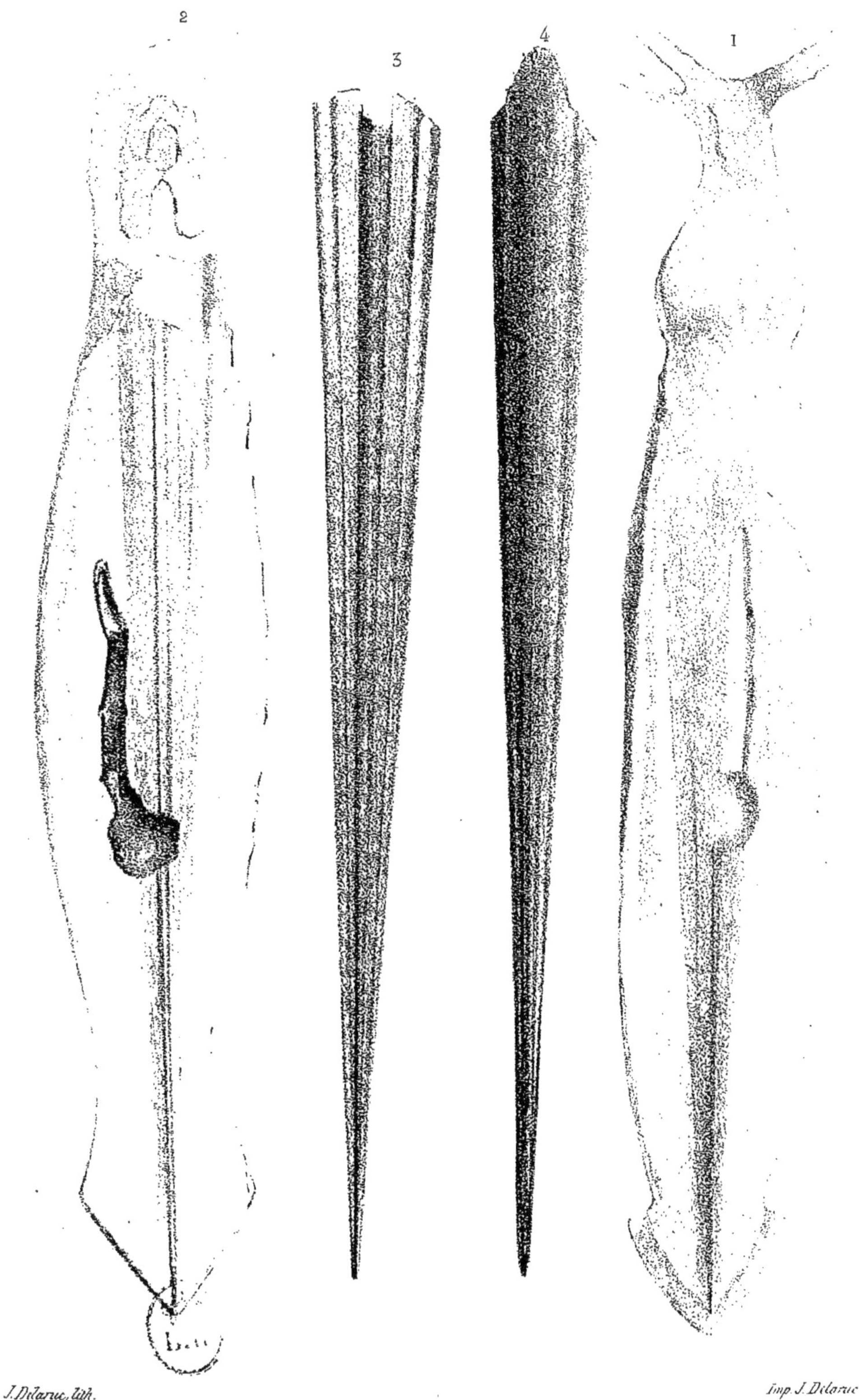

J. Delarue, lith. Imp. J. Delarue.

Acantholeuthis prisca, d'Orb. Ox. sup.

J. Delarue, lith. Imp. J. Delarue.

Acanthoteuthis prisca, d'Orb. Ox. sup.

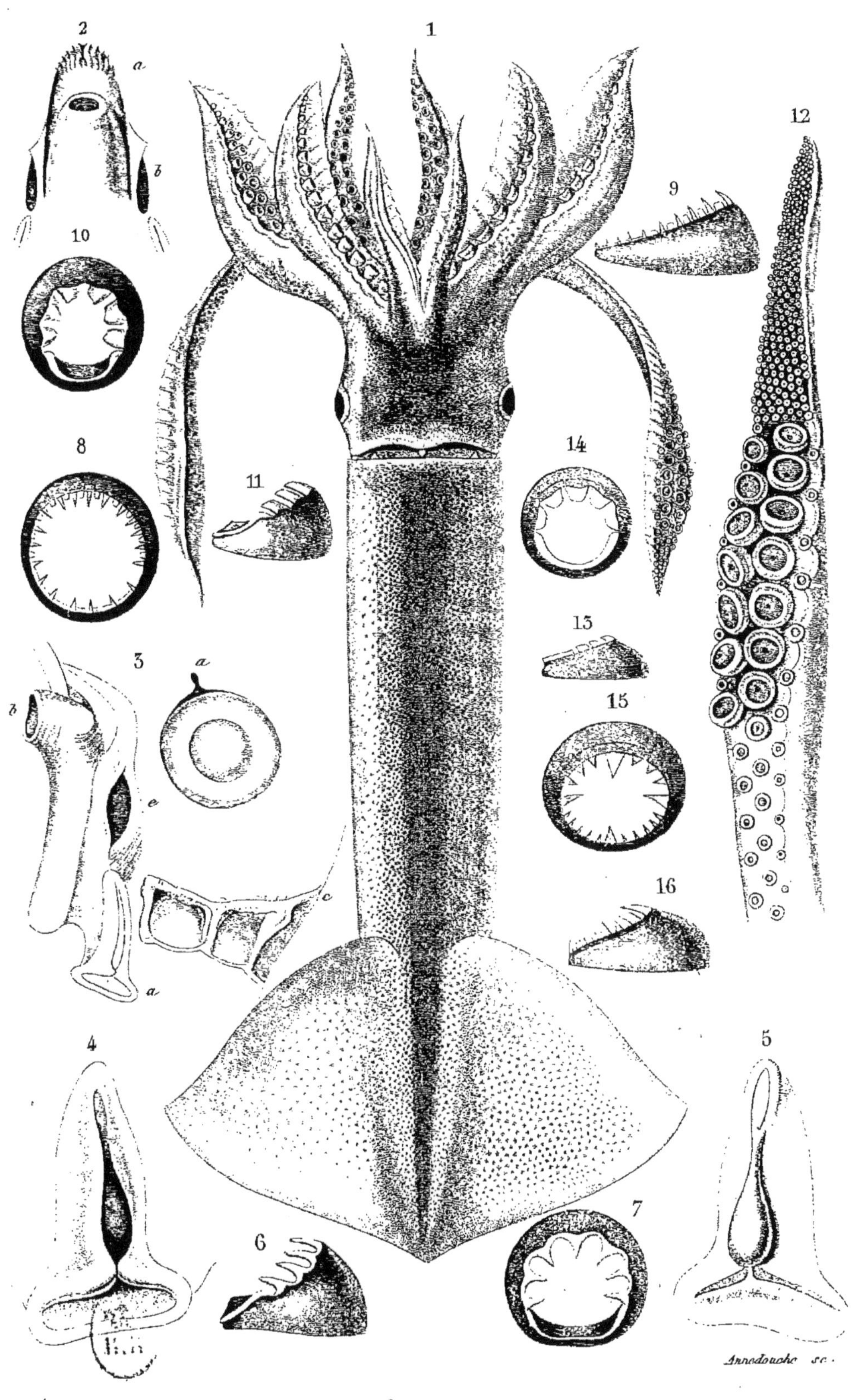

1, 2. Ommastrephes Bertrami. d'Orb.

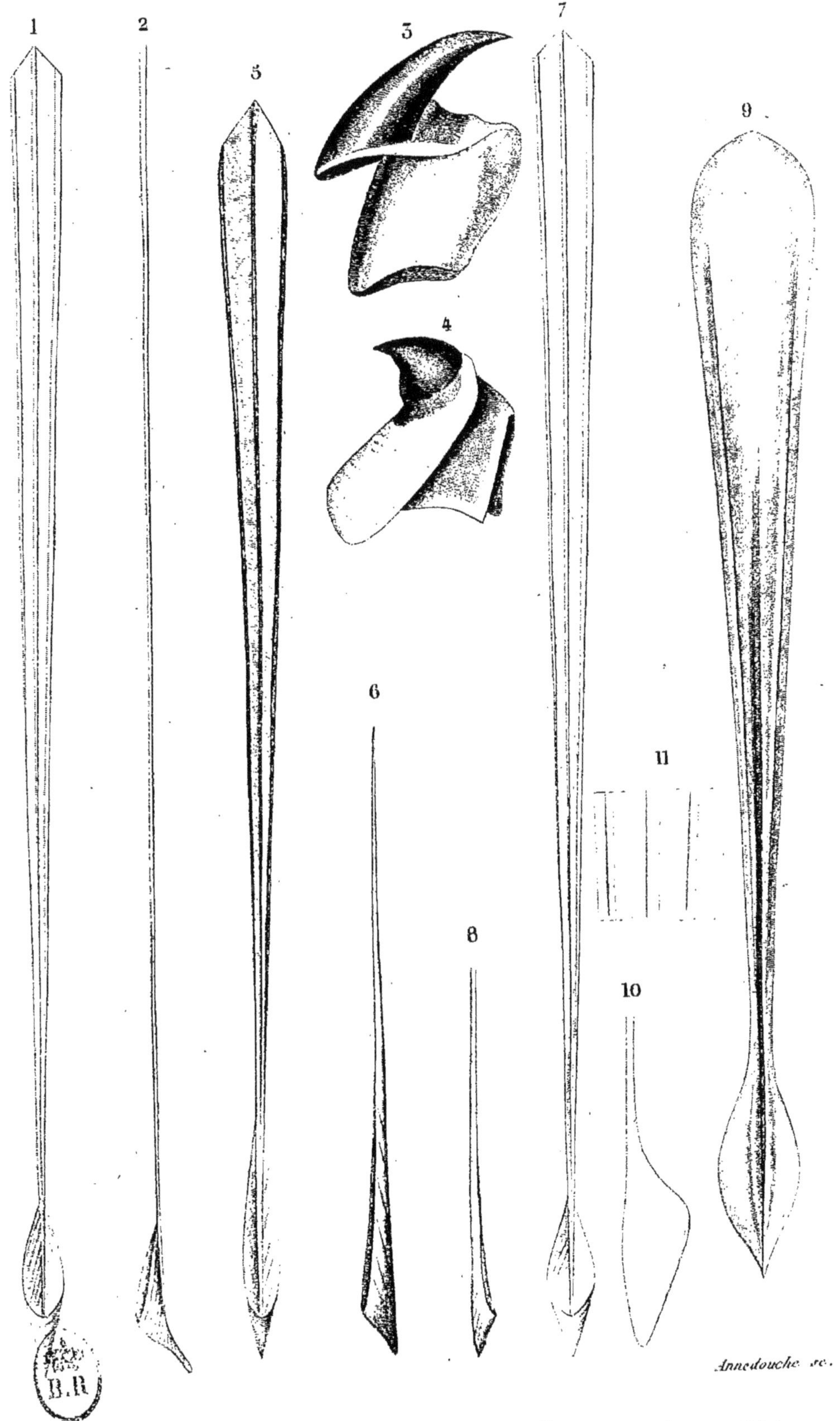

1-4. Ommastrephes giganteus, *d'Orb.* 5, 6. O. —— todarus, *d'Orb.*

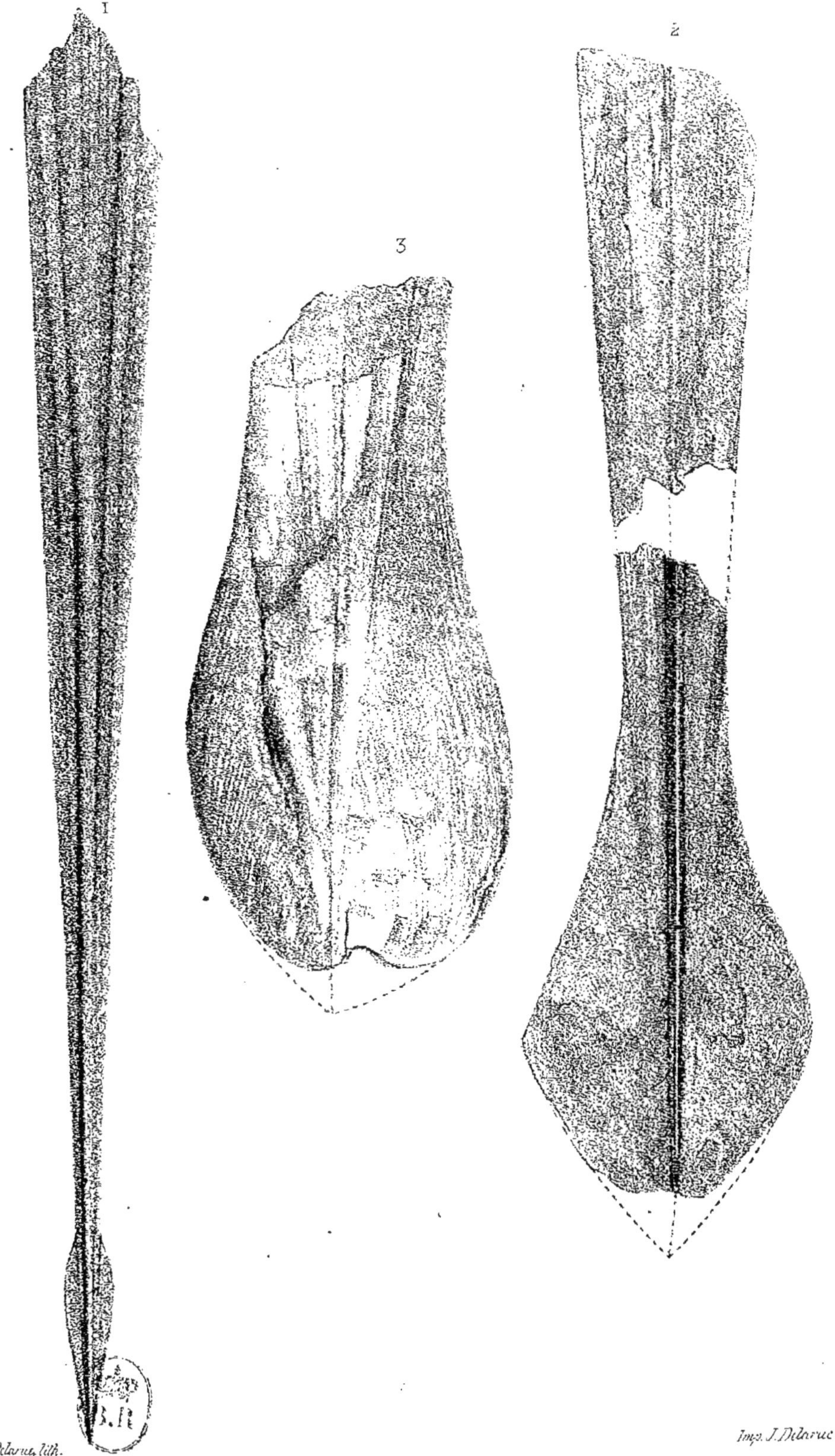

J. Delarue, lith. Imp. J. Delarue.

1. Ommastrephes intermedius, d'Orb. Ox. sup.
2. O. ———— cochlearis, d'Orb. Ox. sup.

rassiques.

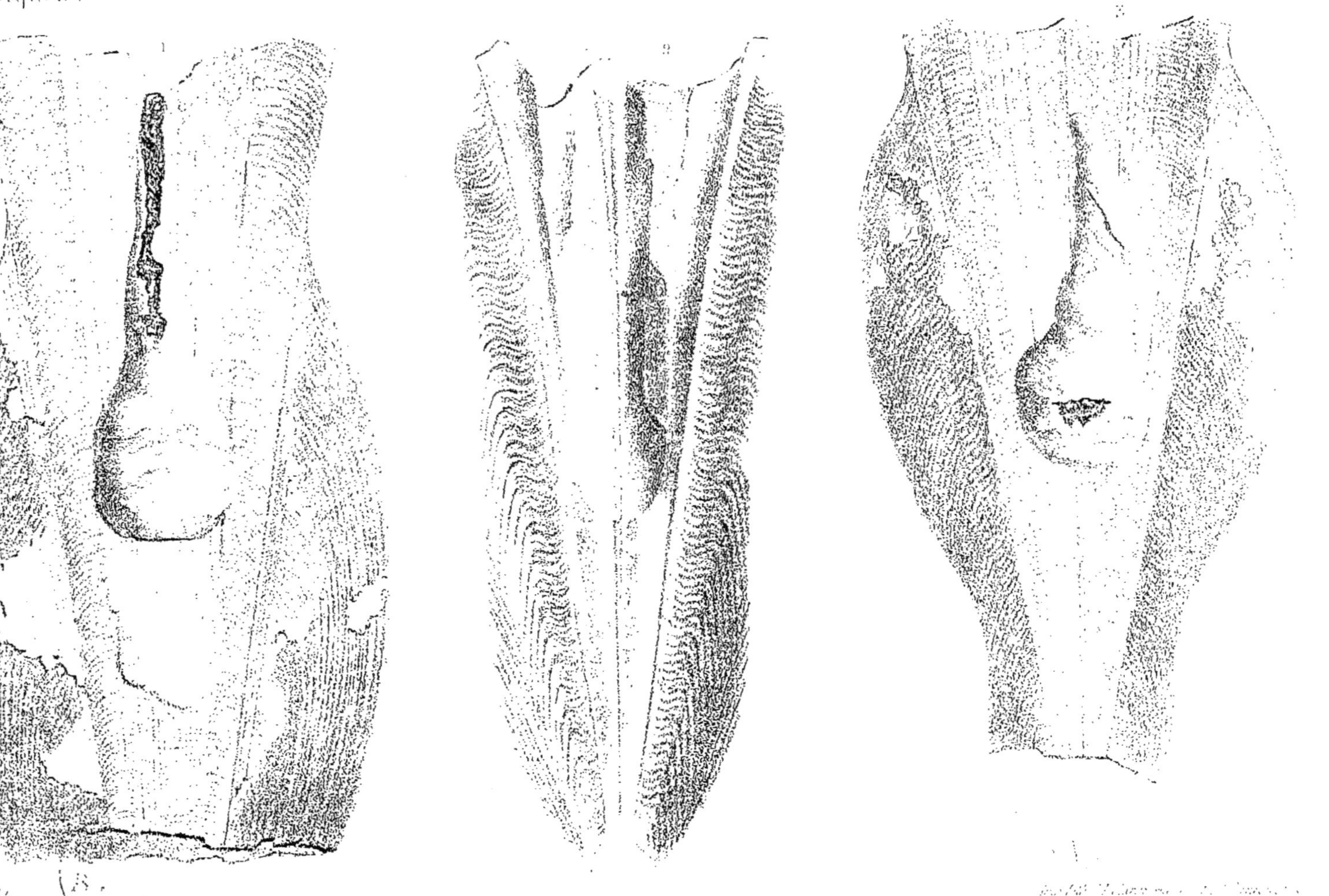

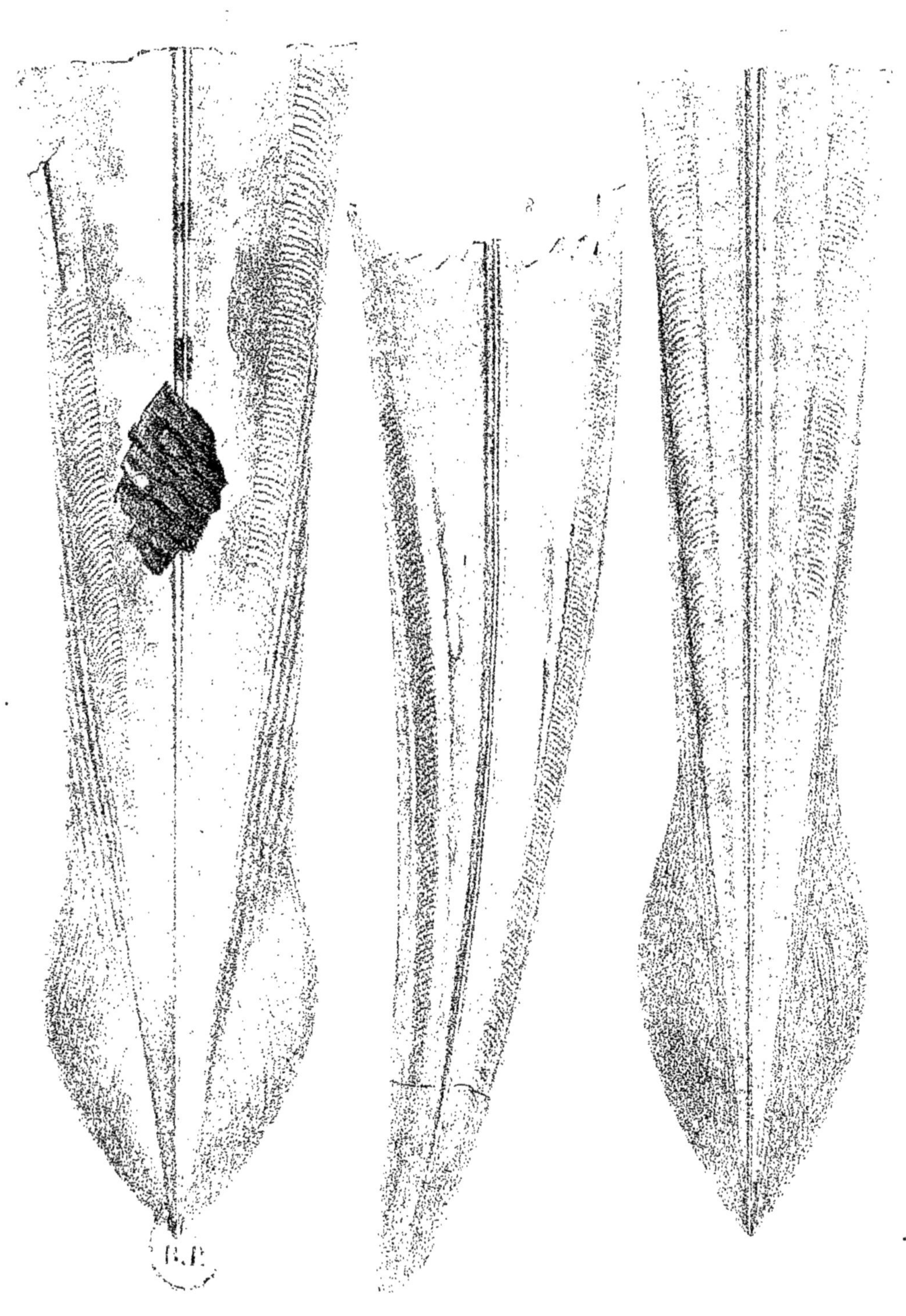

Belemnosepia sagittata, d'Orb. L. sup.

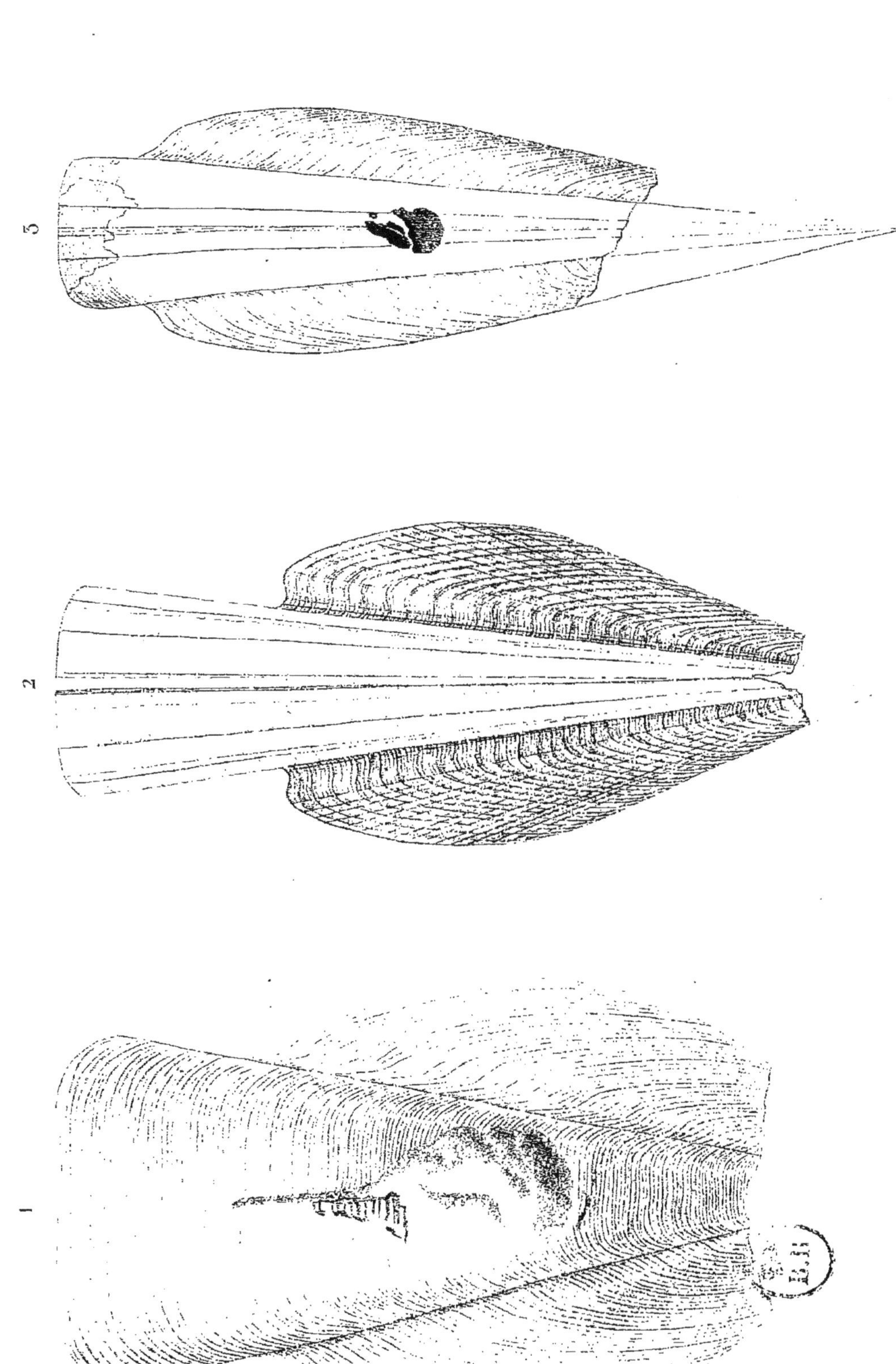

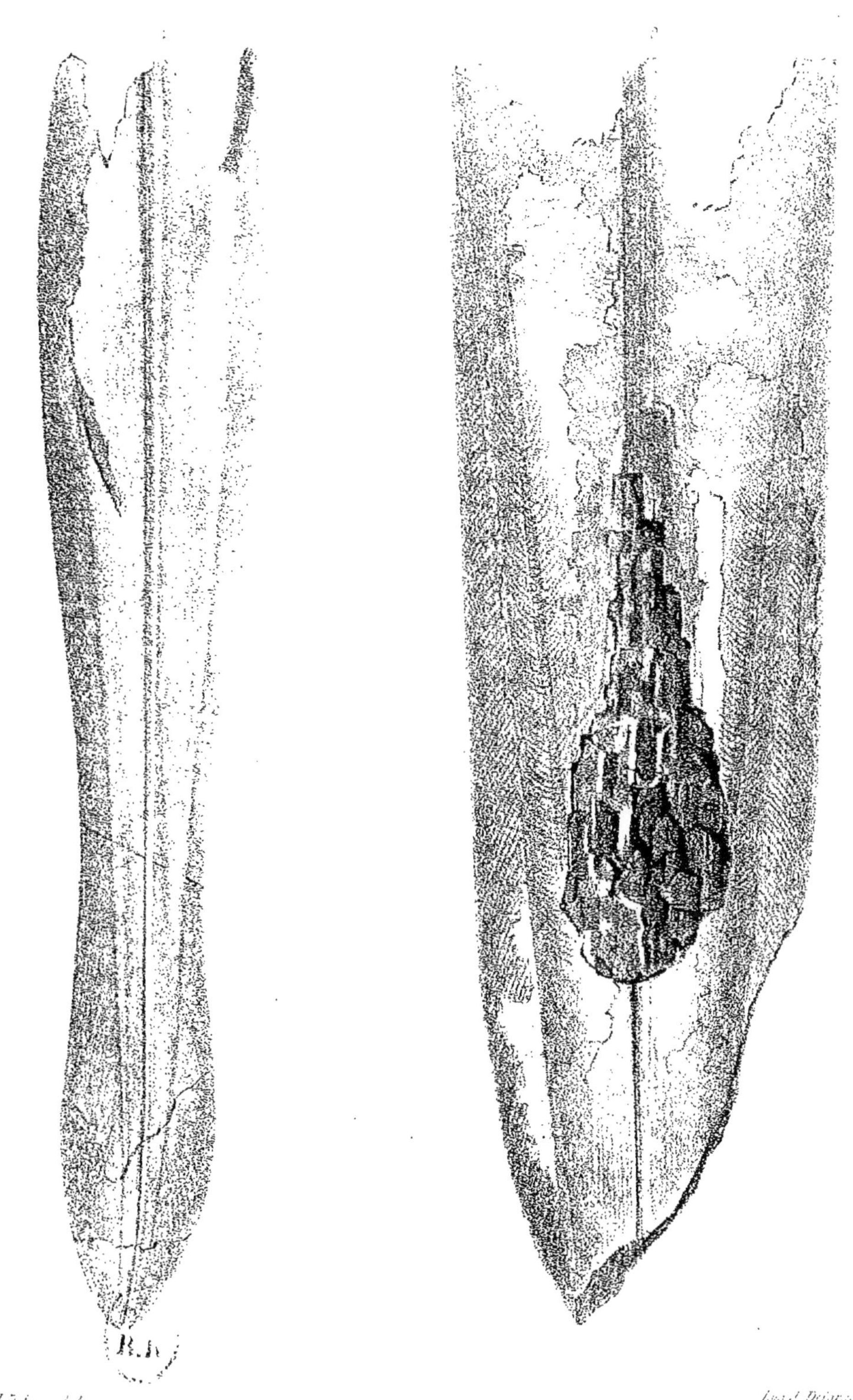

J. Delarue del. Imp. J. Delarue.

1. *Belemnosepia hastata*, d'Orb. L. sup.
2. *B. speciosa*, d'Orb. L. s.

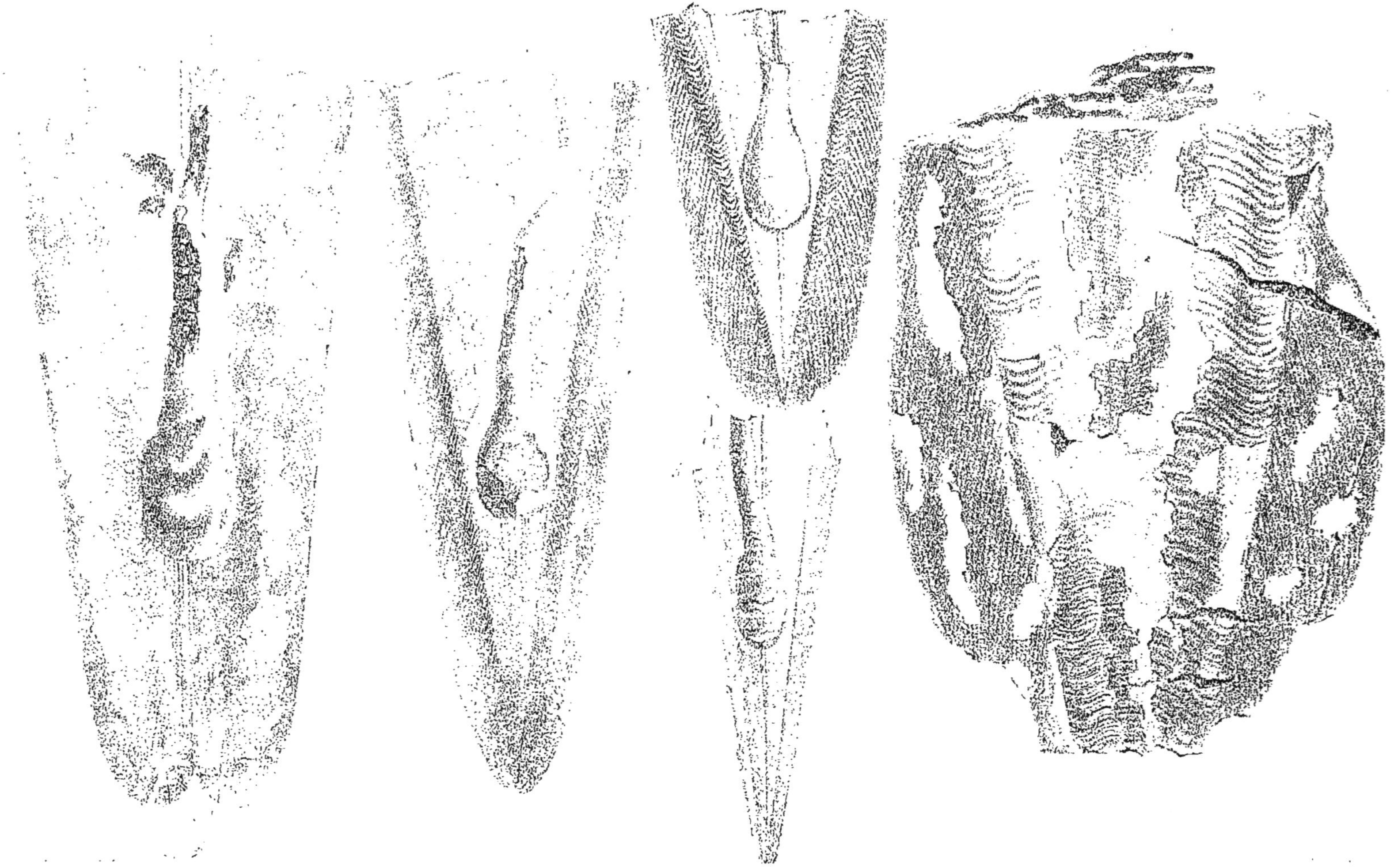

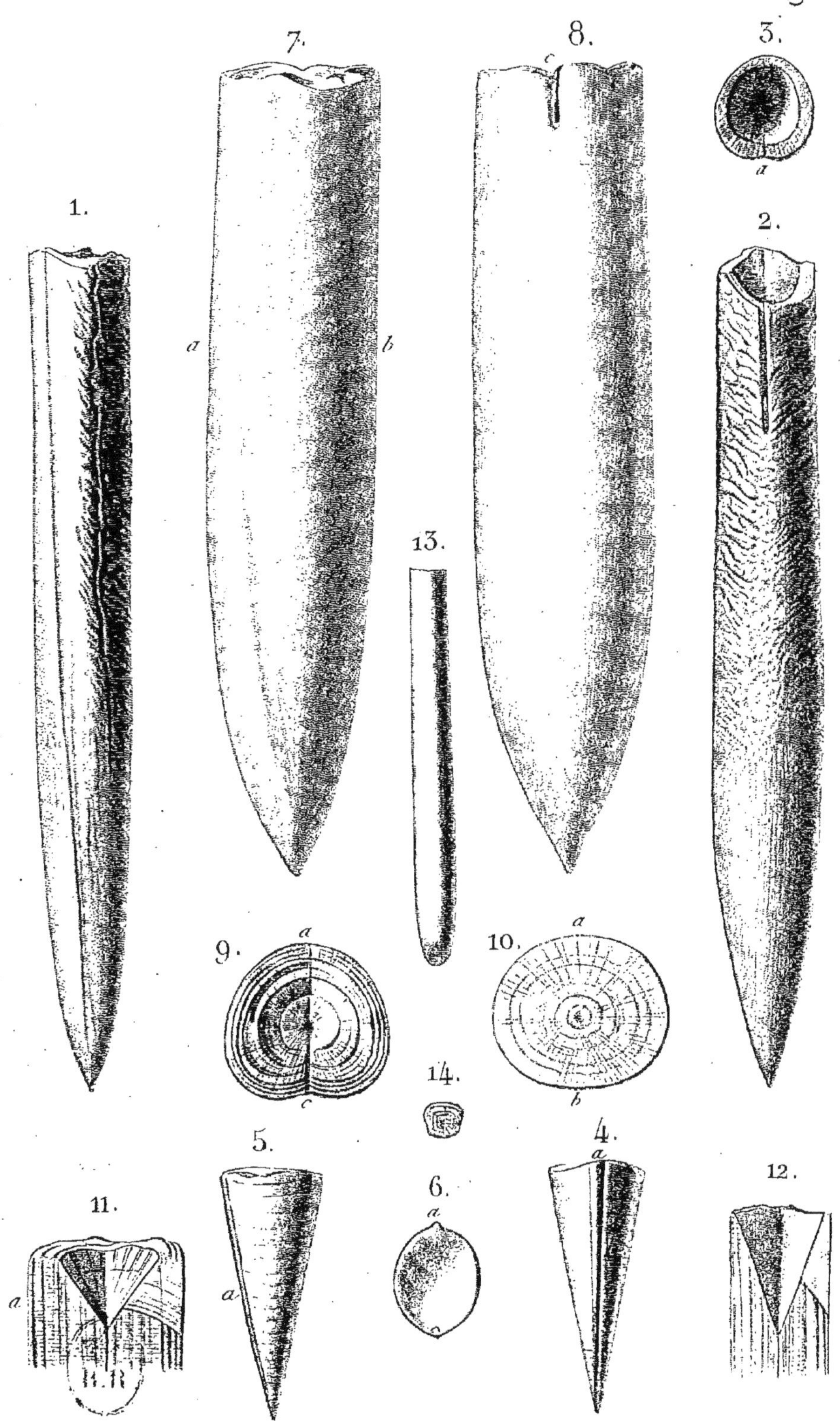

1–6. Belemnitella mucronata, *d'Orb. C.* 7–12. B. subventricosa, *d'Orb. C.*

12–14. B. ambigua, *d'Orb. C*

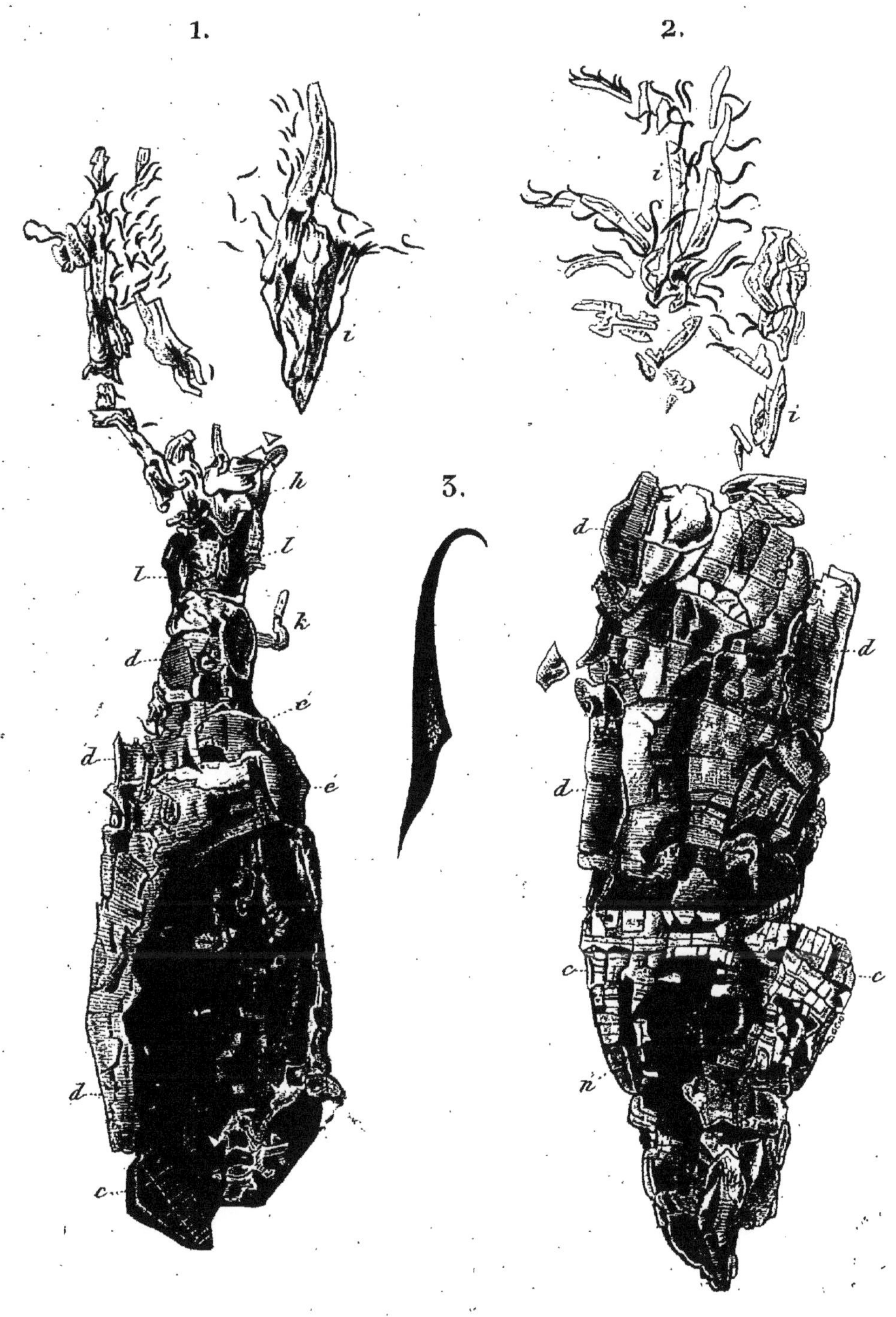

Belemnites Puzosianus. *d'Orb. Or.*

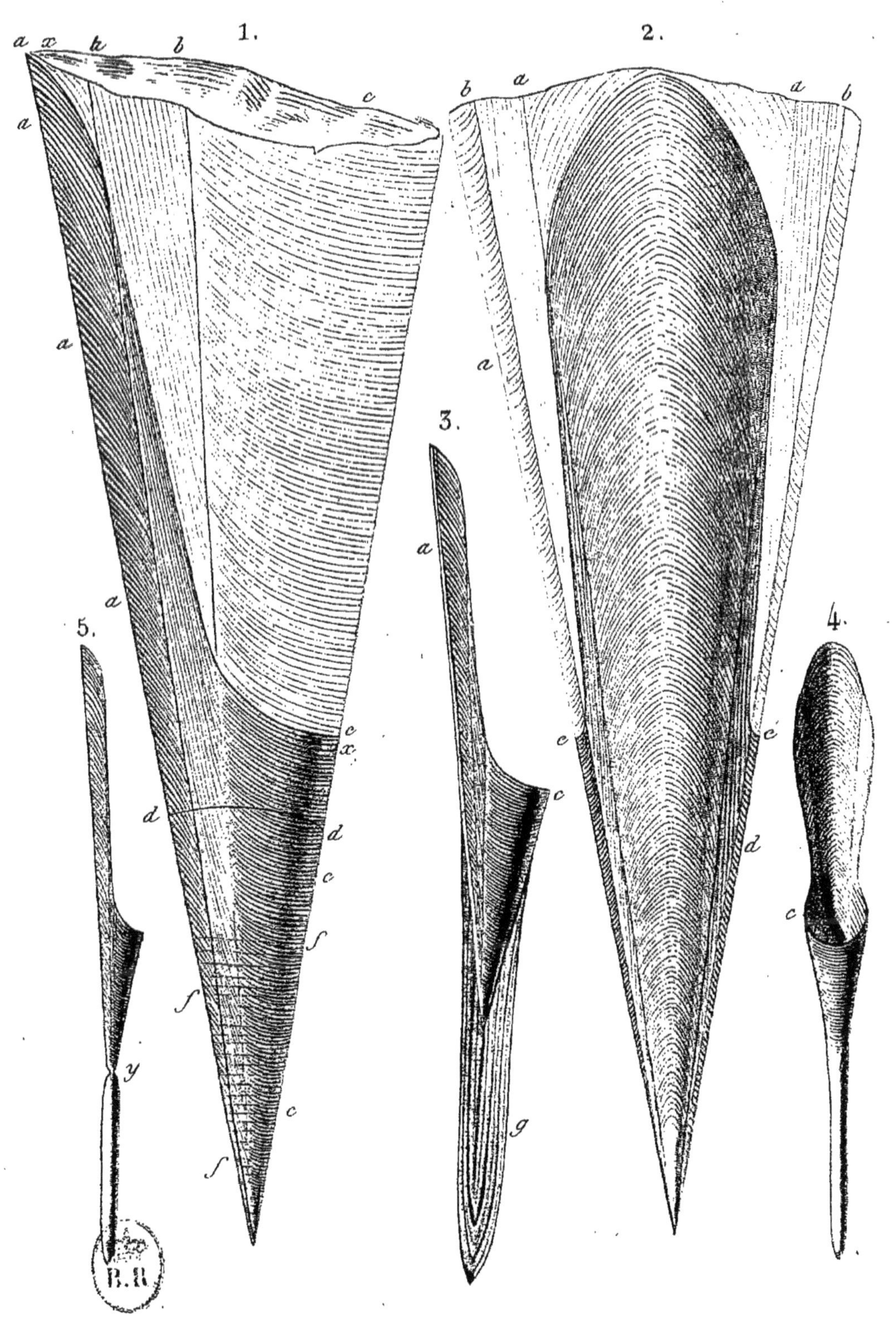

Belemnites.

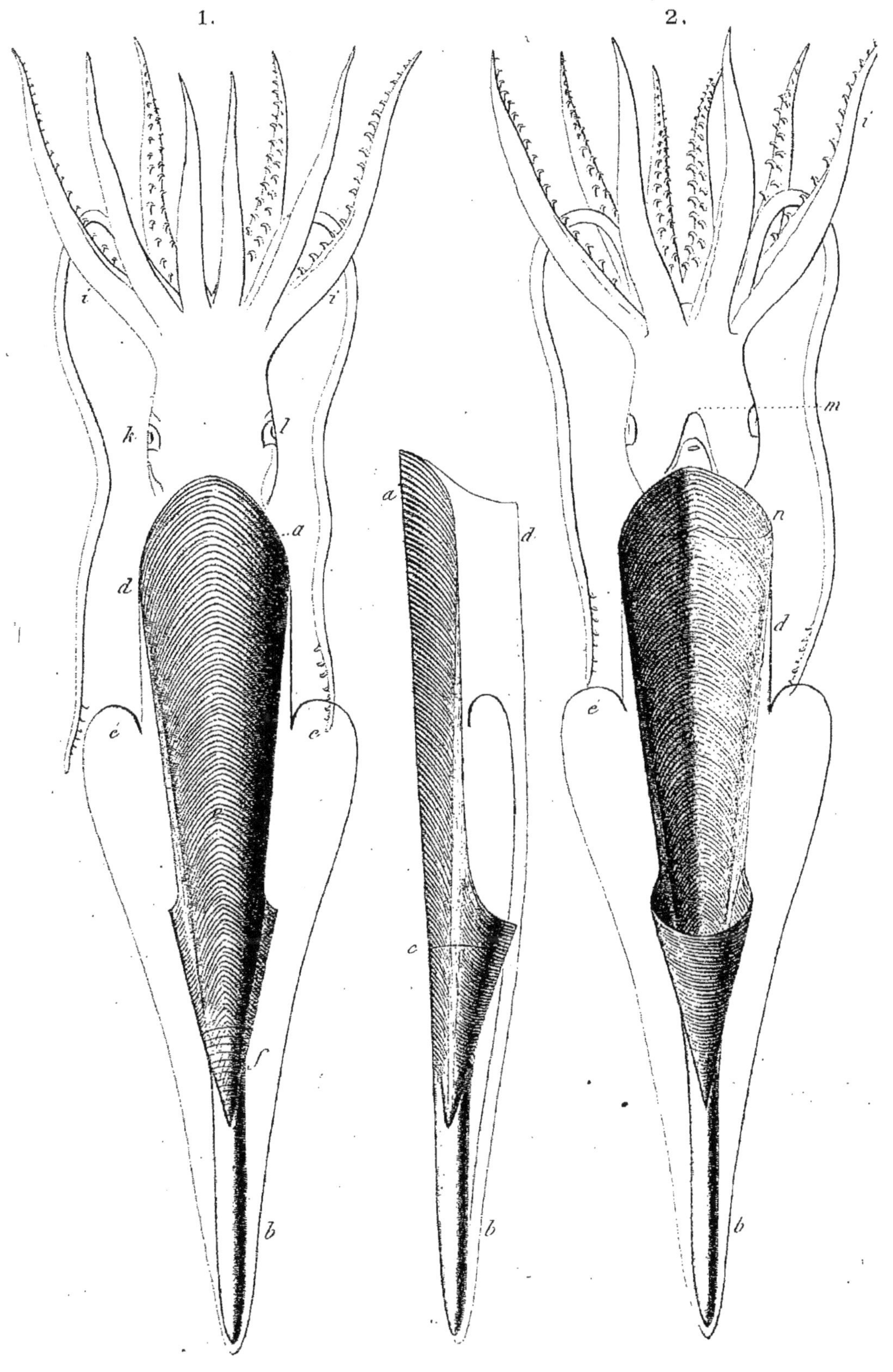

Belemnites.

J. Delarue, del.

Imp. Lith. J. Delarue, rue Mont. Ste Geneviève, 24

Belemnites Puzosianus, d'Orb. Ox. inf.

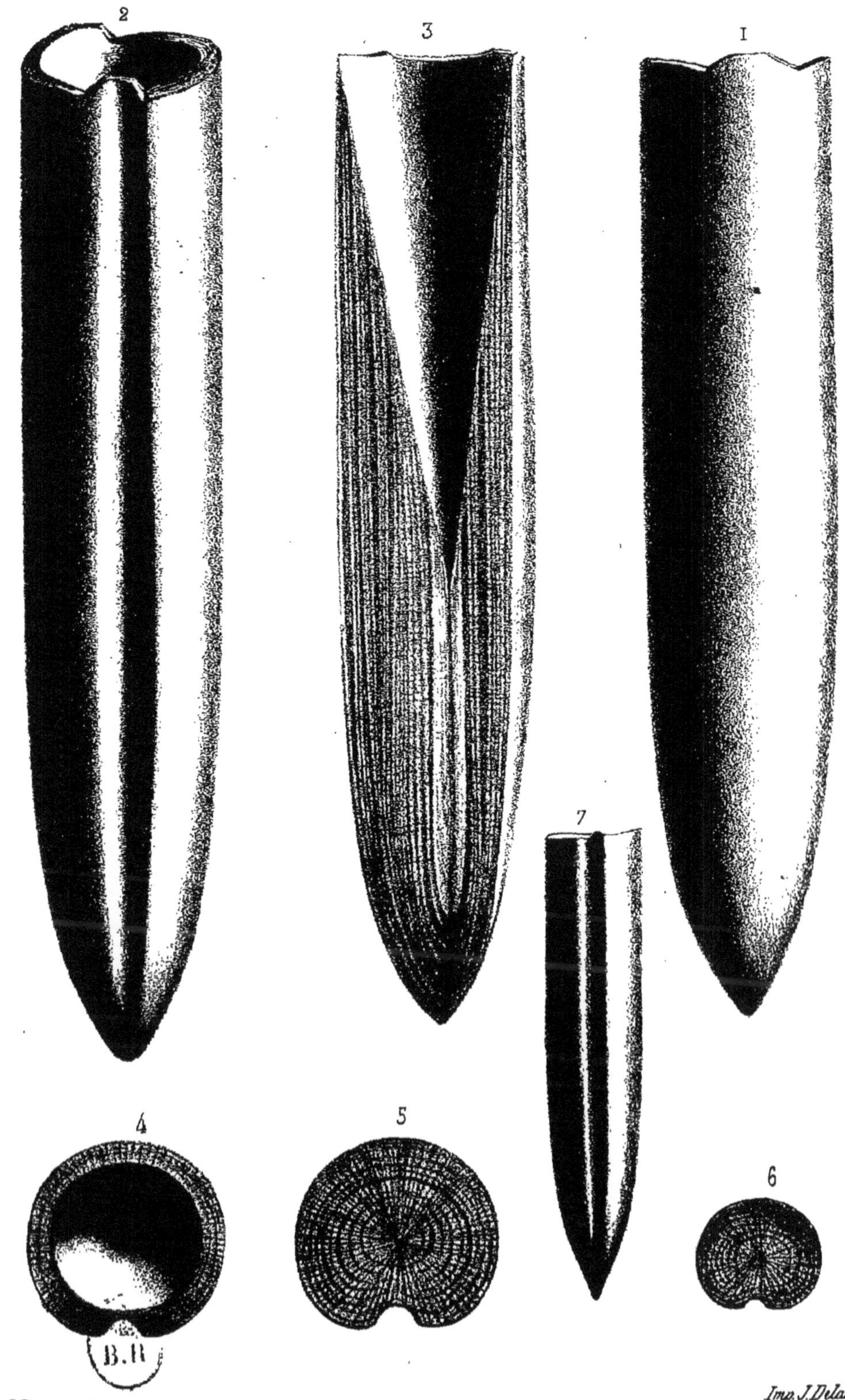

J. Delarue, del.

Imp. J. Dela

Belemnites Grantianus, d'Orb. Ox. inf.

PL. 1.

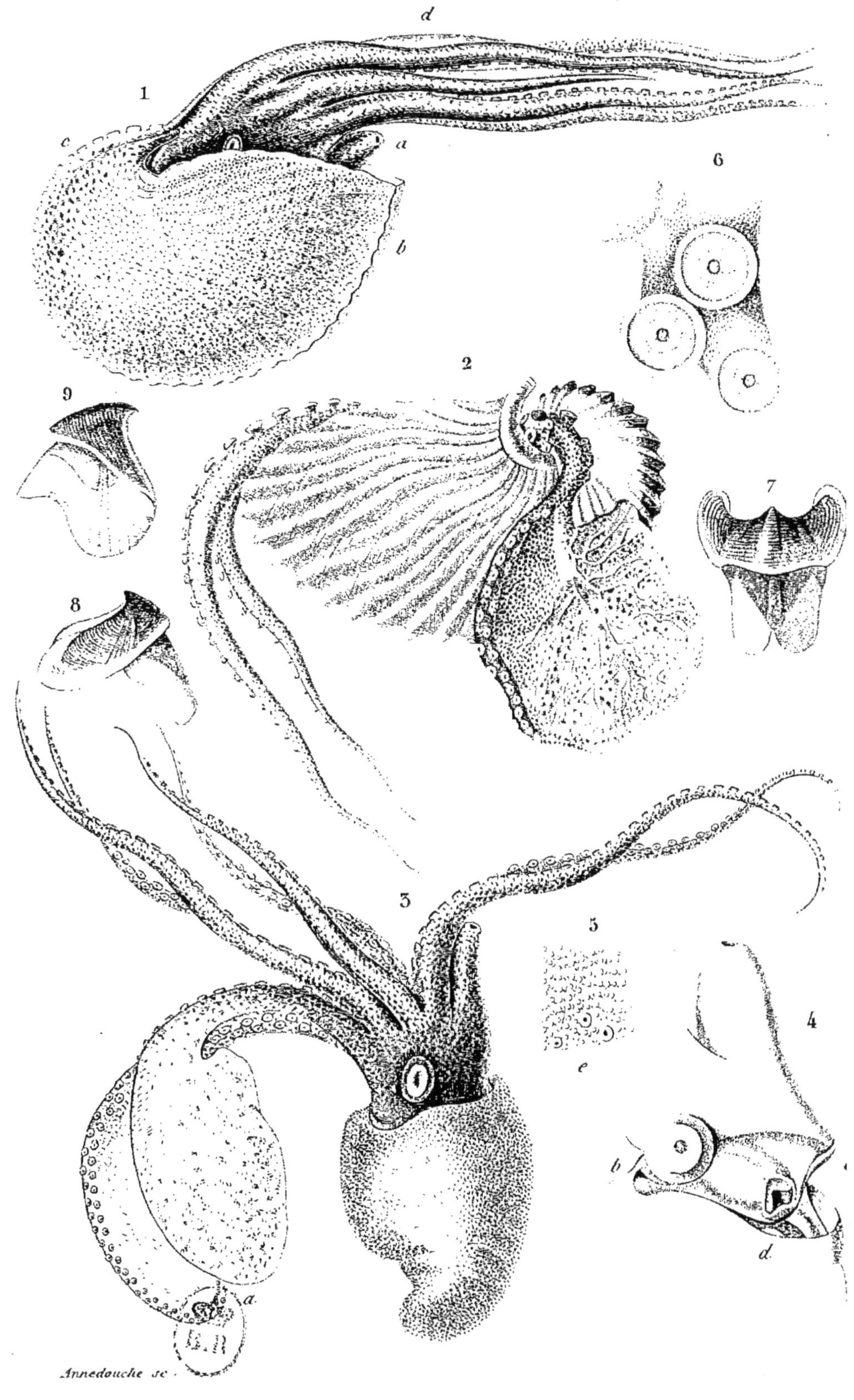

Argonauta argo. *Linné.*

1

4

2

a

b

3

5

8

6

10

9

7

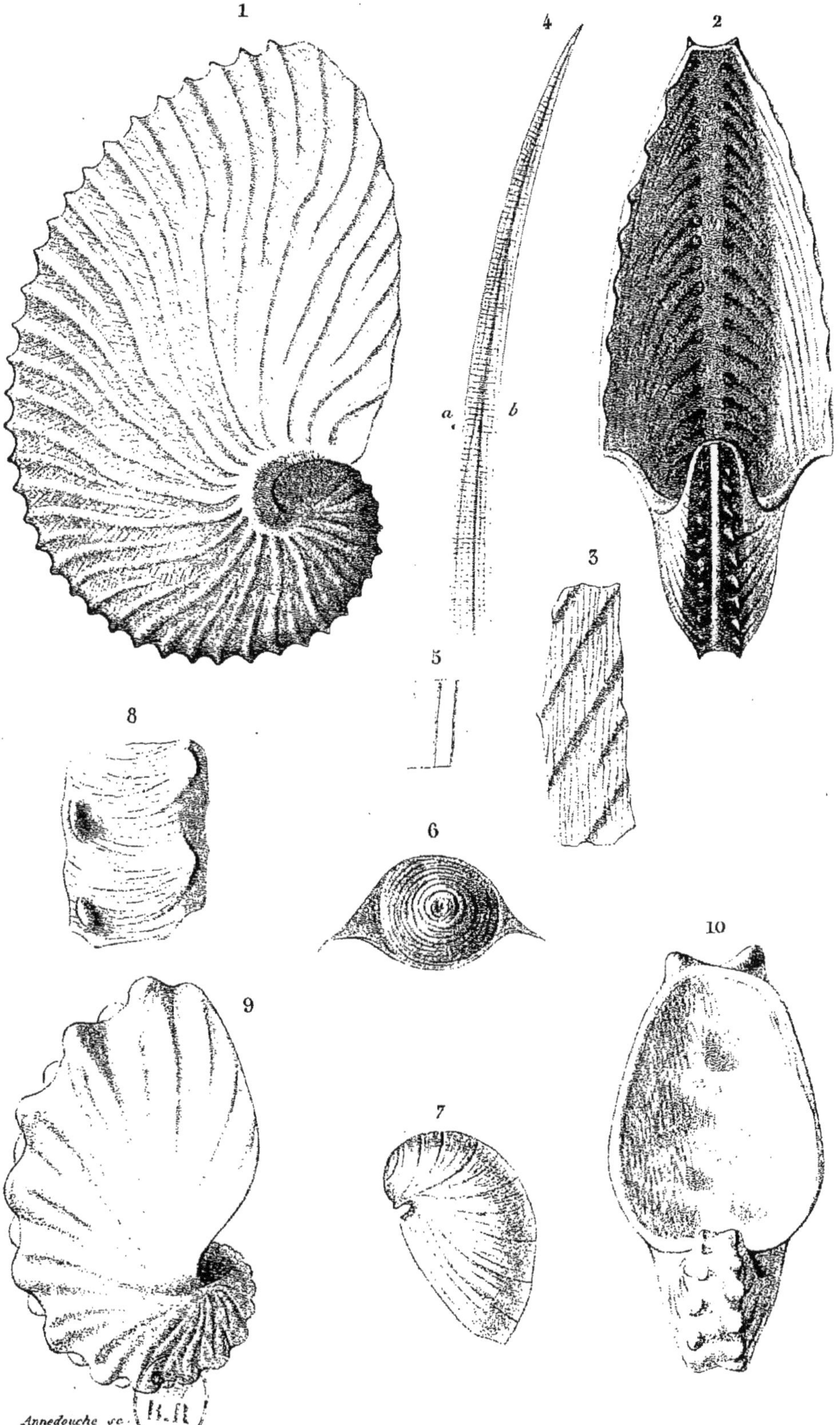

Annedouche sc.

1-5. Argonauta argo, *Linné.*

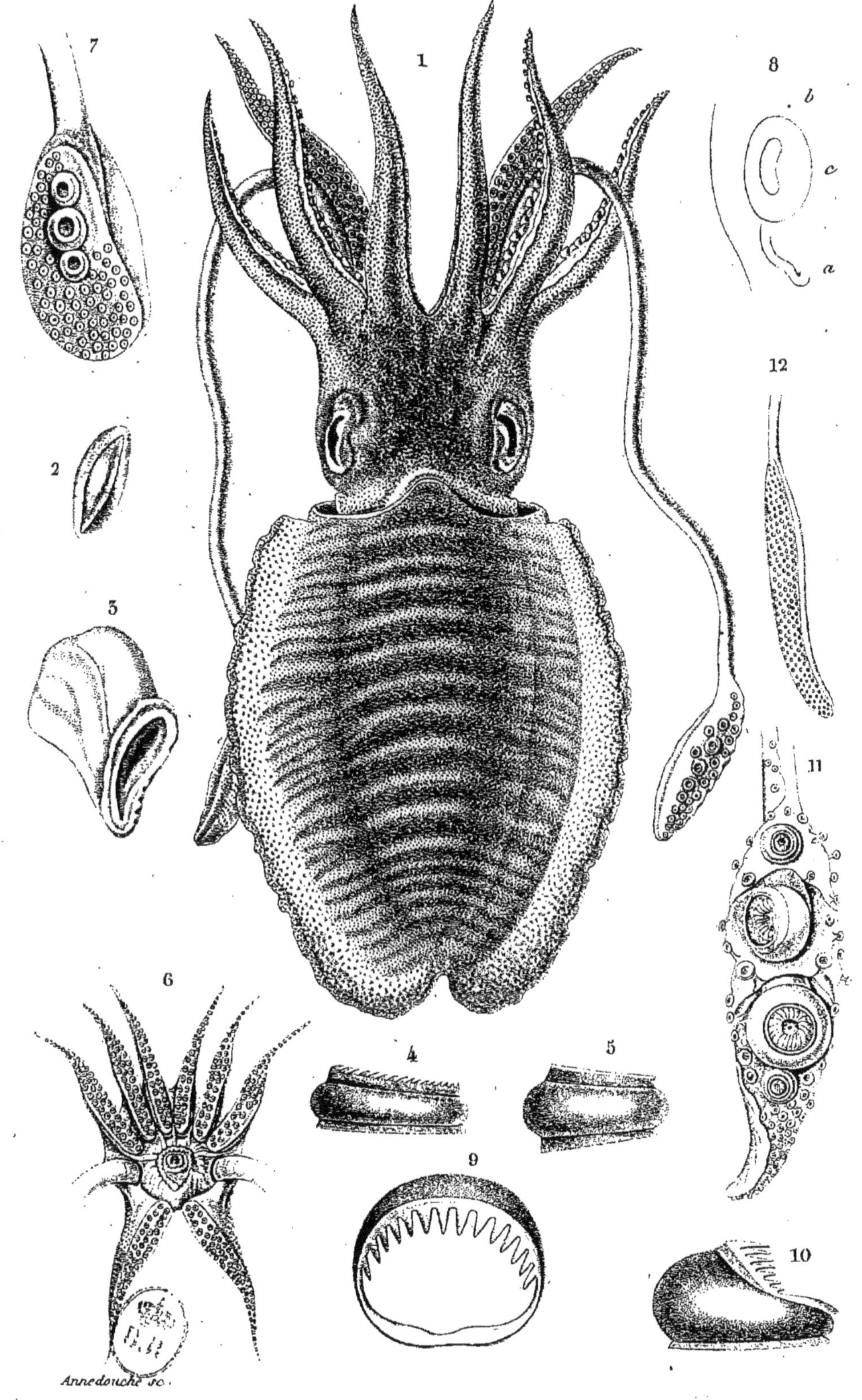

1–5. Sepia officinalis, *Linné.*

6-8. S. —— elegans, *d'Orb.* 9-10. S. —— inermis, *Hassell.*

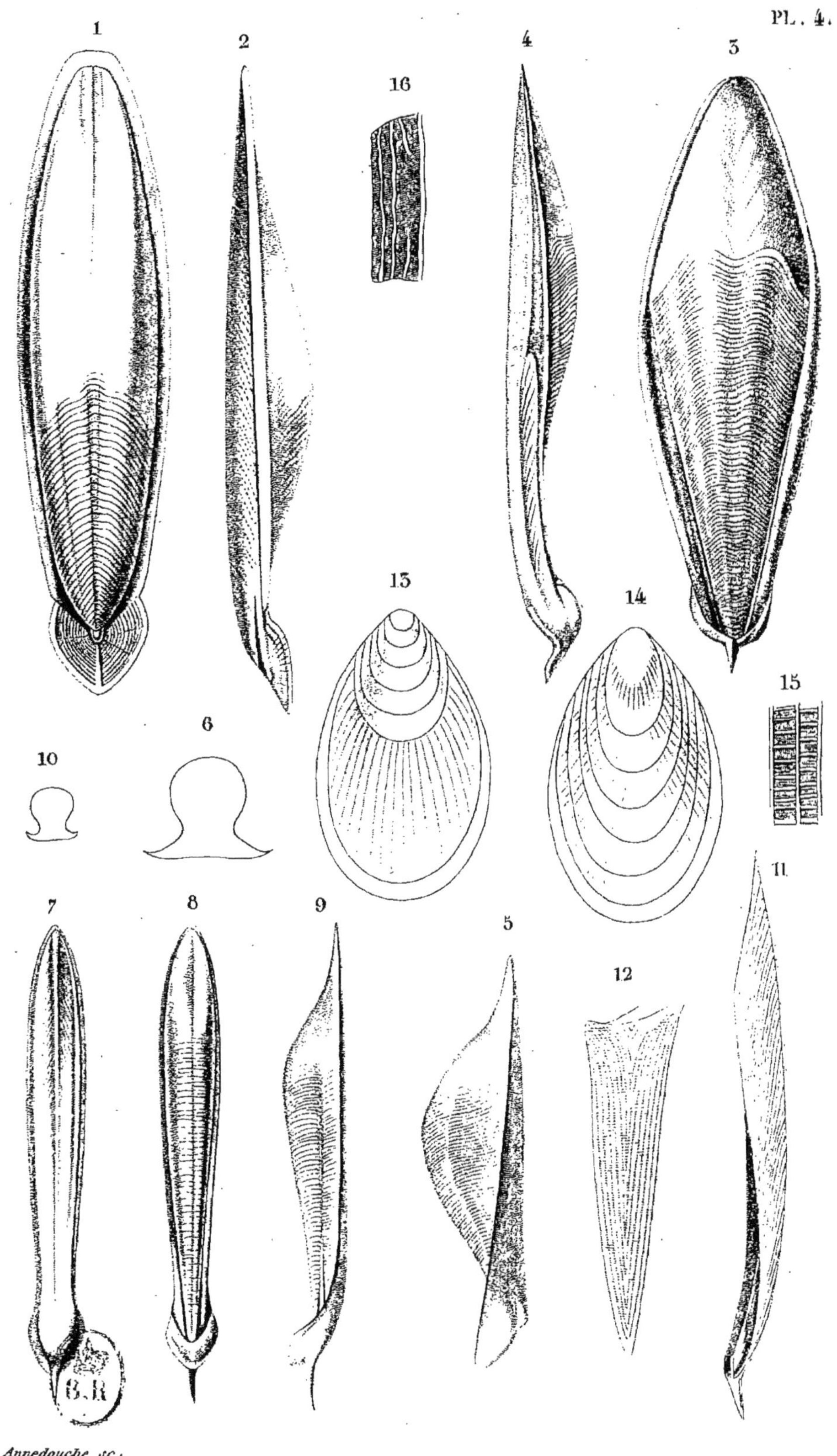

1-2. Sepia ornata. *Rang.* 3.-4. S. — orbigniana. *Fer.*

5-6. S. — Lefebrei. *d'Orb.* 7-10. S. — elongata. *d'Orb.*

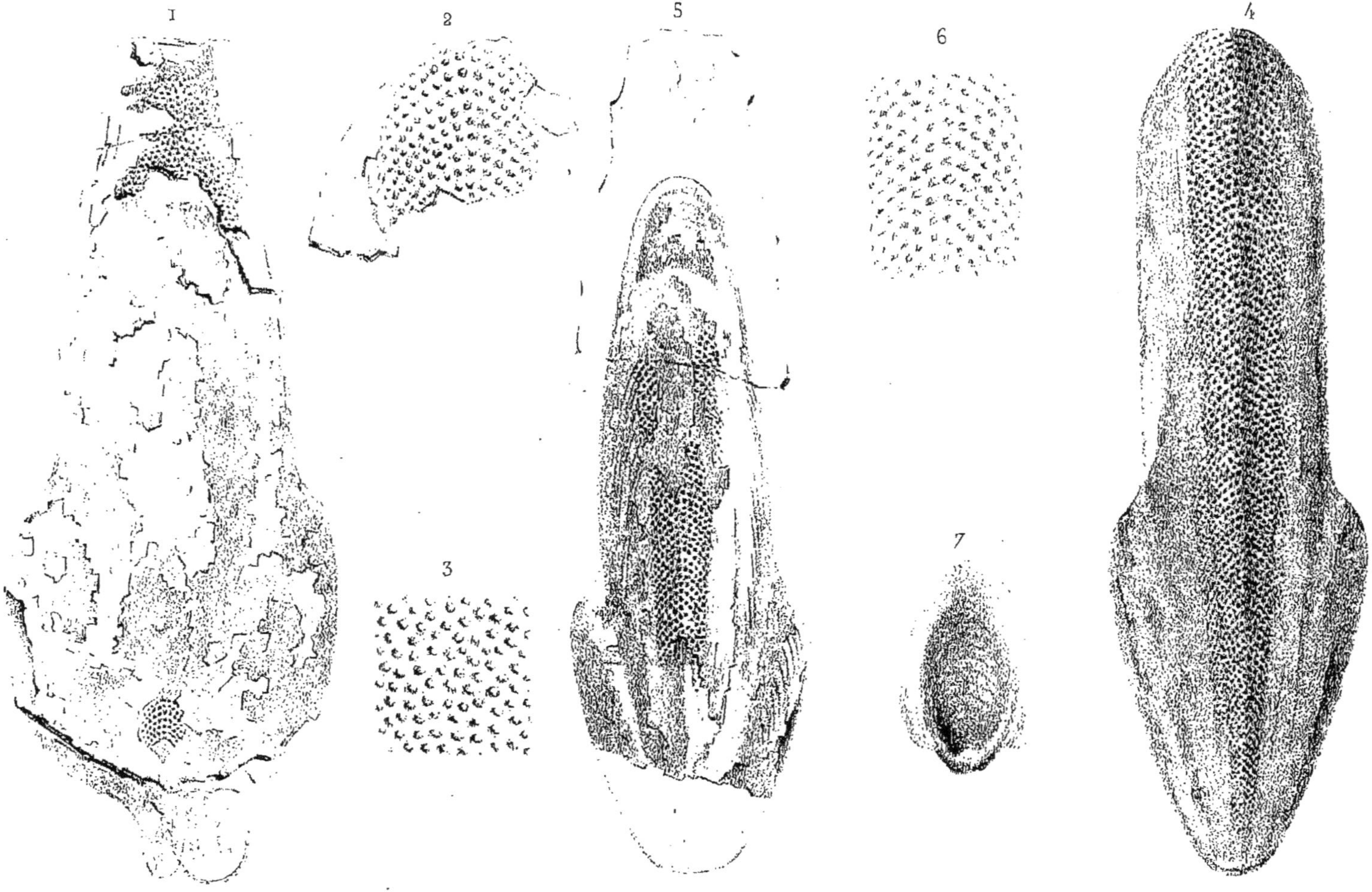

1

2

5

6

4

3

7

J. Delarue lith.

Imp. Lith. J. Delarue rue Mont. Ste Geneviève. 24.

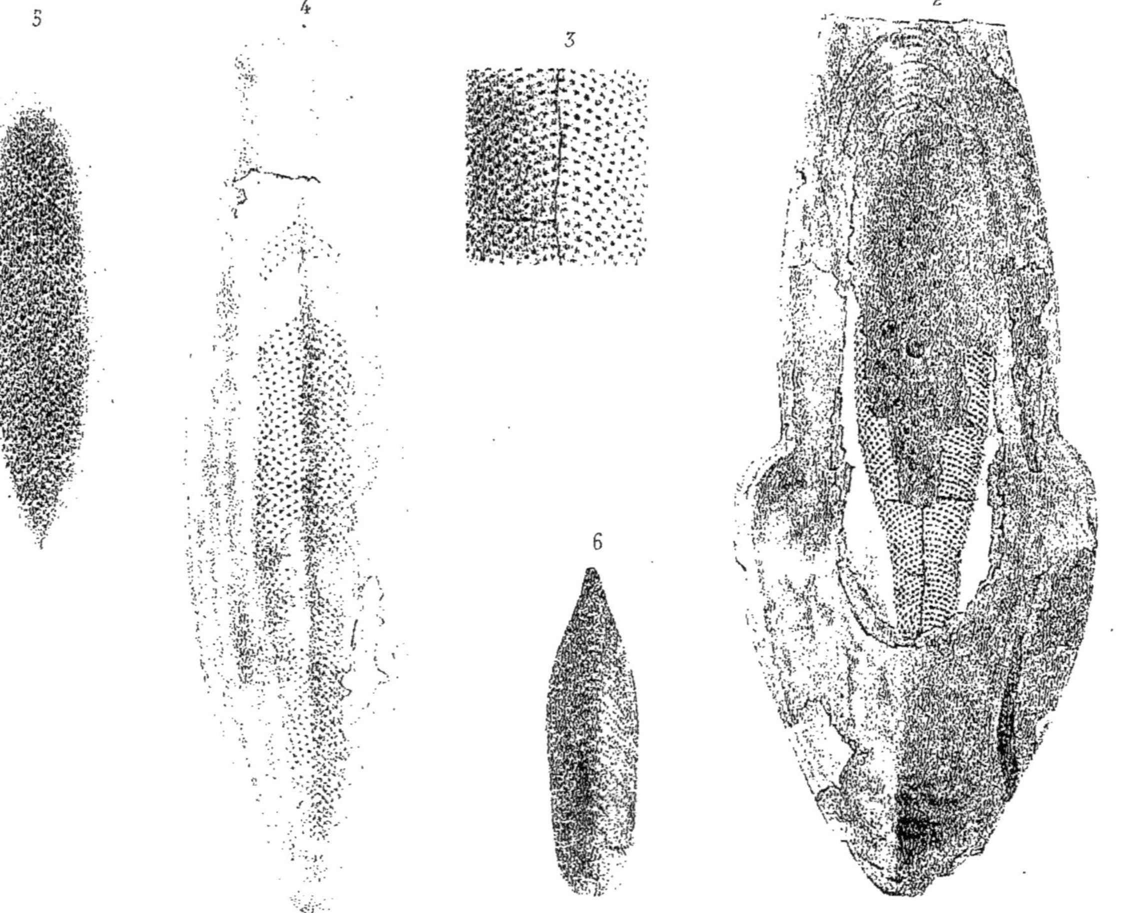

larue lith.

Imp. J. Delarue.

6 5 4 3 2 1

(B. H.)

Annedouche sc.

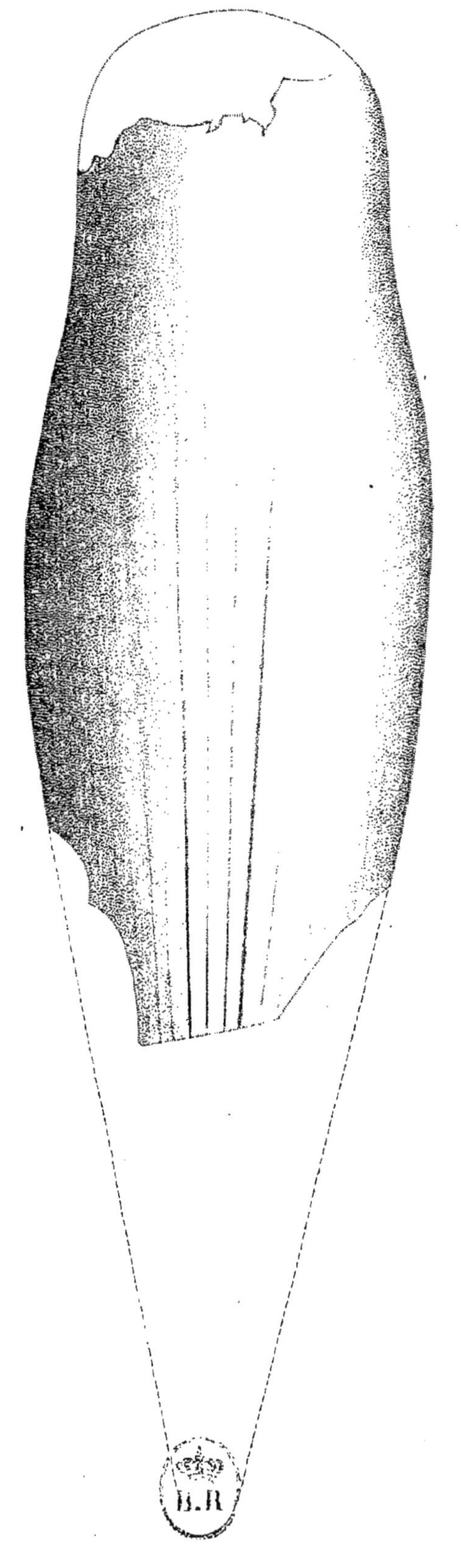

Annedouche sc.

Leptoteuthis gigas, Meyer.

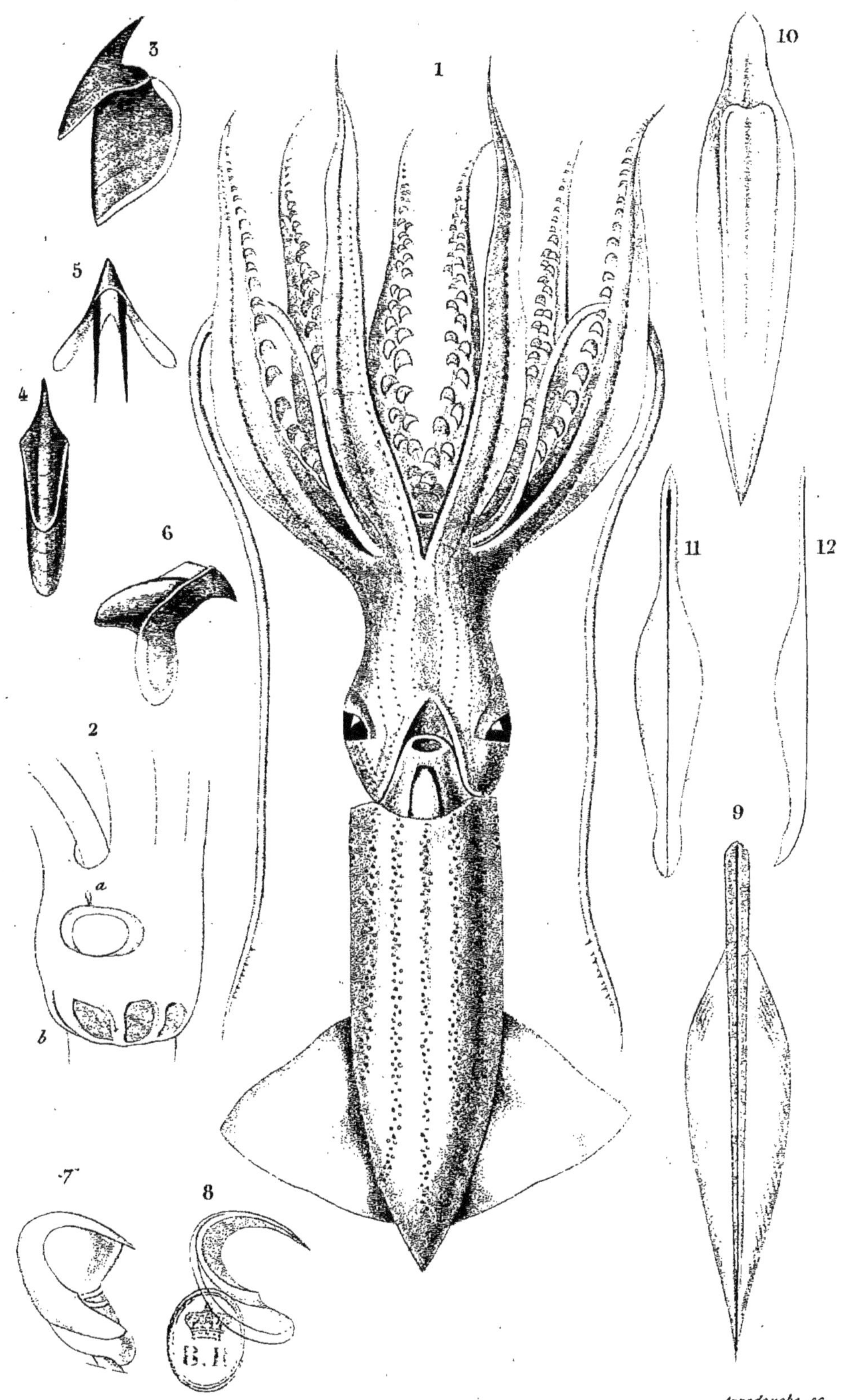

1 9. Enoploteuthis leptura, d'Orb.

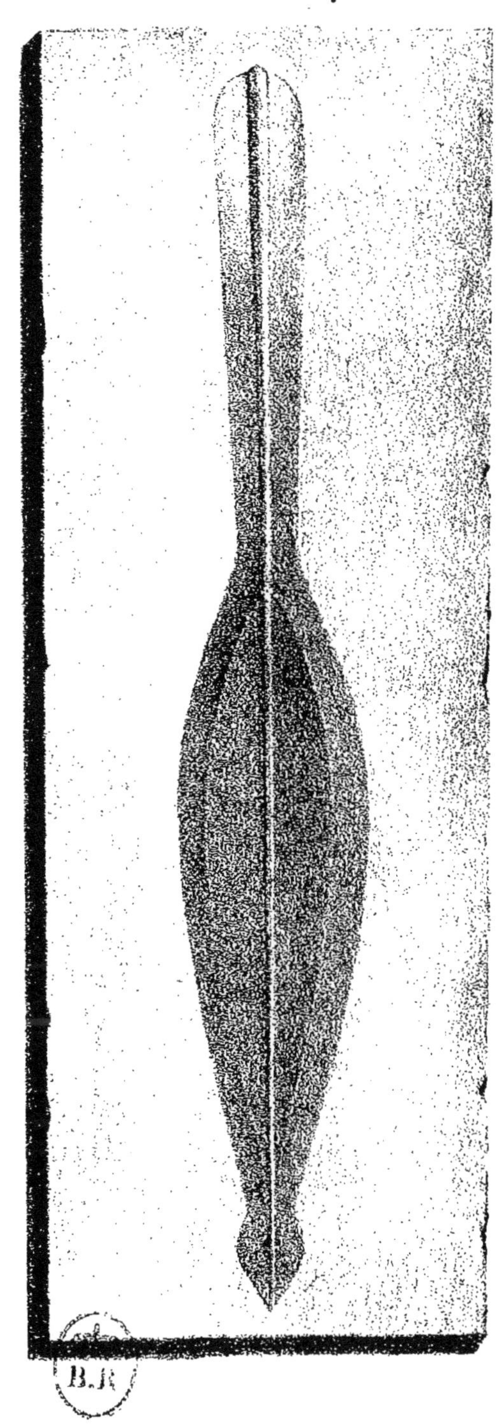

J. Delarue, lith.

Imp. Lith. J. Delarue rue Mont. Ste Geneviève. 24.

Enoploteuthis subhastata, d'Orb. Ox. sup.

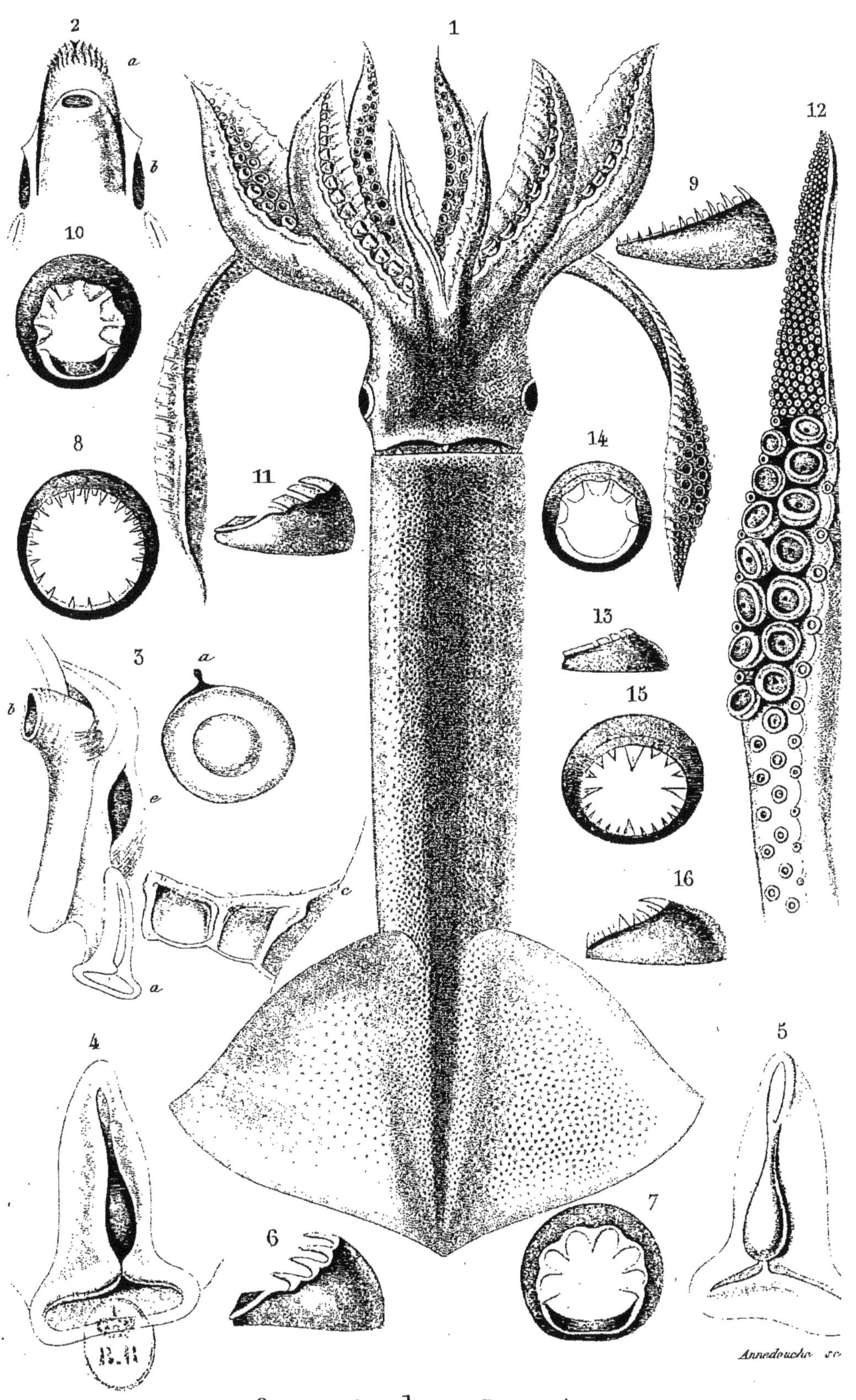

1, 2. Ommastrephes Bertrami. *d'Orb.*

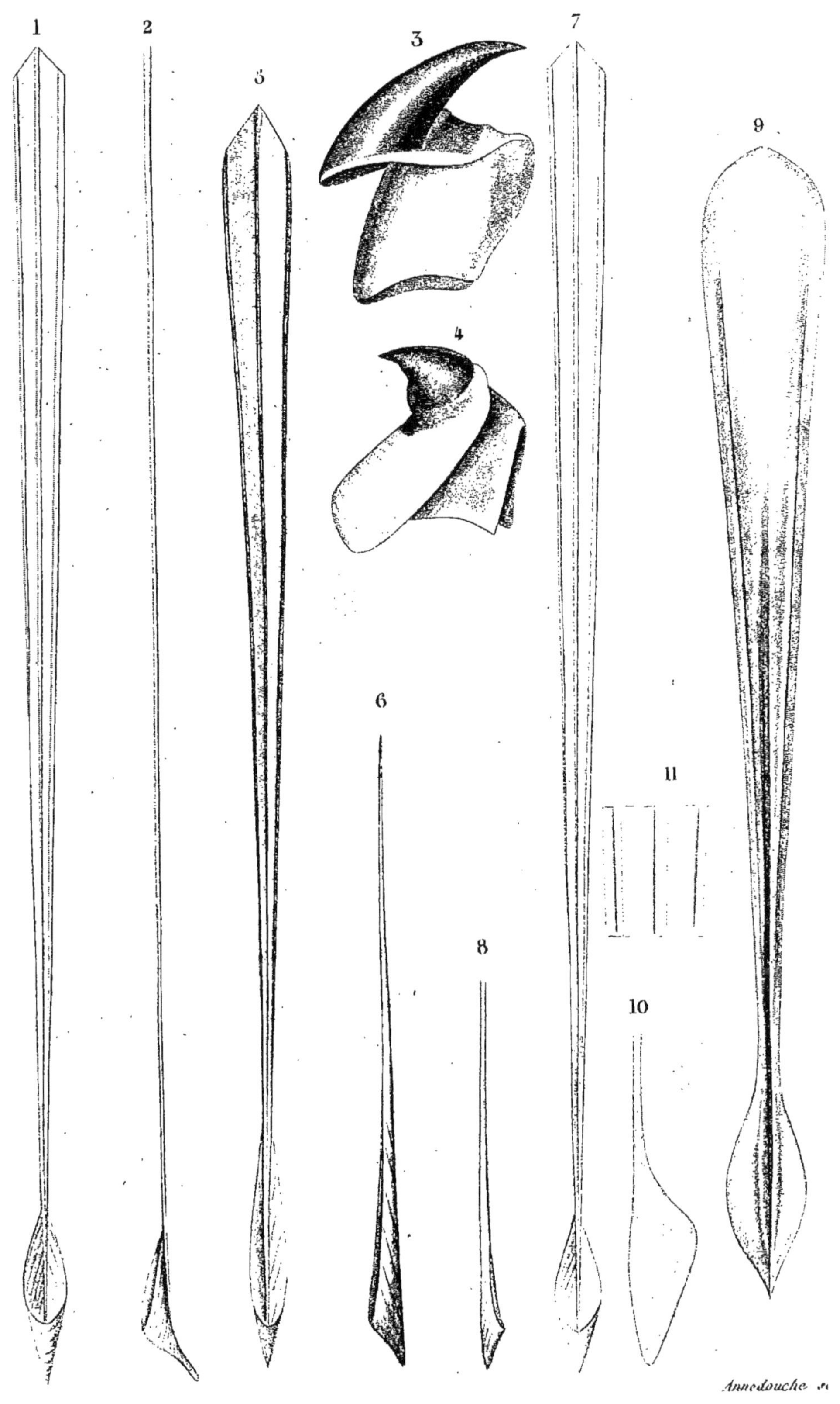

1-4. Ommastrephes giganteus, *d'Orb.* 5, 6. O. —— todarus, *d'Orb.*

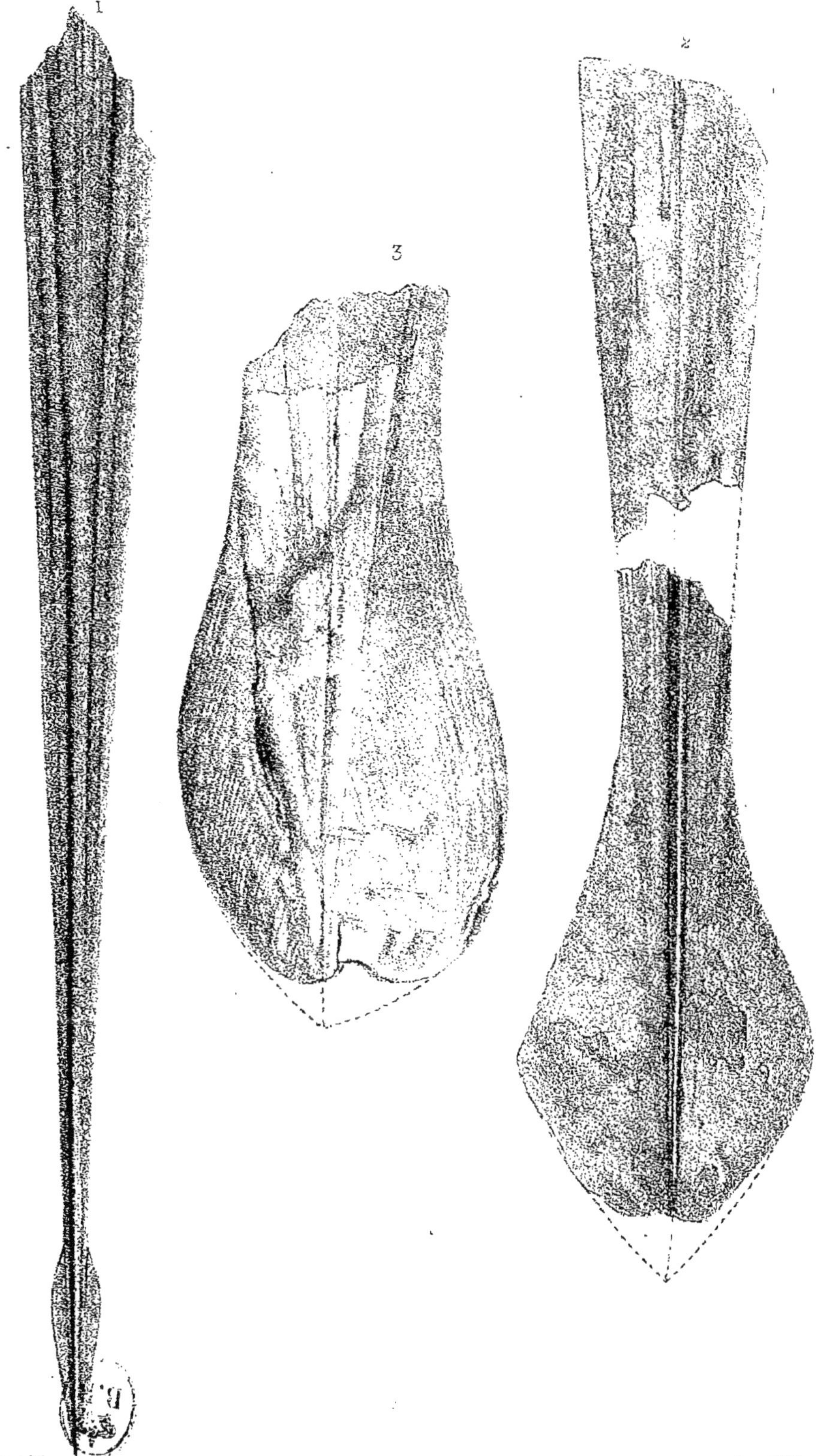

1. *Ommastrephes intermedius*, d'Orb. Ox. sup.
2. *O. ———— cochlearis*, d'Orb. Ox. sup.

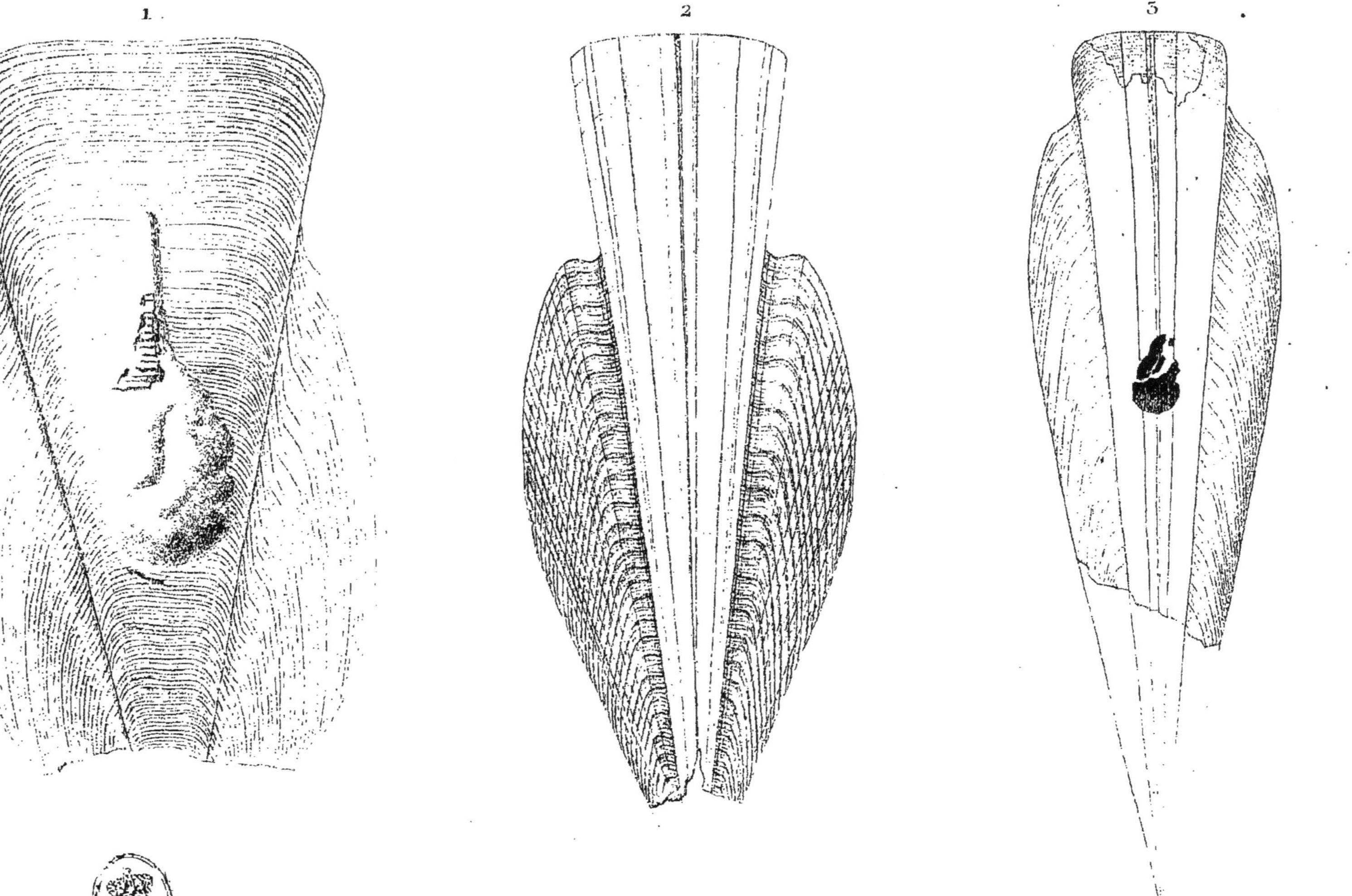
1
2
3

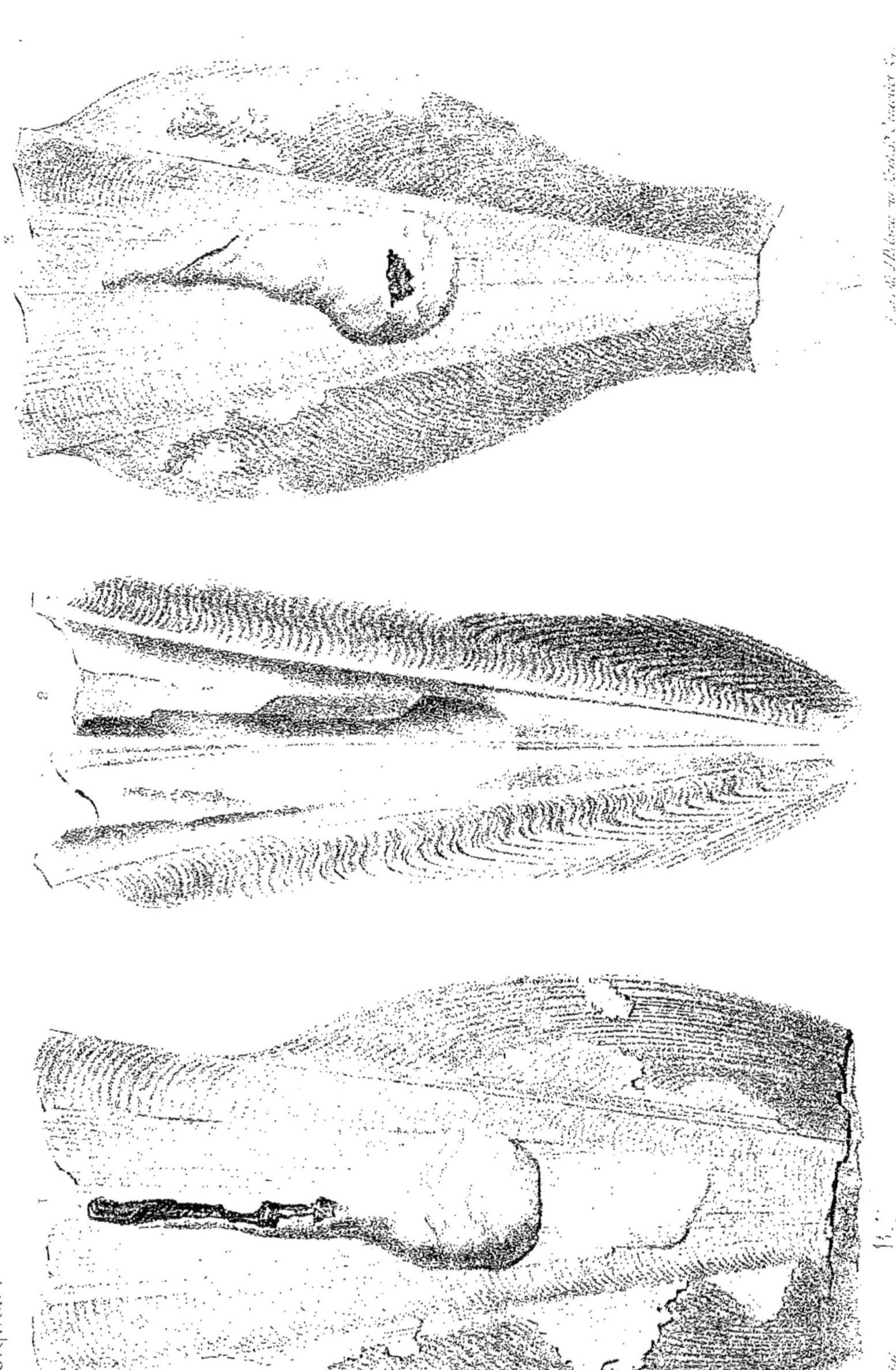

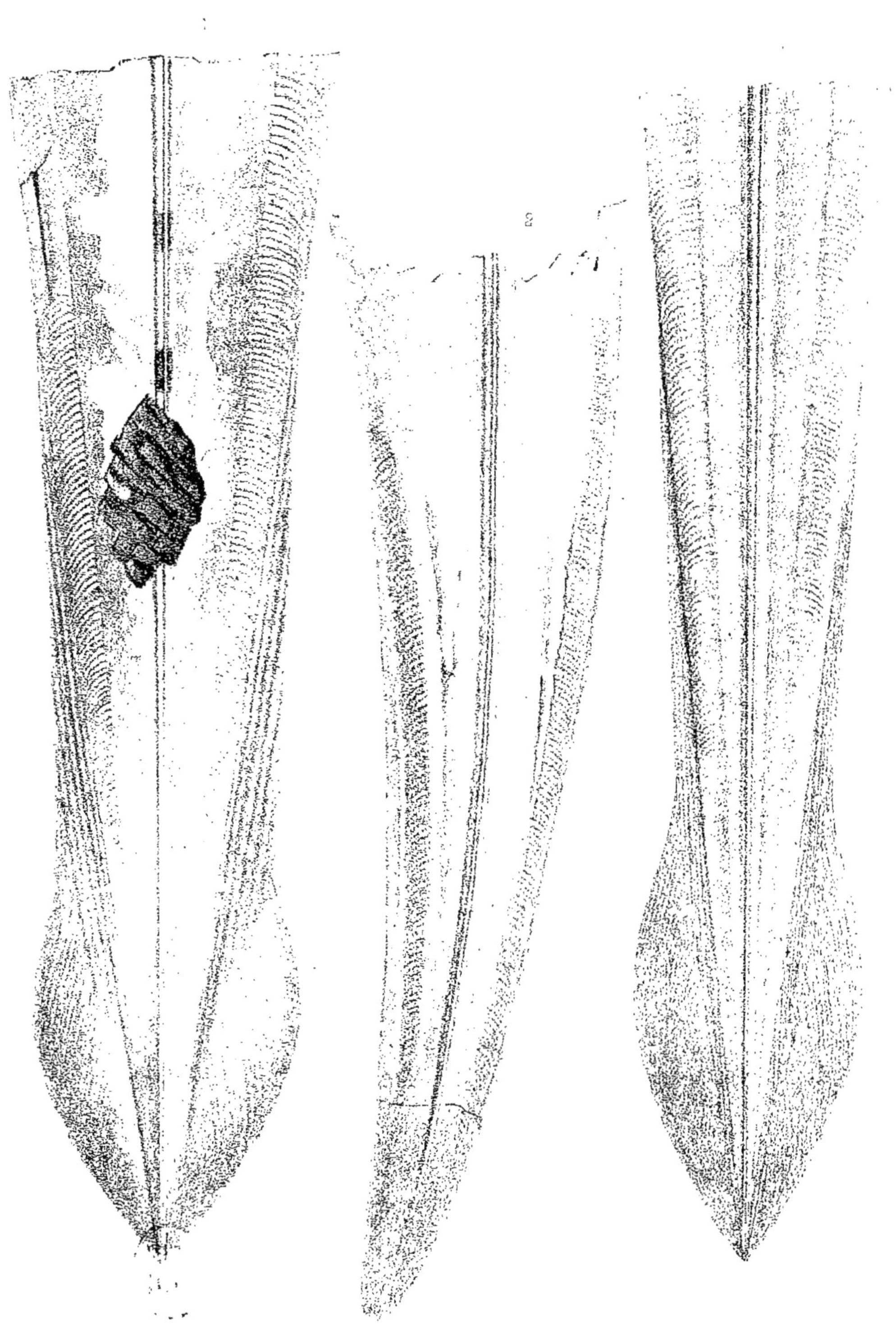

Belemnosepia sagittata, d'Orb. L. sup.

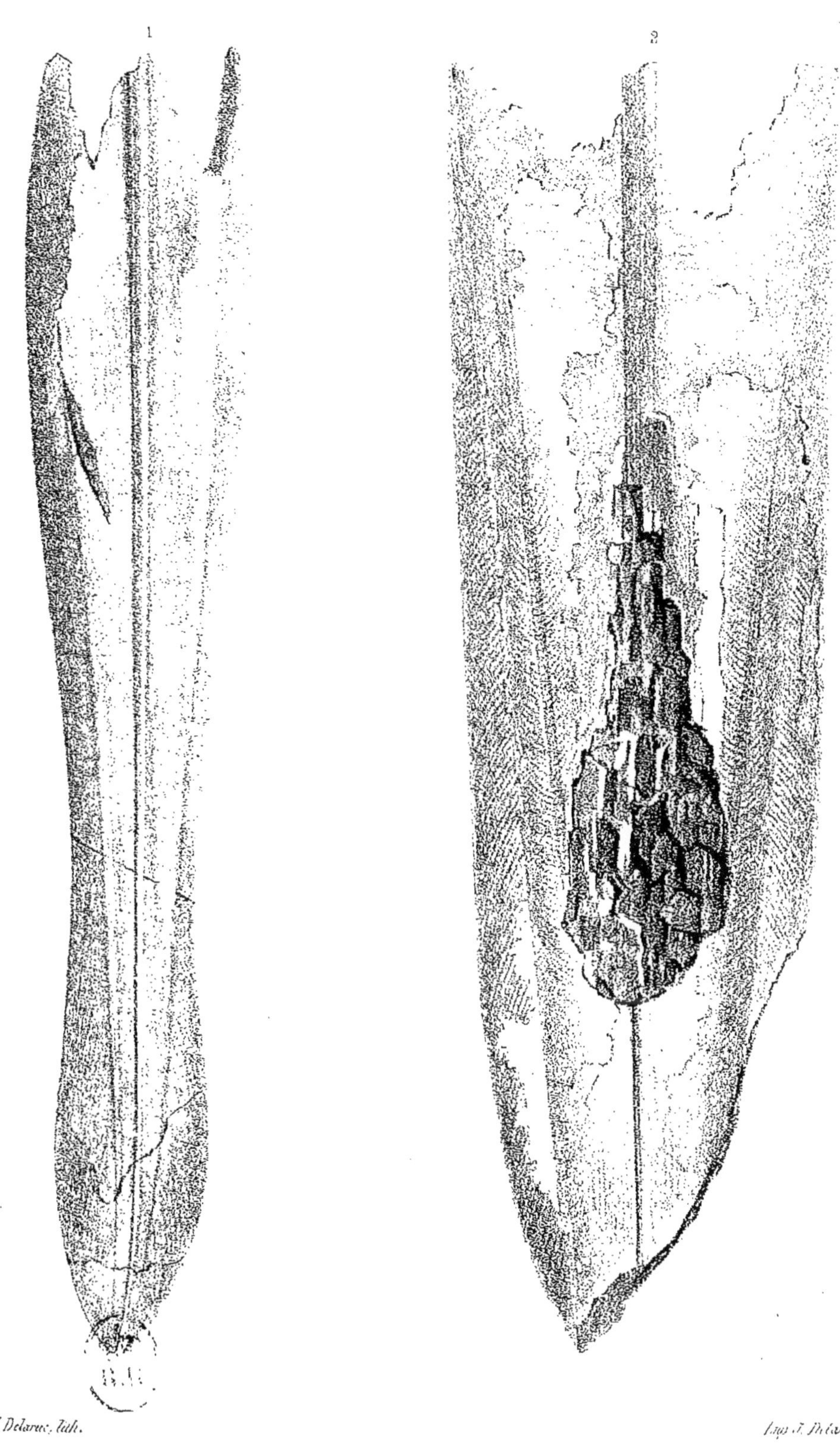

J. Delarue, lith.

Imp. J. Delarue.

1. *Belemnosepia hastata*, d'Orb. L. sup.
2. *B.* ———— *speciosa*, d'Orb. L. s.

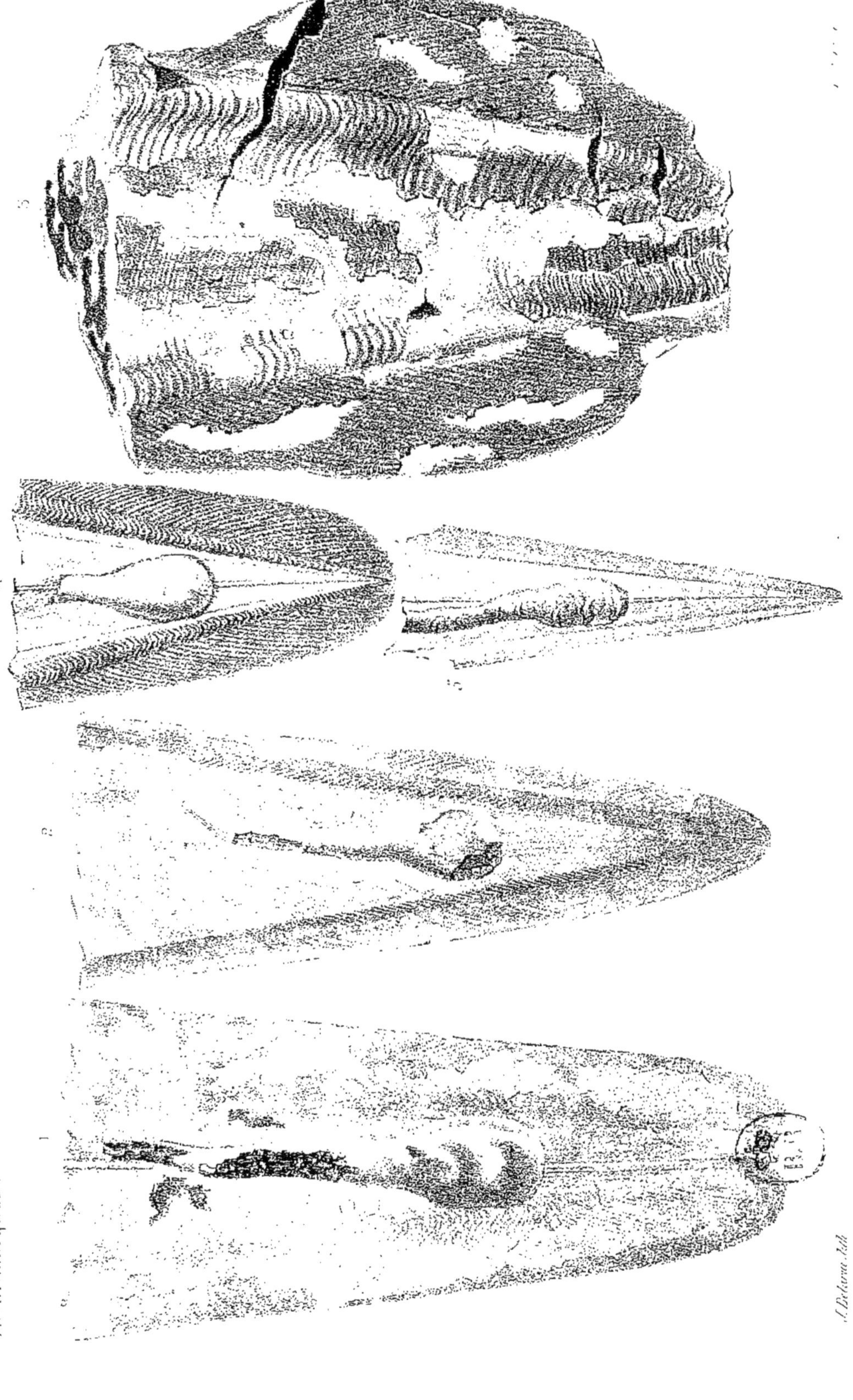

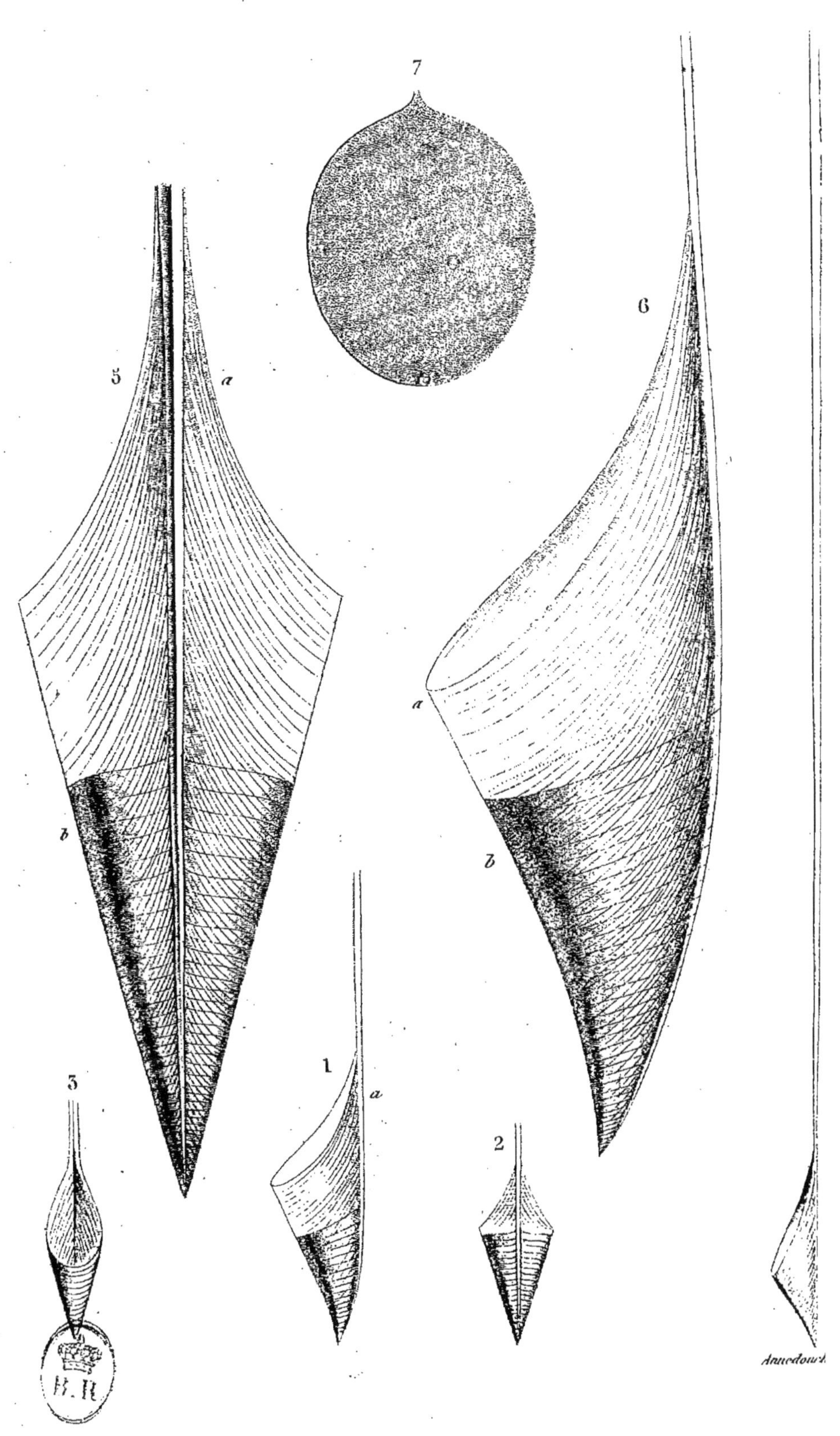

Conoteuthis Dupinianus. d'Orb.

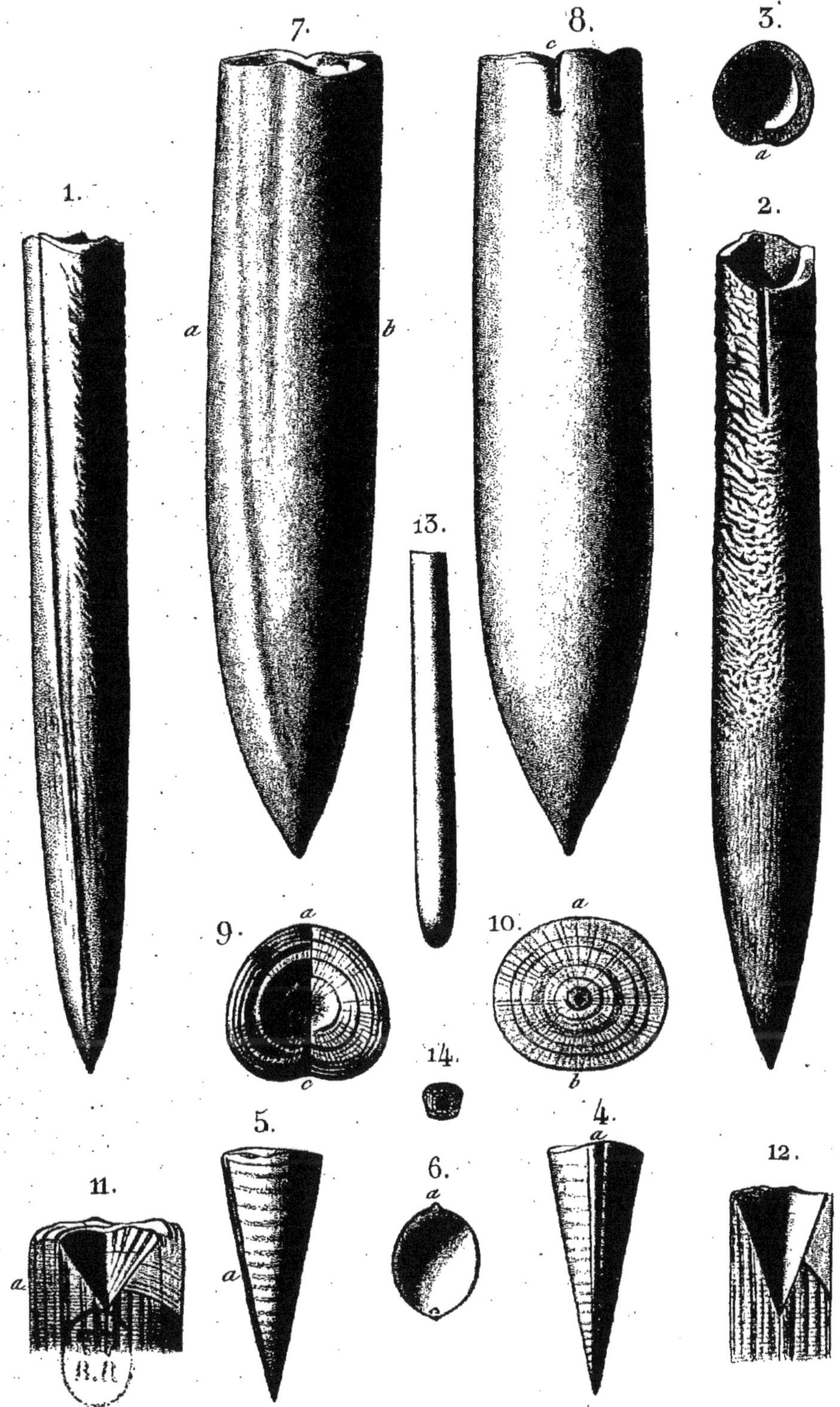

1_6. Belemnitella mucronata, *d'Orb. C.* 7_12. B. subventricosa, *d'Orb. C.*

12_14. B. ambigua, *d'Orb. C.*

Belemnites Puzosianus. d'Orb. Ar.

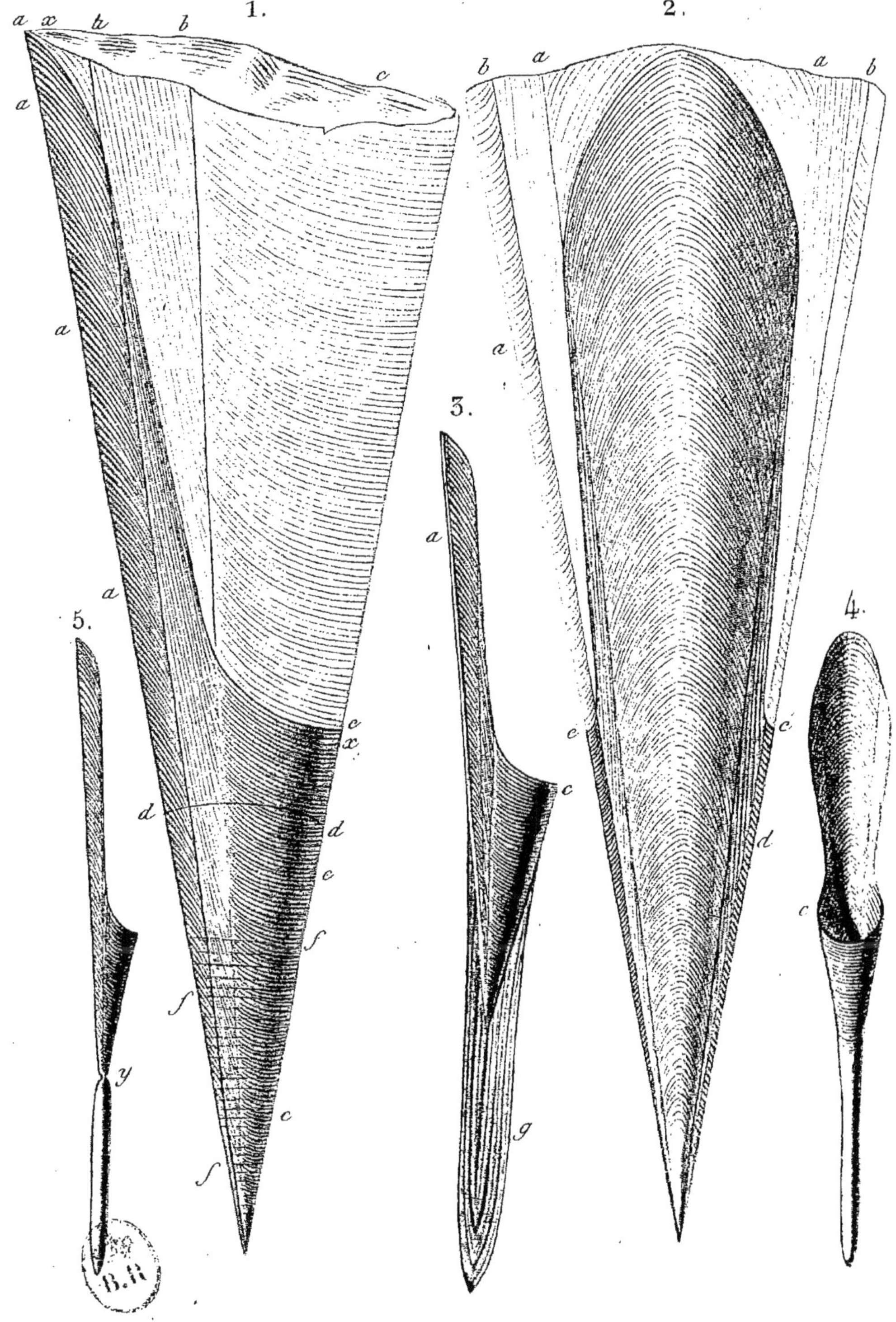

Belemnites.

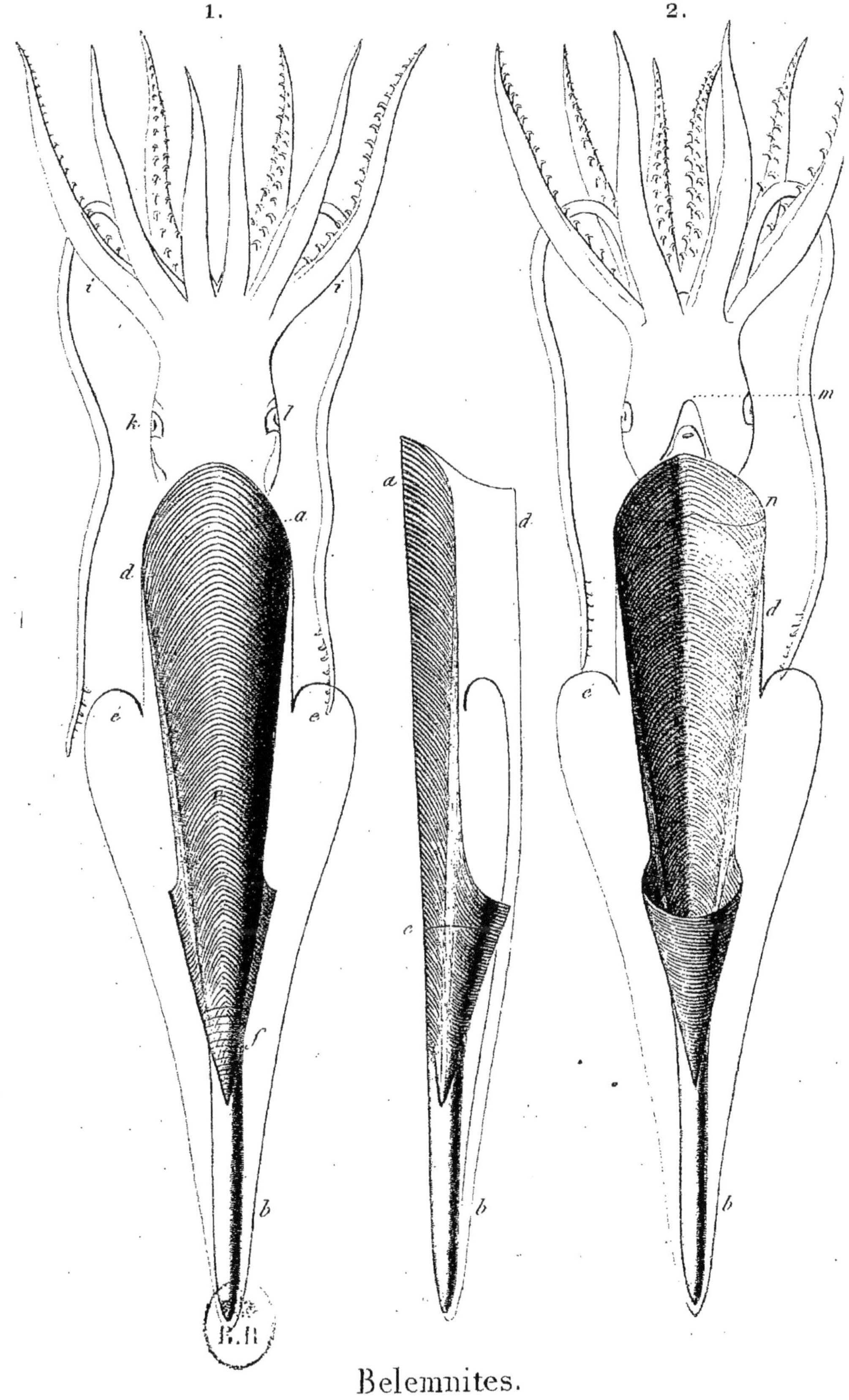

Belemnites.

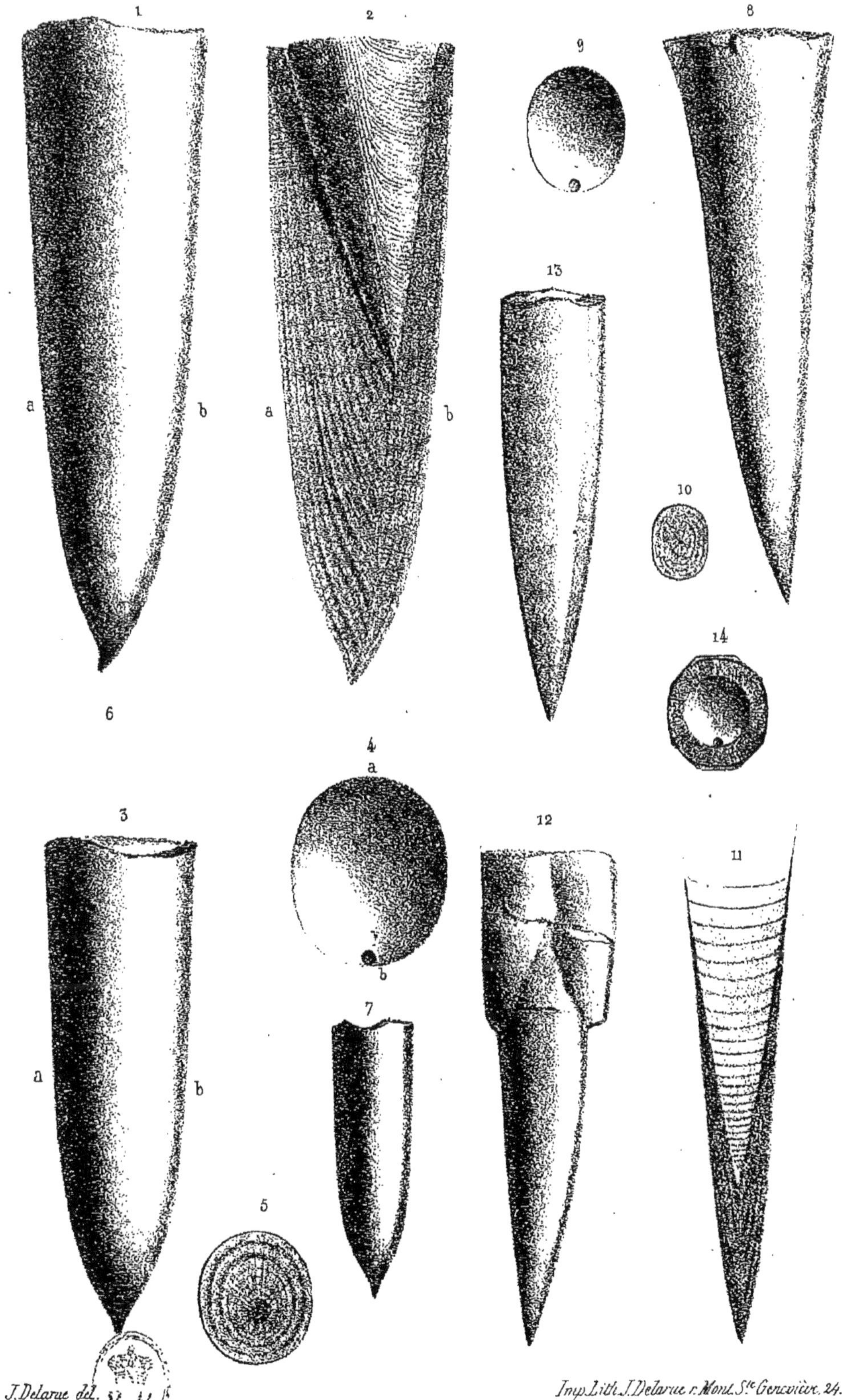

J. Delarue del. Imp. Lith. J. Delarue r. Mont. Ste Geneviève, 24.

1-7. *Belemnites brevis, Blainv. L. Sup.*

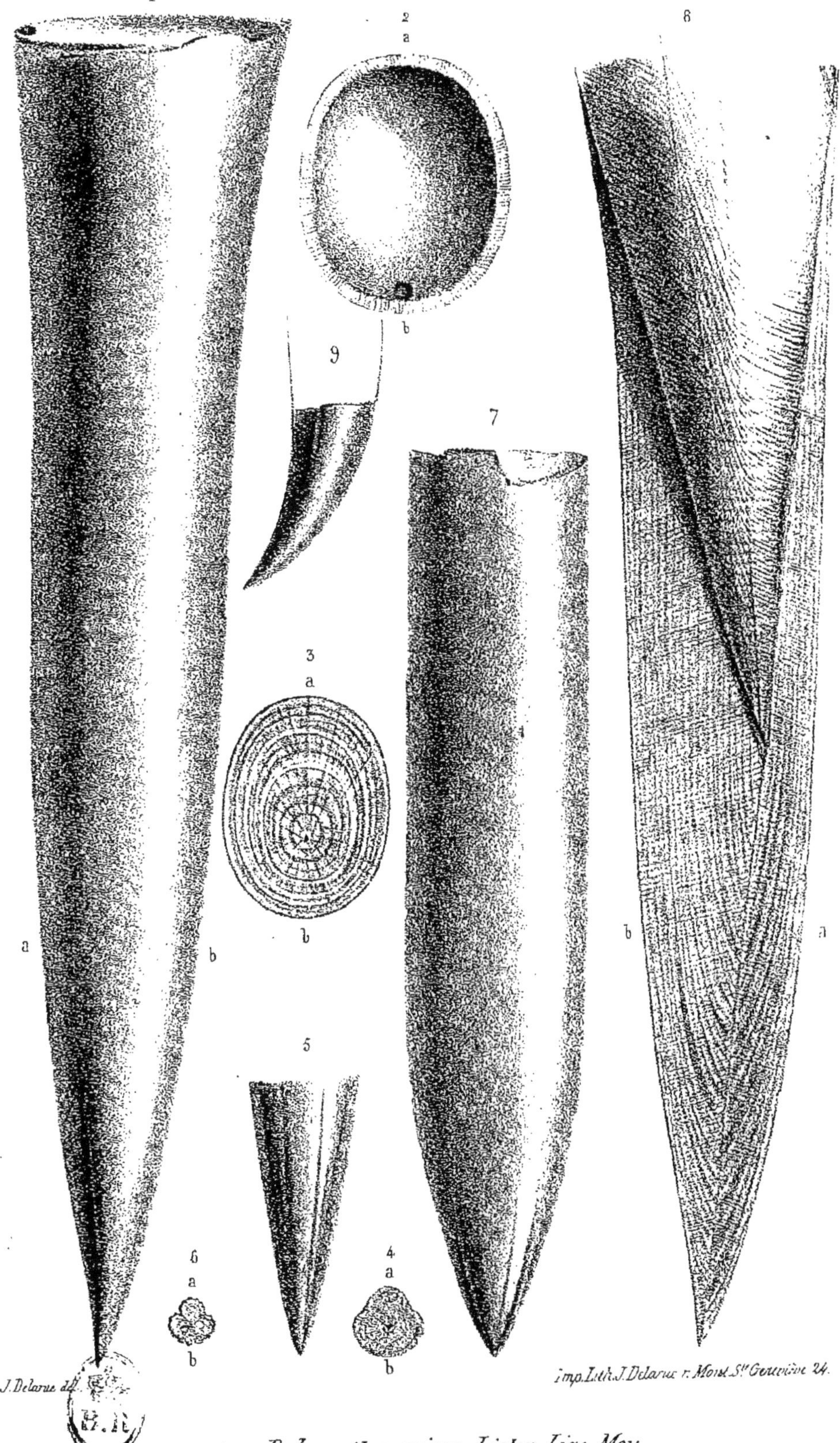

1, 2, 4-7. *Belemnites niger, Lister. Lias. Moy.*

3-8. *B. ——— tripartitus, L. Sup.*

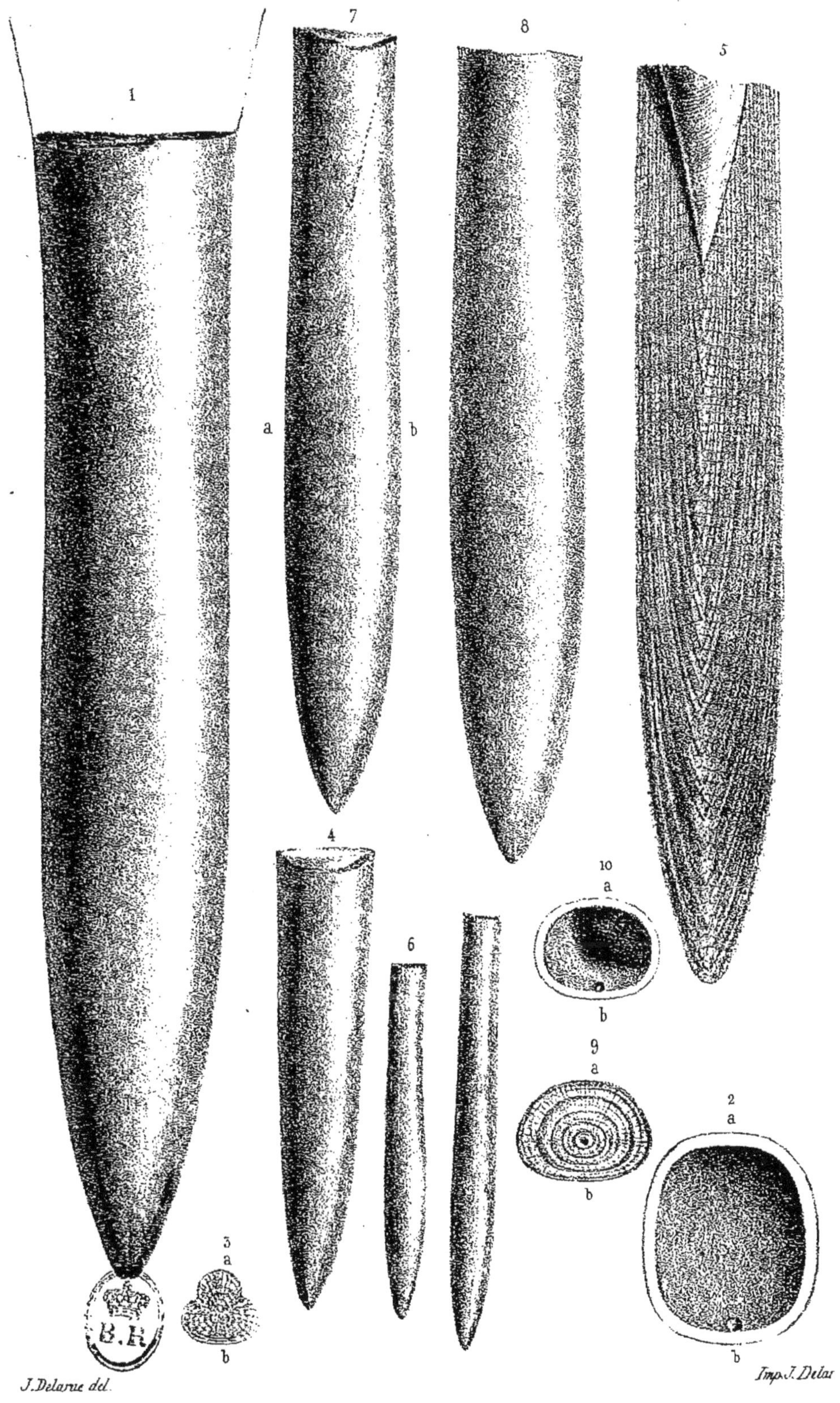

J. Delarue del.

Imp. J. Delas

1.5. *Belemnites niger; lister L. Moy.*

6.10. *B. ——— umbilicatus, Blainville L. Moy.*

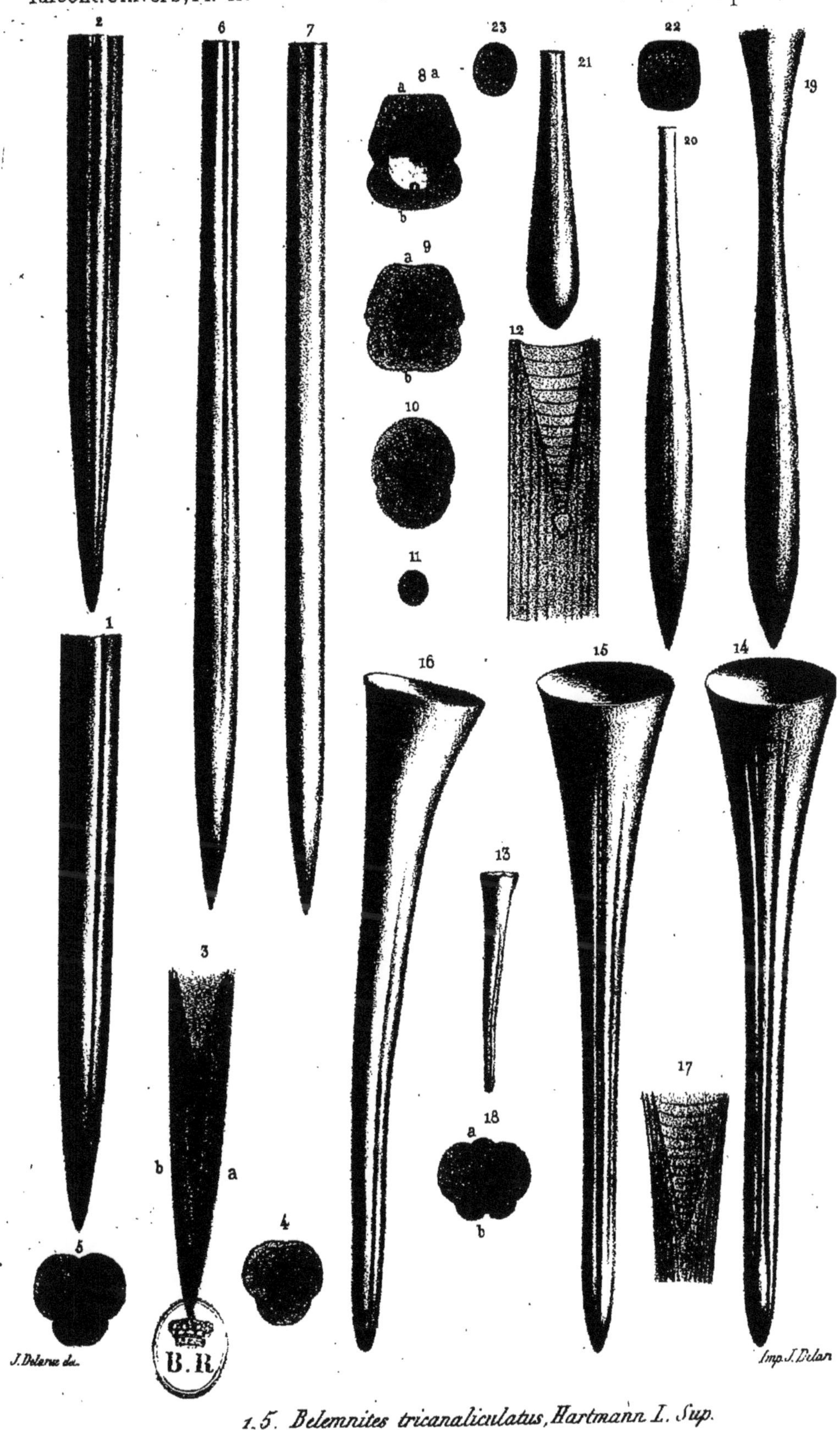

1.5. *Belemnites tricanaliculatus, Hartmann I. Sup.*

6.11. *B.______ exilis d'Orb. I. Sup.*

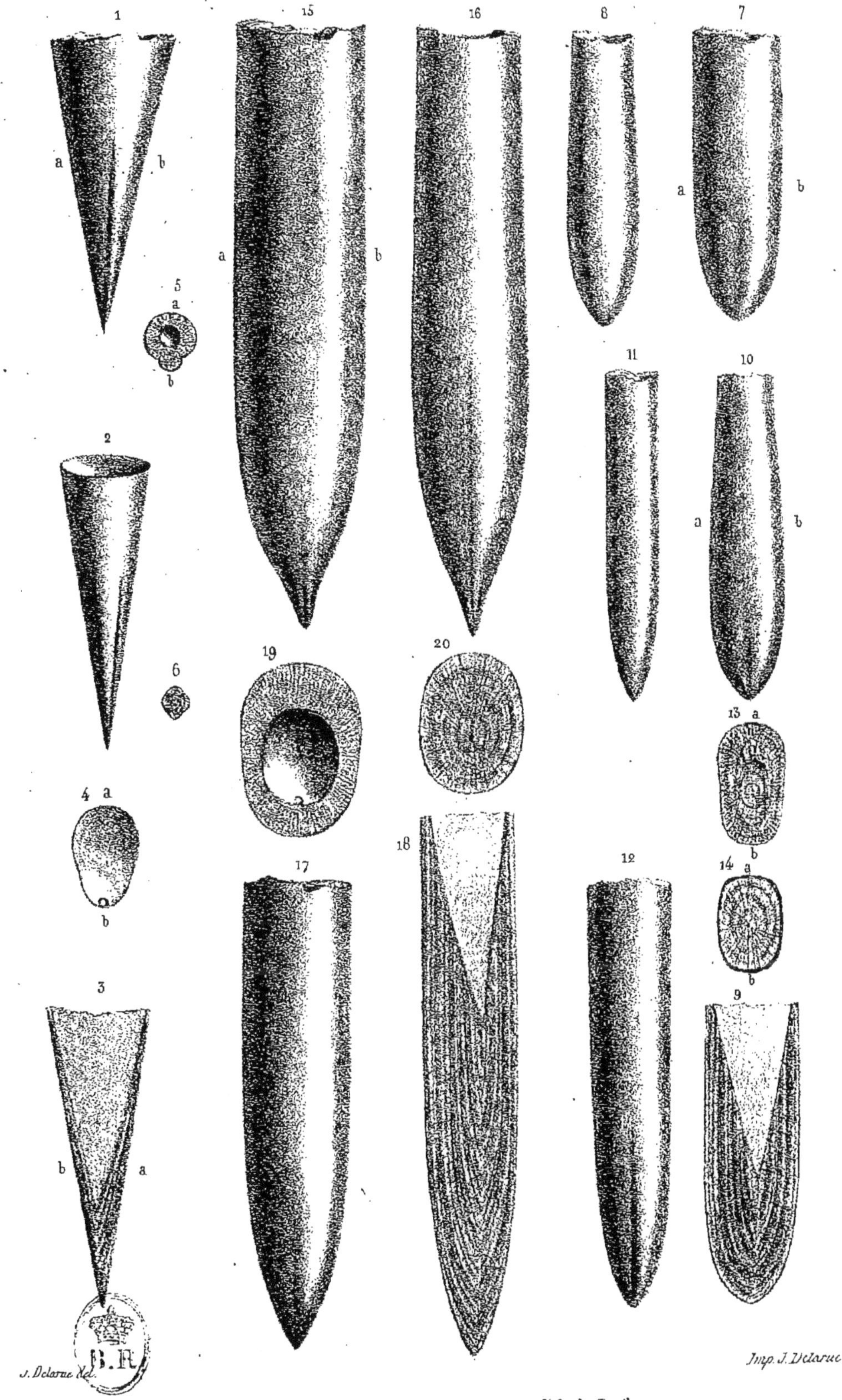

1.6. Belemnites curtus, d'Orb. L. Sup.
7.14. B. ——— Fournelianus, d'Orb. L. Moy.

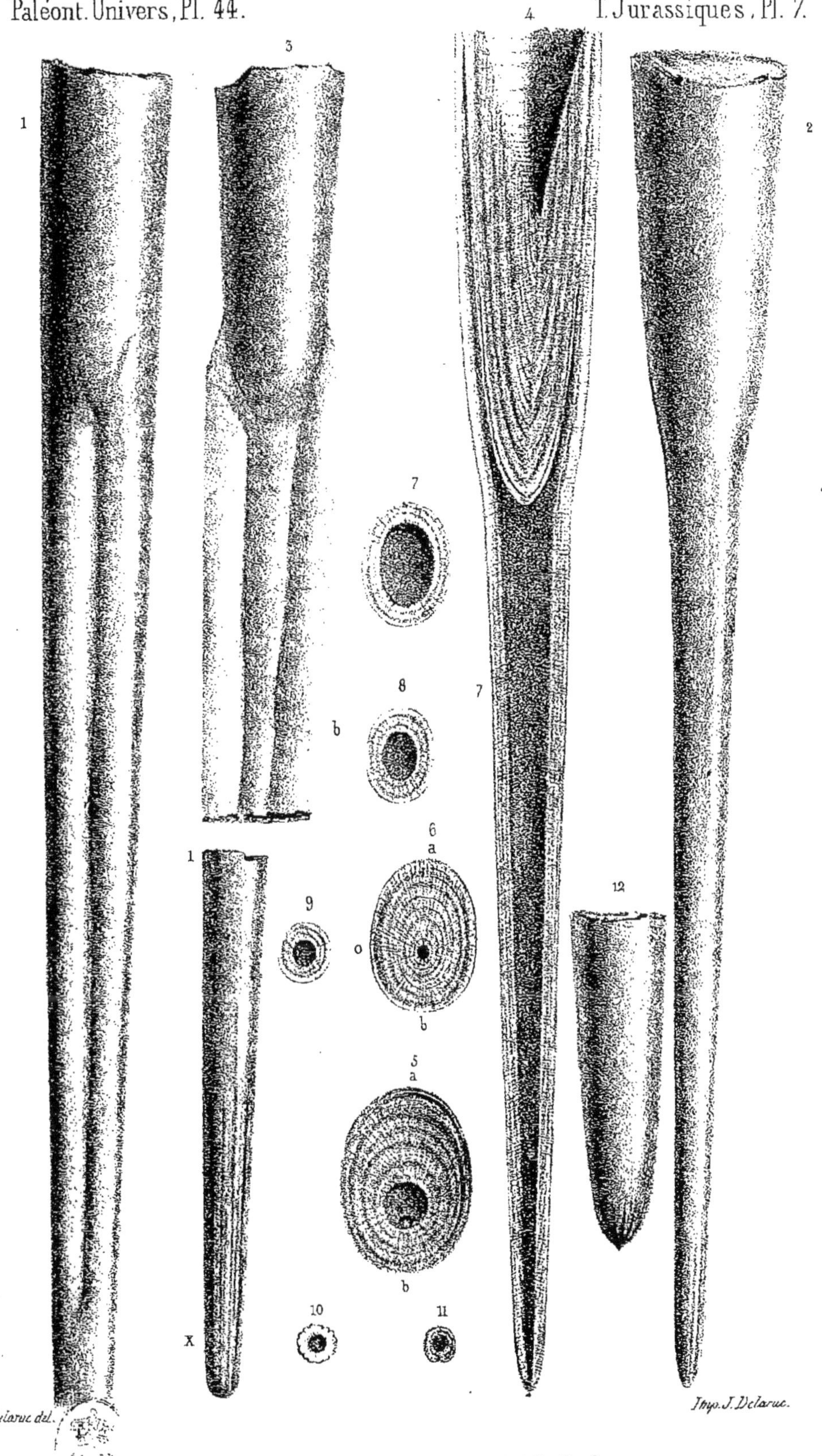

Belemnites irregularis, Schl. L. Sup.

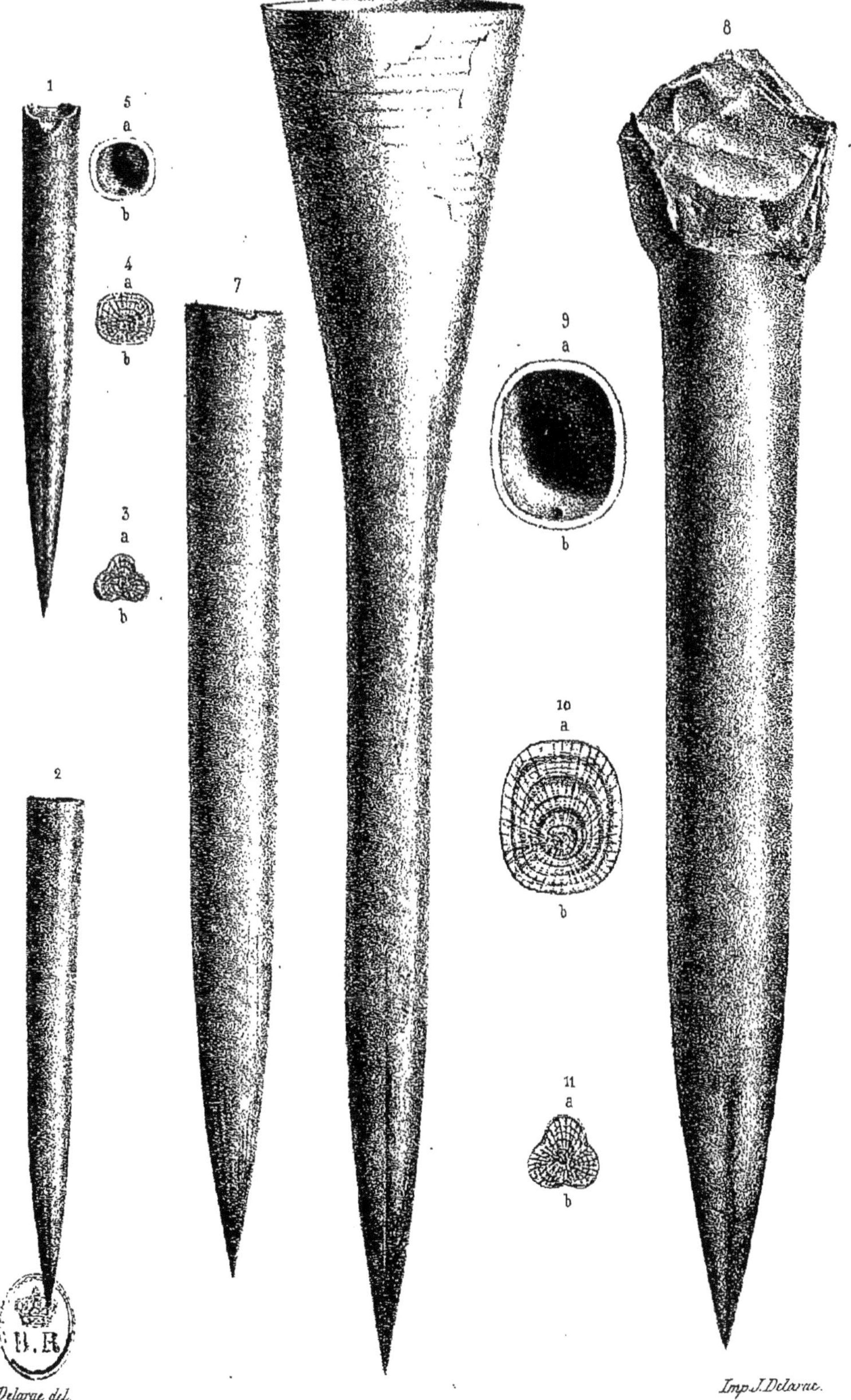

Belemnites tripartitus, Schl. L. Sup.

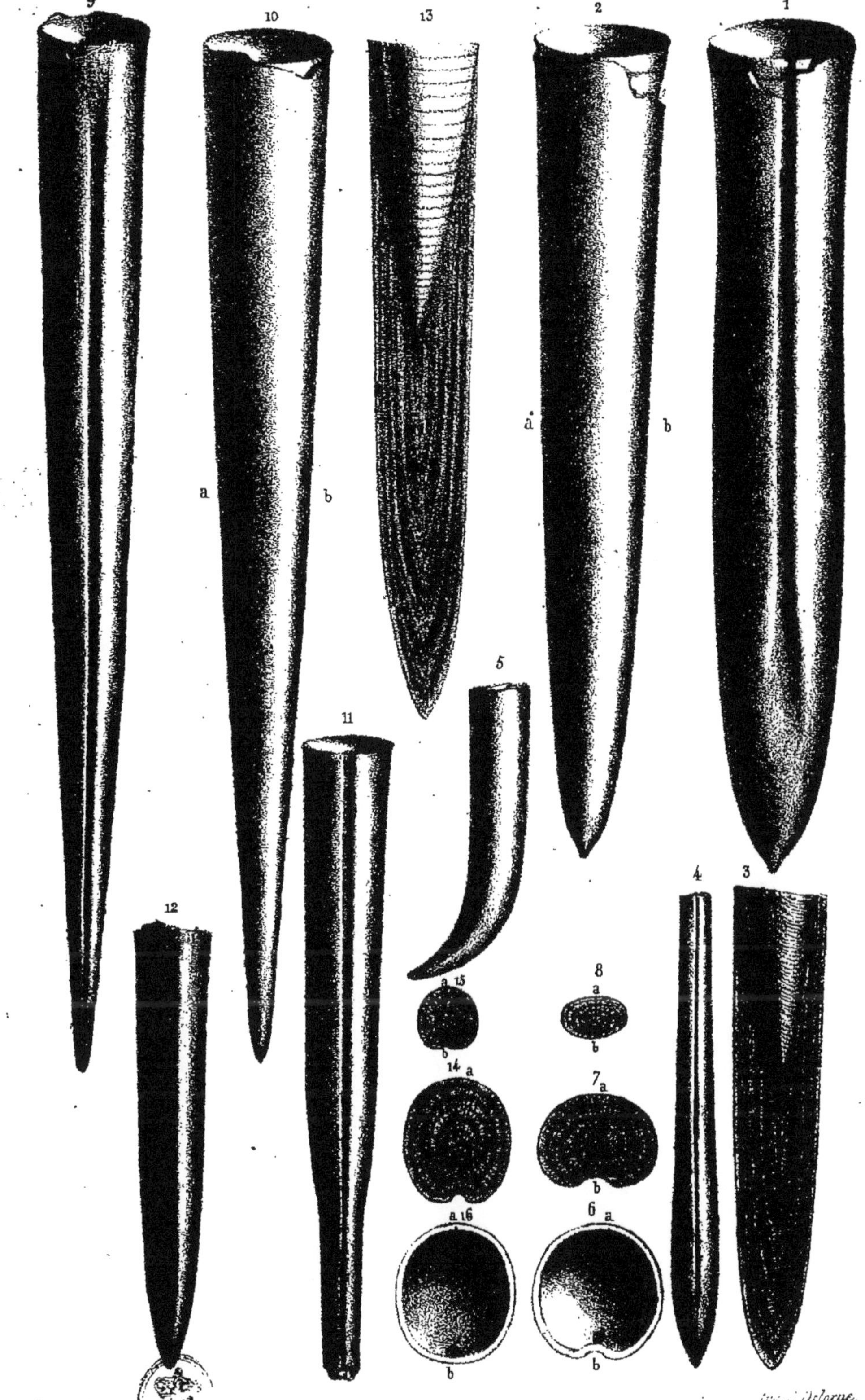

1.8. *Belemnites sulcatus, Miller O. inf.*
9.16. *B. ——— Blainvillii Voltz O. inf.*

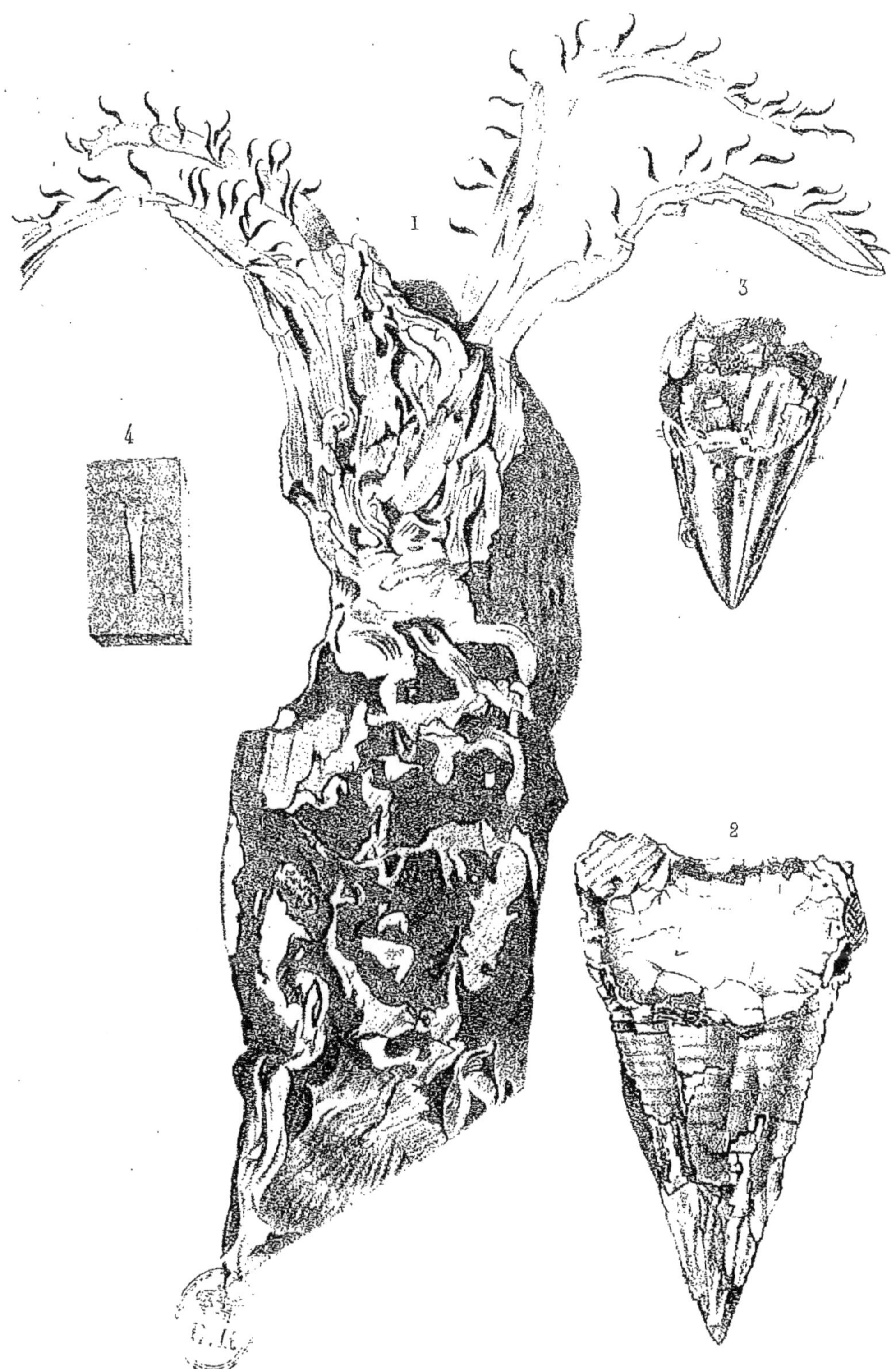

J. Delarue, del. Imp. Lith. J. Delarue, rue Mont. Ste Geneviève, 24.

Belemnites Puzosianus, d'Orb. Ox. inf.

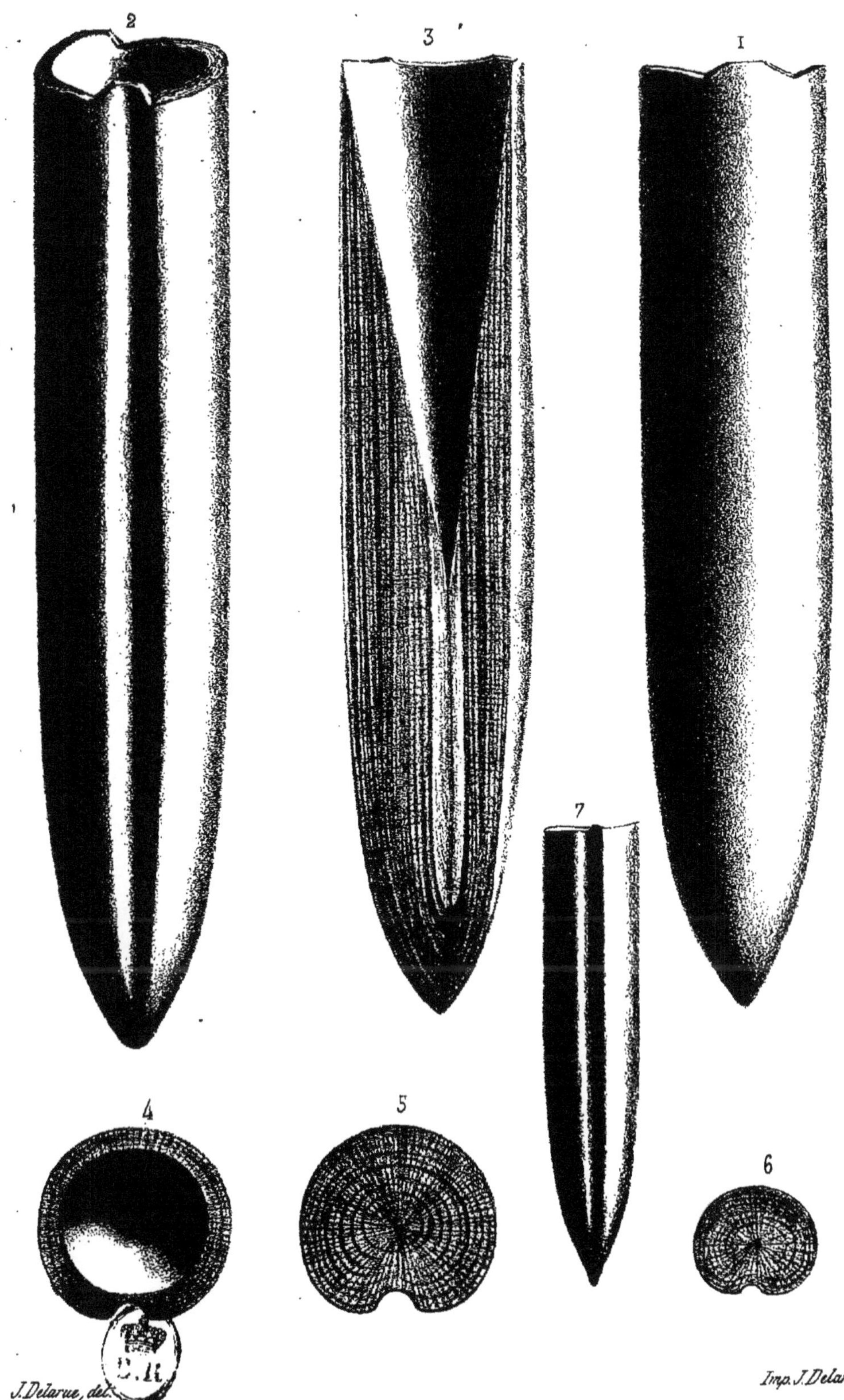

Belemnites Grantianus, d'Orb. Ox. inf.

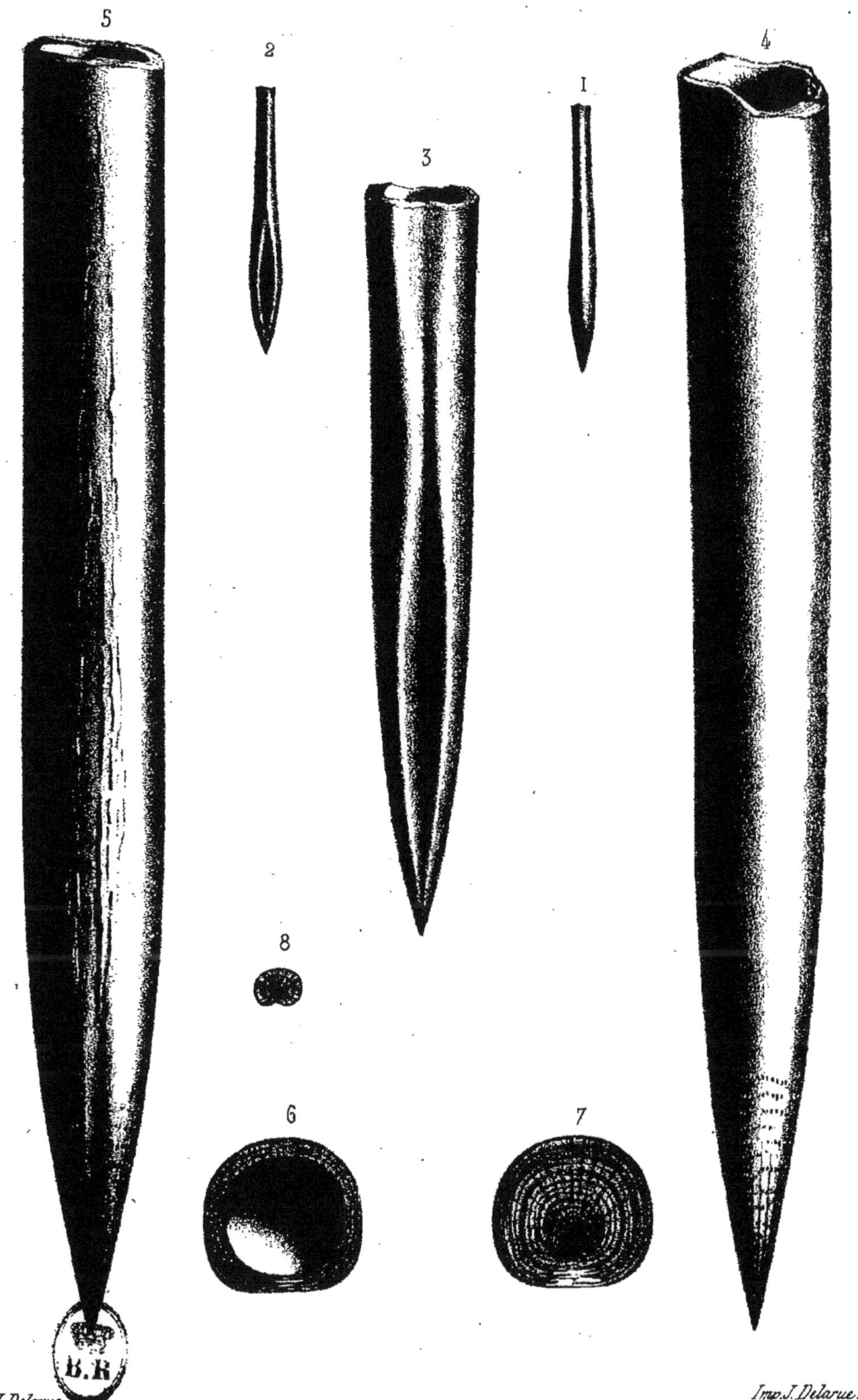

1–3. *Belemnites Altdorfensis*, *Blainv. Ox. inf.*

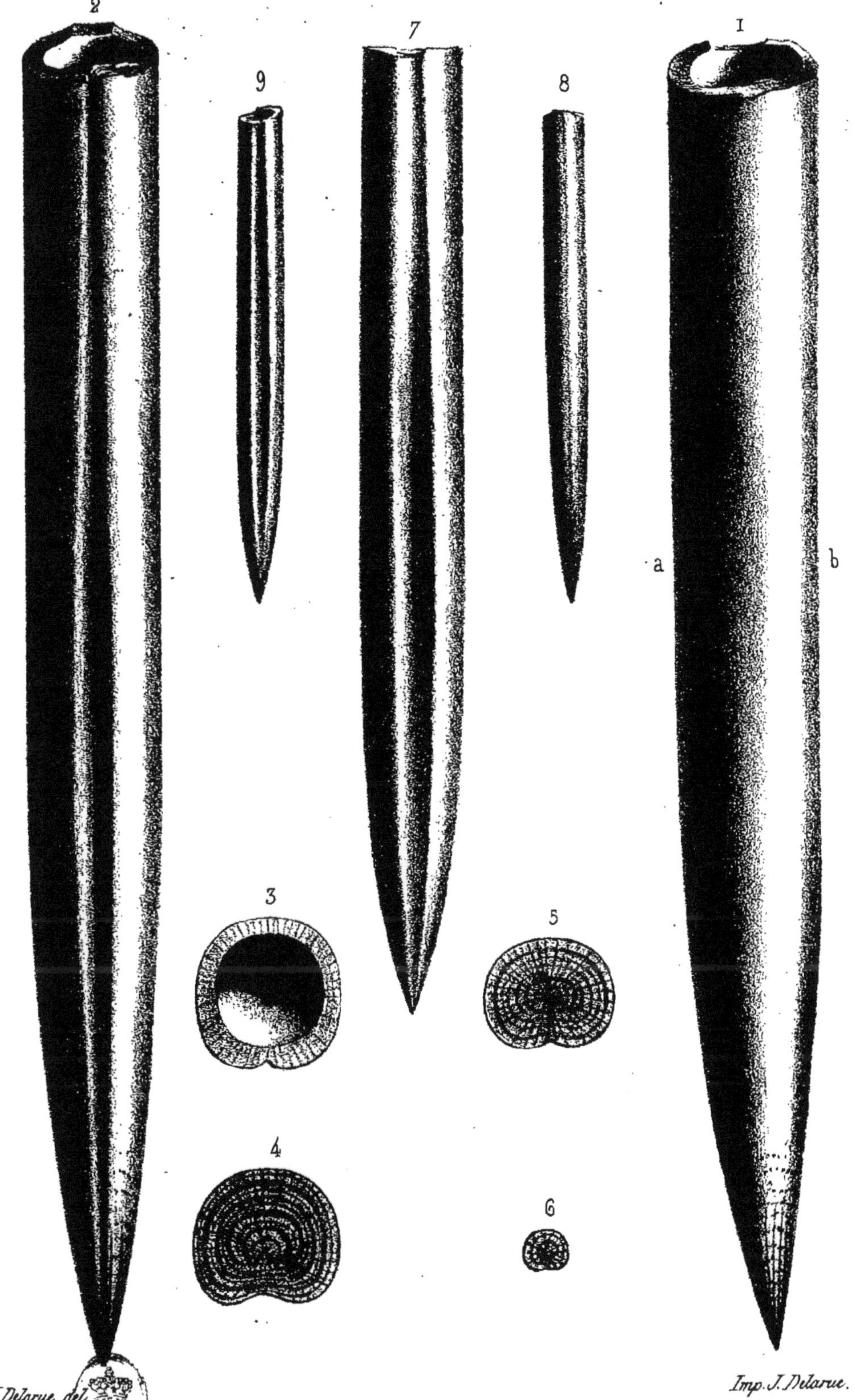

J. Delarue, del.

Imp. J. Delarue.

Belemnites Volgensis, d'Orb. Ox. inf.

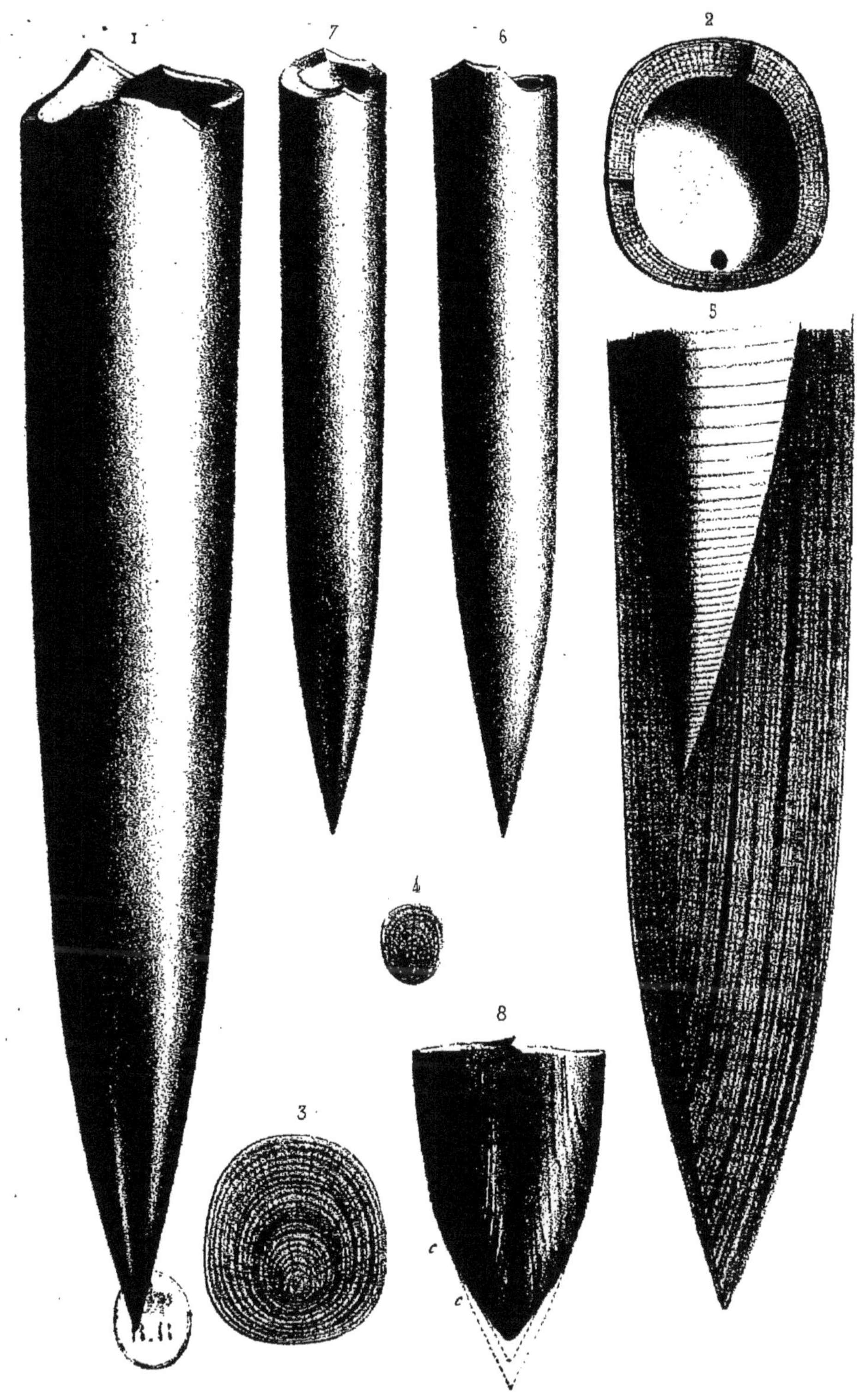

J. Delarue, del.

Imp. Lith. J. Delarue, r. Mont. S.te Geneviève, 24.

Belemnites Panderianus, d'Orb. Ox. inf.

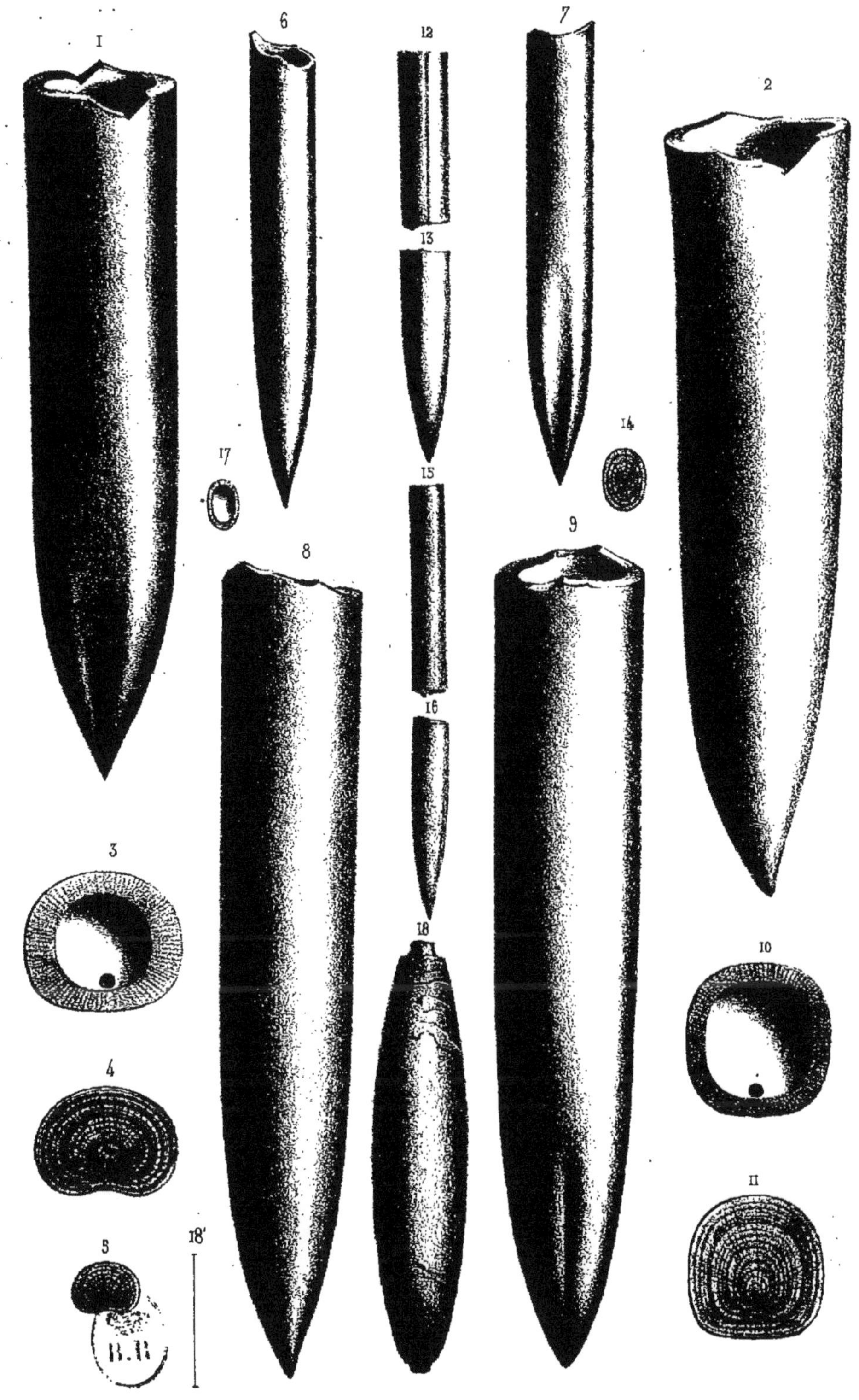

J. Delarue, del.

Imp. J. Delarue

1 – 7. Belemnites Russiensis, d'Orb. Ox. inf.

8 – 11. B. —— Kirghisensis, d'Orb. Ox. inf.

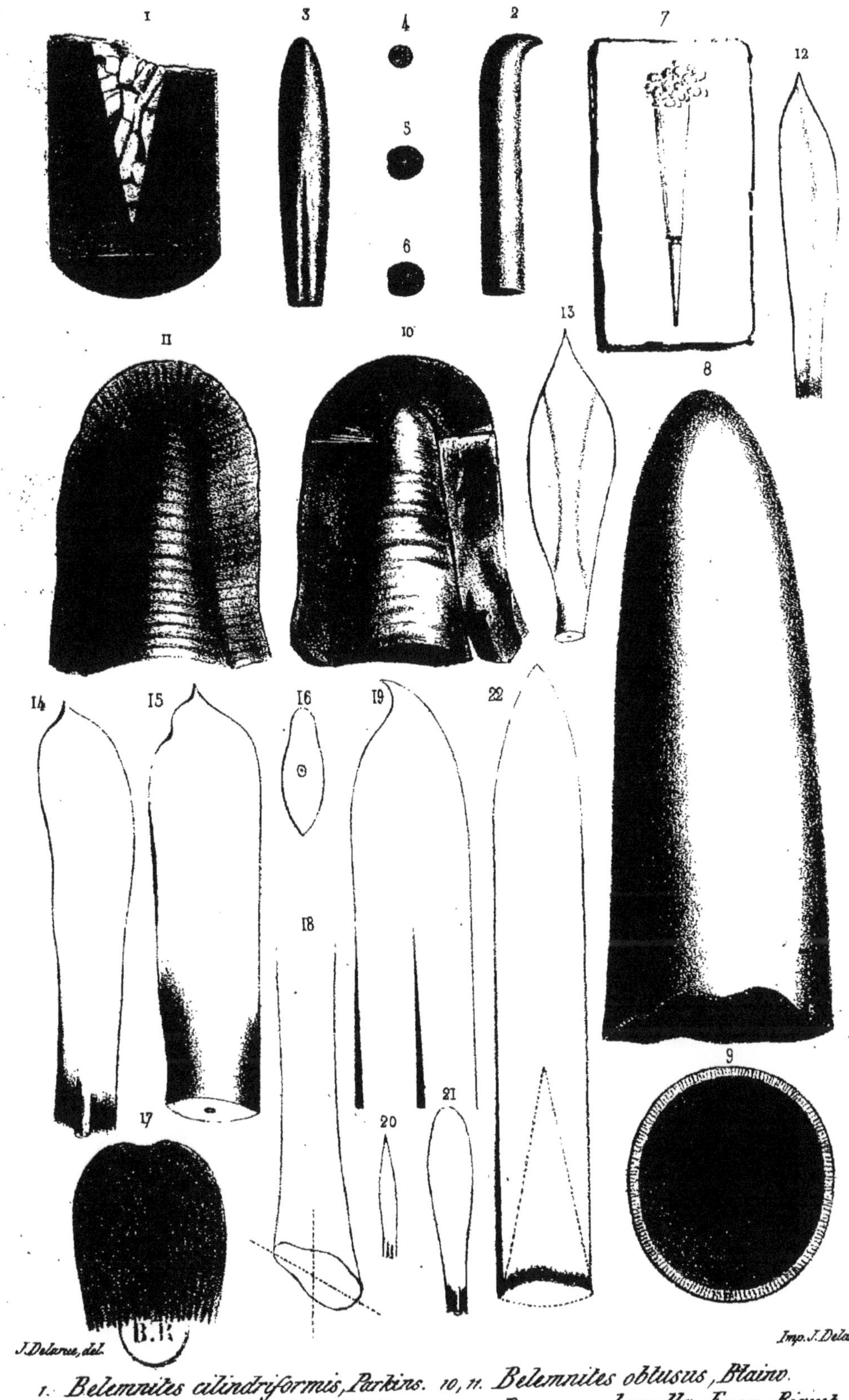

1. *Belemnites cilindriformis*, Parkins. — 10, 11. *Belemnites oblusus*, Blainv.

2–6. *B. ——— subungulatus*, Hehl. — 12–17. *B. ——— lamella*, Faure-Biguet.

7. *B. ——— acicula*, Munster. — 18. *B. ——— catalpa*, F. — Biguet.

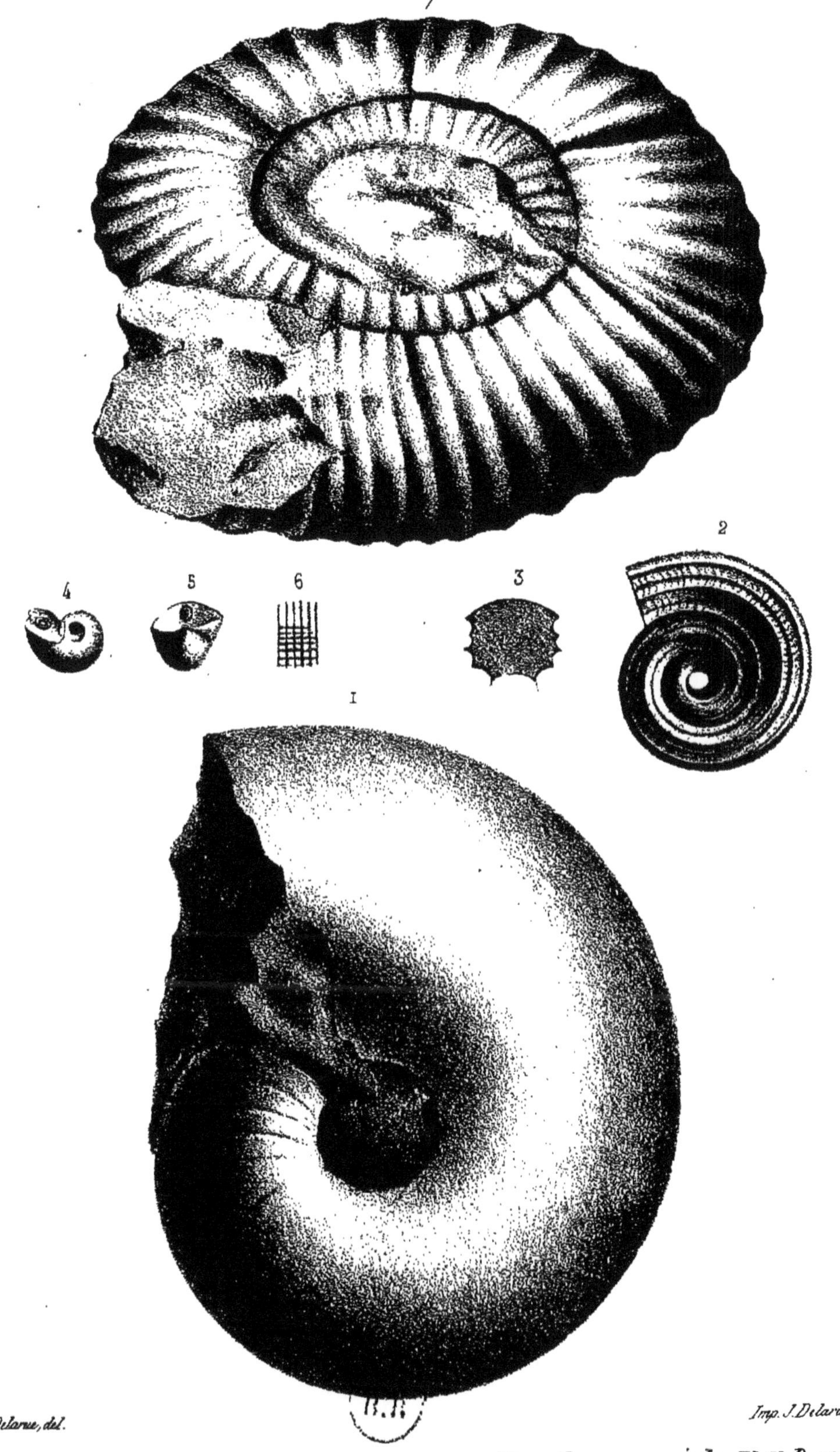

J. Delarue, del. Imp. J. Delarue.

1. *Nautilus Hisingerii*, d'Orb. 4-6. *Nautilus megasipho*, Phill. D. (2.)
2, 3. *N. —— germanius*, Phill. D. (2.) 7. *N. —— funatus*, Sow. D. (2.)

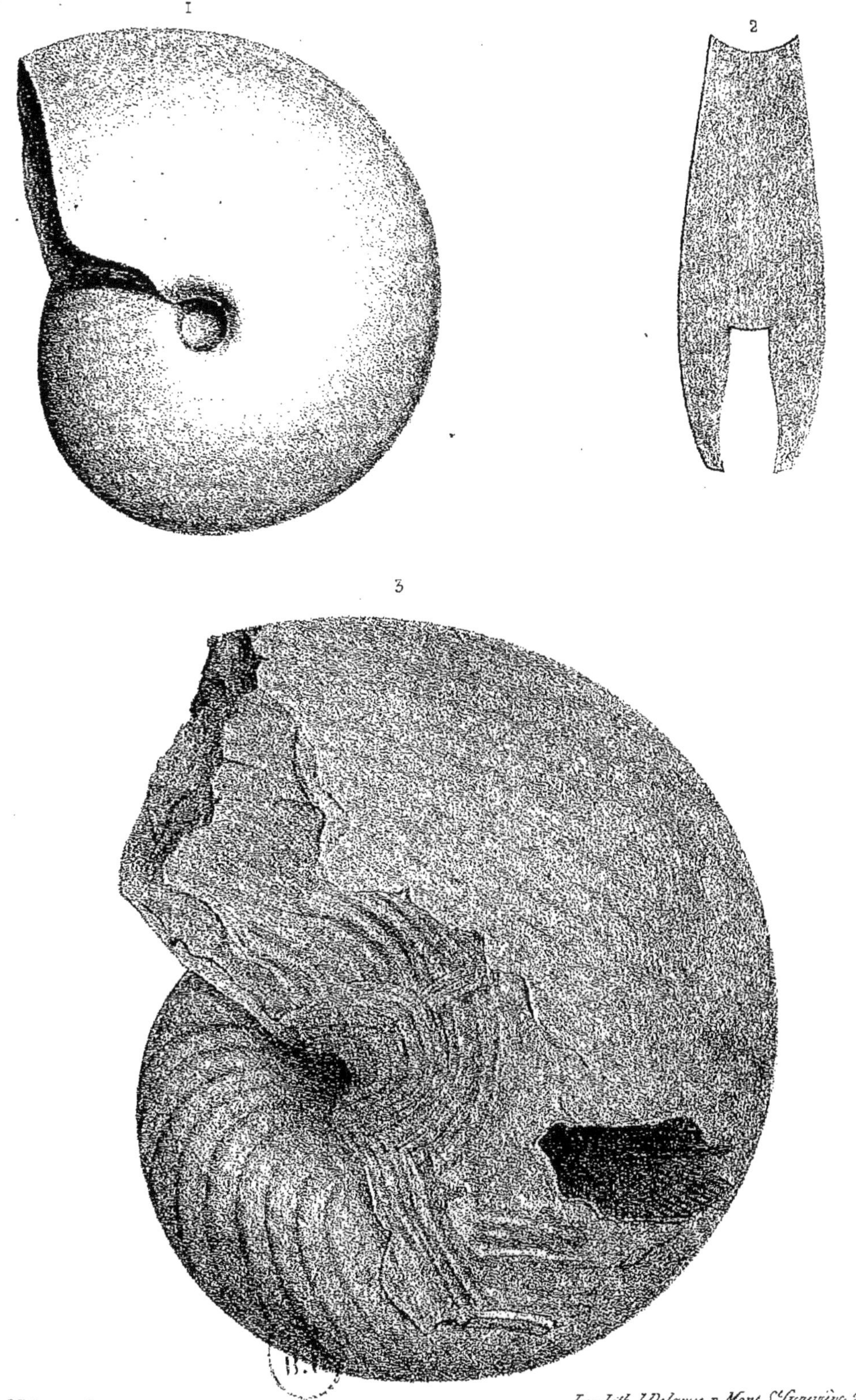

J. Delarue, del.

Imp. Lith. J. Delarue, r. Mont. S.t Geneviève, 24.

1, 2. *Nautilus perplanatus*, Portlock.

3. *N. —— planidorsatus*, Portlock.

1

3

4

Delarue del.

Imp. J. Delarue.

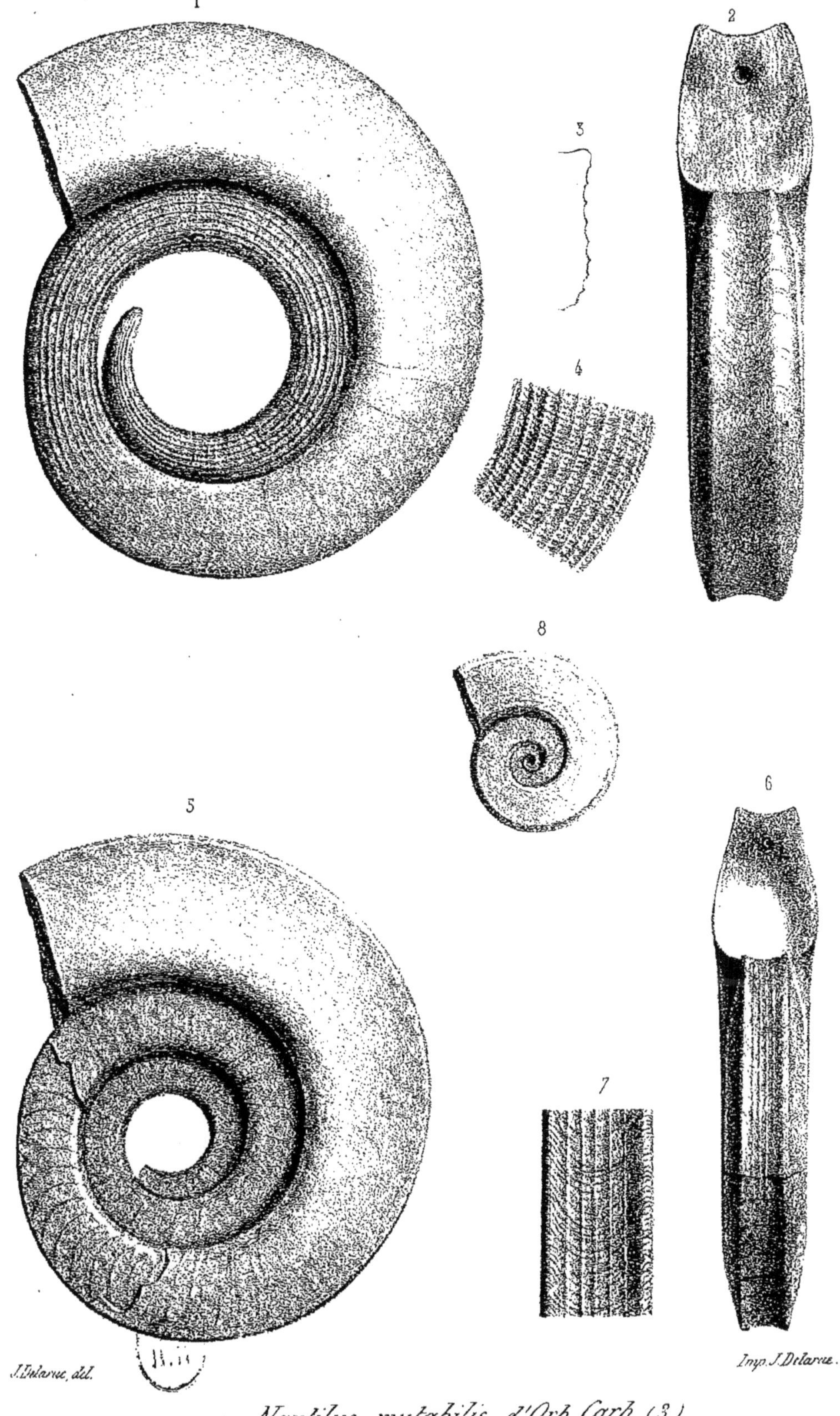

1_4. *Nautilus mutabilis*, d'Orb. Carb. (3)

5_8. *N. ——— compressus*, Sow. Carb. (3)

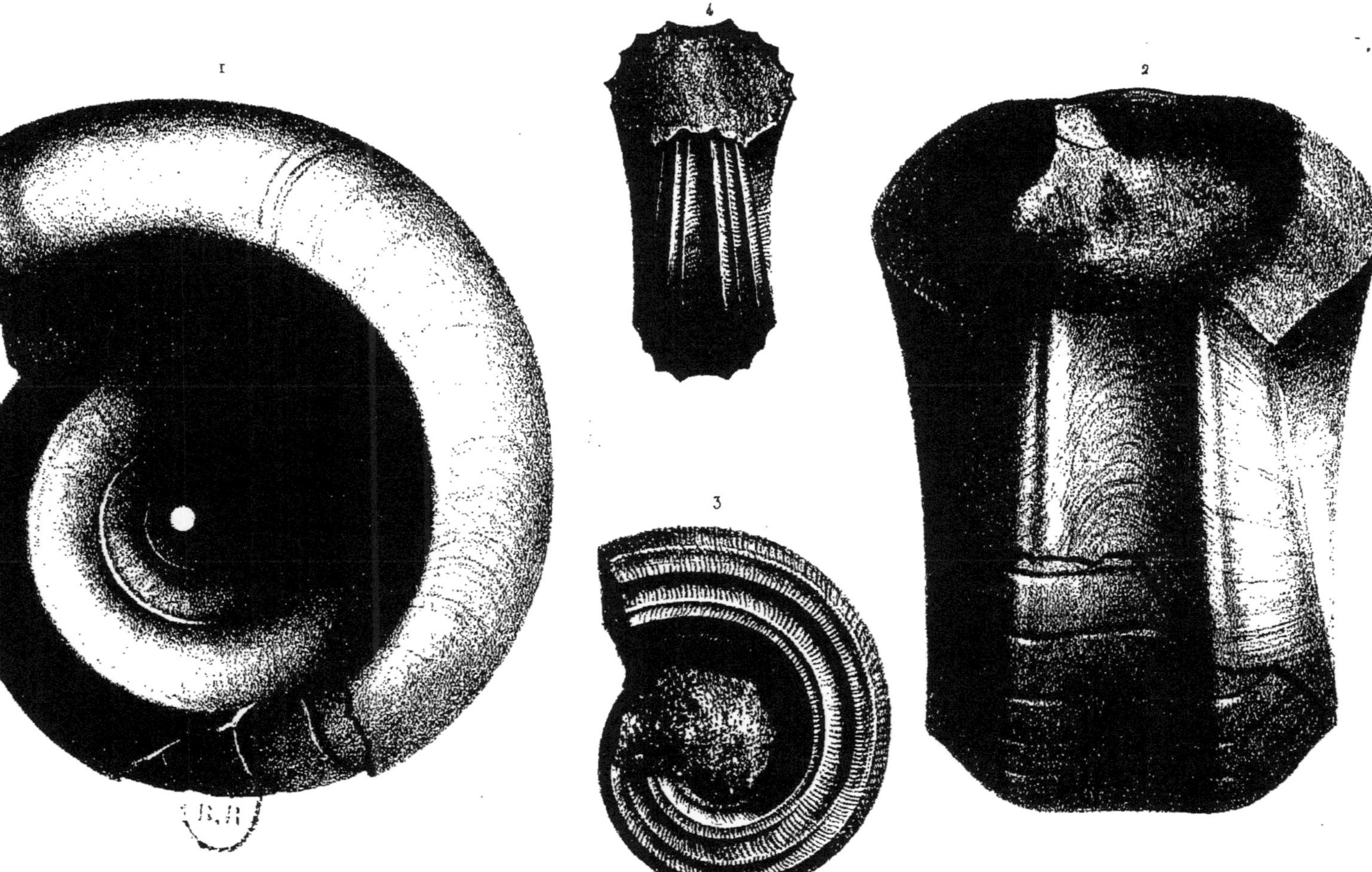

J. Delarue, del.

Imp. J. Delarue.

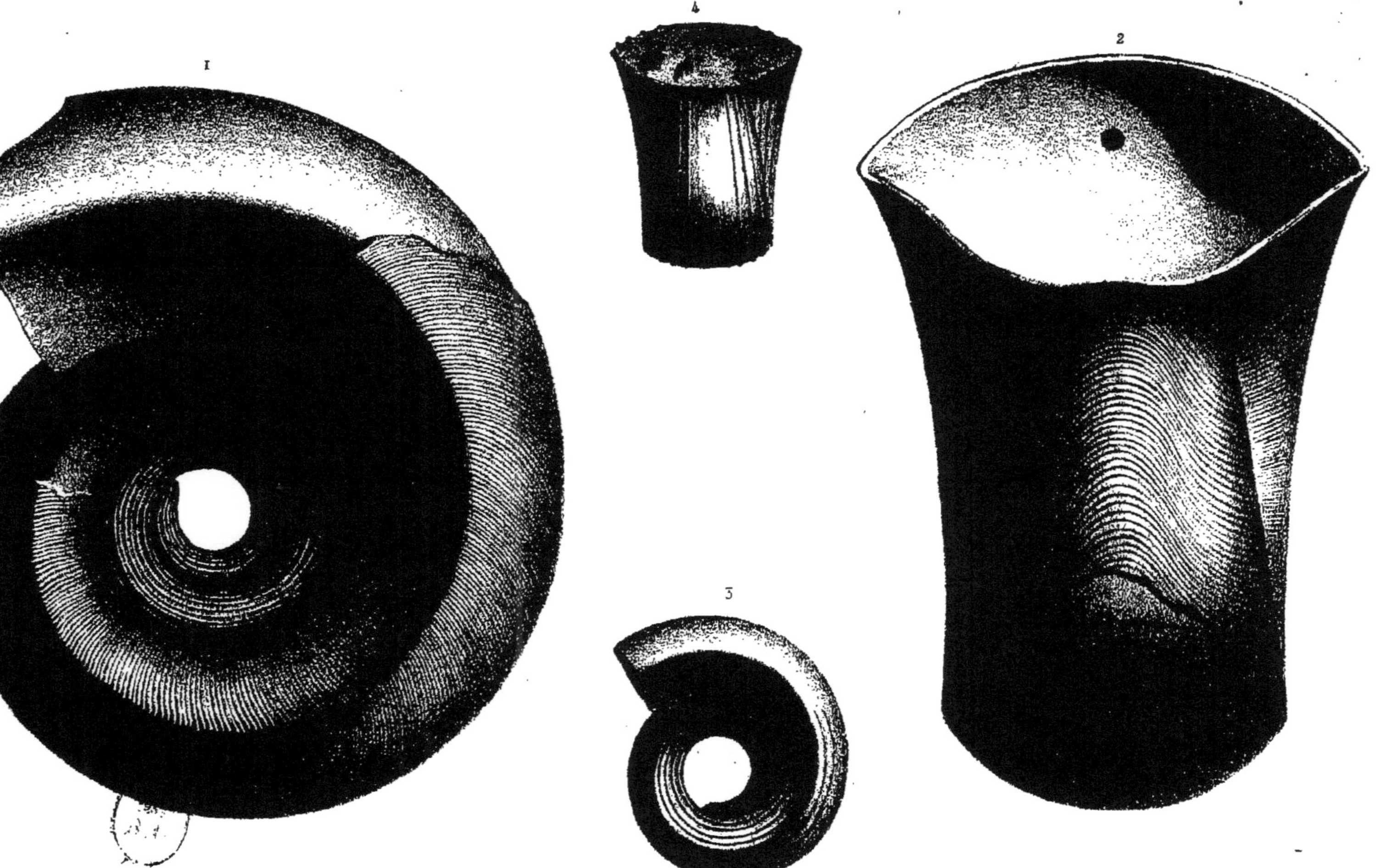
1
4
2
3

I
3
2
4

6 5 1 7

3 2

4

1 3 2

5

4

6

J. Delarue, del.

Imp. J. Delarue.

1

2

4

3

…rue, del.

Imp. J. Delarue.

1

2

3

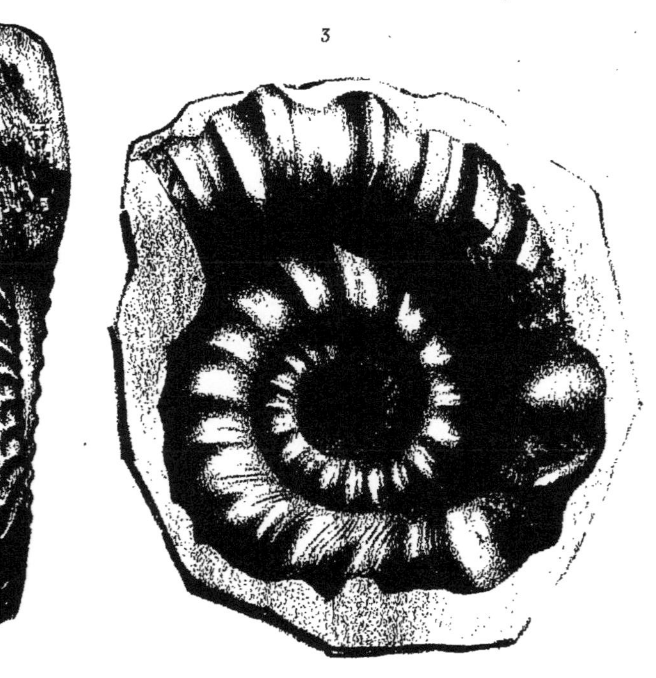

J. Delarue, del.

Imp. Lith. J. Delarue rue Mont. S.te Geneviève, 24.

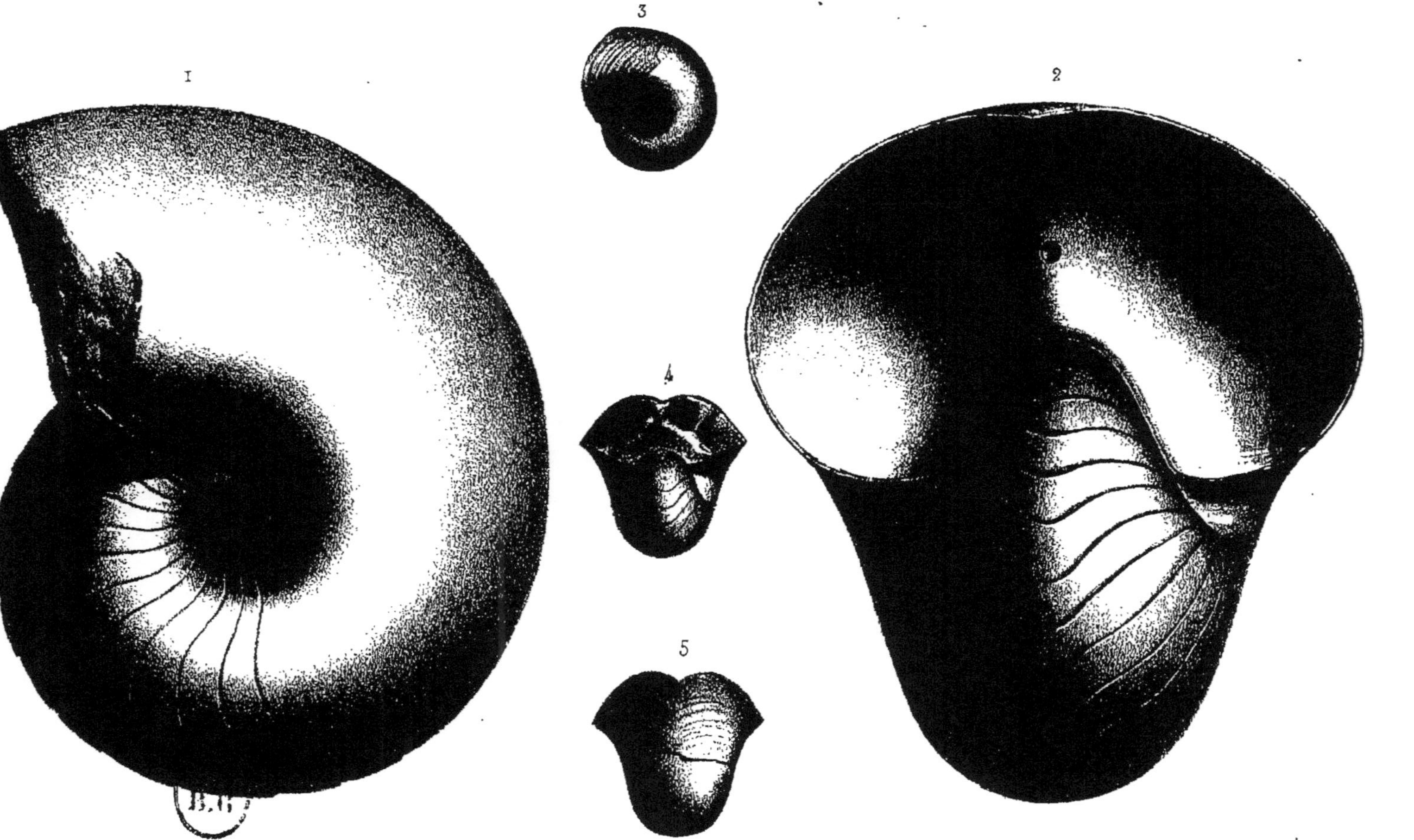
1
2
3
4
5

1

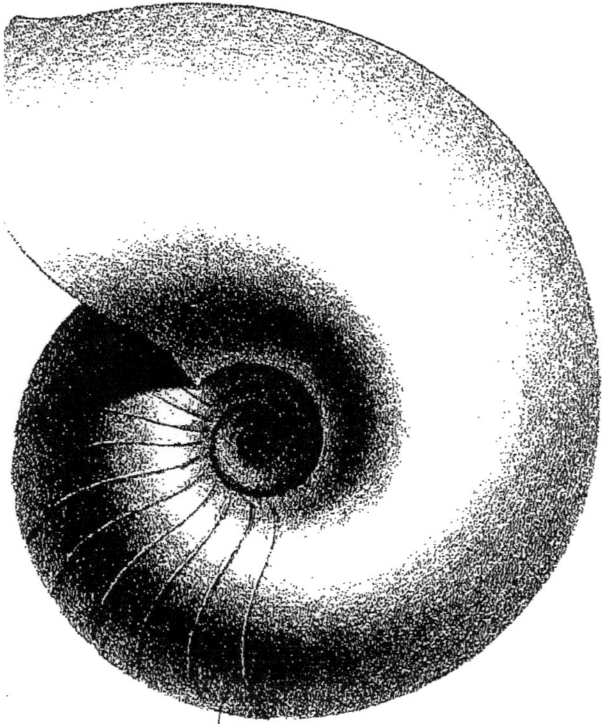

3

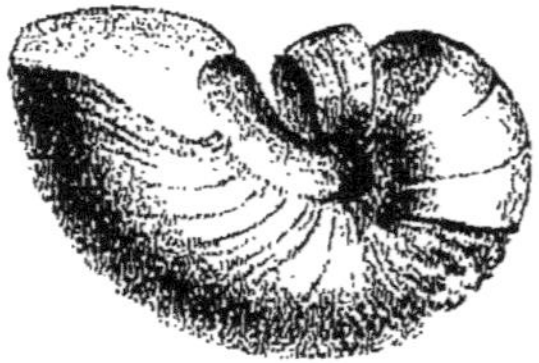

2

5

4

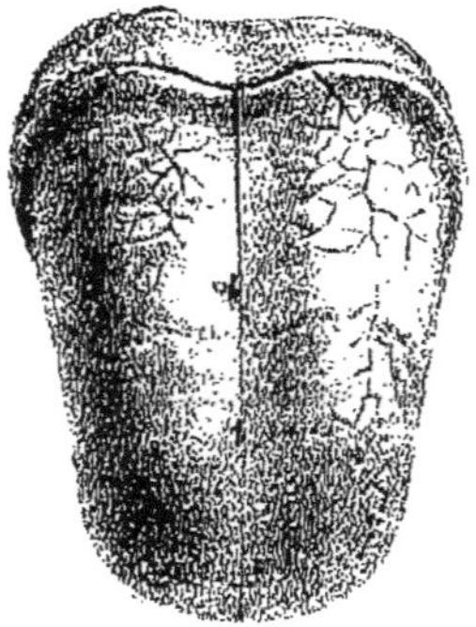

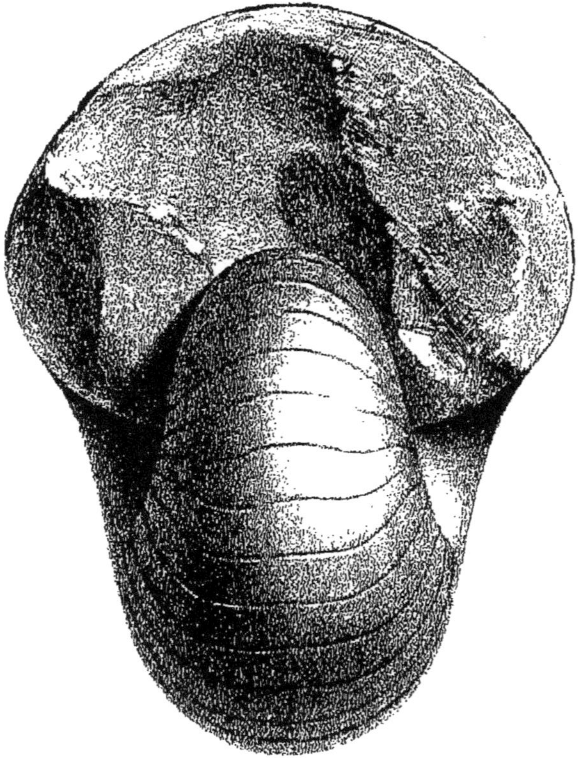

.larue, del.

Imp. J. Delarue.

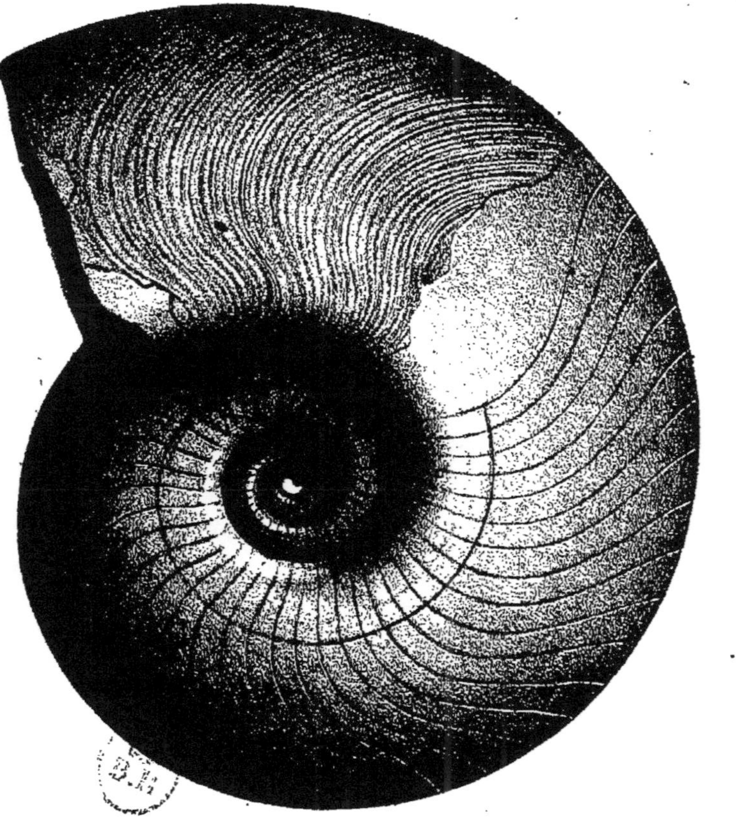

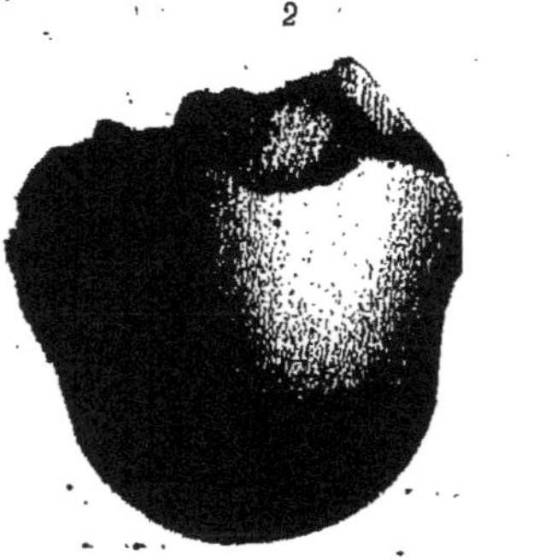

J. Delarue, del.

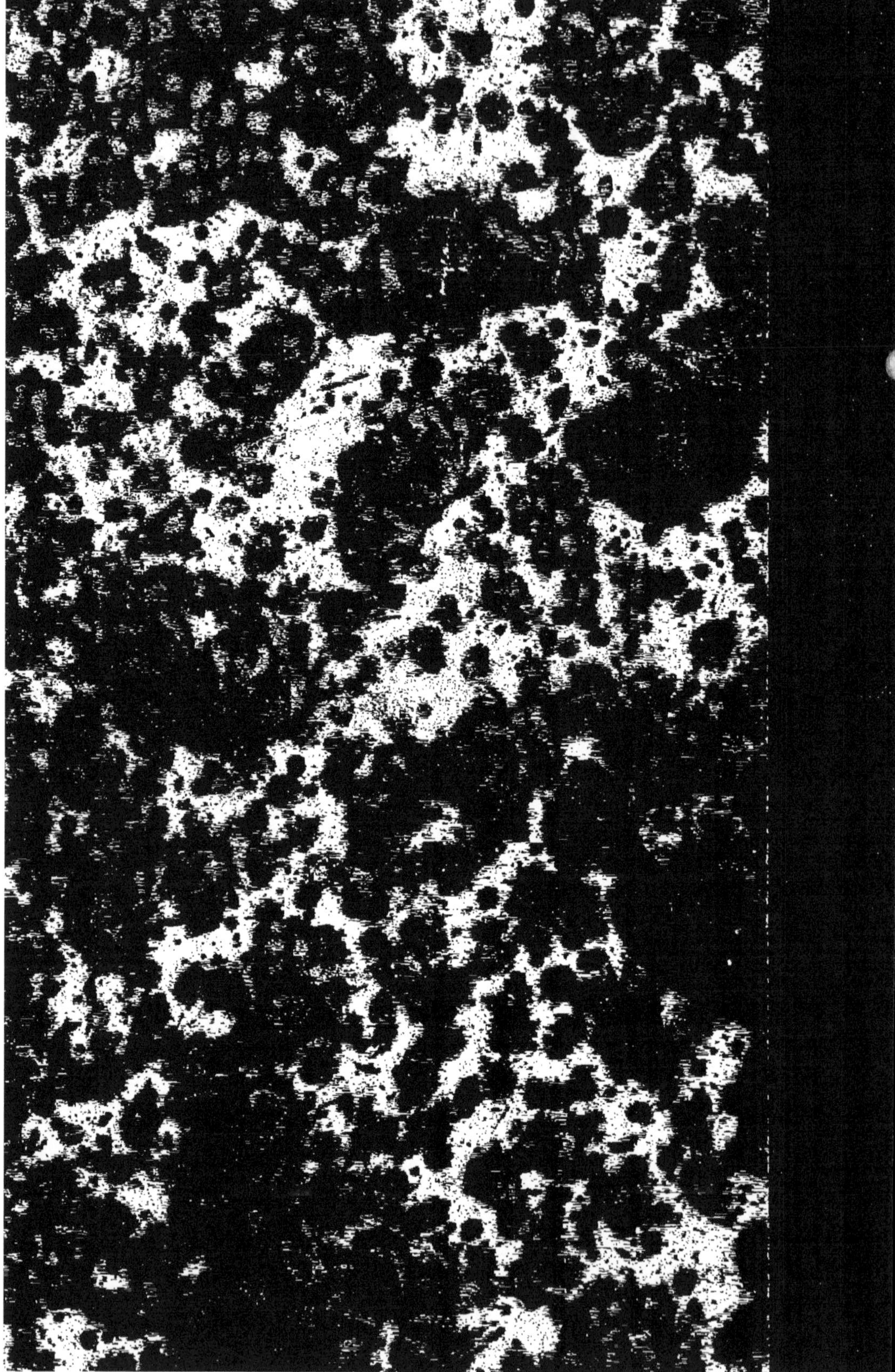

www.ingramcontent.com/pod-product-compliance
Ingram Content Group UK Ltd.
Pitfield, Milton Keynes, MK11 3LW, UK
UKHW020151250726
13967UKWH00002B/989